工程软件应用精解

Origin 9.0
科技绘图与数据分析
超级学习手册

张建伟 编著

人民邮电出版社
北京

图书在版编目（CIP）数据

Origin 9.0科技绘图与数据分析超级学习手册 / 张
建伟编著. -- 北京 : 人民邮电出版社, 2014.3（2023.3重印）
ISBN 978-7-115-34462-5

Ⅰ. ①O… Ⅱ. ①张… Ⅲ. ①数值计算－应用软件－
手册 Ⅳ. ①O245-62

中国版本图书馆CIP数据核字(2014)第013140号

内 容 提 要

本书以叙述 Origin 9.0 版本的功能为主，由浅入深地讲解了 Origin 的知识，涵盖了一般用户所要用到的各种功能，并详细介绍了 Origin 常用工具的使用。本书按逻辑编排，自始至终采用实例描述，内容完整且每章相对独立，是一本简明的 Origin 使用手册。

全书共分为 16 章，详细介绍了 Origin 的基础知识，电子表格及数据管理，二维图形绘制，三维图形绘制，图形的输出和利用，曲线拟合，数据操作和分析，数字信号处理，峰拟合和光谱分析，统计分析等内容。在本书最后，还重点介绍了 Origin 中编程与自动化的实现方法及其运用。

本书以实用为目标，以实例来引导，讲解详实、深入浅出，适合作为理工科研究生、本科生的教学用书，也可以作为广大科研工作者进行科技图形制作的参考书。

- ◆ 编　著　张建伟
　　责任编辑　王峰松
　　责任印制　程彦红
- ◆ 人民邮电出版社出版发行　　北京市丰台区成寿寺路 11 号
　　邮编　100164　　电子邮件　315@ptpress.com.cn
　　网址　https://www.ptpress.com.cn
　　北京七彩京通数码快印有限公司印刷
- ◆ 开本：787×1092　1/16
　　印张：27.75　　　　　　　　2014 年 3 月第 1 版
　　字数：657 千字　　　　　　2023 年 3 月北京第 32 次印刷

定价：89.00 元

读者服务热线：(010)81055410　印装质量热线：(010)81055316
反盗版热线：(010)81055315
广告经营许可证：京东市监广登字 20170147 号

前　　言

Origin 为 OriginLab 公司出品的、较流行的专业函数绘图软件，是公认的简单易学、操作灵活、功能强大的软件，既可以满足一般用户的制图需要，也可以满足高级用户数据分析、函数拟合的需要。

Origin 具有两大主要功能：数据分析和绘图。Origin 的数据分析主要包括统计、信号处理、图像处理、峰值分析和曲线拟合等各种完善的数学分析功能。准备好数据后，进行数据分析只需要选择所要分析的数据，然后再选择相应的菜单命令即可。

Origin 的绘图是基于模板的，Origin 本身提供了几十种二维和三维绘图模板，而且允许用户自己定制模板。绘图时，只要选择所需要的模板就可以了。用户可以自定义数学函数、图形样式和绘图模板，可以和各种数据库软件、办公软件、图像处理软件等方便地连接。

1．本书特点

由浅入深、循序渐进：本书以初级和中级读者为对象，首先从 Origin 使用基础讲起，再辅以 Origin 在实际工作中的应用案例，帮助读者尽快掌握利用 Origin 绘制科技图形和进行数据处理的技能。

步骤详尽、内容新颖：本书结合作者 Origin 的多年使用经验与实际科研工作的应用案例，将 Origin 的使用方法与技巧详细地讲解给读者。本书在讲解过程中步骤详尽、内容新颖，讲解过程辅以相应的图片，使读者在阅读时一目了然，从而快速掌握书中所讲内容。

实例典型、轻松易学：通过学习实际案例的具体操作是掌握 Origin 最好的方式。本书通过综合应用案例，透彻详尽地讲解了 Origin 在各方面的应用。

2．本书内容

本书基于 Origin 9.0 版，讲解了 Origin 的基础知识和核心内容。全书分为 16 章。

第 1 章主要介绍了 Origin 的基本特征及发展历程，在此基础上提出了基本的学习目标，即掌握 Origin 9.0 的应用范围、系统框架及目录和适用文件类型，对该软件有一个基本的了解和认识，为下面的学习打下基础。

第 2 章主要基于 Origin 的两大功能，介绍了 Origin 工作空间的特征，对不同的窗口、不同的菜单栏、工具栏功能进行了详尽的说明。

第 3 章详细介绍了 Origin 9.0 的项目文件操作，包括新建、打开、保存、添加、关闭、退出等操作，以及窗口操作、项目管理器的使用、命名规则及定制方法。

第 4 章主要介绍了 Origin 9.0 中工作簿和工作表的基本操作方法，包括多工作表矩阵窗口的使用，数据的录入、数据的导入、数据的变换和数据的管理，Excel 工作簿的使用等。

第 5 章结合 Origin 绘制二维曲线图的特点，重点介绍了其操作基础，图形设置方法，各种标注方法以及图形工具的功能，为后续章节中二维图形绘制的介绍打下基础。

第 6 章以列表和图形的形式，将 Origin 中各类二维图形罗列出来，详细地介绍了二维图绘制功能及其绘制过程。

第 7 章主要介绍了矩阵数据窗口的功能及应用，三维数据的转换，利用内置三维图形模板进行三维图形的绘制。

第 8 章主要介绍了多图层图形模板和图形的创建与定制。

第 9 章主要介绍了 Origin 中图形的输出，涉及几个不同的层面，包括以图形对象（Object）的形式输出到其他软件如 Word 中共享，以图形文件包括（矢量图或位图）的形式输出以便插入到其他文档中使用，以 Layout 页面的形式输出和打印输出。

第 10 章主要介绍了曲线的线性拟合和非线性拟合的方法。

第 11 章主要介绍了数据选取工具的应用方式，插值和外推的方法，简单数学运算方式以及数据的排列及归一化。

第 12 章主要介绍了应用 Origin 进行数据平滑和滤波的方式，以及傅里叶变换和小波变换的方法。

第 13 章主要介绍了单峰和多峰拟合方法，谱线分析及分析向导的使用方法，光谱分析向导多峰分析，以及利用谱线分析向导进行多峰拟合的方法。

第 14 章详细介绍了统计图形的绘制方法、描述统计的方法及假设检验、方差分析和样本分析的方法。

第 15 章重点讨论了 Origin 中图像的输入和分析方法，以及图像的调整转换方式，并结合实例介绍了图像处理工具的使用方法。

第 16 章重点介绍了 LabTalk 脚本语言的基本特征，Origin C 编程方法以及 X-Function 功能的使用方式。

注：本书中用到的所有数据，请到作者的博客下载。本书数据主要来源于 Origin 9.0 自带的 Sample 文件以及 Origin 官方网站所提供的实例数据。

3．读者对象

本书适合于 Origin 初学者和期望提高科技制图及数据分析应用能力的读者，具体说明如下：

★ 相关从业人员 ★ 初学 Origin 的技术人员

★ 大中专院校的教师和在校生 ★ 相关培训机构的教师和学员

★ Origin 爱好者 ★ 广大科研工作人员

4．本书作者

本书由张建伟编著，另外李昕、刘成柱、史洁玉、孙国强、代晶、贺碧蛟、石良臣、柯维娜等人为本书的编写提供了大量的帮助，在此一并表示感谢。

虽然作者在本书的编写过程中力求叙述准确、完善，但由于水平有限，书中欠妥之处在所难免，希望读者和同仁能够及时指出，共同促进本书质量的提高。

5．读者服务

在学习过程中读者遇到与本书有关的技术问题，可以发电子邮件到邮箱 book_hai@126.com，或者访问博客 http://blog.sina.com.cn/tecbook，编者会尽快给予解答，我们将竭诚为您服务。

编者

2013 年秋

目　　录

第 1 章　Origin 9.0 概述

Origin 为 OriginLab 公司出品的、较流行的专业函数绘图软件，是公认的简单易学、操作灵活、功能强大的软件，既可以满足一般用户的制图需要，也可以满足高级用户数据分析、函数拟合的需要。

Origin 自 1991 年问世以来，由于其操作简便，功能开放，很快就成为国际流行的分析软件之一，是公认的快速、灵活、易学的工程制图软件。它的最新版本号是 9.0，分为普通版和专业版（Pro）两个版本。

本章学习目标：
- 掌握 Origin 9.0 软件基本特征
- 了解 Origin 9.0 系统框架

1.1　Origin 简介

当前流行的图形可视化和数据分析软件有 Matlab，Mathmatica 和 Maple 等。这些软件功能强大，可满足科技工作中的许多需要，但使用这些软件需要一定的计算机编程知识和矩阵知识，并熟悉其中大量的函数和命令。

而使用 Origin 就像使用 Excel 和 Word 那样简单，只需单击鼠标，选择菜单命令就可以完成大部分工作，获得满意的结果。

1.1.1　Origin 9.0 特点

像 Excel 和 Word 一样，Origin 是款多文档界面应用程序。它将所有工作都保存在 Project（*.OPJ）文件中。该文件可以包含多个子窗口，如 Worksheet，Graph，Matrix，Excel 等。各子窗口之间是相互关联的，可以实现数据的即时更新。子窗口可以随 Project 文件一起存盘，也可以单独存盘，以便其他程序调用。

1.1.2　Origin 9.0 功能

Origin 具有两大主要功能：数据分析和绘图。Origin 的数据分析主要包括统计、信号处理、图像处理、峰值分析和曲线拟合等各种完善的数学分析功能。准备好数据，进行数据分析时，只需选择所要分析的数据，然后再选择相应的菜单命令即可。

Origin 的绘图是基于模板的，其本身提供了几十种二维和三维绘图模板并且允许用户自己定制模板。绘图时，只要选择所需要的模板就行。用户可以自定义数学函数、图形样式和绘图模板；可以和各种数据库软件、办公软件、图像处理软件等方便地连接。

Origin 可以导入包括 ASCII、Excel、pClamp 在内的多种数据。另外，它可以把 Origin 图形输出到多种格式的图像文件，譬如 JPEG、GIF、EPS、TIFF 等。

Origin 里面也支持编程，以方便拓展 Origin 的功能和执行批处理任务。Origin 里面有两种编程语言—LabTalk 和 Origin C。

在 Origin 的原有基础上，用户可以通过编写 X-Function 来建立自己需要的特殊工具。X-Function 不仅可以调用 Origin C 和 NAG 函数，而且可以很容易地生成交互界面。用户可以定制自己的菜单和命令按钮，把 X-Function 放到菜单和工具栏上，之后就可以非常方便地使用自己的定制工具。（注：X-Function 是从 8.0 版本开始支持的。之前版本的 Origin 主要通过 Add-On Modules 来扩展 Origin 的功能。）

1.1.3 发展历程

Origin 最初是一个专门为微型热量计设计的软件工具，是由 MicroCal 公司开发的，主要用来将仪器采集到的数据作图，进行线性拟合以及各种参数计算。1992 年，MicroCal 软件公司正式公开发布 Origin，公司后来改名为 OriginLab。公司位于美国马萨诸塞州的汉普顿市。

Origin 自 1991 年问世以来，版本从 Origin 4.0、5.0、6.0、7.0、8.0 到 2013 年推出的 9.0（见表 1-1），软件不断推陈出新，逐步完善。在这 20 多年的时间里，Origin 为世界上数以万计需要科技绘图、数据分析和图表展示软件的科技工作者提供了一个全面解决方案。

表 1-1   Origin 的发展历程

发 布 时 间	版 本 信 息
2013 年 4 月	Origin 9 SR2
2012 年 10 月	Origin 9
2011 年 11 月	Origin 8.6, Origin Pro 8.6
2008 年 10 月	Origin 8 SR4
2008 年 6 月	Origin 8 SR2
2007 年 12 月	Origin 8 SR1
2007 年 10 月	Origin 8
2003 年 10 月	Origin 7.5
2002 年 2 月	Origin 7.0
2000 年 9 月	Origin 6.1
1999 年 6 月	Origin 6.0
1997 年 8 月	Origin 5.0
1995 年 2 月	Origin 4.1

1.1.4 软件应用

数据分析和绘图。数据分析包括数据的排序、调整、计算、统计、频谱变换、曲线拟合等各种完善的数学分析功能。

准备好数据，进行数据分析时，只需选择所要分析的数据，然后再选择相应的菜单命令即可。Origin 的绘图是基于模板的，其本身提供了几十种二维和三维绘图模板并且允许用户自己定制模板。绘图时，只要选择所需要的模板就行。

用户可以自定义数学函数、图形样式和绘图模板；可以和各种数据库软件、办公软件、图像处理软件等方便地连接；可以用 C 等高级语言编写数据分析程序，还可以用内置的 Lab Talk 语言编程等。

自 Origin 问世以来，版本从 4.0 一直到 2013 年推出的最新版本 Origin 9.0，软件不断推陈出新，逐步完善。与 Origin8.0 相比，Origin 9.0 在菜单设计、具体操作等很多方面都有显著改进，方便了与其他软件的调用和协同处理，可以认为 Origin 9.0 从各个方面来说都是一个很现代化、很完善的软件。图 1-1 所示为 Origin 9.0 软件界面。

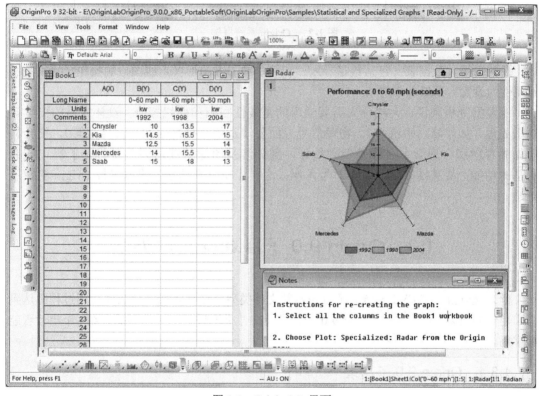

图 1-1 Origin 9.0 界面

1.2 Origin 的系统框架

了解 Origin 的系统结构的目的是为了抓住学习主线，便于缩短学习时间，因为 Origin 是一款不需要完全学会（没有必要全学或不可能全学）就可以顺利解决实际问题的软件。

因此作为一个使用者，你首先要确定自己要解决什么问题，然后才决定要学习什么。Origin 的系统框架（模块）如图 1-2 所示。

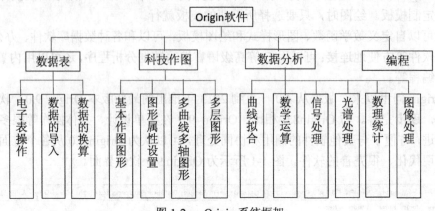

图 1-2 Origin 系统框架

总的来说，数据表（包括数据导入）和简单的二维图形（点线图）的操作（特别是图形属性的设置）是最基本的。

对数据分析来说，大部分人需要学习的是线性回归和曲线拟合，设计光谱的要学习光谱处理（如寻峰、平滑等），物理信号方面要涉及信号处理（如小波算法等），社会科学如教育学和心理学主要涉及数理统计，部分涉及图像处理，因此要首先了解 Origin 的基本功能，从基础知识入手，对号入座，这样才能事半功倍，快速掌握 Origin 的使用方法。

1.3　Origin 9.0 子目录及文件类型

学习 Origin，就必须了解其子目录及其文件类型，这样才能在以后的使用过程中达到事半功倍的效果。本节将对 Origin 9.0 子目录及文件类型进行一个简要的介绍，希望读者能够掌握。

1.3.1　Origin 9.0 子目录

在安装的 Origin 9.0 目录下，含用户子目录共有 22 个子目录，如图 1-3 所示。

在 Localization 子目录下，存放有 Origin 的帮助文件，这些帮助文件是以 Windows 帮助文件格式提供的。

在 FitFunc 子目录下，存放的是 Origin 提供的用于回归分析的回归函数。在 Themes 子目录下，存放有 Origin 提供的内置 Themes 文件。用户自定义的模板文件、主题文件和自编的回归拟合函数将会存放在用户目录下。

在 Samples 目录下，按子目录分类存放了 Origin 提供的数据分析和绘图用数据，如图 1-4 所示。

图 1-3 Origin 9.0 的文件夹

图 1-4 Origin 9.0 Samples 子目录

1.3.2 Origin 文件类型

Origin 由项目（Project）文件组织用户的数据分析和图形绘制。保存项目文件时，各子窗口，包括工作簿（Workbook）窗口、绘图（Graph）窗口、函数图（Function Graph）窗口、矩阵工作簿（Matrix）窗口和版面设计（Layout Page）窗口等将随之一起保存。

各子窗口也可以单独保存为窗口文件或模板文件。当保存为窗口文件或模板文件时，他们的文件扩展名有所不同。

Origin 9.0 有各种窗口、模板和其他类型文件，他们有不同的文件扩展名。熟悉这些文件类型、文件扩展名和了解这些文件的作用，对掌握 Origin 是有帮助的，表 1-2 列出了 Origin 9.0 子窗口文件、模板文件等的扩展名。

表 1-2　　　　　　　　Origin 9.0 子窗口文件、模板文件等扩展名

文 件 类 型	文件扩展名	说　　　明
项目文件	opj	存放该项目中所有课件和隐藏的子窗口、命令历史窗口及第三方文件
子窗口文件	ogw	多工作表工作簿窗口
	ogg	绘图窗口
	ogm	多工作表矩阵窗口
	txt	记事本窗口

续表

文 件 类 型	文件扩展名	说　　明
Excel 工作簿	xls	嵌入 Origin 中的 Excel 工作簿
模板文件	otw	多工作表工作簿模板
	otp	绘图模板
	otm	多工作表矩阵模板
主题文件	oth	工作表主题，绘图主题，矩阵主题，报告主题
	ois	分析主题，分析对话框主题
导入过滤文件	oif	数据导入过滤器文件
拟合函数文件	fdf	拟合函数定义文件
LabTalk Script 文件	ogs	LabTalk Script 语言编辑保存文件
Origin C 文件	c	C 语言代码文件
	h	C 语言头文件
X-Function 文件	oxf	X 函数文件
	xfc	由编辑 X 函数创建的文件
打包文件	opx	Origin 打包文件
初始化文件	ini	Origin 初始化文件
配置文件	cnf	Origin 配置文件

1.4　本章小结

　　Origin 问世以来，由于其操作简便，功能开放，只需单击鼠标，选择菜单命令就可以完成大部分工作，获得满意的结果。因此很快就成为国际流行的分析软件之一，是公认的快速、灵活、易学的工程制图软件。本章主要介绍了 Origin 的基本特征及发展历程，在此基础上提出了基本的学习目标，即掌握 Origin 9.0 的应用范围、系统框架及目录和适用文件类型，是对该软件的一个基本的了解和认识，为下面的学习打下基础。

第 2 章　Origin 基础

Origin 主要具有两大类功能：数据分析和绘图。数据分析包括数据的排序、调整、计算、统计、频谱变换、曲线拟合等各种完善的数学分析功能。准备好数据，进行数据分析时，只需选择所要分析的数据，然后再选择响应的菜单命令就可。

Origin 的绘图是基于模板的，它本身提供了几十种二维和三维绘图模板并且允许用户自己定制模板。绘图时，只要选择所需要的模板就行。

用户可以自定义数学函数、图形样式和绘图模板；可以和各种数据库软件、办公软件、图像处理软件等方便地连接；可以用 C 等高级语言编写数据分析程序，还可以用内置的 Lab Talk 语言编程等。

本章学习目标：
- 了解 Origin 9.0 工作空间
- 掌握 Origin 9.0 基本操作

2.1　工作空间概述

Origin 9.0 的工作空间如图所示。从图 2-1 中可以看到，Origin 的工作空间包括以下几个部分。

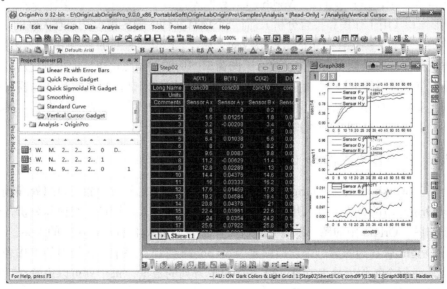

图 2-1　Origin 9.0 的工作空间

（1）菜单栏

类似 Office 的多文档界面，Origin 窗口的顶部是菜单栏，一般可以实现其自身的大部分功能。主菜单栏中的每个菜单项包括下拉菜单和子菜单，通过它们几乎能够实现 Origin 的所有功能。

此外，Origin 的设置都是在其菜单栏中完成的，因而了解菜单栏中各菜单选项的功能对掌握 Origin 9.0 是非常重要的。

（2）工具栏

工具栏在菜单栏的下方。Origin 9.0 提供了分类合理、直观、功能强大、使用方便的多种工具。最常用的功能一般都可以通过工具栏实现。

（3）绘图区

绘图区是 Origin 9.0 的主要工作区，包括项目文件在内的所有工作表、绘图子窗口等都在此区域内。大部分绘图和数据处理的工作都是在这个区域内完成的。

（4）项目管理器

窗口的下部是项目管理器，它类似于 Windows 下的资源管理器，能够以直观的形式给出用户的项目文件及其组成部分的列表，方便地实现各个窗口间的切换。

（5）状态栏

窗口的底部是状态栏，它的主要功能是标出当前的工作内容，同时可以对鼠标所指示的菜单进行说明。

2.2 窗 口 类 型

Origin 9.0 为图形和数据分析提供多种窗口类型。这些窗口包括 Origin 多工作表工作簿（Workbooks）窗口、多工作表矩阵（Matrix）窗口、绘图窗口（Graph）、Function graphs 窗口、Excel 工作簿窗口、版面布局设计窗口、记事本窗口。

在日常操作中，最重要的是 Workbooks 数据表窗口（用于导入、组织和变换数据）和 Graph 图形窗口（用于作图和拟合分析）。而一个项目文件中的各窗口是相互关联的，可以实现数据的实时更新。当工作表中的数据被改动之后，其变化能立即反映到其他窗口中去，比如当工作表格窗口中数据发生变化，那么绘图窗口中所绘数据点可以立即得到更新。

然而，正式因为它强大的功能，其菜单界面也就比较复杂，且当前激活的窗口类型不一样时，主菜单、工具栏结构也不一样。Origin 工作空间中的当前窗口决定了主菜单、工具栏结构和菜单条、工具条能否选用。

2.2.1 多工作表工作簿（Workbooks）窗口

工作簿（Workbooks）是 Origin 最基本的子窗口，其主要的功能是组织处理输入、存放和组织 Origin 中的数据，并利用这些数据进行导入、录入、转换、统计和分析，最终将数据用于作图。Origin 中的图形除特殊情况外，图形与数据具有一一对应的关系。

运行 Origin 后看到的第一个窗口就是 Workbooks 窗口。每个工作簿中的工作表可以多达 121 个，而每个工作表最多支持 100 万行和 1 万列的数据，每个列可以设置合适的数据类型和加以注释说明，如图 2-2 所示。

Step02

	A(X1)	B(Y1)	C(X2)	D(Y2)	E(X3)	F(Y3)	G(X4)
Long Name	conc09	conc09	conc10	conc10	conc11	conc11	conc12
Units							
Comments	Sensor A x	Sensor A y	Sensor B x	Sensor B y	Sensor C x	Sensor C y	Sensor D x
1	0	0	0.2	0	0.4	0	0.6
2	1.6	0.01251	1.8	0.01679	2	0.06305	2.2
3	3.2	-0.00208	3.4	0.0105	3.6	0.06915	3.8
4	4.8	0	5	0.03357	5.2	0.04272	5.4
5	6.4	0.01038	6.6	0.03565	6.8	0.07733	7
6	8	0	8.2	0.04401	8.4	0.10376	8.6
7	9.6	0.0083	9.8	0.03772	10	0.07935	10.2
8	11.2	-0.00629	11.4	0.065	11.6	0.10986	11.8
9	12.8	0.02289	13	0.07336	13.2	0.13635	13.4
10	14.4	0.04376	14.6	0.07336	14.8	0.17297	15
11	16	0.03333	16.2	0.07965	16.4	0.1648	16.6

Sheet1

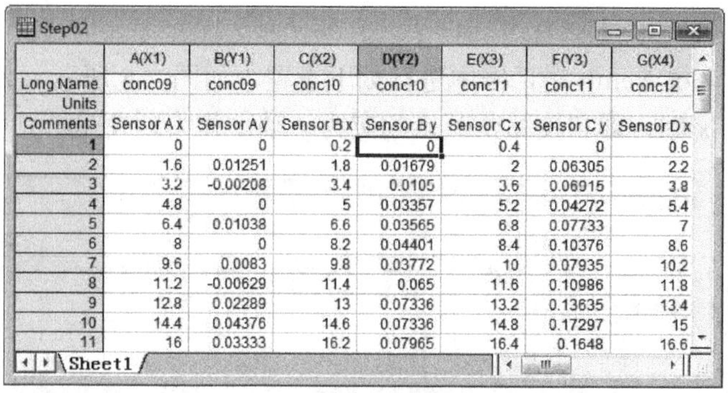

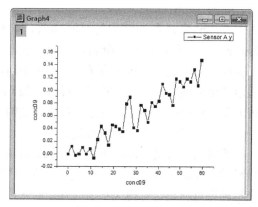

图 2-2 工作表格窗口

默认的标题是 Book1，通过鼠标右键单击标题栏中选择 Rename 命令可将其重命名。工作表窗口最上边一行为标题栏，A、B、C 和 D 等是数列的名称，X 和 Y 是数列的属性。其中，X 表示该列的自变量，Y 表示该列的因变量。

通过鼠标左键双击数列的标题栏，可以打开“Column Properties”对话框改变这些设置，可以在表头加入名称、单位、备注或其他特性。

工作表中的数据可直接输入，也可以从外部文件中导入或者通过编辑公式换算获得，最后通过选取工作表中的列完成绘图。

例如，按照图中所示在工作表输入数据并设置数列的属性，然后选中 A（X）、B（Y）列数据，在二维绘图工具栏中单击“Line+Symbol”按钮，则会出现如图 2-3 所示的二维线图。

图 2-3 用工作表格绘图

2.2.2 绘图（Graph）窗口

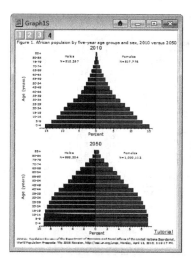

图 2-4 多图层绘图窗口

Graph 是 Origin 中最重要的窗口，相当于图形编辑器，是把实验数据转变成科学图形并进行分析的空间，用于图形的绘制和修改。

共有 60 多种作图类型可以选择，以适应不同领域的特殊作图要求，也可以很方便地定制图形模块。

一个图形窗口是由一个或者多个图层（Layer）组成，默认的图形窗口拥有第 1 个图层，每一个绘图窗口都对应着一个可编辑的页面，可包含多个图层，还有多个轴、注释及数据标注等多个图形对象。图 2-4 所示为一个具有 4 个图层的典型绘图窗口。

以 Line+Symbol 为例简述作图过程：

（1）首先选择 Worksheet（假设数据表中有 4 个列的数据），然后选择 Line+Symbol 作图类型（直接在工具栏选择

按钮 ✎ 或者打开 Plot 菜单选择）。

（2）在弹出的 Plot Setup 对话框中进行如下设置，如图 2-5 所示。即将 X 下的方框选中表示将 A 列定位 x 轴，即自变量，其余列定为 y 轴，作为因变量。

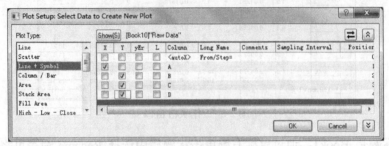

图 2-5　绘图数据设置

（3）单击 OK 按钮生成图形。由于有 1 个 x 值、3 个 y 值，因此得到的图中有 3 组曲线，如图 2-6 所示。

Graph 窗口默认名称为 Graph 1，同样通过 Rename 命令可以进行重命名。右上角的图例说明了曲线与各组数据的相对应关系，本例中用点线图显示各组曲线，也可以改成其他样式，如 Line（直线）型、Scatter（散点）型等，对点、线的大小、颜色、形状等属性也可重新设定。

系统默认只显示左和下两坐标轴，右和上的两坐标轴可在属性对话框中修改使之呈现，通过双击坐标轴可重新设定可得大小、间隔、精密度等，坐标轴名称也可双击进行修改。

图 2-6　Graph1 窗口

2.2.3　多工作表矩阵（Matrix）窗口

多工作表矩阵（Matrix）窗口与 Origin 中多工作表工作簿相同，多工作表矩阵窗口也可以由多个矩阵数据表构成，是一种用来组织和存放数据的窗口。当新建一个多工作矩阵窗口时，默认矩阵窗口和工作表格分别以 "MBook1" 和 "MSheet1" 命名。

矩阵数据表没有显示 x、y 数值，而是用特定的行和列来表示与 x 和 y 坐标轴对应的 z 值，可用来绘制等高线、3D 图和三维表面图等。

其列标题和行标题分别用对应的数字表示，通过 Matrix 菜单下的命令可以进行矩阵的相关运算，如转置、求逆等，也可以通过矩阵窗口直接输出各种三维图。

Origin 有多个将工作表转变为矩阵的方法，如在工作表被激活时，选取菜单命令，执行菜单命令 Worksheet→Convert to Matrix，如图 2-7 和图 2-8 所示。

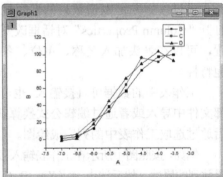

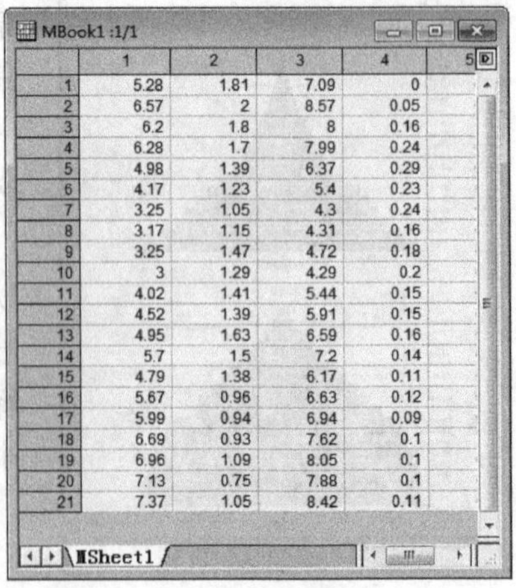

图 2-7　Matrix 窗口

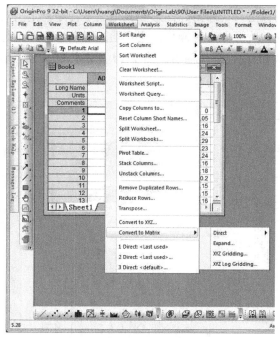

图 2-8　工作表转换矩阵操作

2.2.4　版面布局设计（Layout page）窗口

版面布局设计窗口是用来将绘出的图形和工作簿结合起来进行展示的窗口。当需要在版面布局设计窗口展示图形和工作簿时，通过执行菜单命令 File→New→Layout 命令，如图 2-9 所示；或单击标准工具栏中按钮，在该项目文件中新建一个版面布局设计窗口，在改版面布局设计窗口中添加图形和工作簿等。

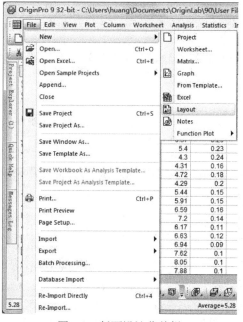

图 2-9　版面设计菜单栏

在版面布局设计窗口里，工作簿、图形和其他文本都是特定的对象，除不能进行编辑外，可进行添加、移动、改变大小等操作。用户通过对图形位置进行排列，可使之自定义版面布局设计窗口，以 PDF 等格式输出。图 2-10 所示为已具有图形、工作簿和文字的典型版面设计窗口。

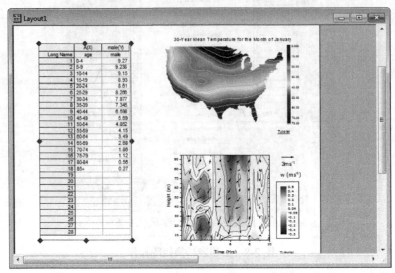

图 2-10　版面设计窗口

2.2.5　Excel 工作簿窗口

由于 Excel 软件的广泛应用，因此 Origin 使用了内嵌的方式提供对 Excel 电子表格数据的支持。在 Origin 中使用作图几乎与使用自身的 Workbooks 进行作图一样方便，如图 2-11 所示。

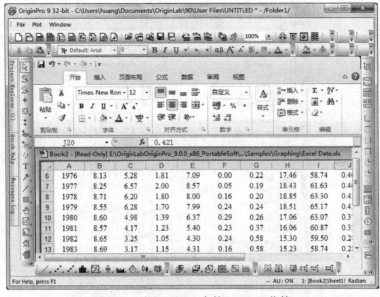

图 2-11　嵌入 Origin 中的 Excel 工作簿

在 Origin 中通过新建或打开表，激活 Excel Workbook 后，菜单栏同时出现 Excel 和 Origin 的命令。因此菜单包括了 Excel 和 Origin 的功能，大大方便了与办公软件的数据交换，相关用法将在后面进行详细的讨论。

2.2.6　记事本（Notes）窗口

记事本窗口是 Origin 用于记录用户使用过程中的文本信息，它可以用于记录分析过程，与其他用户交换信息。

与 Windows 的记事本类似，其结果可以单独保存，也可以保存在项目文件里。单击标准工具栏中按钮，则可以新建一个"Notes"记事本窗口，如图 2-12 所示。

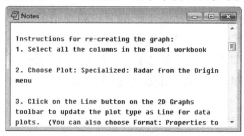

图 2-12　记事本窗口

2.3　菜　单　栏

关于菜单首先要留意的是所谓的上下文敏感（Context sensitivity）菜单，即 Origin 在不同情况下（如激活不同类型子窗口）会自动调整菜单（隐藏或改变菜单项）。

这种变化其实是有必要的（因为操作对象改变了，处理内容和方法当然不同），但如果没有留意这一点，在操作方面就会经常出现一定的混乱，初学者往往会发现自己找不到特定的菜单项。

2.3.1　主菜单：对应不同子窗口类型

菜单栏的结构与当前活动窗口的操作对象有关，取决于当前的活动窗口。当前窗口为工作表窗口、绘图窗口或矩阵窗口时，主菜单及其各子菜单的内容并不完全相同，表 2-1 为 Origin 9.0 不同活动窗口主菜单结构。

表 2-1　　　　　　　　　　　　　子窗口及其对应的主菜单项

窗口类型	对应的菜单
Origin 工作簿窗口（Worksheet）	File　Edit　View　Plot　Column　Worksheet　Analysis　Statistics　Image　Tools　Format　Window　Help
绘图窗口（Graph）	File　Edit　View　Graph　Data　Analysis　Gadgets　Tools　Format　Window　Help
矩阵工作簿窗口（Matrix）	File　Edit　View　Plot　Matrix　Image　Analysis　Tools　Format　Window　Help
Excel 工作表（Excel Worksheet）	File　编辑(E)　视图(V)　插入(I)　格式(O)　工具(T)　数据(D)　Plot　Window　帮助(H) 当 Excel 窗口为 Origin 当前窗口时，菜单栏同时显示 Excel 和为 Origin 的菜单，其中 File、Plot、Window 是 Origin 菜单，其他为 Excel 中的菜单

续表

窗 口 类 型	对 应 的 菜 单
版面设计窗口 （Layout）	File　Edit　View　Layout　Tools　Format　Window　Help
记事本窗口 （Notes）	File　Edit　View　Tools　Format　Window　Help

Origin 9.0 的菜单较为复杂，当不同的子窗口为活动窗口时，其菜单结构和内容类型发生相应的变化，有的菜单项只是针对某种子窗口的。因此，也可以说菜单结构和内容对窗口敏感（Sensitive）。

鉴于 Origin 9.0 中最常用的窗口是工作簿窗口和绘图窗口，在这里主要讨论这两种情况。例如，在工作簿窗口和绘图窗口分别被激活时，Analysis 下拉菜单内容基本相同，但其后面隐含的二级子菜单差别很大。图 2-13 和图 2-14 所示分别为工作簿窗口和绘图窗口被激活时 Analysis 下拉菜单和 Mathematics 下隐含的二级菜单。

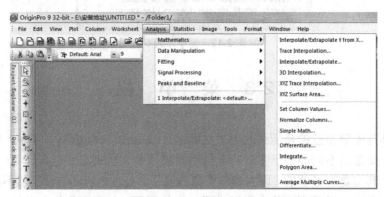

图 2-13　工作簿 Analysis 菜单对应的子窗口类型

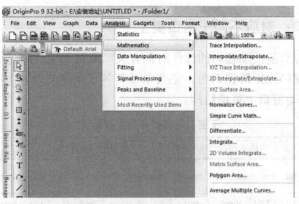

图 2-14　绘图窗口 Analysis 菜单对应的子窗口类型

即使菜单的名称相同，对应于不同子窗口类型时，其菜单项目也会发生相应的变化。

Origin 9.0 版本广泛采用 XML 技术，其 Analysis 菜单是动态的，系统会根据用户的操作"智能地"把用户最近常用的命令在菜单项底部推送出来，这样大大方便了用户，使用户能快速进行重复操作，如图 2-15 所示。

由于用户最近使用过分析菜单中的多项拟合和平滑两项功能，这些功能本来是折叠在子菜单中的，9.0 版把菜单项增加到主菜单项中，方便用户再次使用。

相比之前版本，Origin 9.0 的 Analysis 菜单更加简捷，大部分的命令选项后面跟有黑三角箭头（▶），这是指明其后面隐含有子菜单。

图 2-15　常用菜单项

2.3.2　快捷菜单

快捷菜单即用户用鼠标右键单击某一对象时出现的菜单，这在 Windows 中被大量使用

图 2-16　鼠标右键快捷菜单

以加快操作，在 Origin 中也有大量的快捷菜单（当然也是上下文敏感菜单）。

以笔者多年使用软件的经验来讲，在 Origin 中大量使用快捷菜单绝对是明智的选择，因为不太熟练的使用者经常会找不到具体的菜单命令，然而快捷菜单几乎可以很聪明地提供给你所需要的。

例如，用鼠标右键单击图形窗口上曲线的坐标轴，会出现一个快捷菜单，这个菜单正是你当前可以选择的一些项目（功能），如图 2-16 所示。

2.4　工　具　栏

Origin 9.0 提供了大量的工具栏。与菜单和快捷菜单一样，工具栏也是为了提供软件功能的快捷方式以便用户使用。Origin 中有各种各样的工具栏，对应着不同的"功能群"。

由于工具栏的数量较多，如果全部打开会占用太多软件界面空间，因此通常情况下是根据需要打开或隐藏的。这些工具栏是浮动显示的，可以根据需要放置在屏幕的任何位置。为了使用方便和整齐起见，通常把工具栏放在工作空间的四周。

工具栏包含了经常使用的菜单命令的快捷命令按钮，给用户带来了很大的方便。当用鼠标放在工具按钮上时，会出现一个显示框，显示工具按钮的名称和功能如图 2-17 所示，当鼠标放在输入多列 ASCII 按钮上时，鼠标下显示"Import Multiple ASCII"。

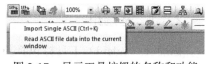

图 2-17　显示工具按钮的名称和功能

第一次打开 Origin 时，界面上已经打开了一些常用的工具栏，如 Standard、Graph、2D Graph、Tools、Style 和 Format 等，这些是最基本的工具，通常是不关闭的。为了打开其他的工具栏，可通过选择菜单命令 View→Toolbars，或者直接按下快捷键 Ctrl+T 进行定制，在工具栏名称列表框中的复选框选择在 Origin 工作窗口中显示/ 隐藏工具栏。

如图 2-18 所示，选择了标准、编辑、绘图、二维绘图和工具等工具栏在工作窗口中显示。选中 Show Tool tip，则将光标置于某个按钮上时，将出现此按钮的名称：Flat Toolbars 表示显示平面的按钮。

在 Button Groups 选项卡中，可以了解各工具栏的按钮，将任意一个按钮拖放到界面上，从而可以按照所需设定个人风格的工具栏，如图 2-19 所示。如果需要关闭某个工具栏，仍然可以用以上的方法进行定制，当然更简单的方法是单击工具栏上的关闭按钮。

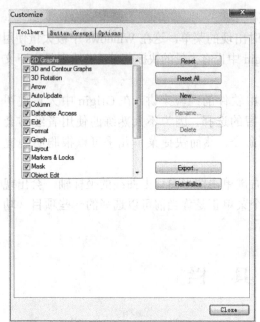
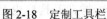

图 2-18 定制工具栏   图 2-19 隐藏控制

工具栏的使用非常简单，只要激活操作对象然后单击工具栏上的相应按钮即可。要注意的是，有些按钮旁边有向下的箭头，表示这是一个按钮组，需要单击箭头然后进行选择。

为了学习方便，下面以功能组为单位介绍 Origin 中的工具栏。当然实际使用时并不需要分组，主要还是以解决问题方便考虑而选择适当的工具栏。

2.4.1 基础组

标准（Standard）工具栏包括新建、打开项目和窗口、保存、导入 ASCII 数据、打印、复制和更新窗口等常用操作，以及项目管理等窗口打开按钮，集中了 Origin 中最常用的操作，建议在运行软件时一直保持打开状态。当数据需要更新时，标准工具栏的再计算按钮（Recalculate）会有相应的显示。标准工具栏如图 2-20 所示。

如果要对 Standard 工具栏进行定制，可以参照图 2-19 所示的方法，挑选你需要的菜单按钮，确定其是否在工具栏中显示。

图 2-20　Standard 工具栏　　　　　　　　　图 2-21　隐藏控制

2.4.2　格式化组

（1）编辑（Edit）工具栏

编辑工具栏主要提供剪切、复制和粘贴等编辑工具。Edit 工具栏如图 2-22 所示。

（2）字体格式（Format）工具栏

当编辑文字标签和工作表时，Format 工具栏可以用于进行字体、大小、粗体、斜体、下划线、上下标、希腊字母等的设置，如图 2-23 所示。

图 2-22　Edit 工具栏　　　　　　　　　图 2-23　Format 工具栏

由于 Workbooks 支持 RTF 格式，因此这个工具栏变得较以前版本更加有实际意义。

（3）图形风格（Style）工具栏

提供文本注释包括表格和图形进行填充颜色、线条样式、大小等样式的设置，当编辑文字标签或注释时，可使用 Style 工具栏对其进行格式化。Style 工具栏如图 2-24 所示。

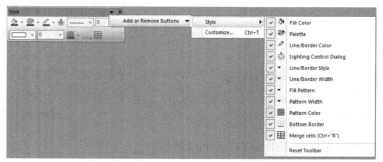

图 2-24　Style 工具栏

2.4.3 数据表组

（1）工作表数据（Worksheet Data）工具栏

当工作表为活动窗口时，Worksheet Data 工具栏提供行、列统计、排序和用函数对 Worksheet 进行赋值等基本操作。Worksheet Data 工具栏如图 2-25 所示。

（2）列（Column）工具栏

当工作表中的列被选中时，提供列的 X/Y/Z 列（变量）、Y 误差列、标签、无关列等属性设置，列的绘图标识和列的首尾左右移动等操作。如图 2-26 所示。

图 2-25　Worksheet Data 工具栏　　　　图 2-26　Column 工具栏

2.4.4 作图组

（1）绘图（Graph）工具栏

当图形（Graph）窗口或版面设计（Layout）窗口为活动窗口时，可以将 Graph 或 Layout 页面扩大、缩小、全屏、重新设定坐标值、图层操作，添加颜色、图标、坐标及系统时间等。如图 2-27 所示。

（2）二维绘图（2D Graph）工具栏

当工作表、Excel 工作簿或图形窗口为活动窗口时，可使用二维绘图（2D Graph）工具栏。2D Graph 工具栏提供各种二维绘图的图形样式，如直线、饼图、极坐标和模板等。

单击 2D Graph 工具栏中向下的黑三角箭头选择相应的子菜单，就可以完成各类复杂二维图形的绘制，如图 2-28 所示。

例如，单击"Box Chart"上的向下的黑三角箭头，则弹出统计类的二维图形绘制菜单。二维绘图工具栏最后的一个按钮 为二维绘图模板按钮，单击该按钮则打开 Origin 内置的二维绘图模板。

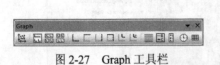

图 2-27　Graph 工具栏　　　　图 2-28　2D Graph 工具栏

（3）三维和等值线绘图（3D and Contour Graphs）工具栏

当 Origin 工作簿、Excel 工作簿或 Matrix 为活动窗口时，可使用 3D and Contour Graphs

工具栏，用来绘制描点图、抛物线图、带状图、瀑布图、等高线图等三维图形。

Origin 9.0 将各类的三维和等值线图分类放在向下的黑三角箭头（▼）相应的图形子菜单里，单击这些向下的黑三角箭头，选择相应的子菜单，可以绘制各种三维和等值线图。

3D and Contour Graphs 工具栏前两个按钮用于 Origin 工作簿、Excel 工作簿的三维和等值线绘图；其余的按钮用于矩阵数据绘图。3D and Contour Graphs 工具栏如图 2-29 所示。

（4）三维旋转（3D Rotation）工具栏

当活动窗口为三维图形时，可使用 3D Rotation 工具栏。可将绘制好的三维图形进行三维空间操作，包括顺/逆时针，左右/上下旋转、增大/减小透视角度，设定 3D 旋转角度等操作。3D Rotation 工具栏如图 2-30 所示。

（5）屏蔽（Mask）工具栏

用于屏蔽一些打算舍弃的数据点。当工作表或图形为活动窗口时，Mask 工具栏提供屏蔽数据点进行分析、屏蔽数据范围、解除屏蔽等工具。Mask 工具栏如图 2-31 所示。

图 2-29　3D and Contour Graphs 工具栏　　图 2-30　3D Rotation 工具栏　　图 2-31　Mask 工具栏

2.4.5　图形对象组

（1）工具（Tools）工具栏

Tools 工具栏提供缩放、数据选取、数据屏蔽、区域选择、文字工具、线条工具、矩形工具等。

Origin 9.0 的 Tools 工具栏将各类的工具分类放在向下的黑三角箭头（▼）相应的图形子菜单里。Tools 工具栏如图 2-32 所示。

（2）箭头（Arrow）工具栏

使用该工具栏可进行诸如使箭头水平、垂直对齐、箭头加宽或变窄、箭头加长或缩短等操作。Arrow 工具栏如图 2-33 所示。

图 2-32　Tools 工具栏　　　　　　图 2-33　Arrow 工具栏

（3）对象编辑（Object Edit）工具栏

当活动窗口中一个或多个对象被选中时，使用 Object Edit 工具栏可进行多种对齐方式操作，如：左右、上下、垂直、水平对齐；将选定对象置于顶层、底层；组合、取消组合；字体加大或减小等，主要是为了排版和对对象关系操作。Object Edit 工具栏如图 2-34 所示。

（4）版面设计（Layout）工具栏

当版面设计窗口为活动窗口时，可使用 Layout 工具栏。利用 Layout 工具栏可以在版面设计窗口中添加图形和工作表。Layout 工具栏如图 2-35 所示。

图 2-34 Object Edit 工具栏

图 2-35 Layout 工具栏

2.4.6 自动更新（AutoUpdate）工具栏

AutoUpdate 工具栏仅有一个按钮，在整个项目中为用户提供了
自动更新开关（ON/OFF）。默认自动更新开关为打开状态（ON），
进行更新时，可单击该按钮关闭自动更新。AutoUpdate 工具栏如
图 2-36 所示。

图 2-36 版面设计图

2.4.7 数据库存取（Database Access）工具栏

该工具栏是为快速从数据库中输入数据而特地设置的。Database Access 工具栏如
图 2-37 所示。

2.4.8 制定锁定（Markers_Locks）工具栏

制定锁定（Markers_Locks）工具栏如图 2-38 所示。

图 2-37 Database Access 工具栏

图 2-38 Markers_Locks 工具栏

2.5 本 章 小 结

Origin 主要具有两大类功能：数据分析和绘图。本章主要基于 Origin 的这两大功能，
介绍了 Origin 的工作空间的特征，对不同的窗口、不同的菜单栏、工具栏功能进行了详尽
的说明。读者应认真熟悉这些不同窗口、工具栏、菜单栏的基本特征，注意归纳和比较，
为学习 Origin 夯实基础。

第 3 章　Origin 的基本操作

从资源管理的角度而言，Origin 9.0 的基本操作包括对项目文件的操作和对子窗口的操作两大类。Origin 对项目文件的操作包括新建、打开、保存、添加、关闭、退出等操作。对于一个具体的工作，通常用一个项目（Origin Project）文件来组织。

因此 Origin 项目文件是一个大容器，包含了一切你所需要的工作簿（工作表和列）、图形、矩阵、备注、Layout、Excel、分析结果、变量、过滤模板等内容。为了方便管理，Origin 把有关的操作集中在项目管理器 Project Explorer（PE）中进行，这与 Windows 的资源管理器类似。

本章学习目标：

- 掌握 Origin 9.0 的项目文件操作
- 掌握 Origin 9.0 的窗口操作
- 了解 Origin 9.0 的项目管理器的使用
- 了解 Origin 9.0 命名规则及定制方法

3.1　项目文件操作

Origin 对项目文件的操作包括新建、打开、保存、添加、关闭、退出等操作，这些操作都可以通过选择 "File" 菜单下相应的命令来实现。

3.1.1　新建项目

如果要新建一个项目，可以选择菜单命令 File→New，弹出新建对话框。从列表框中选择 "Project"，单击 "OK" 按钮，这样 Origin 就打开了一个新项目。

如果这时已有一个打开的项目，Origin 9.0 将会提示在打开新项目以前是否保存对当前项目所做的修改。

在默认情况下，新建项目同时打开了一个工作表。可以通过 Tool→Options 命令，打开项目选项对话框 "Open/Close" 选项卡，修改新建项目时打开子窗口的设置。"Options" 窗口 "Open/Close" 选项卡如图 3-1 所示。

3.1.2　打开已存在的项目

要打开现有的项目，可选择菜单命令 File→Open，系统将弹出 "Open" 对话框，如图 3-2 所示。

在文件类型的下拉列表中选择"Project（*.opj）"，然后在文件名列表中选择所要打开项目的文件名，单击"打开"命令按钮，打开该项目文件。

在默认时，Origin 9.0 打开项目文件的路径为上次打开项目文件的路径。Origin 9.0 一次仅能打开一个项目文件，如想同时打开两个项目文件，可以采用运行两次 Origin 9.0 的方法实现。

3.1.3 添加项目

添加项目是指将一个项目的内容添加到当前打开的项目中去。实现此功能有以下两种途径：

（1）选择菜单命令 File→Append。

（2）在项目管理器的文件夹图标上单击鼠标右键，弹出快捷菜单，选择"Append Project…"，打开如图 3-2 所示的"Open"对话框。选择需要添加的文件，单击"Open"命令按钮，完成添加项目。

图 3-1 "Options"窗口　　　　　　图 3-2 "Open"对话框

3.1.4 保存项目

选择执行菜单命令 File→Save Project 保存项目。如果该项目已存在，Origin 保存该项目的内容，没有任何提示。如果这个项目以前没有保存过，系统将会弹出"Save As"对话框，默认时项目文件名为"UNTTLED. opj"。

在文件名文本框内键入文件名，单击"Save"按钮，即可保存项目。如果需要以用户的文件名保存项目，选择菜单命令 File→Save Project As，即可打开保存项目的对话框，输入用户项目文件名进行保存。

3.1.5 自动创建项目备份

当对已经保存过的项目文件进行一些修改，需再次保存，并希望在保存修改后项目的同时，把修改前的项目作为备份，这就需要用到 Origin 的自动备份功能。

选择菜单命令 Tools→Option，在打开的对话框内选择"Open/Close"选项卡，选中"Backup project before saving"复选框，如图 3-3 所示。

单击"OK"命令按钮，即可实现在保存该项目文件前自动备份功能。备份项目文件名为"BACKUP.opj"，存放在用户子目录下。

如选中该窗口中"Autosave project every xx minute"复选框，则 Origin 9.0 将每隔一定时间自动保存当前项目文件，默认自动保存时间间隔为 5 分钟。

图 3-3　选中该窗口中"Backup projectbefore saving"复选框

3.1.6　关闭项目和退出 Origin 9.0

在不退出 Origin 的前提下关闭项目，选择菜单命令 File→Close。如果修改了当前要关闭的项目，Origin 将会提醒是否存盘。退出 Origin 9.0 有以下两种方法：

（1）选择菜单命令 File→Exit。

（2）单击 Origin 窗口右上角的关闭 ⊠ 图标。

3.2　窗　口　操　作

Origin 是一个多文档界面（Multiple Document Interface，MDI）应用程序，在其工作空间内可同时打开多个子窗口，但这些子窗口只能有一个是处于激活状态，所有对子窗口的操作都是针对当前激活的子窗口而言的。

对子窗口的操作主要包括打开、重命名、排列、视图、删除、刷新、复制和保存等操作。

3.2.1　从文件打开子窗口

Origin 子窗口可以脱离创建它们的项目而单独存盘和打开。要打开一个已存盘的子窗口，可选择菜单命令 File→Open，弹出"Open"对话框，选择文件类型和文件名。文件类型、扩展名和子窗口的对应关系如图 3-4 中下拉列表框所示。

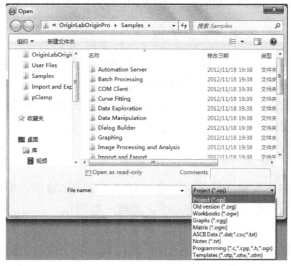

图 3-4　文件类型、扩展名和子窗口的对应关系

3.2.2 新建子窗口

在标准工具栏中单击图 3-5 中新建子窗口的其中一个按钮，即完成相应子窗口的创建。如单击 按钮，则新建一个 Origin 多工作表工作簿窗口。

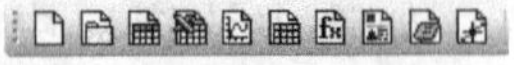

图 3-5 标准工具栏中新建子窗口按钮

3.2.3 子窗口重命名

激活要重命名子窗口，用鼠标右键单击该窗口标题名称，执行快捷菜单命令 properties，在弹出的"Window Properties"窗口中进行重命名。图 3-6 所示为将一个 Origin 多工作表工作簿窗口重命名为"我的工作簿"工作簿窗口。

图 3-6 重命名 Origin 多工作表工作簿窗口

3.2.4 排列子窗口

在 Origin 的菜单中，包含有排列子窗口的命令。Origin 中子窗口的排列有以下三种类型：

（1）层叠。选择菜单命令 Window→Cascade，则当前激活的子窗口在最前面显示，而其他子窗口层叠排列在其后方，只有子窗口标题栏可见。

（2）平铺。选择菜单命令 Window→Tile Horizontally，则全部子窗口平铺显示。

（3）并列。选择菜单命令 Window→Tile Vertically，则全部窗口垂直并列显示。

3.2.5 最小化、最大化、恢复子窗口

最小化、最大化、恢复子窗口操作与一般 Windows 平台的软件的操作方式相同。单击窗口右上角的最小化命令按钮，可使窗口最小化；再单击还原命令按钮或双击标题栏，可使窗口恢复正常显示状态。单击窗口右上角的最大化命令按钮，可使窗口最大化；再单击还原命令按钮，可使窗口恢复正常显示状态。

3.2.6 隐藏子窗口

子窗口的视图状态有两种：显示和隐藏。有时子窗口比较多，为了最大限度地利用工作空间，往往需要在不删除子窗口的前提下，隐藏一些窗口。

双击项目管理器右栏中的子窗口图标，可实现子窗口的视图状态在显示和隐藏之间切换。也可用鼠标右键单击项目管理器中子窗口的图标或者子窗口的标题栏，在弹出快捷菜单中选择"Hide Window"，隐藏子窗口。

3.2.7 删除子窗口

单击窗口右上角的 ![按钮]关闭按钮，系统将弹出对话框，提示是隐藏还是删除子窗口。

由于一个 Origin 项目包含多种窗口，而当前操作窗口只有一个，因此一般情况下是选择隐藏的，除非真的要删除当前窗口才选择删除。

如果不小心删除了数据源，则相关的图形窗口的图形也会被删除，因此删除操作要非常谨慎。单击删除命令按钮，即完成删除子窗口操作，结果可从项目管理器中看到。

也可以从项目管理器中删除子窗口。选择所要删除的子窗口，单击鼠标右键，从快捷菜单中选择"Delete Window"，这时系统会要求确认删除，单击"YES"命令按钮，完成删除操作。

3.2.8 刷新子窗口

如果修改了工作表或绘图子窗口的内容，数据源或其他内容发生变化，为了正确显示图形，Origin 将会自动刷新相关的子窗口。

但偶尔可能由于某种原因，Origin 没有正确刷新，需要手动刷新一下。这时，只要在标准工具栏中选择 ![图标]Refresh 按钮，即可刷新当前激活状态的子窗口。

3.2.9 复制子窗口

Origin 中的工作表、绘图、函数图、版面设计等子窗口都可以复制。Origin 有两种操作可以复制当前窗口，激活要复制的子窗口，一种是选择 Window：Duplicate 命令，另一种是在标准工具栏中选择菜单命令 ![图标]Duplicate 即可。

Origin 用默认命名的方式（如表 3-1 所示）为复制子窗口命名，默认名中 N 是项目中该同类窗口默认文件名的最小序号。根据需要可重命名窗口。

表 3-1　　　　　　　　　　　　子窗口默认时的命名方式

窗 口 类 型	默认窗口名
工作簿/工作表	BookN/SheetN
绘图	GraphN
矩阵工作簿/工作表	MBookN/MSheetN
版面布局设计	LayoutN
函数绘图	GraphN

3.2.10 子窗口保存

除版面设计子窗口外，其他子窗口可以保存为单独文件，以便在其他的项目中打开。保存当前激活状态窗口的菜单命令为 File→Save Window As。

Origin 会打开"Save As"对话框，并根据窗口类型自动选择文件扩展名，选择保存位置，输入文件名，则完成当前子窗口的保存。

3.2.11 子窗口模板

Origin 根据相应子窗口模板来新建工作簿、绘图和矩阵子窗口，子窗口模板决定了新建子窗口的性质。

例如，新建工作簿窗口，子窗口模板决定了其工作表列表、每列绘图名称和显示类型、输入的 ASCII 设置等；新建绘图窗口，子窗口模板决定了其图层数、x、y 轴的设置和图形种类等。

Origin 提供了大量内置模板，例如，提供了大量绘图模板。此外，Origin 工作簿窗口或 Excel 工作簿窗口激活时，选取菜单命令 Plot→Template Library，可打开模板选择对话框，如图3-7所示。

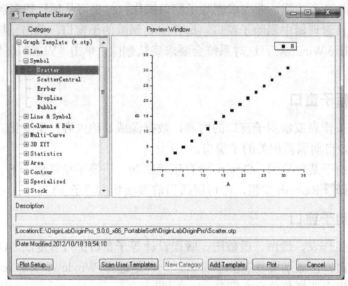

图3-7 模板选择对话框

通过选择相应的模板可以方便地进行绘图。在该模板选择对话框中，可以看到相应的模板文件名和该图形的预览。

通过修改现有模板或新建的方法创建自己的模板。方法是按内置模板打开一个窗口，根据需要修改窗口后，将该窗口另存为模板窗口。

例如，在默认的情况下 Origin 工作簿打开时为2列表，单击 ➕▯ 按钮，在该基础上增加 2列表（如图3-8所示）。

执行菜单命令 File→Save Template As，打开模板保存对话框，如图 3-9 所示。若在 "Category"选择"Built-in"，则以后新建 Origin 工作簿就为4列表了。

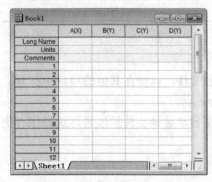

图3-8 在工作表中添加2列

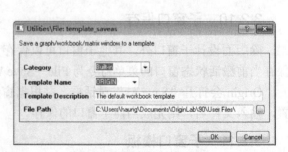

图3-9 模板保存对话框

3.3 项目管理器

对于一个具体的工作，通常用一个项目（Origin Project）文件来组织。

项目管理器是帮助组织 Origin 项目的有力工具。如果项目中有多个窗口，那么项目管理器将显得尤为重要。

通过项目管理器可建立一个管理项目文件夹，并用项目管理器观察 Origin 的工作空间。可通过选择菜单命令 View→Project Explorer，或在标准工具栏中单击 按钮，又或直接按快捷键 Alt+1，打开或关闭项目管理器。

Origin 典型的项目管理器如图 3-10 所示，它由文件夹面板和文件面板两部分组成。Origin 项目管理器提供了强大的组织管理功能。鼠标停留在项目文件夹的名字上时，单击右键，将弹出如图 3-11 所示的项目文件夹功能快捷菜单。项目管理器快捷菜单的功能包括建立文件夹结构功能和组织管理功能两类。

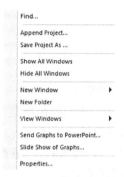

图 3-10　项目管理器　　　　　　图 3-11　项目文件夹功能快捷菜单

其中，Append Project 命令可以将其他的项目文件添加进来，构成一个整体项目文件，用该功能对合并多个 Origin 项目文件非常方便。

项目管理器除能管理 Origin 的各种文件外，还可以管理其他第三方的文件，如图形文件、Word 文档或 PDF 文档等，这样就大大方便了一个实验内容的文件管理。

3.3.1 项目管理器打开/关闭状态切换

为了组织管理 Origin 项目，有时需要打开项目管理器，但是有时为了扩大工作空间，又需要关闭它。在 Origin 9.0 中，有以下三种方法切换项目管理器打开/关闭开关：

（1）选择菜单命令 View→roject Explorer；

（2）单击标准工具栏上的 Project Explorer 按钮；

（3）直接按快捷键 Alt+1，打开项目管理器。

3.3.2 文件夹和子窗口的建立与调整

1. 项目文件夹命名

在项目管理器的左侧是当前项目的文件夹结构，最顶层的文件夹称为项目文件夹，它总是根据项目文件来命名的。

如通过选择菜单命令 File→New→Project 新建一个项目，那么项目和项目文件夹的名称默认为 "Untitled"。

2．新建文件夹

如果项目中的内容太多，为更好地组织数据，则需要建立多个文件夹。在项目管理器中用项目文件夹功能的快捷菜单建立文件夹结构，可在项目管理器项目文件夹中用鼠标右键单击，选择 "New Folder" 命令，一个 "Folder" 的文件夹将同时出现在项目管理器的左右两栏中。此时右栏中新建的子文件夹处于激活状态，可对此新建的子文件夹重新命名。

如图 3-12 所示为 pid974 项目文件中新建 "新子文件夹" 子文件夹。新建立的文件夹可以双击鼠标左键进入管理，也可以利用拖放操作重新组织文件。

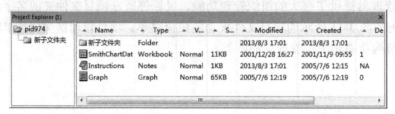

图 3-12　在 pid974 项目文件中新建 "新子文件夹" 子文件夹

3．新建子窗口

在项目文件夹功能快捷菜单中选择 "New Window"，新建子窗口类型如图 3-13 所示，即可以新建工作表（Worksheet）、绘图（Graph）、矩阵（Matrix）、Excel 工作簿、记事本（Notes）、版面布局设计（Layout）和函数（Function）7 种子窗口。

4．移动子窗口

在建立文件夹结构之后，可以在文件夹之间移动窗口。首先在当前激活的文件夹中选择窗口（Origin 9.0 支持 Windows 操作系统中 "Shift+单击文件" 和 "Ctrl+单击文件" 的选取文件方法），然后用鼠标将其拖曳到目标文件夹即可。

5．删除和重命名

对于窗口和自己建立的文件夹而言，功能快捷菜单比项目文件夹的功能快捷菜单多出一类功能，即文件夹的删除和重命名功能。

如果项目文件夹是随 Origin 项目而建立和命名的，则不能单独删除和重命名。

3.3.3　文件夹和子窗口的组织管理

（1）工作空间视图的控制

在项目文件夹功能快捷菜单所示的项目文件夹功能快捷菜单中选择 "View Windows"，则弹出视图模式选择菜单：有 "None" 不显示子窗口、"Windows in Active Folder" 只显示当前选定的文件夹内的子窗口（默认）和 "Windows in Active Folder & Subfolders" 显示当前选定的文件夹及其子文件夹内的子窗口三种选择。视图模式选择菜单如图 3-14 所示。

图 3-13 新建子窗口类型　　　　　　图 3-14 视图模式选择菜单

（2）查看项目文件夹属性

在项目文件夹图标上单击鼠标右键，在弹出的快捷菜单中选择"Property..."，系统将弹出一个文件夹属性对话框，列出了文件夹名称、大小、在项目管理器中的路径、创建和最近修改的时间等属性信息。

（3）查看子窗口属性

在项目管理器右栏的子窗口图标上单击鼠标右键，在弹出的快捷菜单中选择"Property..."，系统将弹出一个子窗口属性对话框，列出子窗口的名称、标注、类型、位置和大小。

在对话框中可以编辑子窗口的标注属性。另外，对话框中也列出了子窗口的相关数目、创建和最近修改的时间，以及子窗口的状态等。

（4）查找子窗口

当项目管理器中的文件夹很多时，人工查找某个子窗口将非常费时。Origin 9.0 提供了自动查找子窗口功能，能方便快速查找到所要找的文件。查找子窗口时，在文件夹图标上单击鼠标右键，从弹出的快捷菜单中选择"Find..."，则弹出如图 3-15 所示的对话框。在对话框中输入子窗口名称，其操作方法与 Windows 中的操作方法基本相同。

图 3-15 查找子窗口对话框

（5）保存项目文件

Origin 9.0 项目管理器中的内容和组织结构是具体针对当前项目的。当保存项目时，项目管理器的文件结构也同时保存在项目文件（扩展名为 opj）中。

（6）追加项目文件

利用文件菜单中的 File：Append 命令或单击鼠标右键使用 Append Project 命令，可以从其他地方加载一些以前保存的子窗口到当前项目中。

3.4　文　件　类　型

Origin 由于子窗口和操作对象不同，会使用到多种文件类型（对应不同的文件扩展名），有必要加以区别和说明，如表 3-2 所示。

表 3-2　　　　　　　　　　　　　　　　文件扩展名及其意义

文 件 类 型	相 应 说 明
Project Files（OPJ）	主项目文件，包括所有数据、子窗口、脚本、备注等
Child Window Files（OGW，OGG，OGM，TXT）	子窗口文件，OGW：工作簿窗口文件，OGG：图形窗口文件，OGM：矩阵窗口文件，TXT：备注窗口文件。所有子窗口可通过文件菜单单独保存或追加到项目中
Template Files（OGW，OTP，OTM）	模板文件类型：OGW：工作簿窗口模板，OTP：图形窗口模板，OTM：矩阵窗口模板。主要操作：文件菜单中的另存为模板，以及相应的模板库操作
Theme Files（OTH，OIS）	主题模板：类似模板，胜似模板
Import Filter Files（OIF）	数据导入模板
Fitting Function Files（FDF，FIT）	内置和外置，自定义非线性按钮拟合模板，可扩展
LabTalk Script Files（OGS）	编程脚本文件
Origin C Files（h，c，etc.）	C 语言文件
X-Function Files（OXF，XFC）	X-函数文件，XFC 为编译的 OXF，可扩展功能模块
Origin Package Files（OPX）	以前版本用 OPK 文件，一种扩展或定制功能，可共享
Initialization Files（INI）	软件用的配置文件
Configuration Files（CNF）	包含 LabTalk 脚本命令、变量参数等

3.5 命 名 规 则

Origin 中默认的命令是窗口类型加上编号，由于这些默认名称没有任何意义，因此操作起来不方便，时间长了会忘记，窗口多了会混乱，因此重命名是为这些没有具体含义的名称加上具体的意义。

不同的子窗口和操作对象的命名规则有所不同，详细讨论还有点复杂。但总的来说其基本规则是：如果是一些备注的说明文字，则其内容和长度要求比较宽松；而对于有可能实际需要操作的对象如子窗口、数据列、单元格等，则有一定的要求。

基本要求包括：

（1）必须唯一，即不能重复命名。不同子窗口类型（如数据窗口和图形窗口）也不能重复命名。

（2）一般由字母和数字组成，可以用下划线，但不能包括空格，当然也不能是中文。

（3）必须以字母开头。

（4）不能使用特殊字符！@#￥%{}等。

（5）长度要适度控制，一般少于十几个字符，不同对象长度限制不同。

对于具体的命名操作，如果命名时违反规则，Origin 会进行适当的提示，这时只要遵守上面的命名规则进行调整即可。

3.6 定制 Origin

设置参数可以方便使用，统一格式，提高工作效率。

选择菜单命令 Tools→Options 命令即可打开参数设置窗口 Options 对话框，如图 3-16 所示。

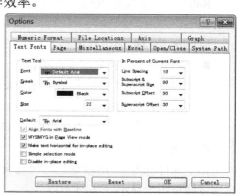

最底下的四个公共按钮分别是 "Restore"（恢复上一次保存的设置）、"Reset"（恢复默认设置）、"OK"（确定，提交修改结果）、"Cancel"（取消本次修改）。

3.6.1 Text Fonts 选项卡

打开时最先见到的是 Text Fonts 选项卡，用于设置文本格式。

图 3-16 "Options" 对话框

（1）Text Tool。

该标签下的选项可以设置：

Font：字体样式；

Color：字体颜色；

Size：字体大小。

另外还有一个 Greek 用于设置希腊字母的字体样式。要使用希腊字母可以在 **T** 工具状态下单击格式工具条的 **αβ**，这个格式会在你每次创建一个文本框 **T** 时应用。

（2）In Percent of Current Font。

该标签下：

Line 用于设置行距；

Subscript &Superscript 用于设置上、下标的字体大小；

Subscript 设置下标的偏移量；

Superscript 设置上标的偏移量。

正如标签所示，该标签下的数值是以%来计算的，比如你设置 Line 值为 10，则行距即为字体高度的 10%。上文说到的偏移量是指文字与上、下标之间的距离。

（3）Default。用于设置显示文本的默认字体。例如你构建一个图形时，图像会显示对 X、Y 坐标的说明，图形的 X、Y 坐标说明的文本就是用这个字体。

（4）Align Fonts with Baseline。选中之后可以使文本中不同字体在同一水平线上。

（5）WYSIWYG in Page View Mode。所见即所得，作用是在 Page View 状态（通过选择菜单命令 View→Page View 命令进入）下显示打印到纸上时的效果。

（6）Make Text Horizontal for In-Place Editing。作用是使被旋转过的文本，在编辑时按照正常的方式水平显示。

（7）Simple Selection mode。表示是否使用普通的选择模式。

（8）Disable In-place Editing。选中之后，双击文本时会弹出一个修改文本的对话框；若未勾上，则双击文本时会直接在当前文本中进入编辑模式。

3.6.2 Page 选项卡

页面设置选项卡，用于设置 Graph 页面输出选项。

（1）Copy/Page Settings。该标签用于设置输出页或剪贴对象的格式。

Ratio 可设置输出或剪贴页到其他程序时的页的大小，以%来算，如 40 即为原页面大小的 40%。

Margin 是指页的边框大小，其中：

- Border 表示指定的页面边框，可以在下面的 Clip Border 中设置，仍以%来计算，但需要注意的是它指的是 Border 的宽度，若设置 5 则表示上下左右都会添加图像的 5%作为边框；
- Tight 为包含图像数据的最小区域；
- Page 则是指整个页面。

由于软件的差别，所以输出时可能会存在一些意外的问题，所以 Origin 设置了 Advanced 选项以修正图形显示，如图 3-17 所示。

- Set Resolution 可以设置 DPI 的值，一般推荐使用 300，可以修正大部分的图形；
- Keep Size 是保持大小；
- Simple 则表示不对图像做修形。

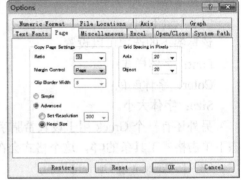

（2）Grid Spacing in Pixels。该标签可用来设置网格的大小，其中：

Axis 为轴的网格；

Object 为页的网格，大小以像素算。

要显示网格，可选择菜单命令 View→Show→Object Grid 来设置。

图 3-17　Page 选项卡

3.6.3 Miscellaneous 选项卡

该选项卡下的选项都是一些较细节的选项，如图 3-18 所示。

（1）Printing Options。用于设置打印页的大小，按千分之一计算，值为 1000 即是说 X 或 Y 为原页面大小的千分之一千，也就是按原比例打印。

（2）Custom Date Formats。日期格式的设置，两个' 之间为直接显示的内容，另外有几个字符串表示不同的时间项，其中的意思如表 3-3 所示。

表 3-3　　　　　　　　　　　　　表示时间项的字符串

字　　符	时　间　项	字　　符　　串
M	月	m=月份的数字 mm=月份的数字（2 位）如 1 月为 01 mmm=月份的英文前 3 个字母 mmmm=月份的英文

续表

字　符	时　间　项	字　符　串
d	日	d=日的数字 dd=日的数字（2 位） ddd=星期的英文前 3 个字母 dddd=星期的英文
y	年	y=年份的最后 1 个数字 yy=年份的最后 2 个数字 yyy=年份
h	时（按 12 小时显示）	h=时的数字 hh=时的数字（2 位）
H	时（按 24 小时显示）	H=时的数字 HH=时的数字（2 位）
m	分	m=分的数字 mm=分的数字（2 位）
s	秒	s=秒的数字 ss=秒的数字（2 位）
#	秒的小数位数	#=1 位小数 ##=2 位小数 ###=3 位小数 #####=4 位小数
t	表示上下午	t=用 1 个字母 A 或 P 来表示 tt=用 2 个字母 AM 或 PM 来表示

示例：设当前时间为 2006 年 3 月 7 日 17:34:59.1234

输入 1　　　y': 'dd'-'MMMM

输入 2　　　mm'}'hh'.'###':'ss'='tt

则输出日期为：6:07-March

输出时间为：34}5.123:59=PM

（3）No Redraw。选中时，当 Origin 内一个窗口被另一个窗口覆盖超过这个值（以%算）时，Origin 不会重画这个窗口，用于防止用户在不甚了解这个窗口的内容的情况下，对这个窗口做出修改。

（4）Bisection Search Points。选择是否以对分法搜索点的标准，以提高搜索速度。当该值大于图像的点的数目时，则使用连续搜索，否则使用对分法搜索。

（5）Default Multi-ASCII Import Template。默认导入多个数据时，用来安装 ASCII 码的容器。

（6）Default Multi-ASCII Import Plot XY。导入多个数据时的格式：D 表示忽略的列，X 表示导入作为 x 轴，Y 表示导入作为 y 轴，Z 表示导入作为 z 轴，E 表示前一个符号表示的列中错误的值，后面跟数字 N 表示把前面 N 列的格式应用到余下的列中去。软件中包含的集中预定的格式为：

XY1：导入数据作为 XY（即第一列为 x 轴，第二列为 y 轴）或 XYY 或 XYYYYYYY........

DXY1：导入数据去掉第一列，余下的作为 XY1 格式

XY：导入数据第一列为 x 轴，第二列为 y 轴，其余忽略

XY2：导入数据第一列为 x 轴，第二列为 y 轴，后面再有数据均按 XY 格式导入

XYE：导入数据第一列为 x 轴，第二列为 y 轴，第三列为 y 轴的错误的值，其余忽略

XYZ：导入数据第一列为 x 轴，第二列为 y 轴，第三列为 z 轴

根据规则，你也可以自己创建导入格式，如：XDYY3 表示导入数据第一列为 x 轴，然后每隔 1 列导入 2 列作为 y 轴。

（7）Use Numeric as Preferred Column Type。选择列的内容的类型是数字还是文本，默认为数字。

（8）Use Toolbar Spacer。它是否显示工具条间隔。

（9）Display Bitmaps in Menus。它是否在菜单的选项侧边显示选项的图标。

3.6.4　Excel 选项卡

该选项卡关于 Excel 选项卡的参数设置，如图 3-19 所示。

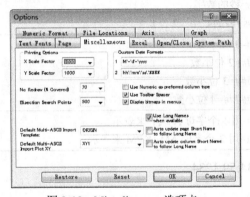

图 3-18　Miscellaneous 选项卡

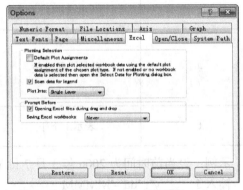

图 3-19　Excel 选项卡

（1）Default Plot Assignments

选择此项可让选择图像时使用默认的数据表，否则会弹出对话框以选择一个数据表。

（2）Scan Data for Legend

选择此项可以使 Origin 在数据表缺失数据的情况下建立图像时，在每一列自动向上查找一直到找到值为止。

（3）Plot Into

选择要绘制多个图像时，绘图的范围是 Single Layer（单个图层）、Multiple Layers（多个图层）、还是 Multiple Pages（多页）。

（4）Opening Excel files

是否在打开 Excel 表格时提示操作。

（5）Saving Excel workbooks

选择保存 Excel 时在什么情况下发出提示操作：Never（从不），Before Saving（保存）

或是 Before Saving Project As（保存为）。

3.6.5 Open/Close 选项卡

这个选项卡是一些进行打开或关闭操作时的参数，如图 3-20 所示。

（1）Window Closing Options：该标签下都是一些关闭窗口时是否提示的选项，另外 Prompt for Save on Script Window close 可以选择在用 Script 进行关闭数据表操作是否提示。

（2）Start New：用于设置在打开工程时要显示的图标类型。

（3）Open in Subfolder：是否在子文件夹打开 Project。

（4）Backup Project Before Saving：设置是否在保存之前备份文件。

（5）Autosave project every_minute(s)：设置自动保存的时间间隔，默认为每 12 分钟自动保存一次。

（6）When Opening Minimized Windows：选择在打开旧版本的工程时是 Open as hidden（隐藏）、Open as minimized（最小化）还是 Prompt（提示）。

（7）Prompt for Save on Options Dialog Close：选择是否在保存参数设置时提示操作。

（8）Save Setting on Close：是否在关闭 Origin 时自动保存参数设置。

3.6.6 Numeric Format 选项卡

该选项卡可以设置数字格式，如图 3-21 所示。

图 3-20　Open/Close 选项卡

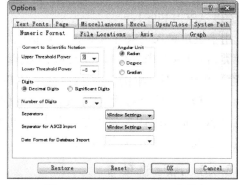

图 3-21　Numeric Format 选项卡

（1）Convert to Scientific Notation

当数字为科学记数法格式时，设置指数的位数的上下限。

（2）Number of Decimal Digits

设置小数位数。

（3）Separators

选择数字的书写形式是 Windows Setting（系统格式），还是其他。

（4）Angular Unit

选择角度的单位是 Radian，Degree 还是 Gradian。

3.6.7 File Location 选项卡

用于选择打开或保存文件时，对话框显示的路径。

（1）File Tracking

选择是否跟踪文件打开或保存时的路径。

（2）File Extension Group Default

选择不同的 Group（文件类型），单击 Edit 按钮，可以打开 File Extension Group Default 对话框。

在这个对话框中你可以选择打开或保存文件时，默认显示的路径 Path 和保存类型 Type。另外选择 Apply To All Group 选框可以一次性修改所有文件类型，如图 3-22 和图 3-23 所示。

图 3-22 File Location 选项卡

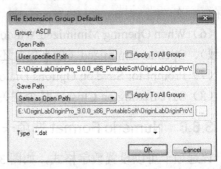

图 3-23 File Extension Group Defaults 对话框

（3）ASCII File Type

用于设定导入 ASCII 文件时，对话框可以显示文件的种类。你可以选择 Add（增加）、Edit（编辑）或是 Delete（删除）文件类型。单击 Add 按钮会弹出 File Extension Type 对话框。在这个对话框中 Description 代表对文件的描述，Specification 代表该文件的格式，如*.dat 可以接受后缀名为.dat 的文件，如图 3-24 所示。

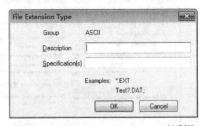

图 3-24 File Extension Type 对话框

3.6.8 Axis 选项卡

图 3-25 Axis 选项卡

该选项卡可以设置坐标轴的格式，如图 3-25 所示。

（1）Max Number of Ticks

其中 Numeric Scales 设置坐标轴主刻度的最大个数，Text/Date Time Scales 设置文本和日期字段的最大长度。

（2）Distance From Tick Labels（%）

设置当刻度在轴里面（To Inside Ticks）或是在轴外边（To Outside Ticks）时，刻度离轴标签的距离，以及轴标签与轴标题之间的距离（To Axis

Title），均按%来算。

（3）Display 1 as 10^0 in Log Scale

当坐标轴以 LogX 为刻度时，选择此项可以让刻度 1 的标签的显示方式由 1 变为 10°。

3.6.9 Graph 选项卡

该选项卡用于设定图像的参数，如图 3-26 所示。

（1）Origin Dash Lines

该标签下可以设置虚线的格式。Dash 项选择虚线的种类后，可以在后面设置格式：按线-空格-线-空格……所占像素的值依顺序输入即可，如 12 24 5 13 表示按"12 个像素长的线-24 个像素长的空格-5 个像素长的线-13 个像素长的空格"不断重复，直至达到虚线长度为止显示虚线。

Use Origin Dashes in Page View 可以决定是否在 Page View 模式下显示虚线。Scale Dash Pattern by Line Width 可以决定是否依据虚线后的空隙按比例缩放虚线。

图 3-26　Graph 选项卡

（2）Line Symbol Gap（%）：用于设定在 Line+Symbol 图像中点与线之间的距离，按点的百分比来计算。

（3）Symbol Border Width（%）：用于设定图像中点的方框大小，按点的百分比来计算。

（4）Default Symbol Fill Color：用于默认点的颜色。

（5）Drag and Drop Plot default：用于设定拖放图形时的格式。

（6）Symbol Gallery Displays Characters：用于设定在设定数据点样式时是否可选字体。

（7）Speed mode show watermark：选择是否在 Speed mode 下显示水印。

（8）User defined Symbols：自定义图标。Ctrl+X 为删除，Ctrl+C 为复制，Ctrl+V 为粘贴。你可以先把图标复制到剪贴板上再贴到这里来。这些图标可以用来表示数据点。

（9）Bar Graph Show Zero Values：选择是否在图像的 Y=0 处显示一条线。

（10）Log Scale Use 1as Floor：选择在坐标轴刻度以 Log 方式显示时，是否以 1 为底数，用于对数值小于 1 时的柱型数据图中。

（11）Percentile with Averaging：选择是否在统计分析中，使百分数的分布平滑。

（12）Enable OLE In-place Activation：选择是否激活嵌入式修改其他文件的功能（一般不推荐使用）。

3.7　本　章　小　结

Origin 9.0 的基本操作包括对项目文件的操作和对子窗口的操作两大类。本章主要介绍了 Origin 9.0 的项目文件操作，包括新建、打开、保存、添加、关闭、退出等操作；窗口操作、项目管理器的使用、命名规则及定制方法，这些基本知识是下文中学习复杂图形绘制的基础，读者一定要仔细研读，掌握这些 Origin 的基本功能，能够大幅度提高科技制图及数据分析的效率。

第4章　电子表格与数据管理

数据是作图的基础和起点，本节内容涉及数据的录入、数据的导入、数据的变换、数据的管理等，本章是 Origin 最基础和必须掌握的内容。

Origin 的电子表格主要包括多工作表工作簿（Workbook）窗口、多工作表矩阵工作簿（Mbook）窗口和 Excel 工作簿窗口。其中，Excel 工作簿是将 Office 表格处理软件工作簿嵌入 Origin 中的。

本章学习目标：
- 掌握工作簿和工作表的基本操作
- 掌握多工作表矩阵窗口的使用
- 了解数据的导入和转换功能
- 了解 Excel 工作簿的使用

4.1　工作簿和工作表

Origin 中用于数据管理的容器称为工作簿（Workbook），每个工作簿包含最多 121 个工作表（Worksheet），工作表是真正存放数据的二维数据表格，可以重新排列、重新命名、添加、删除和移植到其他工作簿去。

每一个工作表可以存放 1000000 行和 10000 列的数据。每个项目（Project）包含的工作簿数量是没有限制的，因此可以在一个项目中管理数量巨大的实验数据。

工作簿和工作表与 Excel 等电子表格软件看起来好像很相似，实际上存在着明显的区别：电子表格的行与列之间可以没有任何逻辑关系，因此其操作对象是机缘单元格或若干个单元格的，而 Origin 所期望的数据是具有特定物理意义的科学数据。

这种意义对于列来说，首先究竟是自变量（X，作为 x 轴坐标）还是因变量（Y，作为 y 轴坐标）还是三维变量（Z，第三维坐标）。

其次 X 变量代表的是什么具体物理的意义，如典型的是时间、浓度、温度、pH 值等等；Y 变量代表的又是哪一种物理量随 X 变量而变化呢？这些都是真实实验所赋予的，不能随主观改变。而对于行来说，这个意义比较简单，就是一组对应着列所表示物理量的实验记录。

因此，如果孤立或人为地把这些实验数据拆开作图和分析，显然是没有道理的。这就是 Origin 的工作簿与 Excel 等电子表格的最大区别。

4.1.1 工作簿

工作簿的主要操作包括新建、删除、保存、复制、重命名等。

（1）新建工作簿

有两种常用的方法建立工作簿，一种是使用 File 文件菜单中的新建（New）命令，然后选择 Workbook；另一种是直接单击标准工具栏上的 New Workbook 按钮，如图 4-1 所示。

（2）删除工作簿

单击工作簿的关闭按钮，然后选择 Delete 删除。

（3）保存工作簿

使用文件菜单的"窗口另存为"（File→Save Window As）存为独立的.ogw 文件。如果有必要，也可以保存为模板（File→Save Template As，不保存数据只保存设置参数）。

（4）重命名工作簿

用鼠标右键单击工作簿，选择属性，打开属性对话框，根据具体情况进行命名。其中 Long name 长名，也可以使用中文名称。

（5）复制工作簿

激活已经存在的工作簿，按住 Ctrl 功能键，用鼠标选中工作表的标签位置然后拖到 Origin 工作空间的空白处放开，则系统会自动建立一个新的工作簿并复制该工作表。

（6）工作簿命名及标注

用鼠标右键单击工作簿标题栏，在弹出的菜单中选择 Properties，在弹出的"Window Properties"对话框中的"Long Name"栏、"Short Name"栏和"Comments"栏中输入名称和注释，并选择工作簿标题栏名称的现实方式按钮。"Window Properties"对话框如图 4-2 所示。

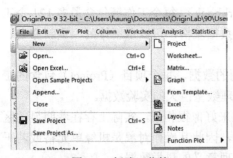

图 4-1　新建工作簿

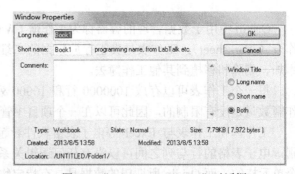

图 4-2　"Window Properties"对话框

新建、删除、保存和重命名的操作也可以在项目管理器 Project Explorer 中进行，操作时单击该工作簿或某个文件夹，单击鼠标右键在快捷菜单中选择相应的功能。

4.1.2 工作簿窗口管理

Origin 工作簿由工作簿模板创建，而工作簿模板存放了工作簿中的工作表数量、工作表列名称及存放的数据类型等信息。

工作簿窗口管理器（Workbook Organizer）以树结构的形式帮助用户了解这些工作簿信息。这些工作簿信息，如工作表列名称，还可以在工作簿窗口管理器中进行编辑。

（1）工作模板的创建

工作簿模板文件（*. otw）包含了工作表的构造信息，它可以由工作簿创建特定的工作簿模板。

将当前工作簿窗口保存为工作簿模板的方法为，执行菜单命令 File→Save Template As，打开"Save Template As"窗口，选择工作簿模板存放路径和文件名进行保存。

（2）用工作簿模板新建工作簿

执行菜单命令 File→New，在下拉菜单中，选择打开"Workbook"窗口类型和工作簿模板文件（默认时采用系统的工作簿模板），也可以在此时单击"Set Default"按钮，将当前的工作簿模板文件设置成默认工作簿模板。

（3）工作簿窗口管理器

工作簿窗口管理器以树结构的形式提供了所有存放在工作簿中的信息。当工作簿为当前窗口时，用鼠标右键单击工作簿窗口标题栏，在弹出的快捷菜单中选择"Show Organizer"命令，即可打开该工作簿窗口管理器。

图 4-3 所示为打开的 sample、wav 工作簿和工作簿窗口管理器。通常工作簿窗口管理器由左、右面板组成。当用户选择了左面板中的某一个对象时，则可在右面板中了解和编辑该对象。

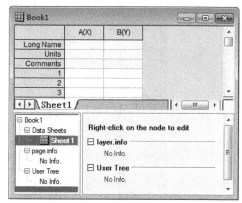

图 4-3　工作簿窗口管理器

4.1.3　工作表

工作表的主要用途是管理原始数据和分析结果。除此以外，工作表的另一个用途是对数据进行操作。每个工作簿包含一个或一个以上的工作表，一个工作表就是一个二维电子数据表格（但注意行和列具有特定物理意义）。

工作表的操作包括两部分，一部分是以工作表作为一个整体的操作，即工作表的添加、删除、移动、复制、命名等；另一部分是工作表表头的操作和设置。

1. 工作表操作

（1）在工作簿中添加工作表：单击默认工作表（Sheet1）的标签位置，单击鼠标右键，选择 Insert 或 Add 可以添加一个新的工作表。两者的区别是 Insert 插入到当前表前面，Add 则增加到当前表后面，如图 4-4 所示。

（2）复制工作表：有两种复制工作表的方式。一种是完整的复制，操作方法同添加类似，但是在快捷菜单中选择 Duplicate。另一种是复制格式但不复制数据，选择 Duplicate Without Data。复制完整表的另一种简单方法是按住 Ctrl 键，单击工作表标签然后用鼠标拖到工作

图 4-4　工作表操作快捷菜单

簿的其他空白区域。

（3）删除/移动/重命名工作表：在快捷菜单中分别选择 Delete→Move→Rename 命令。

（4）表/列/行的选定：可以选择整个数据表、整行或整列，方法是用鼠标单击数据表左

上角空白、单击列头、单击行号。

2. 工作表表头操作

对多表头的支持是新版本的特性之一，其主要原因是：

（1）赋予数据更明确的意义；

（2）更多的参数说明；

（3）方便自动设定作图时的坐标轴标题和图例；

（4）为了更好地支持来自其他软件和仪器外部数据格式导入的兼容性，设置工作表头如图 4-5 所示。

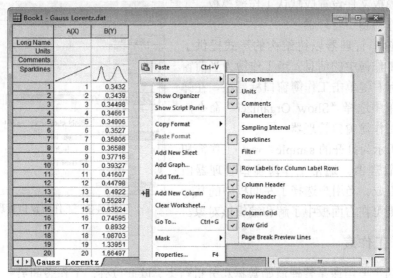

图 4-5　设置工作表表头

用鼠标右键单击工作表空白或工作表左上角空白，打开快捷菜单，选中 View 子菜单，可以打开或关闭工作表各种表头（包括默认和扩展）的显示。

默认的表头包括长名（Long Name）、单位（Units）和注释（Comments），扩展的表头包括参数/条件（Parameters）、采样率（Sampling Interval）、简略图（Sparklines）和过滤器（Filter）。

（1）Long Name：长名

列的名称包括 Short Name 和 Long Name，Short Name 即显示在列头上的名字，Long Name 是对列的详细表述，相当于标题。Short Name 是必须的，Long Name 是可选的；Short Name 有 17 个字符的限制，Long Name 的长度没有限制，作图时如果有 Long Name 会自动作为坐标轴名称。

（2）Units：单位

即列数据的单位。与 Long Name 一起自动成为坐标轴的标题，例如 A 列定义为自变量 X，长名（Long Name）为 Time，单位（Units）为 sec，则作图时 x 轴坐标显示为 Time（sec）。

（3）Comments：注释

对数据的注释，直接输入即可。如果需要多行，可在行尾按快捷键 Ctrl+Enter 换行，作图时会以注释第一行作为图例。

以上为默认表头，输入简单，限制较少，可以使用 Format 和 Style 两个工具栏对格式进一步设置。特别有意义的操作是输入上下标和希腊符号（见图 4-6），这彻底解决了以前版本关于单位符号的问题，设置也可以输入中文。

（4）Parameters：参数/条件

主要保存温度、压力、波长等试验条件或试验参数，根据需要打开显示，也可以在表头部分单击鼠标右键，选择 Insert 插入。

图 4-6　格式工具栏上的希腊符号按钮

（5）Sampling Interval：采样率

例如声波数据，数据量巨大，通过设置采样率以减少数据量。工作表采样率的设置是在工作表中绘制等间隔 X 增量的快速方法。

设置工作表抽样间隔的方法是，首先使工作表不含有 x 轴（X 列）绘图标记，然后选中工作表中所有的列，用鼠标右键单击工作表，在弹出的快捷菜单中选择 Set Sampling Interval 命令，在弹出的"Data Manipulation"菜单中选择 X 初值和 X 增量。图 4-7 所示为"Data Manipulation"菜单中选择 X 初值为 1 和 X 增量为 1。

（6）Sparklines：简略图

能够动态地显示本列数据位缩略图，便于观察数据趋势，生成的图形会成为一个图形对象，可以编辑，也可以置换。

以上各项除了打开显示输入外，也可以单击某行，单击鼠标右键，选择相应的快捷命令进行设置。例如将某行设置为参数行，则选中某行，然后单击鼠标右键，在快捷菜单中选择 Save As Parameters，如图 4-8 所示。

图 4-7　"Data Manipulation"菜单

图 4-8　将行设置为表头

4.1.4 列操作

列操作主要包括列定义、格式设定、列编辑等，列操作特别是列定义与作图关系最为密切，这也是 Origin 数据表与普通的电子表格的区别所在。

1. 列编辑

列编辑包括列的添加、删除、位置移动等。

（1）添加/追加列：Worksheet 默认为两个列，列名分别为 A 和 B 并自动定义 A 为 X，B 为 Y。如果需要增加一个或多个新列，则可以选择执行菜单命令 Column→Add New Columns，更简单的方法是单击标准工具栏的+冒按钮。

添加的列会自动加在最后面，新的列名会按英文字母（A，B，C，…，X，Y，Z，AA，BB，CC，…）顺序自动命名，如果前面有一些列被删除，则自动补足字母顺序，默认情况下所有新列被定义为 Y。

（2）插入列：如果不希望列添加在最后面，可以采用插入列的操作。方法是单击某列，使用 Edit 菜单的 Insert 命令，或者单击鼠标右键选择 Insert，则新列会添加到当前列前面，命名规则与追加列相同。

（3）简单的采用上面的操作若干次，则会追加或插入若干个列。

（4）删除列：单击某列用鼠标右键选择 Delete 或采用 Edit 菜单的 Delete 命令。删除列的操作要小心，因为删除后数据不能恢复，而且跟这些数据有关的一系列图形、分析结果也会随之变化。如果只是希望删除列数据，则选择 Clear 命令而不是 Delete 命令。

（5）移动列：移动列即调整列的位置，操作方法是先用鼠标选中某列（单击列头），然后选择三种方式之一进行操作：1）按鼠标右键使用快捷菜单。2）打开列操作工具栏进行操作。3）使用列菜单 Column 中的相关命令。具体操作包括四种，即移到最左边、移到最右边、向左移动一列和向右移动一列，如图 4-9 所示。

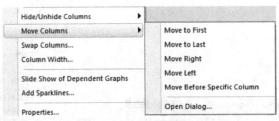

图 4-9　移动列菜单

要注意的是：如果直接采用 Cut 和 Paste（剪切和粘贴）操作，则只移动"列的数据"而不会移动列的位置（即列头属性不会移动）。

（6）改变列宽：如果列的宽度比要显示的数据窄，则数据显示不全。实际显示为"###"的形式，则可以将鼠标移动到列的边界位置，通过拖曳列边界线适当加大列的宽度，列宽大小也可以通过单击鼠标右键使用列属性对话框进行设置。

（7）行列转置：即把行变成列或把列变成行，可以使用 Worksheet：Transpose 菜单命令进行操作，也可以使用列工具栏上的按钮命令。

2. 列定义

为了对列进行详细的定义和格式设置，需要选中某列，单击鼠标右键选择 Prosperities，打开列属性对话框。对话框分成三部分内容,第一部分是名称和单位等说明即表头的设置,第二部分是列宽设置,第三部分则是列定义和格式设置,如图4-10所示。

列定义(Column Plot Designations)为每个列给出一个明确的指示,以便于Origin进行作图和数据分析。可以通过属性对话框中的Plot Designations下拉菜单,将列定义为X(x轴坐标)、Y(y轴坐标)、Z(z轴坐标)、Label(标签,数据点标志)、Disregard(不指定)、X Error(X误差)、Y Error(Y误差)7种中的任一种,设置结果会体现在数据表上。

其中X(自变量)和Y(因变量)是最基本的类型。一般情况下,如果要作图,一个表至少要应有一个X列,一个X列可以对应一个或多个Y列。

如果有多个X列,则规则是:没有特别指定情况下,每个Y列对应它左边最接近列的第一个X列,即"左边最近"原则,作图和数据分析都基于这种假设。对于多X列和多Y列,从左到右第一个X列显示为X1、X2……Y列显示为Y1、Y2……

如果不想打开属性对话框,也可以选中某列单击鼠标右键选择进行Set As:Designation。在X,Y,Label等7项进行指定。如果选中的是多列,则可以选择XYY、XYXY、XYYXYY、XYYYYXYYY等几种常用设置。

在作图和数据处理过程中可以随时地进行设定或更改设定,但对于具体的科学实验来说,由于数据具有特定的物理意义,不可能随意更改,因此软件提供的这种灵活性其实意义不大。

3. 列格式

列格式包括Format(格式),Display(显示)和Digits(位数)三部分,如图4-11所示。

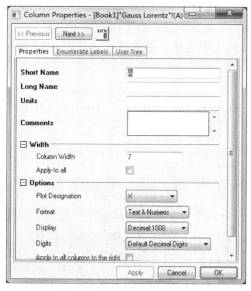

图4-10 列定义设置对话框

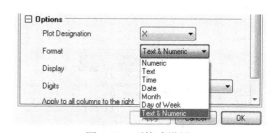

图4-11 列格式设置

(1)Format

指定当前列中数据的类型:共有7种,默认为Text & Numeric,即字符和数值型(数学运算时会自动识别）。

如果将数据指定为其中任一类型，则输入其他类型的数据时可能显示不正确。如指定当前为 Numeric，若输入"实验数据"等字符型数据则不能显示，格式各项对应的情况具体如表 4-1 所示。

表 4-1 数据格式说明

选 项	功 能
Numeric	数字型：只能输入阿拉伯数字，在 Display 下拉列表中选择科学计数法等来显示数据
Text	字符型：将被当作文本处理，不能参与计算、绘图等
Time	时间型：采用 24 小时制，格式为：小时:分:秒:分秒，以冒号间隔开，具体的格式可在 Display 下拉列表中选择
Data	日期型：只能输入客观存在的日期，以空格、斜线或连字符连接，对于不完整的日期，系统默认为当前日期，因此一般输入完整的日期。具体的格式可在 Display 下拉列表中选择
Month	只能输入月份的英文名称，在 Display 下拉列表中选择输入月份的格式：如 January 可以输入：J、Jan、January
Day of Week	输入星期的英文名称，在 Display 下拉列表中选择输入星期的格式：如 Monday 可表示为：M、Mon、Monday
Text & Numeric	这时 Worksheet 中列数据的默认类型，可接受任何类型数据。但字符型数据进行运算时将视为空值

实际应用中 Text & Numeric 和日期/时间类型用得最多。

（2）Display

在选择数据的相关类型后，可在 Display 下拉列表中选择显示的格式，如图 4-12 所示为 Text & Numeric 的显示格式。

（3）Numeric Display

只有当 Format 选项为 Text & Numeric 或者 Numeric 时，Numeric Display 才出现，如图 4-13 所示。

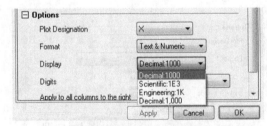

图 4-12 列格式显示

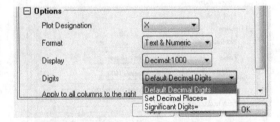

图 4-13 Numeric Display 中的 3 个选项

Numeric Display 的各项功能如表 4-2 所示，设定数据的小数位数及有效字位数如图 4-14 所示。

表 4-2	Numeric Display 各项功能
选　项	功　能
Default Decimal Digits	显示 Worksheet 单元格中的所有数据，数字位数由 Options 对话框中的 Numeric Format 选项卡中的 Number of Decimal Digits 下拉列表选项决定
Set Decimal Places=	设置输入数据的小数位数，在下拉列表中选择此项后，右边出现输入框，在其中输入所需要的小数位数，默认状况下为 3。若输入的数据小数位数小于 3，则系统自动补足；小数位数大于 3 时，系统根据四舍五入原则进行取舍
Significant Digits=	设置输入数据的有效数字位数，同样在下拉列表中选择此项后，右边出现输入框，在其中输入所需要的有效数字的位数，默认值为 6。可根据实际情况设定此值，系统将会根据具体数据多舍少补

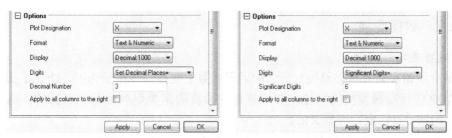

图 4-14　设定数据的小数位数及有效数字位数

4.1.5　行编辑

行即实验记录 Record，与列操作相比，行的操作比较简单。

（1）改变行高：通过移动行边界线进行调整。

（2）插入行：默认为 32 行。要插入新行，用鼠标单击行首选中某行，单击鼠标右键快捷菜单选择 Insert 命令或采用 Edit：Insert 菜单。要插入 n 个新行，可以采用单行的操作进行多次，或选择 n 行后，再执行一次插入操作。

（3）删除行：选中一行或多行，单击鼠标右键选择 Delete 或用 Edit：Delete 菜单。

4.1.6　单元格操作

单元格的最基本操作是单元格选择和数据输入，其操作方式与 Excel 等电子表格相同。至于单元格的格式设置问题，由于每个列已经根据其物理意义进行了列定义和列格式设定，因此具体单元格的格式最好不要另外设定，以免作图和数据运算出错。

新版的单元格支持 RTF 格式，允许插入对象，其功能变得很强大。插入的方法是用鼠标左键单击单元格，选择相应快捷菜单的子项，如表 4-3 所示。

表 4-3	单元格插入元素及其意义
插 入 对 象	说　明
arrow	箭头，包括向上箭头和向下箭头
graph	插入 Origin 图形
images	插入图形，允许 JPG，BMP，GIF，etc.等格式，也可以从粘贴板中粘贴
notes	备注，可以输入任意的字符
Sparklines	简略图
Info variables	变量信息

（1）关于 Note：备注内容不会直接显示在单元格中，要显示或编辑备注内容，需要用鼠标左键双击单元格打开记事本进行编辑，若要删除，直接按删除键即可。

（2）关于 Images：插入图像后使用 Image 菜单，可以进行相关的图像处理，图像处理一般在 Matrix 窗口中进行，后面有专门章节介绍。

（3）关于图像图形对象：对象的插入有两种形式，一种是 embed（嵌入），一种是 link（链接），两者的区别是 link 的数据不包含在工程文件中，要保持数据的完整性，就要确保外部文件与项目文件同时存在。

（4）关于 Sparklines：最重要的是要选择数据所在列，其他设置主要是相关信息呈现和简略图的设置。

4.1.7 数据变换

1. 数据变换

大部分原始实验数据必须进行适当的运算或数学变换才能用于作图，Origin 提供了在电子表格中进行数据变换的功能，要注意这种换算通常是以列为单位进行的，这是因为 Origin 中的列是有特定物理意义的。

基本操作时选中某个数据列，选择菜单命令 Matrix→Set Value，打开数据变换对话框，如图 4-15 所示。对话框说明如下：

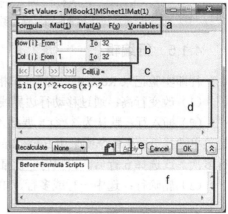

- 菜单栏。Formula：公式，利用这个菜单可以把已有公式进行保存或加载，还有一些预定义公式的例子。
- 行与列的范围，默认为自动，通常是整列数据。
- 通过移动按钮，在不同的数据列间进行切换，以便一次设置多个列的运算公式。
- 具体的运算公式，可以使用基本运算符、内部函数、列对象和变量进行组合。

图 4-15 "Set Values" 对话框

- 重计算选项，即如果数据源发生变化，结果数据要不要同步变化。有三个选项，包括 None 即不自动重算，Auto（默认值）即自动重算，Manual 手工决定是否重算。选择后两个选项后列上会出现一个 "锁" 状标记，用鼠标左键单击这个标记可以实现重算和其他选项的设置。
- 预处理公式脚本：在这里可以自定义变量，这些变量也可以是数据对象，公式的运算是先执行这个脚本，然后再算公式框中的公式，这样就可以进行更复杂的运算。

实际操作的数据运算与变换分为三个层次示例：

（1）简单数据运行：设 A 列为原数据，B 列为运算结果，则利用 "+、−、*、/、^" 一般运算符进行公式设置。例如为 B 列设置公式为：Col（A）*2。则表示，将 A 列数据乘 2 后将结果放于 B 列中。

要注意这一方法也可以本列自我计算。例如原始数据在 A 列，结果数据也在 A 列，公式运算也会是正确的。只是原始数据会被清除，因此不能设置为自动重算。

（2）使用内部函数，例如将列 A 的数据（弧度）运算正弦函数的结果放入列 B，则列 B 设置公式为 sin（Col(A)）。

（3）高级功能：采用自定义对象和变量。

1）设置自定义变量，例如首先在 Before Formula Script 中输入 range a=1，b=2；即设置变量列 B 的公式为 Col(A) *b-a，则相当于列 A 数据加倍并减 1。

2）自定义对象，例如 range a= "book1" data1!col (c)，即自定义变量 a 为工作簿 book1 的工作表 data1 的数据列 C，然后 a 就可以当成一个变量（实际是一个数据列）在公式框中进行运算。用这个方法，可以实现多数据表之间的数据运算。

当然对于简单的运算，自定义变量的意义不是太大，然而脚本编程最重要的意义是其灵活性、通用性和结构性，适当地学习一下完全是值得的。

如果公式比较重要，最后可以使用 Formula 菜单保存起来，以便再次使用。

2. 自动数据填充

填充行号或随机：选中多个单元格，单击鼠标右键快捷菜单，选择 Fill Range with 命令的三个选项：Row Number 即自动填充行号，Normal Random Numbers 随机数，Uniform Random Numbers 均匀随机数，如图 4-16 所示。

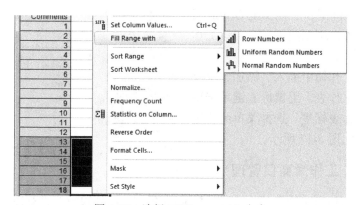

图 4-16 选择 Fill Range with 命令

如果希望根据已有数据实现数据填充，首先选中这些单元格，将鼠标移动到选区右下角，出现"+"光标，使用鼠标进行拖放。拖放时按 Ctrl 键则实现单元格区域的复制，按 Alt 键则会自动根据数据趋势进行填充。

3. 数据的查找与替换

采用编辑菜单的相关指令即可完成数据的查找或替换。

查找菜单为：Edit：Find，替换菜单为 Edit：Replace，输入要查找的字符单击相应的按钮即可。

4.2 矩阵工作簿

在 Origin 中主要有工作表和矩阵两种数据结构。工作表中的数据可用来绘制二维和某些三维图形，但如果想绘制 3D 表面图、3D 轮廓图以及处理图像时，则需要采用矩阵格式存放数据。

矩阵数据格式中的行号和列号均以数字表示。其中，列数字线性将 X 的值均分，行数字线性将 Y 的值均分，单元格中存放的是该 XY 平面上的 Z 值。

要观察矩阵某列或某行的 X 和 Y 值，可以选择菜单命令 View→Show X/Y，X 和 Y 值就会显示在行号和列号栏上。在矩阵的每一个单元格中显示的数据表示 Z 值，而其 X、Y 值分别为对应的列和行的值。

4.2.1 矩阵工作簿和矩阵工作表基本操作

一个 Origin 矩阵工作簿可以包含 1～121 个矩阵工作表。矩阵工作表可以重新排列、重新命名、添加、删除和移植到其他矩阵工作簿去。在默认时，矩阵工作簿和矩阵工作表分别以 MBookN 和 MSheetN 命名，其中 N 是矩阵工作簿和矩阵工作表序号。

（1）将一个矩阵工作簿中的矩阵工作表移至另一个矩阵工作簿。先用鼠标按住该工作表标签，再将该矩阵工作表拖曳到目标矩阵工作簿中。若在用鼠标按住该工作表标签的同时按下 Ctrt 键，将该工作表拖曳到目标工作簿中，则将该工作表复制到目标工作簿中。

（2）用一个矩阵工作簿中的矩阵工作表创建新矩阵工作簿。先用鼠标按住该矩阵工作表标签，再将该矩阵工作表拖曳至 Origin 工作空间中的空白处，则创建了一个含该工作表的新矩阵工作簿。

（3）在矩阵工作簿中插入、添加、重新命名或复制矩阵工作表。用鼠标右键单击矩阵工作簿中的工作表标签，选择菜单命令进行相应的操作，如图 4-17 所示。

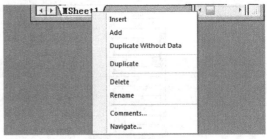

图 4-17 插入、添加、重新命名或复制矩阵工作表

4.2.2 矩阵工作簿窗口管理

矩阵工作簿窗口可由矩阵模板文件（*.otm）创建。矩阵模板文件存放了该矩阵工作表数量、每张矩阵工作表中的行数与列数等信息。

（1）创建矩阵工作簿模板。矩阵工作簿模板文件可由矩阵工作簿创建。将当前矩阵工作簿窗口保存为工作簿模板的方法是，选择菜单命令 File→Save Template As，打开"Save Template As"窗口，选择矩阵工作簿模板存放路径和文件名进行保存。

（2）用矩阵工作簿模板新建矩阵工作簿。执行菜单命令 File→New，打开"New"对话窗口，在下拉菜单中选择打开"Matrix"窗口类型和矩阵工作簿模板文件（默认时采用系统的矩阵工作簿模板），也可在此时单击"Set Default"按钮，将此时的矩阵工作簿模板文件设置成默认矩阵工作簿按钮。

（3）矩阵工作簿窗口管理器。与工作簿相同，矩阵工作簿窗口管理器也可以树结构的形式提供所有存放在矩阵工作簿中的信息。

当矩阵工作簿为当前窗口时，用鼠标右键单击矩阵工作簿窗口标题栏，在弹出的快捷菜单中选择 Show Organizer 命令，即可以打开该矩阵工作簿窗口管理器。

（4）在矩阵工作表中添加矩阵对象。一张矩阵工作表可以容下高达 65535 个矩阵对象（Matrix Object）。当矩阵工作表为当前窗口时，选择菜单命令 Matrix→Set Value，打开"Set

Value"对话框，在该对话框中设置矩阵对象的值。图 4-18 所示为在矩阵工作表中用公式"sin(x)^2+cos(x)^2"输入数据。

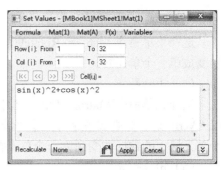

图 4-18 "Set Value"对话框

4.2.3 矩阵窗口设置

（1）矩阵数据属性设置

矩阵属性（Matrix Properties）对话框用以控制矩阵工作表中数据的各种属性。选择菜单命令 Matrix →Set Properties，打开矩阵设置"Matrix Properties"对话框，如图 4-19 所示。在该对话框中，可以对矩阵中的数据属性进行设置。

（2）矩阵大小和对应的 X、Y 坐标设置

为设置矩阵大小和与之相关的 X、Y 坐标，选择菜单 Matrix→Set Dimension Labels，打开矩阵设置"Matrix Dimension and Labels"对话框，如图 4-20 所示。

在该对话框中，可对矩阵的列数和行数、X 坐标和 Y 坐标的取值范围进行设置。Origin 将根据设置的列数和行数线性将 X、Y 值均分。

图 4-19 "Matrix Properties"对话框   图 4-20 "Matrix Dimension and Labels"对话框

4.2.4 矩阵工作表窗口操作

（1）从数据文件输入数据

选择菜单命令 File→Import ASCII，按对话框提示从数据文件输入数据。此时，输入的是数据的 Z 值，还需在矩阵设置对话框中对矩阵的 X、Y 映像值进行设置。

（2）矩阵行、列转置

实现当前矩阵窗口的行、列转置的方法是，选择菜单命令 Matrix→Transpose，进行矩阵的行、列转置。

（3）矩阵旋转

选择菜单命令 Matrix→Rotate90，即可完成将该矩阵工作表每一列中的最后一个单元格转变成第一个单元格。

（4）矩阵翻转

选择菜单命令 Matrix→Flip，打开其二级菜单，如图 4-21 所示。可以选择"Horizontal"或"Vertical"，分别实现矩阵的水平或垂直翻转。其中，水平翻转的含意为将每一列最后一个单元格中的数据转变到第一个单元格中。

（5）矩阵扩充

矩阵扩充采用插值方法增加矩阵的点数。选择菜单命令 Matrix→Expand，打开"Data Manipulation"对话框，如图 4-22 所示。在"Col Factor"和"Row Factor"都是 2 时，则将原矩阵的行与列都扩充一倍。

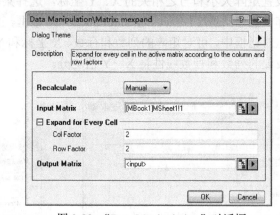

图 4-21　Flip 的二级菜单　　　　　图 2-22　"Data Manipulation"对话框

此外，矩阵的操作还有收缩（Shrinking）和替代（Replacing）等，由于较少使用，这里不做介绍。

4.3　数　据　导　入

作为一个科学作图和数据分析软件，直接在电子表格中录入数据并不是一种有效率的数据输入方式。事实上，在 Origin 中进行处理的大部分实验数据通常来自于其他仪器或软件的数据输出。因此，数据的导入在重要性上甚至要超过数据表的操作。当然，数据导入后的数据变换也是很重要的。

实验数据的来源，或者说数据格式可以分为三类。

第一类是典型的 ASCII 码文件，即能够使用记事本软件打开的普通格式文件。这类文件每一行作为一个数据记录，每行之间用逗号、空格或 Tab 制表符作为分隔，分为多个列。这类数据格式是最简单和最重要的，而其他格式的导入，初学者可先跳过。

第二类是所谓的二进制（Binary）文件。这类文件与 ASCII 文件不同，首先其数据存储格式为二进制，因此普通记事本打不开。其优点是数据更紧凑、文件更小、便于保密或记录各种复杂信息，因此大部分仪器软件采用的专用格式基本上都是二进制文件。其次是这类格式具有特定的数据结构，每种文件的结构并不相同，因此只有当打开者能够确定其数据结构的情况下才能导入。

基于以上考虑，一般情况下还是尽量使用具体仪器软件导出为 ASCII 格式，再以 ASCII 格式导入而避免直接导入二进制格式。但有部分特殊格式是可以选择直接导入而无需再导出 ASCII 格式的，这部分格式就是 Origin 能够直接接受的第三方文件格式。Origin 支持这类格式的原因是这类第三方软件很常用，文件格式比较固定。

第三类可以统称为数据库文件，即从技术上能够通过数据库接口 ADO 导入的数据文件，其范围相当广泛，如传统的数据库 SQL Server、Access 等和电子表格 Excel 数据文件等。导入这类文件时可以选择性地导入，即先"查询（query）"进行筛选，再导入。Origin 中提供了数据库的查询环境。

除了从数据文件中导入数据外，另一个导入数据的途径是粘贴板中的数据，这主要是方便 Origin 与其他软件的直接数据交换和共享。这类数据如果其数据结构特别简单，则直接在 Origin 的数据表中粘贴即可；如果结构复杂，则需要特别加以处理。

另一个简单的导入数据的方法是使用 Windows 平台常用的拖拉放操作，即把数据文件直接拉到数据窗口实现导入。

数据的导入，其主要的工作步骤是：（1）根据数据文件格式选择正确的导入类型；（2）采用正确的数据结构对原有数据进行切分处理，获得各行各列数据；（3）根据具体情况设定各数据列格式。

4.3.1 导入 ASCII 格式

ASCII 格式是 Windows 平台中最简单的文件格式，常用的扩展名为*.txt 或*.dat，几乎所有的软件都支持 ASCII 格式的输出。

ASCII 格式的特点是由普通的数字、符号和英文字母构成，不包含特殊符号，一般结构简单，可以直接使用记事本程序打开。

ASCII 格式文件由表头和实验数据构成，其中表头经常被省略。实验数据部分由行和列构成，行代表一条实验记录，列代表一种变量的数值，列与列之间采用一定的符号隔开。

典型的符号"，"（逗号）、" "（空格）、"TAB"（制表符，一种计算机能识别而我们看不到的符号，用记事本打开会看到几个空格）等，如果不采用以上符号，也可以采用固定列宽，即每列占用多个字符位置（不足时用空格填充）。

Origin 采用两种情况处理 ASCII 文件的导入，分别是对应菜单中 File→Import→Single ASCI 和 File→Import→Multiple ASCII 命令项，两者的区别是后者可以一次导入多个文件。更复杂的数据导入则需要使用导入向导 Import Wizard。

1. Import Single ASCII

使用菜单命令 File→Import→Single ASCII 或单击标准工具栏上的导入 Import Single ASCII 按钮（ 这三个按钮分别对应"导入向导"、"单文件导入"和"多文件导入"），即可打开如图 4-23 所示的对话框。

对于简单的 ASCII 文件，直接单击"Open"按钮导入即可。如果要进行详细的设置，则需要打开"Show Options Dialog"选项。

图4-23 导入单个 ASCII 码数据文件对话框

通过这个文件打开对话框，选择某一需要导入的数据文件（必须为 ASCII 格式），单击"Open"按钮即可把默认的参数导入所需数据文件，软件会尝试识别文件格式、分隔符、表头等，并自动为数据列增加 Sparklines 简略图。

要注意的是，这种导入的默认参数会覆盖当前数据表中的数据。因此如果不希望覆盖，则要么保证当前数据表为空表，要么进行参数设置。

如果文件格式简单，直接导入即可；如果希望详细设置，则要打开选项对话框。

打开参数设置的方法是先选择数据文件，然后选中"Show Options Dialog"，再单击"Open"按钮，此时打开如图4-24所示的对话框。

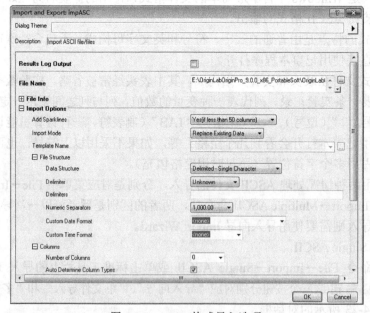

图4-24 ASCII 格式导入选项

本对话框提供了对文件数据源的各种详细处理参数的设置，内容比较复杂，实际应用时大部分选项保留系统默认值即可。自上而下说明如下：

（1）Add Sparklines：是否增加简略图，建议采用默认选项即少于 50 个数据自动增加。

（2）Import Mode：导入的数据与当前的数据表是什么关系，默认代替当前数据，其他选择包括建立新工作表、工作簿、追加列、追加行等。

（3）File Structure：文件结构。

1）Data Structure：数据结构，包括两种格式：一种是分隔符，一种是固定宽度。固定宽度较简单，输入每列字符数即可。分隔符即采用逗号、TAB 或空格等分开数据的格式。大部分实际数据存放以分隔符方式为主，因为固定列宽方式更浪费存储空间，效率较低。

2）Delimiter：分隔符包括 Unknown（未知）、comma（逗号）、tab（TAB 制表符）、space（空格）和 Other（其他）。

如果用户能够确定分隔符为逗号、TAB 或空格中的一种，则直接选择。如果确定有分隔符但不是以上三种，则可以选择 Other 进行定制，直接输入分隔符的符号即可，常用的其他分隔符如引号、冒号"："和斜线"/"。

如果不能确定分隔符，也可以选择"Unknown"，则 Origin 会搜索数据文件，尽量找到有效的分隔标志。

3）Numeric Separators：数据中有些内容与分隔符会有冲突。例如 1,000 代表 1000，而不是代表 1 和 000 两个数值，因此在处理时软件会适当加以识别区分。

（4）Columns：设置。

1）Number of columns：指定列数。默认为 0 表示源文件有多少列就导入多少列。但如果指定了列数 n，若数据文件中数据少于指定的列数，则会自动建立多个空列；若数据文件中的列数更多，则只装入指定数量的列。

2）Auto determine column types：自动设定各列数据格式。Origin 中最常用的数据格式是数字、字符和日期等。如果本选项选中，则由 Origin 自动进行格式识别，好处是导入后不用再设置列的数据格式；如果不选，则导入时不做识别，即原原本本导入，好处是可以完整的保留所有信息。

3）Min→Max number of consistent lines to determine data structure：指定最少和最多行数据以便软件搜索和识别数据结构，即要保证这些行的数据结构一致，一般这两个数据由软件确定即可。

（5）Header Lines：表头设置。

■ Number of main header lines：有一些仪器会在其输出文件中包括该仪器的型号、生产日期等信息（main header），这些信息与数据无关，因此要去除。

■ Auto determine subheader lines：如果选中这个选项即表示让 Origin 自己检测 main header（仪器相关信息）和 subheader（数据结构）。

■ Line numbers start from bottom：行号计数从后向前数（正常情况下当然是从前向后数，即开头第一行行号为 1，从后数的目的是为了处理某些特殊格式）。

■ Number of subheader Lines：数据结构（数据定义）的行数。

■ Short Names、Long Names、Units、Comments From/ To、Parameters From/ To、User Parameters From/ To ：（列）短标头名称、长标头名称、单位、备注、参数、用户

名参数分别对应的行号，如果指定为"none"表示没有这一部分参数，由软件根据情况设为空白或自动生成默认值。

（6）File Name：文件名信息。本部分用于指定数据导入后生成的工作簿和工作表的命名问题，通常是保留文件名有关信息，以便以后知道数据从何而来。

（7）Partial Import：部分导入。

1）Partial Import：选中本项即表示部分导入，而不是导入全部数据。

2）From/ To Column：指定从哪一列导入另一列。

3）From/ To Row：指定从哪一行导入另一行。

4）Skip data rows/ Read rows：跳过多少行然后连续读多少行，不断重复。

（8）Miscellaneous：杂项。

1）Text Qualifier：是否有用引号限定。

2）Remove quotes from quoted data：如果数据有引号则删除引号。

3）Support numbers with leading zeros：删除数据开头的 0。

4）When non-numeric is found in numeric field：如果处理数据域的非数据数值，通常的选择是当成文本读入，以后再处理。

（9）Output：输出数据范围。

（10）Results Log Output：输出日志记录，输出到 Log Results 窗口。

2．Import Multiple ASCII

使用菜单命令 File→Import→Multiple ASCII 或单击标准工具栏上的导入 Import Multiple ASCII 按钮（ 中的第 3 个），即可打开如图 4-25 所示对话框。

利用这个对话框可以一次导入多个数据文件，方法为选中所需数据文件单击"Add Files"添加，也可以配合功能键 Ctrl 或 Shift（按 Ctrl 键每次添加一个，按 Shift 键添加连续的多个文件）。添加后也可以单击"Remove Files"删除部分不需要的文件，最后单击 OK 按钮即可以导入。

图 4-25 一次导入多个 ASCII 格式文件

与导入单个文件一样，可以选中"Show Options Dialog"打开选项设置对话框进行细节设置，对同一时间导入的数据文件采用相同导入参数。

4.3.2 导入向导详解

数据导入向导（Import Wizard）提供了一个更加复杂和功能更强大的数据导入平台，用于一步一步地引导用户处理各种格式和参数设置。

使用菜单命令 File→Import→Import Wizard 或单击标准工具栏上的导入 Import Wizard 按钮（ 中的第 1 个按钮），即可打开以下导入向导，如图 4-26 所示。以下对向导的各个窗口进行说明。

图 4-26　导入向导页面：数据源

Source：数据来源。

（1）Data Type：数据类型。可以选择 ASCII 码文件、二进制文件或用户自定义。

（2）Data Source：数据源。

1）File：单击鼠标所指文件选择按钮，选择数据一个或多个文件，其选择方式与选择多个 ASCII 文件一样。

2）Clipboard：选择粘贴板作为数据源则需要首先从 Excel、Word、Internet Explorer 网页或其他 Windows 软件中选择数据并复制到粘贴板中。

选择从粘贴板中导入与直接在数据表中粘贴的区别是，直接粘贴只能处理简单的数据结构，因此如果数据结构较复杂建议尽量使用这个向导的功能。

（3）Import Filter：导入过滤器。导入向导的所有设置可以保存为导入过滤器，以便多次使用。这里是要选择一个过滤器，以便获得以前设置的参数。

（4）Template：导入模板。

（5）Import Mode：导入数据存放位置。可以选择新建数据表、替换当前数据或其他选项。

1．ASCII 导入选项

数据类型的选择决定了向导略有差异，如图 4-27 所示为 ASCII 类型的向导界面。

（1）File Name Options：对文件名信息进行处理。

（2）Header Lines：处理表头。这个对话框与 ASCII 导入对话框基本一样，只是编排位置略有不同。主要的区别是这个向导自动预览文件中的数据，如图 4-27 所示。数据上面的选项是显示字体（Preview Font）有三种字体进行选择，以数据显示结果可读就行。

（3）Variable Extraction：导入时把一些源文件的信息也进行提取（保存在项目文件中），这样当需要时就可以通过编程引用变量的方法对图形和数据进行注解，如图 4-28 所示。

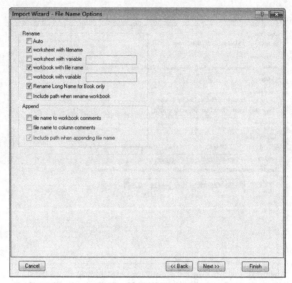

图 4-27 导入向导界面：文件名选项

图 4-28 导入向导界面：表头设置

（4）Data Columns：数据列的处理。这个对话框的功能与 ASCII 导入时的对话框类似，但功能强大很多。

1）Column Separator/ Fixed Width：分隔符选择或固定列宽。

2）Column Designations：列定义。可利用现有模板或自定义，将列数据导入后自动设定各列的变量类型（是 X 变量，Y 变量还是误差变量等）。

3）Number of columns：自定义列数。如果选 0 则软件自动确定。

4）Custom Date Format：日期数据显示的格式。

5）Text Qualifier：限定符，双引号或单引号或没有。

6）Numeric Separator：数据分隔号，即实际数据中逗号和小数点出现的格式。

7）Remove leading zeros from numbers：删除数据开始的 0，如数据 0050 化自动处理为 50。

8）Add Sparklines：增加简略图。

9）Column Width Preview：当采用固定列宽选项时才会出现。

10）Preview Window：数据预览窗口。一切的设置都是为了在这里显示的数据是正确的。

11）列数据类型设置：用鼠标右键单击 Preview Window 数据预览窗口中的某个列，会出现右键快捷菜单，包括 Set Format 和 Set Designations，分别用于设置列数据的格式和定义，如图 4-29 和图 4-30 所示。

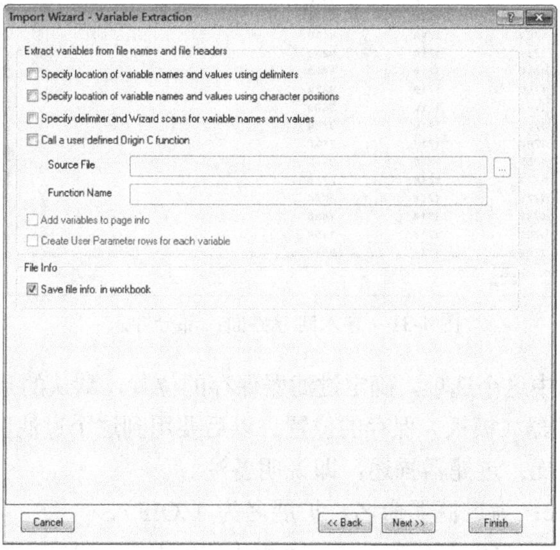

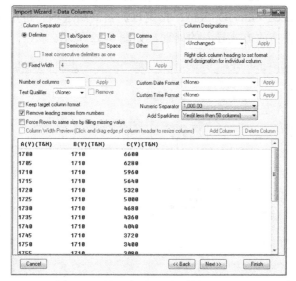

图 4-29　导入向导界面：其他信息

图 4-30　导入向导界面：数据列设置

（5）Data Selection：处理部分导入的情况，如图 4-31 所示。

（6）Save Filters：保存过滤器，即在运行这个向导时的所用参数。这样就无需为同一种数据来源反复地进行参数设置，相当于使用数据导入模板，可以大大节省时间。

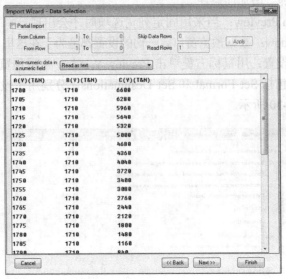

图 4-31 导入向导界面：部分导入

1）Save Filer：选中这个选项，确定过滤器保存的位置，默认的是 Origin 定义的一个目录，即所有自定义过滤器（模板）保存的位置。以后要用到这个过滤器时就不用到处寻找。

2）Filter Description：过滤器描述，即说明备注。

3）Filter File Name：为过滤器命名，扩展名为（.OIF）。

4）Specify Associated Data File Names to which This Folder Will Be Associated：本过滤器希望与什么样的数据文件（扩展名）配合使用，默认为*.dat 和*.txt。

5）Specify Advanced Filter Options：指定过滤器高级选项。可用脚本语言对数据进一步处理和进行数据文件拖放方式导入的处理，如图 4-32 所示。

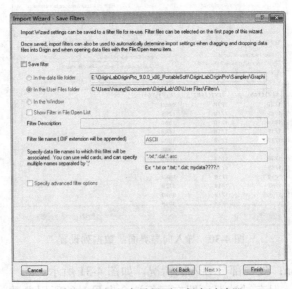

图 4-32 导入向导界面：保存过滤器

如果希望导入数据后直接作图，可以新建 Graph 图形窗口后才执行数据导入向导，这样将会即时产生对应的图形。

2. Binary 导入选项

如果在向导的第一个对话框的数据类型选择 Binary（二进制类型），则参数设置有所不同。因为二进制文件的范围很广，格式多变，导入时需要特定的数据结构，如图 4-33 所示。

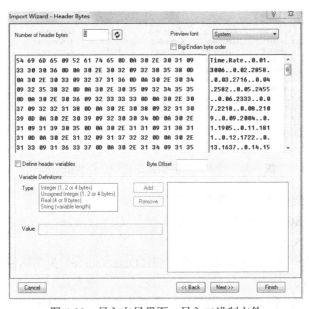

图 4-33　导入向导界面：导入二进制文件

（1）Header Bytes：文件头处理。

■ Number of header bytes：确定文件头所占的字节数。文件头中的信息虽然有用，但与实际数据无关，因此要扣除。利用鼠标在两个不同编码显示的区域进行选择，左边是十六进制编码，右边是 ASCII 编码，两者会相互对应。这个功能是为了尽量显示二进制文件中的有效信息，以便确定文件头与实际数据的分界点。

■ Preview font：选择字体以尽量显示清除。

■ Byte Offset：偏移量，即当前字符相对于开头是在什么位置。

（2）Data Pattern：数据结构。本部分是核心设置。在这里定义数据文件中每一条记录（Record）的数据结构（即构成和数据类型）。如图 4-34 所示，在 Pattern 中进行定义。

■ Type：类型。有四种选择分别是 Integer（整数型）、Unsigned Integer（没有正负号的整数）、Real（实数，即有小数点的数）和 String（字符型）。

■ Size：占用字节数。对应 Integer 和 Unsigned Integer 自动分配 4 个字节、Real 自动分配 8 个字节，String 字型需要自己定义字节数量。

■ Count：数量，个数。

■ 上图所示例子的说明：本例每条记录中第 1 个值是字符串（String），最长占有 9 个字符（Size=9），数量为 1（Count=1），接着是两个整数数值（Count=2），然后是 3 个实数（Count=3），最后是 1 个整数。后面的值又会重复前面的记录。

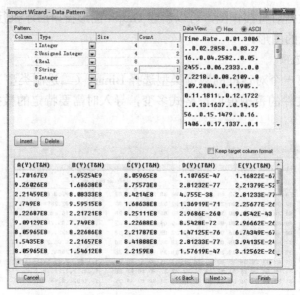

图 4-34　导入向导界面：二进制文件数据结构

■　最终的结果会在 Preview 窗口看到。

其他对话框与 ASCII 导入时基本一致。

3. Clipboard 导入选项

如果在向导的第一个对话框中选择数据源（Data Source）为粘贴板（Clipboard），则会进入粘贴板导入选项。

粘贴板导入对于在同一平台的不同软件中交换数据是很重要的。粘贴板导入与文件导入很类似，只是没有源文件。另外，粘贴板导入只允许使用 ASCII 码数据，如图 4-36 所示。

（1）Header Lines：表头定义，如图 4-35 所示。

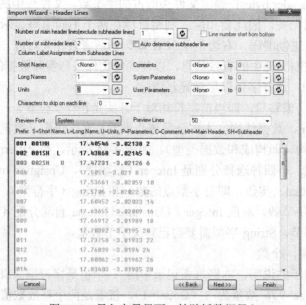

图 4-35　导入向导界面：粘贴板数据导入

（2）Data Columns：数据列定义。特别注意日期和时间的格式定义，因为如果没有定义，会当成数值（根据年月日计算出来的整数）读入，如图 4-36 所示。

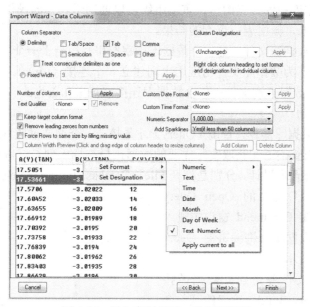

图 4-36　导入向导界面：数据列设置

其他对话框选项与 ASCII 导入时基本一致。

4.3.3　数据库格式导入

一个数据库（Database）就是一大堆数据按照一定原则组织在一起的数据文件。其范围相当广泛，从小型的关系型数据库 Access、FoxPro，到大型的数据库系统如 SQL Server、Oracle，以至于所有支持 ODBC（开放式数据库接口）协议的数据源（如 Excel、XML 等）。

这些数据库文件都可以在 Windows 平台中集中地使用一个通用的数据库接口，称为 ADO（ActveX Data Object，数据对象接口模型）来访问。

数据库是存放数据的地方，但不是呈现数据的方式，数据的呈现是通过查询（Query）来实现的。也就是说，数据库是一个仓库，它通常按照其属性为原则分门别类的摆放（物理结构），而查询是一种呈现形式，即将数据仓库中的部分内容根据具体需要按照实际情况进行摆设（逻辑结构），而不是简单地呈现原有仓库中的内容。

1. ADO 相关术语

（1）ADO：为数据存取提供一个程序接口（application program interface）。利用 ADO 模型进行数据操作，使用者无需明白源数据库的物理存储情况。

（2）数据库：按一定规则组织的一系列的数据，以及管理这些数据的控制系统（DBMS，Database Management System，数据管理系统）。一个数据文件可以包含多个数据库，一个数据库可以包含多个数据表。

（3）Table，表：一个二维关系数据表，每一行称为一个记录（Records），每一列对应一个字段（Fields）。

（4）Record，记录：表中的每个行称为一个记录，每个记录包含多个字段。

（5）Fields，字段：每个列对应一个字段，同一字段的记录具有相同的数据类型和限制。

（6）Query，查询：使用一种查询语言，通常是 SQL（Structured Query Language，结构查询语言）对数据库中的数据的一次重新组织，以便用于具体的操作和呈现。

（7）Derived table，派生表：查询的结果。

（8）ODS file，数据源文件：是一个数据连接字符串，相当于一个电话号码的使用（当然比电话号码复杂），为数据库文件与应用之间建立一个连接（Link）。

（9）ODQ file，数据查询文件：包含数据库连接字符串和查询式。

2．建立数据查询

对于 Origin 的数据库操作，查询（Query）才是核心，查询通过数据连接串建立与具体数据库的连接，利用查询语句获取实际需要的数据，最终导入到 Origin 中。

有三种方式打开查询设计，分别是打开 File→Database Import→New→Query Builder 菜单、单击数据存取工具栏的 Open Query Builder 按钮和直接在 Commend 窗口中输入 dbEdit 指令。打开数据库查询编辑器 Query Builder，如图 4-37 所示。

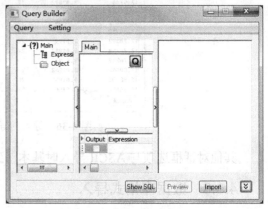

设计查询的首要任务是建立数据链接串。方法是单击 Query Builder 窗口的菜单命令 Query→Data Source→New，即新建立的数据连接。出现数据链接对话框后有几种建立链接串的选择，其中最简单的是选择"提供程序"，然后选择对应的数据源。

图 4-37 数据库查询生成器图

以 Origin 提供的一个 Access 数据库作为例子（源文件路径：Origin 9.0→Samples→Import and Export→stars.mdb）。则"提供程序"选择"Microsoft Jet 4.0 OLE DB Provider"。

单击下一步后即选择"连接源"，本例为单击鼠标所在按钮选择 stars.mdb 文件。如果源数据库有密码则要填写密码，如图 4-38 和图 4-39 所示。

图 4-38 数据链接属性

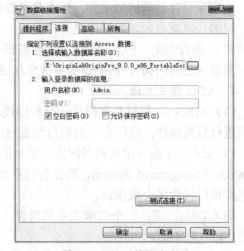

图 4-39 打开数据库文件

如果数据链接正确（即数据库类型选择正确并能找到源文件），Query Builder 界面将如图 4-40 所示。

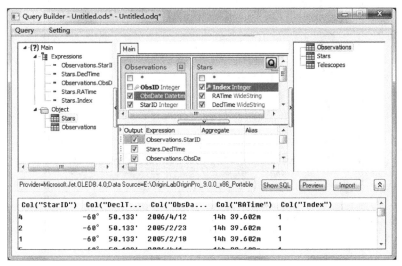

图 4-40　查询结果

通过鼠标选择相应的字段和数据表并设置条件建立查询，然后单击 Preview 按钮即可预览查询结果，单击 Import 按钮完成导入。

查询语句和数据连接串可以保存或加载，以方便下次使用。

关于数据库、数据表的建立、维护和 SQL 查询语法，请自行参阅相关书籍。

4.3.4　其他格式导入

1. Excel 格式数据导入

Origin 能够与 Excel 很好地集成工作，具体参见下一节介绍。不过，这种集成，一般只用于作图相关过程，如果希望利用 Origin 提供的各种数据分析功能，则需要将数据导入到 Origin 的电子表中。

选择菜单命令 File→Import→Excel（xls，xls）菜单即可打开 Excel 文件导入对话框，然后添加一个或若干个 Excel 文件，如图 4-41 所示。

如果希望详细设置 Excel 文件的导入参数，则选择上面对话框中的 "Show Options Dialog" 选项，会打开如图 4-42 所示对话框。

导入 Excel 文件的参数比较简单，主要还是设置表头和列定义。从上面对话框中也可以看到，Origin 提供了对 Excel 单元格格式的兼容（Import Cell Formats）。单击 OK 按钮导入完成。需要注意的是，Excel 的单元格如果使用的是公式，则 Origin 自动处理成对应的数值（即不保留公式），所以导入的方式会失去一些 Excel 的特性。

2. 第三方软件数据格式导入

所谓第三方数据文件（Third Party Files）指的是 Origin 支持的一些软件的专用格式（不需要用原来的软件打开再导出为 ASCII 格式）。这种外部文件的导入是基于 X-Function 函数的，这意味着可以自行扩展。

图 4-41 导入 Excel 格式文件

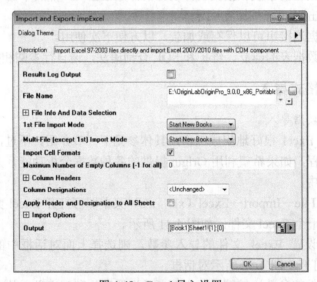

图 4-42 Excel 导入设置

Origin 内部支持的第三方数据格式及其对应的 X-Function 如表 4-4 所示。

表 4-4 第三方数据文件格式及对应 X-Function

File Type (Extension)	X-Function Name
Data Translation (DCF，HPF)	impDT
EarthProbe (EPA)	impEP
Famos (DATRAW)	impFamos

续表

File Type（Extension）	X-Function Name
ETAS INCA MDF（DAT MDF）	impMDF
JCAMP-DX DX DX1 JDX JCM	impJCAMP
KaleidaGraph（QDA）	impKG
MATLAB（Mat）	impMatlab
Minitab（MTW，MPJ）	impMNTB
NetCDF（NC）	impNetCDF
NI DIAdem（DAT）	impNIDIAdem
NI TDM（TDM）	impNITDM
pCLAMP（ABF，DAT）*	imppClamp
Princeton Instruments（SPE）	impSPE
SigmaPlot（JNB）	impJNB
Soud（MAV）*	impWav
Thermo（SPC，CGM）	impSPC

对于普通用户来说，只要知道哪些软件的格式是 Origin 支持的，再选择相应的菜单命令（File→Import：格式名称）即可。要注意的是，由于不同的文件格式其参数是不同的，因此每个 X-Function 对话框中的参数也各异，在导入时要适当的设置。

4.3.5　拖放式的导入

拖放即将源文件用鼠标拖到目标软件界面后再放开，然后由软件"智能"地进行相应的处理，这在 Windows 平台中是很方便的操作方式，Origin 也能支持拖放功能。

1．拖放的位置

如果希望直接将数据文件通过拖放的方式导入到 Origin 中，那么可以有三种方式：

（1）在 Origin 窗口没有激活前将数据文件拖到 Windows 任务栏中 Origin 位置；

（2）将文件拖放到 Origin 的工程项目管理器 Project Explorer 中；

（3）将文件拖放到 Origin 工作空间的空白处，如果拖到工作簿则处理数据导入，如果拖到图形窗口则处理作图（同时也会完成数据导入）。

2．处理的程序

当一个或多个文件被拖到 Origin 中，其处理过程是：Origin 调用一个内部文件判别模块，根据要导入的文件扩展名来决定调用的哪一个过滤器（Import Filter．OIF）。

这些过滤器包括三大类：一类是 ASCII 码文件等内部过滤器，二类是 Origin 支持的第三方文件过滤器，三类是用户自己定义的自定义过滤器。

如果软件确定了过滤器的类型，则系统调用相关的过滤器实现导入；如果同一数据类型有多种过滤器合适，则出现对话框进行选择；如果没有一种过滤器合适，则会自动打开导入向导 Import Wizard 让用户自己设置参数。

3．导入位置

有三类窗口用于导入数据：

（1）工作簿 Workbook：直接导入到当前工作表中，如果工作表中已经有数据，则会被取代（Import Mode 的默认选项为覆盖）；

（2）矩阵 Matrix：Matrix 主要存放三维数据（包括一些专用格式）和图像；

（3）图像窗口 Graph：将数据文件直接拖到图形窗口中，首先通过过滤器进行导入，然后就会自动生成曲线图，生成曲线图的同时会生成一个隐藏的工作簿文件（可以在 Project Explorer 中管理）。

对于自定义过滤器（即通过导入向导设置后再保存为过滤器），在最后一个对话框中可以通过 Advanced Options 来设置对拖放处理的参数。

对于直接作图，每次加一个数据文件，则会追加数据曲线，即如果在同一个图形窗口中不断追加数据，则曲线会不断增加。

4.4　Excel 集成

作为优势互补，Origin 提供与被微软公司广泛使用的 Excel 软件的一种集成接口。

利用这种功能互补有两种方式：

一种是将 Excel 的数据导入到 Origin 中，这相当于将 Excel 作为数据文件使用。

另一种是采用 OLE 技术，在 Origin 内部直接嵌入集成 Excel，即将 Excel 作为工作簿。这相当于整合软件的功能，可以根据 Excel 的数据利用 Origin 进行作图和分析。

除此之外，其实还有第三种方式，即将两个软件分开使用，利用 Excel 的公式、函数、自动化，然后再利用 Origin 的作图和分析功能。

4.4.1　在 Origin 中使用 Excel

1. 调用和导入的优缺点

对于保存在 Excel 中的数据，Origin 提供了两种利用方法，分别是数据导入和调用 Excel 软件。

数据导入的最大优点是能够充分利用 Origin 的所有功能，就像这些数据一开始就是保存在 Origin 的工作簿中一样。其主要缺点是不能充分利用 Excel 软件的功能，导入后所有与 Origin 不兼容的特性会消失。例如，在 Excel 中使用公式会直接计算成数值，而不是保留原有公式。

调用即在 Origin 内部嵌入 Excel 软件，采用的是一种称为 OLE（Object Linking and Embedding，对象链接和嵌入）的技术，即以 Origin 作为一个容器，放入一个 Excel 软件的实例。

OLE 方式的优点包括两个：一是可以完整地利用 Excel 软件的功能，例如保留公式、函数、引用、格式设置等，当然也保存了所有 Excel 菜单和工具栏提供的功能，甚至也支持 Excel 中的宏（即自动化）；另一个好处是不会破坏原有 Excel 表格，但可以动态更新其数据，这样这个 Excel 表可以在没有 Origin 的地方使用和分享。

OLE 调用支持两种情况，一种称为 Linking 即链接，这样 Excel 文件将保存在外部，好处当然是可以复制到其他地方使用，缺点是当该文件丢失或移位后，Origin 项目文件不能够保证其完整性；另一种称为 Embedding 即嵌入，即将 Excel 文件保存在项目内部，这样就可以保证项目文件的完整。Origin 同时支持这两种特性，具体的使用要根据用户的具体需要决定。

OLE 的主要缺点是由于数据实际上是由 Excel 软件控制的，Origin 对此的控制能力有限，因此如果 Excel 中的数据发生了变化，要及时通知 Origin（Update）。此外，Origin 的数据处理功能对 Excel 表中的数据也无能为力。当然，如果已经使用 Origin 对 Excel 中的数据进行了作图，则基于图形的分析，Origin 提供了全部的功能而不会因为用的是 Excel 数据受影响。

2. 打开已存在的 Excel 工作簿和新建 Excel 工作簿

在一个 Origin 工程项目中，用选择菜单命令 File→Open Excel 或单击标准工具栏的🗔按钮，选择要打开的 Excel 文件，即可以打开它。选择菜单命令 File→New→Excel，或单击标准工具栏的🖺按钮，则可新建一个 Excel 工作簿。结果出现如图 4-43 所示。

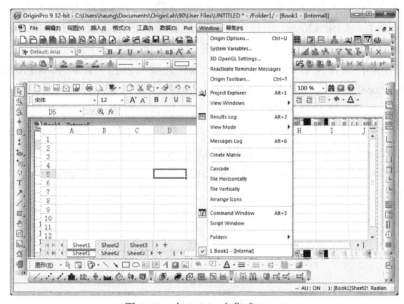

图 4-43　在 Origin 中集成 Excel

从上面的界面可见：

（1）菜单栏集合了 Origin 和 Excel 的菜单，其中 Origin 的菜单中保留三个主菜单，分别是 File 文件菜单用于文件管理、Plot 菜单用于对 Excel 的数据作图和 Window 菜单。

此时的 Windows 菜单与 Origin 的 Window 菜单不同，其内容包含了除 File 和 Plot 菜单外，能够应用于当前情况下的功能，例如可以有 Origin 工具栏和打开 Command 命令窗口。

（2）工具栏还是原来 Origin 的工具栏，但一些功能如"新建列"等按钮不能使用，一些工具栏如格式工具栏等也不能使用。然后在原来的工作空间（Workplace）中出现了 Excel 软件，包括 Excel 的工具栏和电子表格。

由于当前电子表格完全由 Excel 软件控制,那么如果 Excel 电子表格的数据发生了变化,甚至某个工作表被删除了，Origin 如何才能清楚这些变化呢？

这就要用到 Origin 专门的快捷菜单，方法是用鼠标右键单击 Excel 窗口标题栏（如果窗口没有最大化可以直接单击标题栏；如果窗口最大化，则要单击整个 Origin 窗口的标题栏），会出现如下快捷菜单，单击"Update Origin"用于通知 Origin 有关 Excel 表格的最新情况，如图 4-44 所示。

要注意的是，以上所有情况只限当 Excel 工作簿出现和激活条件下的情况，用户仍然可以利用项目管理器 Project Explorer 随时管理其他的电子表格或图形窗口。

如果当前窗口不是 Excel 窗口，窗口、菜单和工具栏的布局将会随着窗口类型而改变，因此可以把 Excel 窗口理解为一种特殊的 Origin Workbook 工作簿子窗口。

3. 保存 Excel 工作簿

在 Origin 项目中，有两种方法可以保存 Excel 工作簿，即把 Excel 工作簿保存在 Origin 项目之内或之外。

如果 Excel 工作簿被保存在 Origin 项目之内，那么它就成为 Origin 项目的一部分，只能通过打开项目文件的方式打开。如果 Excel 工作簿被保存在 Origin 项目之外，那么 Origin 项目只保存对该 Excel 工作簿的链接，而该 Excel 工作簿仍然可以由 Excel 打开和编辑。

在默认状态下，如果 Origin 项目中打开的是已经存在的 Excel 工作簿，那么该 Excel 工作簿保存在 Origin 项目之外；如果要保存的是在 Origin 项目中新建的 Excel 工作簿，那么该 Excel 工作簿将保存在 Origin 项目之内。保存选项可以在 "Workbook Properties" 对话框中更改。把 Excel 工作簿保存在 Origin 项目之内的步骤如下：

（1）在 Excel 工作簿窗口为当前窗口时，用鼠标右键单击 Excel 工作簿窗口的标题栏。

（2）在打开的快捷菜单中选择 "Properties"，然后在打开对话框 "Save Workbook As" 组中选择 "Internal" 单选命令按钮，如图 4-45 所示。

（3）单击 OK 按钮，则在完成保存 Origin 项目时，Excel 工作簿被一起保存在 Origin 项目内的设定。

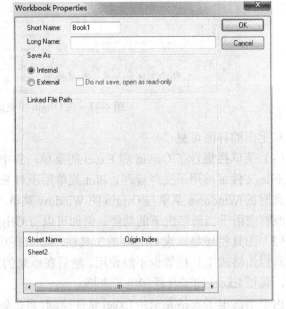

图 4-44 快捷菜单　　　　　　　图 4-45 Excel 工作簿属性对话框

如果在 "Save Workbook As" 组中选择 "External" 单选命令按钮，并选择 "Do not save, open as read-only" 则 Excel 工作簿保存在 Origin 项目之外，但当 Excel 工作簿更新数据时，其项目内容也会自动更新。

当 Excel 工作簿在 Origin 中为当前窗口时，Origin 主菜单、工具栏、状态栏和快捷菜单都发生相应的改变。请读者自己研究体会。

4.4.2 Excel 工作簿的使用

1. Excel 工作簿和表单的重命名

用鼠标右键单击 Excel 工作簿表头，在弹出的快捷菜单中选择 "Properties"，在打开的对话框中输入新文件名，完成工作簿重命名。通过选择菜单命令也可以完成工作簿重命名。

如果给一个在 Origin 已绘图的工作簿表单重命名，Origin 将失去图与工作表之间的关联。重新建立它们之间的关联的方法是，用鼠标右键单击工作簿表头，在弹出的快捷菜单中选择 "Update Origin" 实现关联。

2. 用 Excel 工作簿中的数据绘图

在 Origin 中用 Excel 工作簿数据绘图的方法有：对话框法、拖曳法和默认法。

（1）对话框法绘图。这种方法是指利用 "Plot Setup" 对话框，将工作簿中的列分别制定为 X 或 Y，然后绘图。以 Samples/Chapter 04→Excel Data. Xls 工作簿为例，进行说明，如图 4-46 所示。

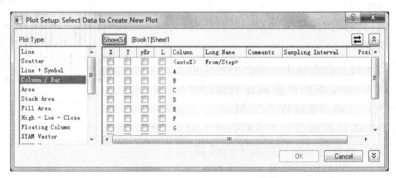

图 4-46　Excel Data. Xls 工作簿

- 单击 "2D Graphs" 工具栏上的 "Column" 图标▮，打开 "Plot Setup" 对话框，如图 4-47 所示。

	A(Y)	B(Y)	C(Y)	D(Y)	E(Y)	F(Y)	G(Y)	H(Y)	I(Y)
1	(All quantities in millions of barrels/day)								
2	Year	Domestic crude oil productio n	Crude oil imports	Petroleum products imports	Total imports	Crude oil exports	Petroleum products exports	U.S. petroleum consumpti on	World petroleur consump on
3	1973	9.21	3.24	2.78	6.03	0	0.23	17.31	56.39
4	1974	8.77	3.47	2.42	5.89	0	0.22	16.65	55.91
5	1975	8.37	4.1	1.75	5.85	0	0.2	16.32	55.48
6	1976	8.13	5.28	1.81	7.09	0	0.22	17.46	58.74

图 4-47　"Plot Setup" 对话框

- 在工作簿中选中 A 列，然后单击该对话框中的图标 X，则 A 列作为绘图的 X 列，选中 C 列和 F 列，作为绘图的 Y 列，如图 4-48 所示。

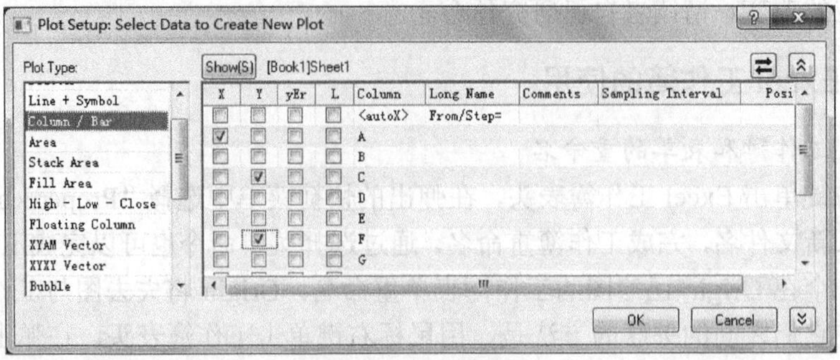

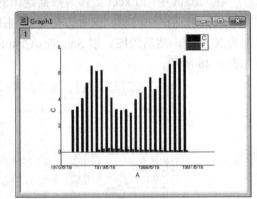

图 4-48 选择数据输入

■ 然后单击 OK 按钮，绘出如图 4-49 所示的直方图。

（2）拖曳法绘图。选中 Excel 工作簿的数列，
并将其拖到 Origin 绘图窗口，称为拖曳法绘图。
Origin 对其做了以下规定：

图 4-49 绘制的直方图

■ 如果选中的是一列（或一列的数据段），
绘图时将该列数据作为 Y 值，其行标号
作为 X 值。

■ 如果选中的是两列以上（或两列以上的
数据段），那么绘图时将最左列数据作
为 X 列，其他列数据作为 Y 值。

■ 如果选中的是两列以上（或两列以上的
数据段），而且拖动数列时按下 Ctrl 键，
那么将全部的列数据作为 Y 值，行标号作为 X 值。

拖曳法绘图的步骤如下：

■ 单击标准工具栏上的 "New Graph" 命令按钮，新建一个绘图窗口。

■ 在激活的 Excel 工作簿窗口里选择要绘制的列，如图 4-50 中选择 B、C 列。

■ 用鼠标移动到工作簿数据 C 列的右边缘，当光标为箭头时按下鼠标左键，将其拖
曳到新建的绘图窗口，如图 4-51 所示。

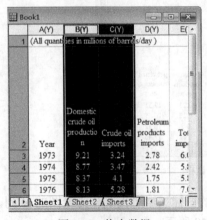

图 4-50 拖曳数据

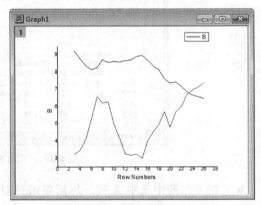

图 4-51 拖曳法绘图

（3）默认法绘图。这种方法允许选择工作簿数据和图形的类型，然后 Origin 根据默认设置绘制数据曲线图。该方法不是 Origin 启动时的默认选项，需选择菜单命令 Window→Origin Options 激活。

- 如果 Excel 工作簿是当前激活窗口，如图 4-53 所示，选择菜单命令 Window→Origin Options（如果当前窗口是 Origin 窗口，应选择菜单命令 Tool→Options），打开"Options"对话框，如图 4-52 所示。

- 在 Excel 选项卡内，选择"Default Plot Assignments"复选框。单击 OK 按钮，在弹出的对话框中单击"No"命令按钮。

图 4-52 "Options"对话框

- 在 Excel 工作簿激活的状态下，选择 D 列至 G 列数据。

- 单击"2D Graphs"工具栏上的"Area"图标 ▰▰ 绘制面积图，如图 4-53 所示。

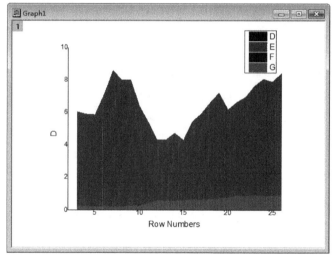

图 4-53 D 列至 G 列面积图

4.4.3 整合 Excel 与 Origin 功能

Excel 与 Origin 比较，Excel 的优势是应用广泛、使用方便，因此已经被大量地使用来做数据管理和数据运算软件，而 Origin 的优势是作图和数据分析，这两个方面确实是 Excel 所无法取代的。

如果原有的数据在 Excel 中运作良好，不需要急于转换成 Origin 电子表格。主要原因是 Excel 确实有其极大的优势，包括：广泛兼容的格式导入导出、丰富的各种领域的函数、数据运算和引用的灵活性、大量的"智能化"处理技术、极好的软件操作习惯支持，以及简单但功能强大的"宏"功能（VBA 编程）等。事实上，没有必要把这两个软件对立起来，最好是自己进行"整合"。

4.5 本 章 小 结

数据是作图的基础和起点，Origin 的电子表格主要包括多工作表工作簿（Workbook）窗口、多工作表矩阵工作簿（Mbook）窗口和 Excel 工作簿窗口。本章主要介绍了 Origin 9.0 软件中工作簿和工作表的基本操作方法，多工作表矩阵窗口的使用，数据的录入、数据的导入、数据的变换、数据的管理，Excel 工作簿的使用等，是 Origin 绘制科技图形式最常用的工具，因此要求读者务必仔细研读，认真掌握。

第 5 章　二维图绘制基础

数据曲线图主要包括二维图和三维图。在科技文章和论文中，数据曲线图绝大部分采用的是二维坐标绘制。

据统计，在科技文章和论文中，数据二维曲线图占总数据图的 90%以上。Origin 的绘图功能非常灵活，功能十分强大，能绘制出各种精美的图形来满足绝大部分科技文章和论文绘图的要求。

本章学习目标：

- 了解 Origin 二维图形绘制的操作基础
- 掌握 Origin 二维图形绘制的图形设置方法
- 了解 Origin 图形绘制过程中的各种标注方法
- 掌握各种图形工具的功能

5.1　基　本　操　作

Origin 中的图形指的是绘制在图形（Graph）窗口中的曲线图，即建立在一定坐标梯形基础上的，以原始数据点为数据源——对应的，点（Symbo）、线（Ling）、条（Bar）的简单或者复合而成的图形。因此我们必须对 Origin 的基本概念进行深入的了解。

5.1.1　基本概念

在 Origin 作图中，首先数据与图形是相互对应的，如果数据变了图形也一定会随着相应发生变化；数据点对应着一定的坐标体系，也就是对应着相应的坐标轴，坐标轴决定了数据有特定的意义，数据决定了坐标轴的刻度表现形式。

在 Origin 作图过程中，图形的形式有很多种，但最基本的东西仍然是点、线、条三种基本图形；同一图形中，各个数据点可以对应一个或者多个坐标轴体系。

（1）图（Graph）

如图 5-1 所示，每个 Graph 都由页面、图层、坐标轴、文本和数据相应的曲线构成。单层图包括一组 xy 坐标轴（3D 图是 xyz 坐标轴），一个或更多的数据图以及相应的文字和图形元素，一个图可包含许多层。

（2）页面（Page）

每个 Graph 窗口包含一个编辑页面，页面是作图的背景，包括一些必要的图形元素，如图层、数轴、文本和数据图等。Graph 窗口的每个页面最少包含一个图层，如果该页所有的图层都被删除，则该 Graph 窗口的页面将被删除，页面将不存在。

（3）图层或层（Layer）

一个典型的图层一般包括三个元素：坐标轴、数据图和相应的文字或图标。Origin 将这三个元素组成一个可移动、可改变大小的单位，叫作图层（Layer），一页可最多放 50 个图层。层与层之间可以建立链接关系，以便于管理。用户可以移动坐标轴、层或改变层的大小。

移动坐标轴：要移动某个显性的坐标轴，可以在该坐标轴上单击鼠标左键，使显性的坐该标轴高亮显示，等鼠标变成十字四箭头，鼠标拖动坐标轴就可在页面上移动坐标轴，拖动过程中十字四箭头会变成双箭头，双箭头的方向表示该坐标轴可以移动的方向，鼠标放松后又回到十字四箭头。

移动图层：要移动图层，可用鼠标左键单击隐藏的坐标轴边框，等鼠标变成十字四箭头，鼠标拖动可在页面上移动图层，拖动过程中和鼠标放松后一直都是十字四箭头；如果实际页面的图层都是显性的坐标轴，先按 Ctrl 键，然后鼠标单击某个显性的坐标轴，出现十字四箭头后，按住 Ctrl 键不放进行移动图层，此时如果放开 Ctrl 键，就变成移动坐标轴了。

更改层的大小：鼠标单击隐藏的坐标轴边框，等鼠标成十字四箭头后，将鼠标放在拖曳点（边框的中点或边角），此时十字四箭头变成双箭头，可以进行图层的压缩或拉大，从而更改图层的大小；如果实际页面的图层是显性的坐标轴，先按 Ctrl 键，然后鼠标左键单击某个显性的坐标轴，继续按住 Ctrl 键或者放开 Ctrl 键，将鼠标放在拖曳点（边框的中点或边角），进行图层的压缩或拉大。

（4）活动层（The Active Layer）

当一个图形页面包含多个层时，对页面窗口的操作只能对应于活动层的。如果要激活另外一个层，有以下几种方法：单击该层的坐标轴；单击绘图窗口左上角的图层标记，凹陷的层即为当前激活的图层；单击与相应层有关的对象，如坐标值、文本标注等。

（5）框架（Frame）

对于 2D 的图形，框架是四个边框组成的矩形方框，每个边框就是坐标轴的位置（3D 图的框架是在 xyz 轴外的矩形区域）。框架独立于坐标轴，即使坐标轴是隐藏的，但其边框还是存在，可以选择 View→Show→Frame 命令以显示/隐藏图层框架。

（6）数据图（Data Plot）

数据图是一个或多个数据集在绘图窗口的形象显示。工作表格数据集（Worksheet Dataset）是一个包含一维（数字或文字）数组的对象，因此，每个工作表格的列组成一个数据集，每个数据集有一个唯一的名字。

（7）矩阵（Matrix）

矩阵表现为包含 Z 值的单一数据集，它采用特殊维数的行和列表现数据。

（8）图形（Plot）

在 Layer 上面，可以进行绘图操作，包括添加曲线、数据点、文本以及其他图形。Plot（绘图）与 Graph 图形有些差别，事实上 Plot 也有图形的意思。为了方便，前者可以理解为"动态"的，即作图，后者理解为"静态"的，即图形。

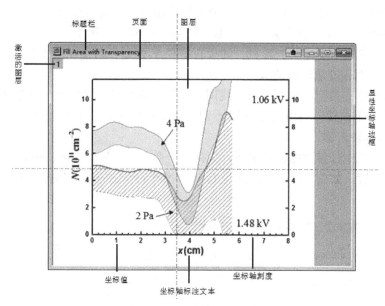

图 5-1 Origin 的 Graph 窗口

5.1.2 作图操作

在有工作簿（Workbook）后，按 Ctrl 键对 X、Y 或 Z 等多列数据进行选择，然后单击菜单栏命令 Plot，对绘图类型进行下一步选择。Origin 9.0 绘图类型有 12 类，它们是 Line（线型）、Symbol（符号）、Line+Symbol（线型+ 符号）、Columns/Bars（柱状/条状）、Multi-Curve（多曲线）、3D XYY、3D XYZ、3D Surface（3D 表面）、Statistics（统计图）、Area（面积图）、Contour（等高线图）、Specialized（其他特殊图）。

除了 3D Surface（3D 表面）外，其他 11 个类型还有子菜单，可以选择细分的类型图。

以 Samples/Chapter 05/ Group. Dat 为例。首先执行菜单命令 File→Import，导入该文件数据，如图 5-2 所示。

在确定列属性（X、Y、Z 属性）之后，直接选中需要操作的列，执行相应的二维图形图标或 Plot 命令，如 Plot→Line+Symbol/Line+Symbol，绘制结果如图 5-3 所示。

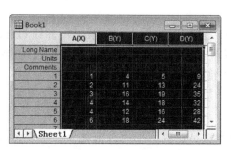

图 5-2 数据工作表

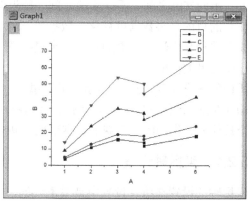

图 5-3 绘制结果图形

可见，作图的步骤是首先选择数据，通过鼠标拖动，或使用组合键：Ctrl 键单独选取、Shift 键选中区域。通常是以列为单位选取（也可以只选取部分行的数据），列要设定自变量和因变量。通常最少要有一个 X 列，如果有多个 Y 列则自动生成多条曲线，如果有多个 X 列则每个 Y 列对应左边最近的 X 列。

其次是选择作图类型，典型的是点线图，作图时系统自动缩放坐标轴以便显示所有数据点。由于是多个曲线，系统会自动以不同图标和颜色显示，并自动根据列名生成图例（Legend）和坐标轴名称。

也可以在不选中任何数据的情况下，执行这个命令，会弹出 Plot Setup（图形设置）对话框进行详细设置，如图 5-4 所示。这是 Origin 推荐的作图方式，但操作起来没有直接选中列作图方便。

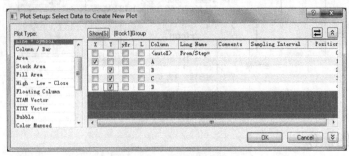

图 5-4　曲线设置对话框

在这个对话框里面，顶部可以选择数据来源，即电子表格（工作表）；中间部分，左边可以选择 Plot Type（图形类型），右边可以设置列属性如 X、Y、Z 属性，而不管原来各列的属性设置；设置好上面部分之后单击 OK 按钮，即可生成图形。

如果仍然设置第一列为 X，另三列为 Y，则作图结果如图 5-3 所示。

5.2　图　形　设　置

科技作图，不一定非得把图形做得非常美观，首先是要做得很规范、很标准。因为只有标准，不同文献之间、不同实验之间才能够具有相互比较的意义。

作图的目的是将数据可视化，数据可视化的目的是为了让图形直观地反应实验结果的变化规律并相互比较，是更加有效的定量描述。应用 Origin 做出标准的科技图形，就是此软件存在的最大价值。

所谓的图形设置，是指在选定作图类型（Type）之后，对数据点（Symbol）、曲线（Line）、坐标轴（Axe）图例（Legend）、图层（Layer）以至于图形整体（Graph）的设置，最终产生一个具体的、生动的、美观的、准确的、规范的图形。

5.2.1　坐标轴设置

坐标轴的设置在所有设置中是最重要的，因为这是达到图形"规范化"和实现各种特殊需要的最核心要求。没有坐标轴的数据将毫无意义，不同坐标轴的图形将无从比较。

图形的规范化和格式化之所以重要，是因为 Origin 中的图形都是所谓的科学或者工程图形，这些图形都具有确定的物理意义。因此如果不规范，那么图形要表达的意义也就不明确。

例如，一些图形要求对数坐标才能合理地表达结果，如果做成普通的线性坐标，显然是不能接受的。再如血多光谱图形的横坐标或纵坐标都具有较明确的范围，如果人为地放大或缩小坐标轴显然也是不合理的。

用鼠标左键双击某个层的坐标轴或坐标值刻度值，就会出现如图 5-5 所示的对话框，在此方框用户可以对坐标轴进行必要的设置。如果是双 y 轴，要改变某个 y 轴的设置，必须双击该 y 轴。各个子方框的说明如下：

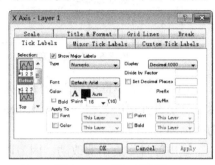

图 5-5　X Axis 对话框

（1）Tick labels 选项卡

主要用于设置坐标刻度标签的相关属性，如图 5-5 所示。这个选项卡设置坐标轴上的数据（Labke：标签）的显示形式，如是否显示、显示类型、颜色、大小、小数点位置、有效数字等。

Selection：选择坐标轴，有四个坐标轴，分别是 Bottom（底部 x 轴坐标）、Top（顶部 X 坐标）、Left（左边 y 轴坐标）和 Right（右边 y 轴坐标），图形默认的有 Bottom 和 Left 两个坐标。

Type：数据类型，默认状态下与数据源数据保持一致，本例中为数值型，也可以修改显示格式，例如强制显示为日期型等。如果源数据为日期型，坐标轴也要设置为日期型才能正确显示。

Display：主要用于显示呈现数据的格式，如十进制、科学计数法等。

Divide by：整体数值除以一个数值，典型的为 1000，即除以 1000 倍；或者 0.001，即乘以 1000 倍，这个选项对于长度单位来说是很有用的。

Set Decimal Places：选中复选框后，填入的数字为坐标轴标签（数值）的小数位数。

Prefix/Sufix：标签的前缀/后缀，如在刻度后加入单位 mm，eV 等。

Font：字体格式、颜色、大小等。不同的字体将影响到数值的形状，选择的一句是最终显示时能看得清楚。如果要发表论文，字体的大小请选择 36，即字体加到特别大。

原因是论文的图形通常要缩小到 5cm 左右，缩小之后，曲线图形的规律趋势还是比较清楚的，但是所有数值文字因太小变得不清楚，因此要用比较夸张的大小。

Apply：上述设置应用的范围，如本例中应用于当前层。

以上是对 Left（即 y 轴）的坐标刻度进行设置，也可以通过切换对顶部（Top）、底部（Bottom）的坐标刻度分别进行设置。由于系统默认的只有左边和底部的坐标轴，因此如果需要右边和顶部的坐标轴，可以在这个选项卡中进行设置，选中 Show Major Label 即可。

（2）Scale 选项卡

可以设置坐标值的起始范围（From 和 To）和坐标刻度的间隔值（Increment），其"type"可以对坐标轴或坐标值进行特殊设置，比如对数或指数形式，如图 5-6 所示。

（3）Title&Format 选项卡

这里的 Title 指的是坐标轴标题（即名称），格式指的是坐标轴上刻度端的方向和大小，如图 5-7 所示。

图 5-6　Scale 选项卡　　　　　　　　图 5-7　Title&Format 选项卡

Title：在文本框中键入坐标轴标题。输入框中显示 "%（？Y）" 是系统内部代码，表示会自动设置使用工作表（Worksheet）中 Y 列的 LongName 作为名称，以 Y 列的 Unit 作为坐标轴的单位。

这串符号尽量不要改动，因为以后数据工作表修改了，这个图形的标题会自动跟着修改的。当然如果需要也可以直接输入标题名称。

Major/ Minor 刻度显示方式：调整坐标轴中主/次刻度（短线）出现的形态，包括里、外、无、里外四种显示方式。一个典型的例子是打开（Show Axis）顶部和右边的坐标轴线，然后 Major/Minor 刻度都选择 None（无），则相当于为图形增加了顶部和右边的坐标线，即图形最后是出现在一个四周包围的矩形圈中的。

（4）Minor Tick labels 选项卡

"Minor Tick labels" 是与 "Tick labels" 相关联的，如果选择了 "Enable Minor Label"，将标示每个坐标值；如果在 "Other Options" 那一栏选择 "Plus Sings"，坐标值前就会出现数值符号 "+" 或 "-" 号。如图 5-8 所示。

（5）Custom Tick labels 选项卡

可以对坐标值的位置进行设置，比如 "Rotation" 可以将坐标值进行一定角度的显示。还比如，"Offset in % Point Size" 处填入数字，可以将坐标值进行上下（"Vertic"）或左右（"Horizont"）移动，如图 5-9 所示。

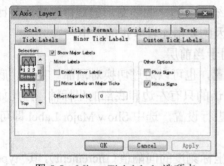 

图 5-8　Minor Tick labels 选项卡　　　　　图 5-9　Custom Tick labels 选项卡。

（6）Break 选项卡

Break 选项卡，如图 5-10 所示。当数据之间的跨度较大时（中间部分没有有意义的数据点），可以带有断点的 Graph 表示，即通过坐标轴放弃一段数据范围来实现，具体参数可在 Break 选项卡中设定。

Show Break：在坐标轴上显示断点，并激活此选项卡上的其他选项。

Break Region：坐标轴上的断点的起始点和结束点。

Break Position：文本框中的数字表示断点在坐标轴上的位置。

Log10 Scale After Break：表示断点后面的坐标为对数坐标。

Scale Increment：断点前后坐标刻度的递增步长值。

Minor Ticks：断点前后主刻度之间的次刻度的数目。

（7）Grid Lines 选项卡，如图 5-11 所示。

图 5-10　Break 选项卡

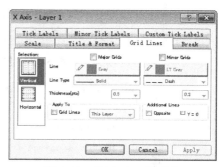

图 5-11　Grid Lines 选项卡

本选项卡相当于为曲线图形绘制区域绘制网络线，可使数据点更加直观地提高可读性。

Major Grids：显示主格线，即通过主刻度平行于另一个坐标轴的直线，下面的下拉表中可分别设定线的颜色、类型和宽度。

Minor Grids：显示次格线，即通过次刻度平行于另一个坐标轴的直线。

Additional Lines：在选中轴的对面显示直线，选中 Y=0 复选框，即在 x 轴对面显示直线。

可以调整网格线的线性和颜色，例如使用点线和灰色等浅颜色，以便能够立即显示网格线，也能够保持原有曲线图处于重要的位置而不至于被网络所干扰。

5.2.2　Graph 的显示设置

用鼠标左键双击数据曲线，弹出"Plot Detail-Plot properties"对话框，如图 5-12 所示，可对图形进行相关的设定，结构上从上到下分别是：Graph（图形）、Layer（层）、Plot（图形）、Line（线）、Symbol（点）。下图显示的是数据曲线的内容，单击 ⟩⟩ 按钮可隐藏或显示左边窗口。

要留意的是，如果先选中多列数据绘制多曲线图形，由于系统默认为组（Group），即所有曲线的符号（Symbol）、线型（Line）和颜色（Color）会统一设置（按默认的顺序递进呈现）。

这对于大部分图形来说是比较合适的，但缺点是很多参数不能够个性化地定制。

如果希望定制一个组（Group）中各曲线的具体参数，就要选择"Edit Mode"中的 Independent（独立）选项。

（1）Symbol 选项卡

本选项主要是设置数据点的呈现方式，如符号、大小、颜色等。可用鼠标左键双击曲线上的数据点打开这个选项卡，如图 5-13 所示。

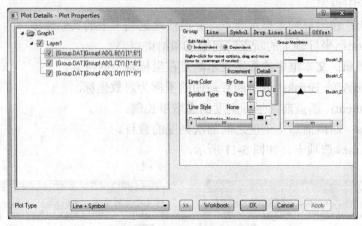

图 5-12 "Plot Detail" 对话框

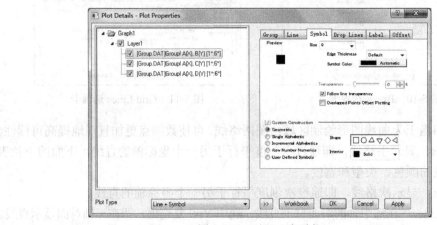

图 5-13 Symbol 选项卡

（2）Line 选项卡

本选项主要设置曲线的链接方式、线型、线宽、填充等选项，如图 5-14 所示。

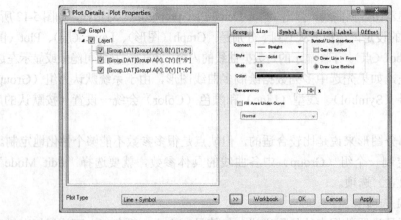

图 5-14 Line 选项卡

Connect 下拉表中为数据点的连接方式，如直线型、点线型，此外还有：

B-Spline 对于坐标点，Origin 根据立方 B-Spline 生成的光滑曲线，和样条曲线不同的是该曲线不要求通过原始数据点，但要通过第一和最后一个数据点，对数据 X 也没有特别的要求。

Spline：用光滑的曲线连接所有的点。

Bezier：和 B-Spline 曲线接近，曲线将四个点分成一组，通过第一、第四个点，而不通过第二个、第三个点，如此重复。

说明：选择以上三种链接方式会得到平滑曲线可以使图形美观，但具体使用何种平滑曲线的效果，要视具体的情况，以能够准确合理地表达图形为主，有时候为了科学的需要，不能使用平滑效果。结合 symbol/line interface 的设置，可得到平滑曲线的更佳效果。

Style：线条的类型。如实线、虚线等。

Width：调节线条的宽度，如果是屏幕显示设置为 0.5 即可，如果要发表论文，线宽可设置为 3 加粗。

Color：调节线条的颜色。

symbol/line interface：线与点的位置关系，对曲线显示效果有一定的影响，有三个选项。

- Graph to Symbol：显示符号和线条之间的间隙。
- Draw Line in Font：连线在符号的前面。
- Draw Line Behind：连线在符号的后面。

Fill Area Under curve：填充曲线，有三个选项：

- Normal：将曲线和 x 轴之间的部分填充。
- Inclusive broken by missing values：根据第一和最后一点生成一条基线，填充曲线与基线之间的部分。
- Exclusive broken by missing values：根据第一和最后一点生成一条基线，填充曲线与基线之外的部分，即跟第二种情况相反。

（3）Drop Lines 选项卡

当曲线类型是 Scatter（散点图）或含有 Scatter 时，即出现表示数据的点时，选中 Drop Lines 选项卡中的 Horizontal 选框或 Vertical 选框可添加曲线上点的垂线和水平线，能更直观地读出曲线上的点，如图 5-15 所示。

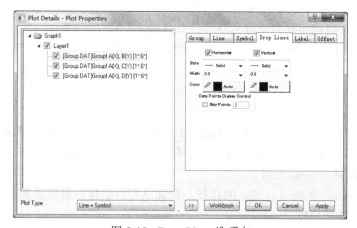

图 5-15　Drop Lines 选项卡

（4）Group 选项卡

当 Graph 图形中有几条曲线时，并且曲线联合成一个 Group（组）时，Plot Details 对话框中将出现 Group 选项卡，如图 5-16 所示。

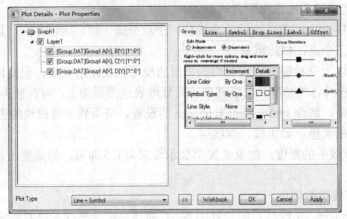

图 5-16　Group 选项卡

- Edit Mode：两种编辑模式。
- Independent：表示几条曲线之间是独立的，没有依赖关系。
- Dependent：表示几条曲线之间具有依赖关系，并激活下面的几个选项，曲线颜色、符号类型、曲线样式和符号填充样式。分别单击 Details 栏，出现一个小滑块，单击可进入详细的设置，曲线 1 为黑色；也可以单击此行，在下列列框中选择其他颜色。
- Symbol Interior：表示符号填充样式，可为实心、空心、交叉等。

以上的目的是将一组曲线集中设置，使其从符号、线型等外观上有一种渐进式的关系，使多条曲线的关系和规律性一目了然。但当出现 Group 选项时，每条曲线的属性不能够独立设置，除非选中 Independent（独立）选项。

5.2.3　图例（Legend）设置

Legend 一般是对 Origin 图形符号的说明，一般说明的内容默认就是工作簿中的列名字（Long Name），可以将列名字改名从而改变 Legend 的符号说明。

当然也可以鼠标右键单击 Legend，在右键快捷菜单中选"Properties"，在弹出的"Object Properties" 方框中进行设置，如图 5-17 和图 5-18 所示。在此可以对 Legend 的文字说明进行一些特殊设置，比如背景、旋转角度、字体类型、字体大小、粗斜体、上下标、添加希腊符号等。

如果 Graph 图形或某个图层中无 Legend 的显示，可以单击相应的图层，使图层标号凹陷，然后在菜单栏 Graph→New Legend 就可以显示相应的 Legend。

对象属性对话框中主要设置：

- Background：图例（区域）的背景，例如是否有变化，是否阴影等。
- Rotate：旋转角度。
- Use System Font：是否使用系统字体。

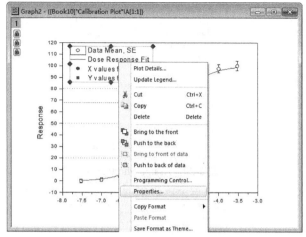

图 5-17　右键快捷键菜单

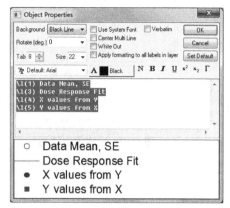

图 5-18　图例的设置

- Center Multi Labels：是否居中。
- White Out：设置白边，即使图例非透明显示。
- Apply formatting to all labels：设置样式到所有图例中。

关于字体的说明：首先字体的使用是以最终图像看得清楚为主要目的；其次如果是为了发表论文，建议使用 36 号字体；再次如果使用了特殊字体，典型的如温度的符号℃等，这些符号在 Origin 上的显示是正常的，但输出到 Word 中将会出现乱码，最简答的解决方案是，为这些特殊符号选择"中文字体"，如宋体。特殊符号的问题也可使用 Origin 的内部符号库解决。

5.3　Graph 的各种标注方法

5.3.1　添加文本

单击页面左侧"Text Tool"的标记 **T** 按钮，或者在 Graph 页面内需要添加文本的地方鼠标右键单击"Add Text"，输入文本内容，文本内容可以复制、粘贴、移动。和 Legend 设置相似，鼠标左键点中文本，在右键快捷菜单中选"properties"，在弹出的"Object Properties"方框中进行设置文本和添加特殊的符号。

添加文本有一个最大的好处就是，可以对坐标轴进行特殊的标注。因为默认文本字体是"Arial"，所以如果要标注中文或希腊等特殊符号，需要对文本进行编辑或设置。如图 5-19 和图 5-20 所示。

并将 Format 工具栏激活，对文字格式做相关调整，如图 5-21 所示。

也可按住 Ctrl 键后鼠标左键双击文本，在 Text Control 对话框中对文本进行格式调整，如图 5-22 所示。

此外，Style 工具栏中提供了一些有用的工具，也可以很方便地对图形和曲线的一些参数进行设置，如图 5-23 所示。

图 5-19 文本的右键菜单

图 5-20 Assign Shortcut 对话框

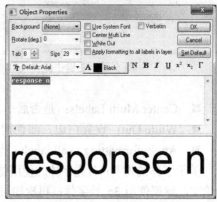
图 5-22 Text Control 对话框

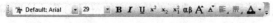
图 5-21 Format 工具栏

图 5-23 Style 工具栏

5.3.2 添加日期/时间

单击 Graph 窗口之上的工具栏"Date&Time" ⊕的图标 ，会在当前激活层上添加当前使用 Origin 计算机系统的日期/时间，如果要在其他层添加日期/时间，可以激活该层，然后单击工具栏"Date_Time"的图标 。

添加后的日期/时间可以进行编辑和设置，单击添加的日期/时间，使鼠标变成十字四箭头，右键"Properties…"，弹出"Object Properties"对话框，如图 5-24 和图 5-25 所示。此时和文本编辑和设置差不多，也可以对添加的日期/时间进行调整大小、移动和删除的操作。

图 5-24 时间右键快捷菜单

图 5-25 "Object Properties"对话框

5.3.3 希腊字母的标注

将默认"Arial"字体设置成"symbol",那么键盘上英文字母对应的希腊符号就是(键盘英文字母上从上到下,从左到右顺序:

Q: θ 或 ϑ; W: ω; E: ε; R: ρ; T: τ; Y: ψ; U: υ; I: ι; O: o; P: π; A: α; S: σ; D: δ; F: φ; G: γ; H: η; J: ϕ; K: κ; L: λ; Z: ς; X: ξ; C: χ; V: ϖ; B : β; N: υ; M: μ

也可以在工具栏上直接单击希腊字母输入按钮 αβ,比如坐标轴标注的内容原来是"ewq",则单击工具栏的按钮后,"ewq"就会变为"εωθ"。

要将标注的内容改成希腊字母,还可以鼠标右键单击"ewq"的"Propertie…",在"Object Properties"对话框中选中"ewq",如图 5-26 所示。

然后单击 N B I U x² x₂ Γ 最后的一个,此时方框内容出现"\g(ewq)"(\g 相当于一个命令,使其后的 ewq 为希腊字母),预览栏会出现"εωθ",单击 OK 按钮之后,标注就成了希腊字母。

图 5-26 "Object Properties"对话框

5.3.4 带有上标(下标)的标注

这个功能可以输入一些特殊的单位,比如℃,℉等和上下标。比如 C^1_2,这种带有上标(下标)标注可以有三种方法。

一种是鼠标右键单击坐标标注的"Properties…",在"Object Properties"对话框中选中或输入要标注的内容,比如"C12",然后单击 N B I U x² x₂ Γ 的上标和下标,如图 5-27 所示,这种标注不能对同一内容进行上下标标注。

第二种是鼠标左键双击坐标标注的内容,将光标插到标注上标(下标)的内容之后,此时工具栏 B I U x² x₂ x₁² αβ A A 由灰色变为亮色,单击相应上标(下标)或上下标的图标,输入上标(下标)或上下标所表示的内容,图 5-28 所示的是同一内容的上下标。

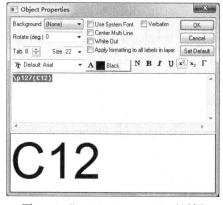

图 5-27 "Object Properties"对话框

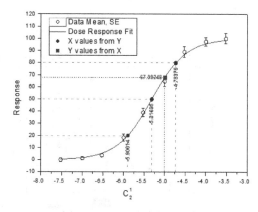

图 5-28 同一内容的上下标

第三种是利用工具栏 B I U x² x₂ x₁² αβ A A 增大字体和减小字体这个功能,比如温度单位℃，第一种和第二种能轻易实现，在此不需多说。

下面主要讲如何利用增大字体和减小字体这个功能来标注℃，先删除原来坐标标注，两次 "Add Text"，一个 text 的内容是 "o"（小写 o，非数字 0），另一个 text 中输入 "C"（大写），然后移动 "o" 文本至 "C" 左上方，缩小字体 "o" 并移动位置，使得 ℃ 美观或逼真到满意程度，Copy Page 后如图 5-29 所示。

这种方法不仅可以同时实现上下标注的单字体，也可以实现上下结构的单位，比如Å（长度单位埃，等于 10^{-10} 米），Å 在 Origin 中不能直接做出，这时你可以将它转化成相近关联单位，比如 nm（纳米，1Å=0.1nm），或者利用第三种方法在 Origin 中做这个埃的单位。

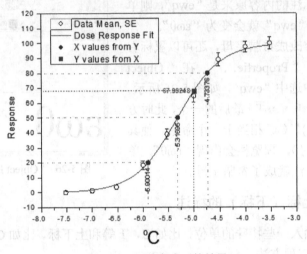

图 5-29　调整完成后的效果

5.3.5　Origin 自带的特殊符号标注

Origin7.0 以后的版本有一个特殊符号库，插入 Origin 自带的特殊符号方法是双击文本或坐标轴标注，此时光标闪烁，然后鼠标右键单击 "Symbol Map"，出现特殊符号库的方框，如图 5-30 所示，插入符号，单击 "Insert" 就会插入特殊字符。

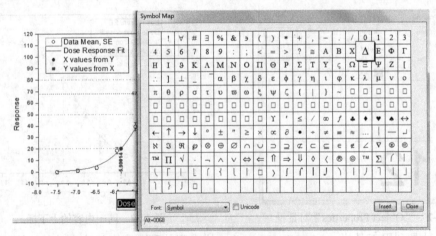

图 5-30　Origin 自带的特殊符号库

5.3.6 Origin 数据图坐标刻度值特殊标注

有时为了一些特殊需要，坐标刻度值需要进行调整，比如坐标刻度值是 1，10，100，1000，10000，100000 等形式。其实可以用幂指数 10^0，10^1，10^2 等表示，这种上下坐标刻度值的表示 Origin 是不会提供的，你要么对其进行数值处理，比如取以 10 为底的对数（变成 0，1，2，3…），要么另想其他方法标注。

一个很好的改变坐标刻度标注的方法是将原来刻度值"隐藏"，然后再添加"文本"，在"文本"里逐个输入数值，然后将各个文本对应其坐标刻度。具体操作如下（以 x 轴坐标刻度为例）：

（1）双击 x 轴坐标值，将"Bottom"的"Show Major Label"前面方框的"勾号"去掉，单击"确定"按钮后 x 轴坐标刻度就"隐藏"不可见了，如图 5-31 所示。

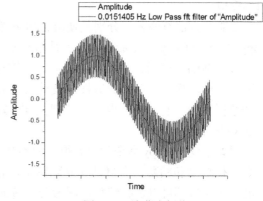

（2）插入文本 text 在 Origin 数据图中在白色区域单击鼠标右键"AddText"，这样就添加一个文本 Text，在"文本"里可以利用 Origin 自带的上下标功能和前面介绍的方法，可以输入带有上下标、希腊字母和其他特殊符号或数值。

在此过程中，可以将第一个文本复制，然后粘贴多次，这样不必"Add Text"许多次，只要修改粘贴后文本里的内容即可。最后将文本对其刻度，并将文本排列在一个水平线上。

图 5-31 隐藏坐标值

坐标刻度是幂指数、希腊字母、特殊单位的形式如图 5-32（前面六种方法的综合应用）所示。

另外，Origin 数据图默认 y 轴（或 x 轴）的坐标标注关系是"Linear（线性）"的，对于一些特殊的坐标刻度标注，可以将 x 轴（或 y 轴）坐标刻度设置成其他关系：鼠标左键双击 Origin 数据图坐标轴，点"Scale"，再在"Type"中选择对应关系，如图 5-33 所示。

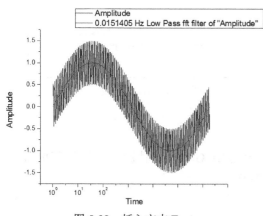

图 5-32 插入文本 Text

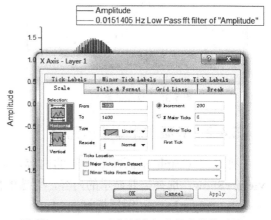

图 5-33 Origin 坐标刻度标注的自带特殊设置

5.4 插入和隐藏图形元素

在实际科技制图中，经常会出现对数据的说明情况，这时就需要插入一个图形来说明另一个图形，或者做数据对比。同时，有时得出的个别数据点影响了对整条曲线的拟合，就要用到隐藏图形元素功能。

5.4.1 插入图形和数据表

要在图形中插入另一个图形，首先选择一个图形对象，然后进行复制，再粘贴到目标图形窗口。

复制的方法有两种，分别是使用 Edit 编辑菜单中的 Copy Page 和 Copy 两个命令。前者是指复制整个图形窗口，最终粘贴完成后，除可以对图形进入缩放外，不能再进行编辑，而且也不会随原图的变化而变化，就像是一个绘图对象一样处理，也不会新建图层，如图 5-34～图 5-36 所示。

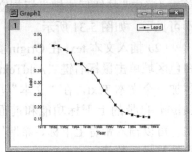

图 5-34 目标图形

但如果使用 Copy 命令就会有很大的不同。使用 Copy 命令进行复制和粘贴，会自动建立新图层，粘贴后各部分的图形对象都可以进行编辑，图形会随着数据的变化而变化，因此这种方法其实是另类的建立图层的方法。

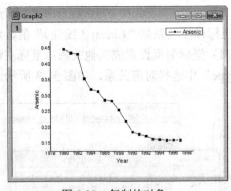

图 5-35 复制的对象

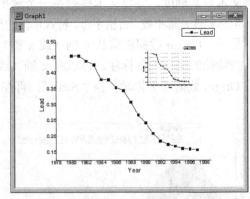

图 5-36 粘贴的结果

5.4.2 隐藏或删除图形元素

要设置 Graph 里面需要显示的内容，可以在选中 Graph 的情况下，选择菜单命令 View→Show，选择需要显示的内容，可选的内容有：

（1）Layer Icons：图层标记。

（2）Active Layer Indicator：活动图层标记

（3）Axis Layer Icons：图层坐标标记

（4）Object Grid：对象网格

（5）Layer Grid：图层网格

（6）Frame：框架

（7）Labels：标签

（8）Data：数据

（9）Active Layer Only：仅为活动图层

另外，在 Plot Details 对话框的 Display 标签下的 Show Elements 项中，也可以设置要显示的 Graph 内容，如图 5-37 和图 5-38 所示。

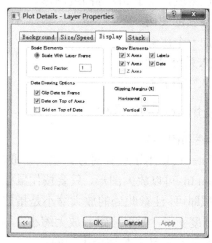

图 5-37　图形元素显示选项　　　　图 5-38　图形设置细节

要删除图层，只要鼠标右键单击要删除图层的图层标记，执行 Delete Layer 命令即可，如图 5-39 所示。

图 5-39　图层右键快捷菜单

5.5　图　形　工　具

除了上面介绍的通过增加图层绘制复杂图形外，一些有用的图形工具对于作图或辅助作图也是非常有用的。

5.5.1 使用 Graph 工具栏

Graph 工具栏如图 5-40 所示。

图 5-40 图形工具栏

（1）缩放，根据当前图形中的数据对图形进行自动缩放，是图形最常用的一个操作之一，不过更好的选择是使用其快捷键，即 Ctrl+R。

（2）将多曲线图形分成层、将多层分成多个图、合并多个图形。

（3）图层操作，详见第 8 章。

（4）彩色刻度，用于 3D 等高线图形。

（5）建立新的图例。

（6）增加一个比例尺。

（7）插入系统时间。

（8）插入空白表格。

5.5.2 使用 Tools 工具栏

Tools 工具栏如图 5-41 所示。

图 5-41 Tools 工具栏

（1）Pointer 可以用于选择对象，也用于取消其他工具。

（2）Zoom In 可以放大图形，只要按住鼠标左键拖动鼠标选择要放大的区域即可，注意此处的放大缩小是指放大缩小坐标轴刻度，因为坐标刻度变了，图形才跟着放大缩小，与上面 Graph 工具栏的图形整页缩放在意义上是完全不同的。

（3）Zoom out 缩小图形，使坐标刻度回到原来的设定值。

（4）Screen Reader：Screen Reader 按钮 主要是读取绘图页面内和绘图区右边灰色区域的选定点的 XY 坐标值，如图 5-42 所示，图中左上角的十字光标就是鼠标选定的点。

在单击 Screen Reader 按钮 后，如果按键盘空格键，能改变选定点的十字光标的大小。

（5）Data Reader：Data Reader 按钮是读取数据图形曲线上选定点的 XY 坐标值，有 Data Info 和 Data Display 两个功能，如图 5-43 所示。

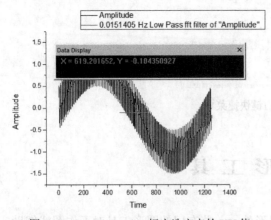

图 5-42 Screen Reader 标定选定点的 XY 值

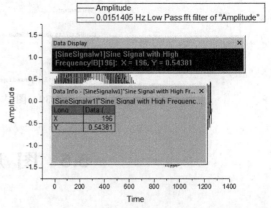

图 5-43 Data Reader 读取数据图曲线的 XY 坐标值

Data Reader 只能读取工作簿中的数据，并不能读取其他数据，比如对于 "Line+Symbol"

类型的数据曲线，Data Reader 只会读取"Symbol"所在的 XY 值，并不能读取"Line"上的点的 XY 值，即使将鼠标放在数据曲线的"Line"上，Data Reader 会自动找到临近的"Symbol"的 XY 坐标值（来源于工作簿）。

（6）⁂Data Selector：选取数据图形曲线数据的一段并进行分析处理。单击 Data Selector 按钮⁂，鼠标左键单击数据图的一个曲线，在曲线首端和末端出现"相对双箭头"的标识，用鼠标拖动"相对双箭头"的标识，改变其位置，如图 5-44 所示。

鼠标左键双击后"相对双箭头"的标识就会变为"相背单箭头"，在菜单栏 Data→Set Display Range，出现如图 5-45 所示的隐藏选取数据段之外曲线的效果，这样就只对选中的数据进行进一步分析和操作。

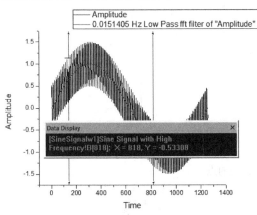

图 5-44 Data Selector 选取曲线上一段数据　　图 5-45 选取曲线上一段数据后的效果

如果要显示被隐藏的曲线或者说恢复显示完整曲线，可以执行菜单命令 Data→Reset to Full Range。

（7）☙Selection on active plot：Selection on active plot 按钮☙，是选取曲线数据上一个区域，并做出标记，如图 5-46 所示。

单击要选取数据图形所在的层或该图层曲线，单击按钮☙，会出现右下角带小矩形的十字光标，拖动鼠标，出现矩形方框，圈定要选取的曲线段，首端和末端会出现"相对双箭头"的标识。再执行菜单命令 Data→Set Display Range，也会出现如图 5-47 所示的隐藏选取数据段之外曲线的效果。

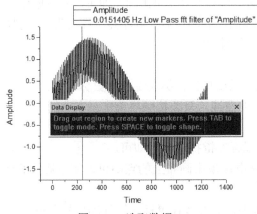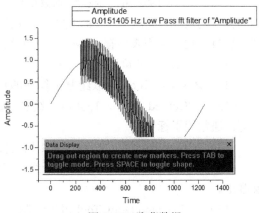

图 5-46 选取数据　　　　　　　　　　　图 5-47 隐藏数据

（8）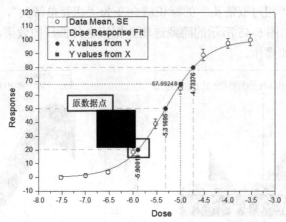Regional Mask Tool：Regional Mask Tool 按钮有四个子功能，Add Masked Points to Active Plots、Add Masked Points to All Plots、Remove Masked Points from Active Plot 和Remove Masked Points from All Plot。

前面介绍的 Mask Range 的各个按钮也可以在此应用。单击按钮，同时在 Graph 选择要去除的数据点，如图 5-48 所示。那么选择的数据点就会在拟合曲线中消失，同时消失的数据点在 Workbook 中出现红色，如图 5-49 所示。

图 5-48　选择要去除的点

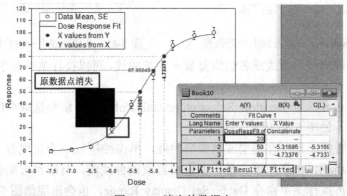

图 5-49　消失的数据点

（9）Draw Data 可以自己绘制数据点，在这个模式下只要单击画布即可绘制数据点，点间会自动连线，完成后按 Esc 键退出。用这个方法绘制的数据点并不是"图形"，而是数据，会自动建立工作表储存这些数据，可修改其图形特性。

（10）T Text Tool 可以输入文本。

（11）Arrow Tool 可以绘制带箭头的直线，只要按住鼠标左键拖动鼠标即可。

（12）Curved Arrow Tool 可以绘制带箭头的曲线，只要按顺序单击画布上的 3 个点即可，通常用于标注。

（13）Line Tool 可以绘制直线，只要按住鼠标左键拖动鼠标即可。

（14）Polyline Tool 可以绘制折线，只要按顺序单击画布上的点即可，完成后按 Esc 键推出。

（15）Freehand Draw Tool 可以绘制任意线条，只要按住鼠标左键拖动鼠标即可。

（16）■Rectangle Tool 可以绘制矩形，只要按住鼠标左键拖动鼠标即可。

（17）▲Polygon Tool 可以绘制多边形，只要顺序单击画布上的点即可，完成后按 Esc 键退出并生成多边形。

（18）●Circle Tool 可以绘制椭圆形，只要按住鼠标左键拖动鼠标即可。

（19）●Region Tool 可以绘制任意形状，只要按住鼠标左键拖动鼠标即可，放开左键时起始和结尾的点会以直线连接起来。

5.5.3 使用 Mask 工具栏

所谓 Mask 即屏蔽，就是让部分数据隐藏起来，这样并不需要删除原数据，而是不让这些数据作图而已。Mask 工具栏如图 5-50 所示。

关于数据点的屏蔽，需要使用到 Tools 工具栏中的 几个图标，上面已经有介绍，下面介绍 Mask 工具栏中的几个图标的含义。注意这几个图标的操作一些在 Graph 窗口而另一些要在 Worksheet 中使用，屏蔽的数据点可以是一个点，也可以是一个范围。

图 5-50　Mask 工具栏

（1）：屏蔽数据。

（2）：取消屏蔽。

（3）：改变屏蔽点的颜色（防止颜色与原来曲线颜色相同）。

（4）：隐藏或显示被屏蔽的数据点。

（5）：交换屏蔽数据。

（6）：确认或取消屏蔽。

5.5.4 对象管理

选中对象之后，可以通过 Object Edit 工具条对他们进行管理，主要是对齐和叠放关系，这个工具在 Layout（布局）窗口中有重要的作用。对象管理工具栏如图 5-51 所示。

图 5-51　对象管理工具栏

（1）分别是左对齐和右对齐。

（2）分别是上对齐和下对齐。

（3）分别是垂直中对齐和水平中对齐。

（4）分别是对选中的对象截取相等宽度和长度。

（5）是对 Graph 对象的排列顺序进行调整。

（6）是对 Worksheet 对象的排列顺序进行调整。

（7）则是对对象进行分组，被编为同一组的对象，一起当作一个对象对待。

5.6　本　章　小　结

据统计，在科技文章和论文中，数据二维曲线图占总的数据图的 90%以上。Origin 的绘图功能非常灵活，功能十分强大，能绘制出各种精美的图形来满足绝大部分科技文章和论文绘图的要求。本章结合 Origin 绘制二维曲线图的特点，重点介绍了其操作基础、图形设置方法、各种标注方法以及各种图形工具的功能，是为下文中二维图形绘制的介绍打下基础。

第 6 章　各类二维图绘制介绍

Origin 提供了函数绘图功能，函数可以是 Origin 内置函数，也可以是 Origin C 编程的用户函数。Origin 绘图功能非常灵活，功能十分强大，能绘出数十种精美的、满足绝大部分科技文章和论文绘图要求的二维数据曲线图。

Origin 中二维图形种类繁多，本章以列表和图形的形式将 Origin 中各类二维图形罗列出来，介绍作图过程，详细地介绍了二维图绘制功能及其绘制过程，帮助读者形成一定的印象，方便作图。

本章学习目标：

- 掌握函数绘制二维图形的方法
- 掌握 Origin 内置二维图形绘制
- 了解主题绘图过程

6.1　函　数　绘　图

Origin 提供了函数绘图功能，函数可以是 Origin 内置函数，也可以是 Origin C 编程的用户函数。通过函数绘图，可以将函数的图形方便地显示在图形窗口中。

6.1.1　在图形窗口中绘图

Origin 函数绘图方法如下：

（1）单击标准工具栏，打开一个图形窗口如图 6-1 所示。

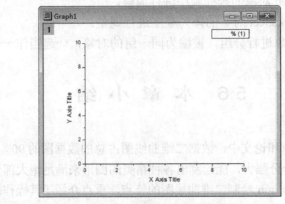

图 6-1　新建一个图形窗口

（2）选择菜单命令 Graph→Add Function Graph，在弹出的 Plot Detal 窗口的 Function 选项卡中定义要绘图的函数，如图 6-2 所示。

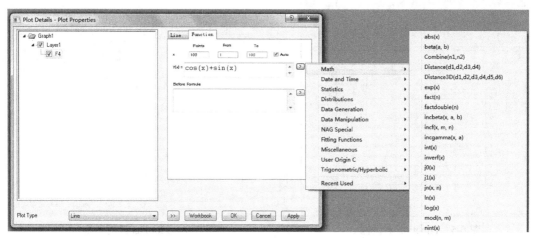

图 6-2　Plot Detail 对话框

（3）在 Plot Detail 对话框中可以选择各种数学函数和统计分析函数，如图 6-2 所示。在选择函数后，单击 OK 即可在绘图窗口中生成图形。也可以使用 Origin 的子编辑函数，本例定义了一个"cos(x)+sin(x)"函数后，单击 OK 按钮，即在绘图窗口中生成函数图形，如图 6-3 所示。

（4）双击图形 y 轴坐标，在 Scale 选项卡中，调整 y 轴坐标范围为"-2"至"2"；单击 Graph 工具栏 按钮添加顶部 x 轴和右侧 y 轴的图层，双击新添加的 x 轴和 y 轴，单击 Title & Format→Top，将"Show Axis &Tick"前的可选方框打上勾号，将"Major"和"Minor"都设置成"None"（默认都是"Out"或"In"）；调整后的图形如图 6-4 所示。

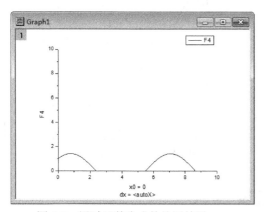

图 6-3　通过函数生成的绘图结果

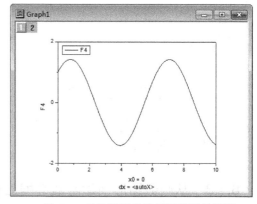

图 6-4　对绘图结果进行调整后的图形

6.1.2　在函数窗口中绘图

单击标准工具栏"New Function" 按钮，同时打开一个"Function"窗口和一个"Plot

Detail"窗口，如图 6-5、图 6-6 所示。

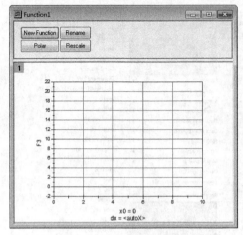

图 6-5　Function 对话框

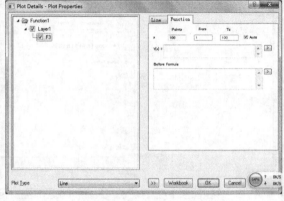

图 6-6　Plot Detail 对话框

采用同样的方法定义窗口定义函数。在"Plot Detail"窗口定义了一个"cos(x)+sin(x)"函数后，单击 OK 按钮，生成函数图形如图 6-7 所示。

在"Function"窗口中，通过单击 Rescale 按钮，进行调整，绘制的"cos(x)+sin(x)"函数图形如图 6-8 所示。

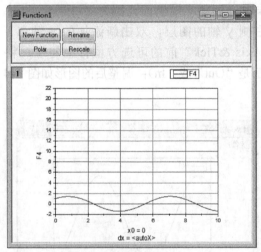

图 6-7　生成的函数图形

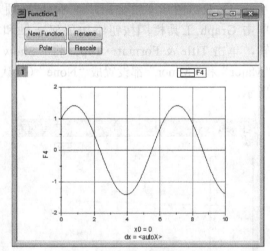

图 6-8　调整后的函数图形

6.1.3　从函数图形创建函数数据工作表

在如图 6-8 所示函数窗口中的函数曲线上用鼠标右键单击，打开一个快捷菜单，选择"Make dataset copy of F5"命令，即会弹出窗口，如图 6-9 所示。

在弹出的窗口中输入数组名，单击 OK 按钮，出现一个"FuncCopy"图形窗口，如图 6-10 所示。

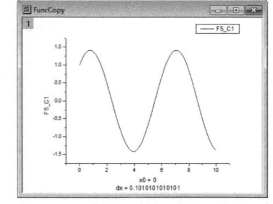

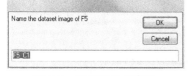

图 6-9 数据图命名窗口

图 6-10 “FuncCopy”图形窗口

在该窗口中单击鼠标右键，并在弹出的快捷菜单中选择“Creat Worksheet F5_C1”，Origin 会创建一个带 Y 数组的工作表，如图 6-11 所示。

选中 Y 数组的工作表，用鼠标右键单击打开快捷菜单，选择菜单“Show X Column”，则完成了函数数据工作表创建。图 6-12 所示为创建的函数数据工作表。

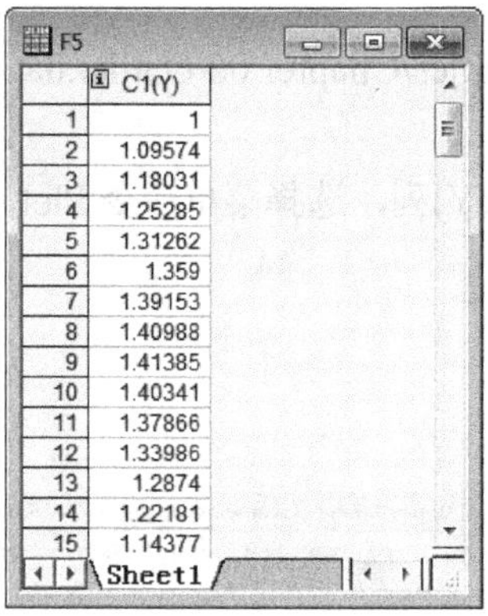

	C1(Y)
1	1
2	1.09574
3	1.18031
4	1.25285
5	1.31262
6	1.359
7	1.39153
8	1.40988
9	1.41385
10	1.40341
11	1.37866
12	1.33986
13	1.2874
14	1.22181
15	1.14377

图 6-11 带 Y 数组的工作表

	A	C1(Y)
1	0	1
2	0.10101	1.09574
3	0.20202	1.18031
4	0.30303	1.25285
5	0.40404	1.31262
6	0.50505	1.359
7	0.60606	1.39153
8	0.70707	1.40988
9	0.80808	1.41385
10	0.90909	1.40341
11	1.0101	1.37866
12	1.11111	1.33986
13	1.21212	1.2874
14	1.31313	1.22181
15	1.41414	1.14377

图 6-12 创建的函数数据工作表

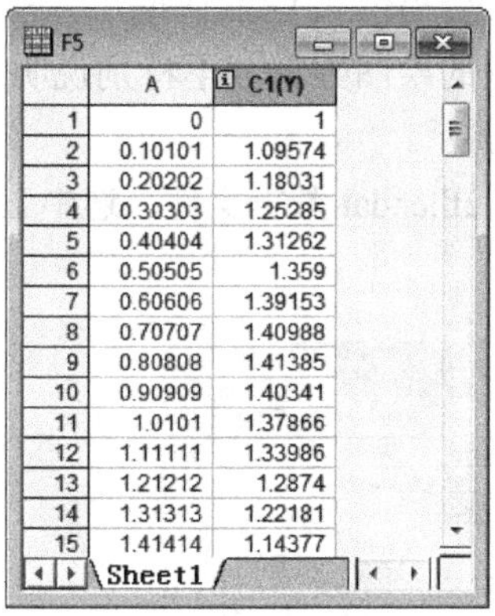

6.2 Origin 内置二维图类型

Origin 提供了多种内置二维绘图模板，可用于科学实验中的数据分析，实现数据的多用途处理。Origin 9.0 对内置二维图模板菜单重新进行了设计，可以采用多种方法选择内置二维绘图模板进行绘图。

其中最为方便的是，在其二维绘图工具栏中单击绘图模板库按钮（见图 6-13），打开二维绘图模板块，在其各类二维图模板的节点上选择相应的节点，从中选择需要的二维绘图模板（见图 6-14）。

本节简单介绍了 Origin 提供的内置二维图形的基本特点和绘制方法。

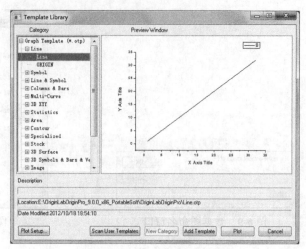

图 6-13 绘制模板库　　　　　　　　　　　图 6-14 二维绘图模板库窗口

6.2.1 线（Line）图

线图对数据的要求是工作表中至少要有一个 Y 列的值，如果没有设定与该列相关的 X 列，工作表会提供 X 的默认值。

本节中的绘图数据若不特别说明，均采用的是 Samples/Chapter 06/Outlier.dat 数据文件，如图 6-15 所示。

导入 Outlier.dat 数据文件。选中工作表中 A(X)和 B(Y)列，选择菜单命令 Plot，如图 6-16 所示。

图 6-15 导入 Outlier.dat 数据文件　　　　　　图 6-16 选择菜单命令"Plot"

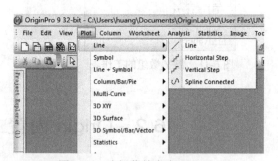

在打开的二级菜单中，选择绘图方式进行绘图；或者单击二维绘图工具栏线图旁的 按钮，在打开的二级菜单中，选择绘图方式进行绘图。

线图的二级菜单如图 6-17 所示。Origin 线图有折线图（Line），水平阶梯图（Horizontal Step），垂直阶梯图（Vertical Step）和样条曲线图（Spline Connected）4 种绘图模板。

1. 折线图（Line）

折线图的图形特点为每个数据点之间由直线相连（如图 6-18 所示）。但由模板画出的折线图很多时候不符合科学制图的要求，需要进一步调整美化，针对图 6-18 进行美化，步骤如下：

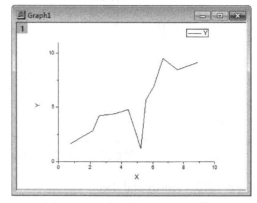

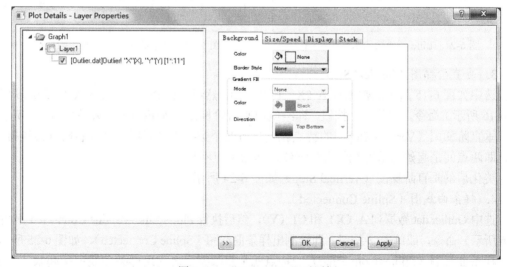

图 6-17 二维绘图工具栏线图二级菜单　　　　　　图 6-18 Line 型模板的 Line 图例

（1）将 Legend 文本从右上角移到数据图中的合适位置，单击 Legend 文本，单击鼠标右键"Properties"，在"Object Properties"属性方框里将"Size"设置成 24（默认大小是 22）；

（2）单击 x 轴和 y 轴的坐标标注，在标题栏的字体大小对话框中将字体大小设置成 22（默认大小是 18）；

（3）单击 Graph 工具栏■按钮添加顶部 x 轴和右侧 y 轴的图层，双击新添加的 x 轴和 y 轴，单击 Title & Format 选项卡的 Top 选项，将"Show Axis &Tick"前的可选方框打上勾号，同时将"Major"和"Minor"都设置成"None"（默认都是"Out"或"In"）；

（4）单击顶部 x 轴和右侧 y 轴坐标的坐标和标题栏，选中后直接删除；

（5）双击数据图的曲线，弹出"Plot details"对话框，如图 6-19 所示。在对话框中对曲线进行设置，比如图中线段线型（Style）、大小（Size）、线宽（Width）、颜色（Color）、线段连接方式（Connect）等。调整美化之后的折线图如图 6-20 所示。

图 6-19 "Plot details"对话框

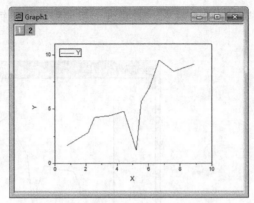

图 6-20 调整美化之后的 Line 图例

2．水平阶梯图（Horizontal Step）

选中 6-15 数据列 A（X）和 B（Y），然后执行 Plot→Line→Horizontal Step（如图 6-16 所示）命令，或单击 ⌐ 按钮，就绘制成水平阶梯图（Horizontal Step），如图 6-21 所示。

水平阶梯图的特点是将每两个数据点之间用一个水平阶梯线连接起来，即两点间是起始为水平线的直角连线，而数据点不显示。如上例步骤，对图 6-21 进行美化后的水平阶梯图如图 6-22 所示。

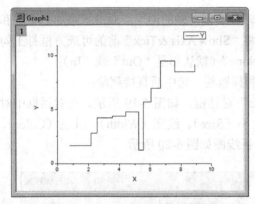

图 6-21 Line 型模板的水平阶梯图

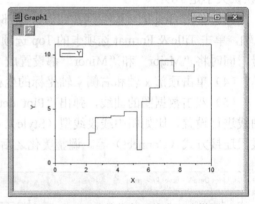

图 6-22 调整美化之后的水平阶梯图

3．垂直阶梯图（Vertical Step）

选中如图 6-15 所示的数据列 A（X）和 B（Y），然后执行 Plot→Line→Vertical Step（如图 6-16 所示）命令，或单击 ⌐ 按钮，即绘制出垂直阶梯图（Vertical Step），如图 6-23 所示。

垂直阶梯图（Vertical Step）的特点就是将每两个数据点之间用一个垂直阶梯线连接起来，即两点间是起始为垂直线的直角连线，而数据点不显示。

美化后的垂直阶梯图（Vertical Step）如图 6-24 所示。

4．样条曲线图（Spline Connected）。

选中 Outlier.dat 数据列 A（X）和 C1（Y），然后执行 Plot→Line→Spline Connected（如图 6-16 所示）命令，或单击 ⌣ 按钮，即绘制出样条曲线图（Spline Connected），如图 6-25 所示。

样条曲线图（Spline Connected）的特点就是将数据点之间用样条曲线连接起来，数据点以符号显示。

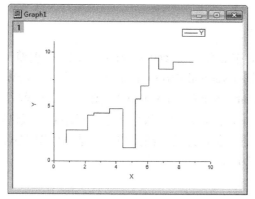

图 6-23　Line 型模板的垂直阶梯图

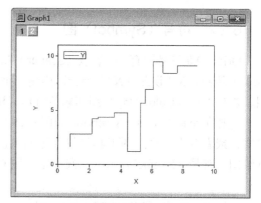

图 6-24　调整美化之后的垂直阶梯图

在进行调整时，可以在"Plot Details"对话框中将线条曲线的"Width"默认为 0.5（因为不是单纯的线条，还有符号 Symbol，将线条改粗的话会使线条和符号没有好的对比）。

如图 6-26 所示，在"Symbol"的"Preview"默认为黑色框■，将其改为五星★，将 Size 改为 12（默认是 9），在  栏中选"Individual Color"为"Red"，然后单击 OK 按钮，图形绘制完成后如图 6-27 所示。

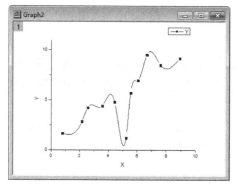

图 6-25　Line 型模板中的样条曲线图

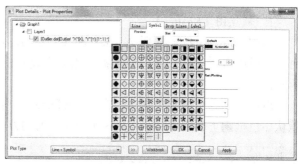

图 6-26　通过"Plot Details"对话框对图形进行调整

如果在  栏中选"Increment"，"Starting Color"为"Red"，曲线图的符号就会以渐变色显示，图形绘制完成后如图 6-28 所示。

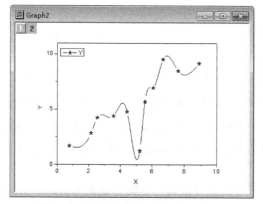

图 6-27　调整美化之后的垂直阶梯图

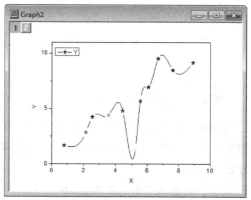

图 6-28　图形符号渐变色显示

6.2.2　符号（Symbol）图

Origin 9.0 符号图有 2D 散点（Scatter）图、中心散点（Scatter Central）图、Y 误差（Y Error）棒图、XY 误差（X Y Error）棒图、垂线（Vertical Drop Line）图、气泡（Bubble）图、彩色映射（Color Map）图和彩色气泡（Bubble and Color Mapped）图 8 种绘图模板。

选择菜单命令 Plot→Symbol，如图 6-29 所示，在打开的二级菜单中选择绘制方式进行绘图；或者单击二维绘图工具栏符号旁的 ▲ 按钮，在打开的二级菜单中，选择绘图方式进行绘图。符号（Symbol）图的二级菜单如图 6-30 所示。

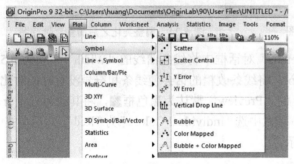

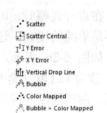

图 6-29　选择菜单命令 "Plot"　　　　　　　　　　图 6-30　符号图中的二级菜单

1．散点图（Scatter）

选中 Outlier.dat 数据列 A（X）和 C1（Y），然后执行 Plot→Symbol→Symbol Scatter 命令，或单击 ·ˑ 按钮，就会将数据点用散点表示出来，制出的 Scatter（散点）图如图 6-31 所示。

对散点图进行调整美化时，在"Plot Details"中将线条曲线的"Symbol"的"Preview"默认黑色框■下面的"Show Construction"前的方框打上勾号，如图 6-32 所示。

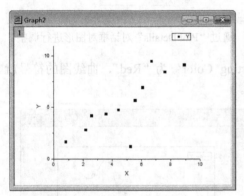

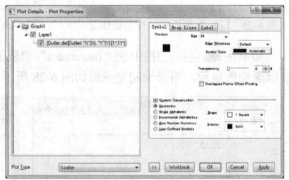

图 6-31．散点图（Scatter）　　　　　图 6-32　Plot Details 中的 "Show Construction" 设置图

"Show Construction"有五个单选项，第一个单选项"Geometric"，就是符号 Symbol 的类型，这与"Show Construction"前的方框勾号去掉时"Preview"的下拉菜单预览中的符号是一致的。

第二个单选项"Single Alphabet"可以将符号类型设置为一些特殊的符号，[A ▼]下面的"Outline"可选方框如果打上勾号的话，将会给数据点的符号加上方形边框。

第三项"Incremental Alphabet"主要是特殊的部分希腊字符，第四项"Row Number Numerics"将对每个数据点以"1"为开始的阿拉伯数字进行表示，第五项"User Defined Symbol"允许用户将自定义的符号在数据图中进行符号表示。

在"Plot Details"对话框中将"Size"设置为"24"（默认为 9），将"Show Construction"前的方框打上勾号，选中第二个单选项"Single Alphabet"，在 A▼ 下拉菜单中单击♥符号，将"Edge Color"中的 ■ Black 栏中选为"Increment"，"Starting Color"为"Red"，曲线图的符号就会以渐变色显示，然后单击 OK 按钮。绘制结果如图 6-33 所示。

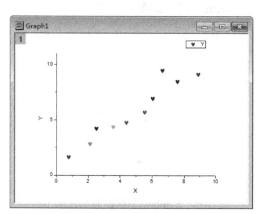

图 6-33　符号渐变效果

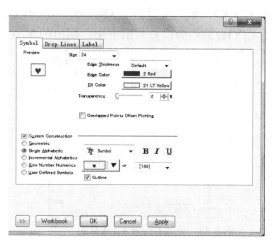

图 6-34　"Show Construction"的"Outline"设置

如果 A▼ 下面的"Outline"可选方框打上钩，并且"Fill Color"栏 □ Automatic 有填充色的话，那么符号方框内会有背景色，如图 6-34 所示是具体的设置例子："Size"为"24"，"Edge Color"为"Red"，"Fill Color"为"Yellow"，"Outline"可选方框打上钩，那么"Copy Page"后如图 6-35 所示。

2. 中心散点图（Scatter Central）

中心散点图就是在散点图的基础上，将散点图均匀地分布在各坐标轴的中心，选中 Outlier.dat 文件的数据列 A（X）和 B（Y），然后执行 Plot→Symbol→Scatter Central 命令，或单击⊞按钮，就会将数据点用散点表示出来，制出的中心散点（Scatter）图，如图 6-36 所示。

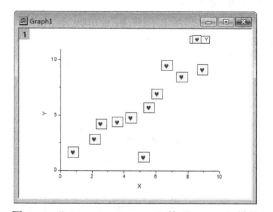

图 6-35　"Show Construction"的"Outline"效果

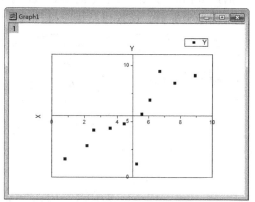

图 6-36　中心散点图

3. Y 误差（Y Error）图

在符号图的 8 种绘图模板中，Y 误差棒图对绘图的数据和要求是：绘图工作表数据中至少要有两个 Y 列（或是两个 Y 列其中的一部分）的值。其中，左边第 1 个 Y 列为 Y 值，而第 2 个 Y 列为 Y 误差棒值。

绘图数据采用的是 Samples/Chapter 06/Group.dat，如图 6-37 所示。如果没有设定与该列相关的 X 列，工作表会提供 X 的默认值。

本例中接着按顺序选中 A（X）B（Y）和 C（Y），选中图 6-37 所示的数据列 A（X）和 C（Y），然后执行 Plot→Symbol→Scatter Central 命令，或单击 I⸬I 按钮，将 B(Y)数据点用 C(Y)数据作为误差表示出来，制出的 Y 误差（Y Error）图，如图 6-38 所示。

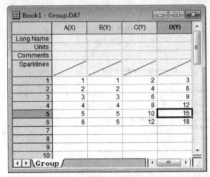

图 6-37 导入 Group.dat 数据表

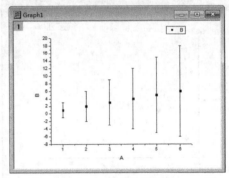

图 6-38 Symbol 型模板的 Y Error 图

"美化"时鼠标左键双击数据图的散点，出现 Plot Details 的弹出框，可如上文中对图形进行相应的设置。鼠标左键双击数据图散点上下的 Error Bar（误差条），可以对误差条进行设置，如图 6-39 所示。

左边栏 "Style"："Color" 可以对误差条的线条颜色进行设置，"Line" 对误差条的线条宽度进行设置（默认是 0.5），"Cap Wlidth" 对误差条的水平线段进行长度（默认是 9）设置，"Through Symbol" 可选方框打上勾号的话，表示误差条穿过符号。

右边栏 "Direction"：对误差条的方向进行设置，只要 "Plus"（取误差数据点在 Y 轴上的方向，正数为向上，负数为向下）和 "Minus"（和 "Plus" 取向相反）前都打上钩，那么单选 "Absolute"（取误差数据点绝对值方向）或 "Relative"（取误差数据点相对值方向）后，数据图的散点上下方向都有误差条，如图 6-38 所示。

对图形坐标轴、误差棒及相应符号线条进行设置美化之后，图形如图 6-40 所示。

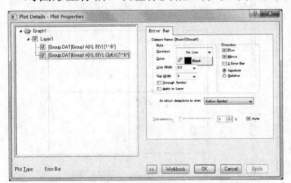

图 39 Symbol 型模板的 Error Bar 属性设置

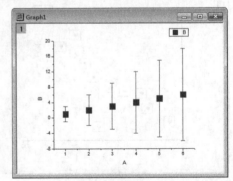

图 6-40 美化之后的 Y 误差（Y Error）图

4．XY 误差（X Y Error）棒图

XY 误差棒图对绘图的数据要求是，绘图工作表数据中至少要有 3 个 Y 列（或者 3 个 Y 列其中的一部分）的值。其中，左边第一个 Y 列为 Y 值，中间的 Y 列为 X 误差棒，而第三个 Y 列为 Y 误差棒。

如果没有设定与该列相关的 X 列，工作表会提供 X 的默认值。绘图数据采用的是 Samples/Chapter 06/Group.dat，如图 6-37 所示。

在 Group.dat 数据表中，选中数据列 C（Y），然后用鼠标右键单击"Properties"，在"Column Properties"弹出框中将"Options"项展开，并将"Plot Destination"的"Y"设置成"X Error"，如图 6-41 所示。

同样选中数据列 D(Y)，在"Column Properties"弹出框中将"Y"设置成"Y Error"，选中四个数据列 A（X）、B（Y）、C1（X Error）和 D（Y Error），然后执行 Plot→Symbol→ XY Error 命令，或单击 按钮，就会将 A（X）横坐标数据点用 C（X Error）作为误差、 B(Y)纵坐标数据点用 D(Y Error)数据作为误差表示出来。对散点和误差条进行属性设置，绘制 XY 误差（X Y Error）棒图，如图 6-42 所示。

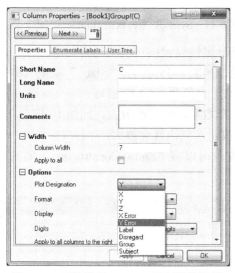

图 6-41　对数据列 Column 的属性设置图

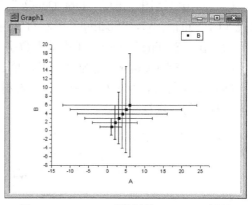

图 6-42　Symbol 型模板的 XY Error 图例

5．垂线（Vertical Drop Line）图

垂线（Vertical Drop Line）图用来体现数据线中不同数据点大小的差异，数据点以符号显示并与 x 轴垂线相连。其对绘图数据的要求与线图一样，要求绘图工作表数据中至少要有一个 Y 列（或是其中的一部分）的值。

本列采用 Outlier.dat 数据文件。选中数据列 A（X）和 B（Y），然后执行 Plot→Symbol→ Vertical Drop Line 命令，或单击 按钮，即绘出垂线（Vertical Drop Line）图，如图 6-43 所示。

6．Bubble（气泡）图。

此图是 2D XYY 型图，将一列 Y 数据作为气泡符号等比例表示另一列 Y 数据，后者的 Y 数据列一定要比前者数据列相对应的数据要大。它将 XY 散点图的点改变为直径不同或颜色不同的圆球气泡，用圆球气泡的大小代表第三个变量值。

气泡图对工作表的要求是，至少要有两列（或者其中的一部分）Y 值。如果没有设定相关的 X 列，工作表会提供 X 的默认值。绘图数据采用的是 Samples/Chapter 06/Group.dat，如图 6-37 所示。依次选择 A（X）、B（Y）、C（Y）作为数据，然后执行 Plot→ Symbol→ Bubble 命令，或单击钮，其绘出的图形如图 6-44 所示。

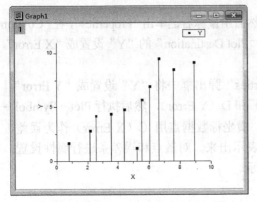

图 6-43　垂线（Vertical Drop Line）图

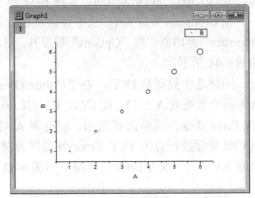

图 6-44　Symbol 型模板的 Bubble（气泡）图

在对坐标轴和坐标设置后，接下来对曲线图进行属性设置：

（1）双击气泡图，出现 "Plot Details" 弹出框，如图 6-45 所示。"Size " 就是气泡的直径（E1(Y)的大小），"Scaling" 表示对气泡直径的放大倍数（5.142 倍）。

（2）在 "Scaling" 下拉菜单中输入数字或者选择数字，将气泡放大，比如 10 倍。

（3）将 "Edge Color" 选为 "Red"，单击 OK 按钮，气泡就会放大。

（4）设置完之后如图 6-46 所示，当然符号设置也可以将 "Show Construction" 前的可选方框打上勾号进行设置。

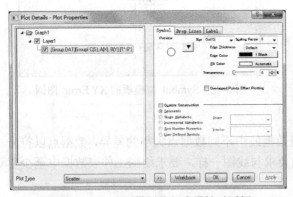

图 6-45　Symbol 型模板的气泡属性对话框

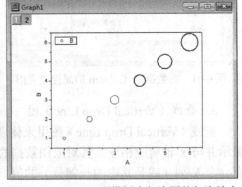

图 6-46　Symbol 型模板中气泡图的气泡放大

7. Color Mapped（彩色映射）图

它将 XY 散点图的点改变为直径不同或颜色不同的圆球气泡，用圆球气泡的颜色代表第三个变量值。此图是 2D XYY 型图，一列 Y 数据以符号颜色顺序表示另一列 Y 数据。

Origin 会根据被选第二列的数据大小提供多种分布均匀的颜色，每一种颜色代表一定范围的值。绘图数据采用的是 Samples/Chapter 06/Group.dat。

按顺序选中数据列 A（X）、B（Y）和 C（Y），然后执行 Plot →Symbol→Color Mapped 命令，或单击 ∴ 钮，绘制的彩色映射图如图 6-47 所示。

在对坐标轴和坐标设置后，接下来对曲线图进行属性设置：

（1）双击彩色映射图，出现"Plot Details"弹出框，单击"Color Map"，如图 6-48 所示，"Fill"就是根据被选第二列的数据大小提供的多种颜色。

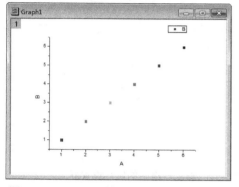

图 6-47 Symbol 型模板中的彩色映射图

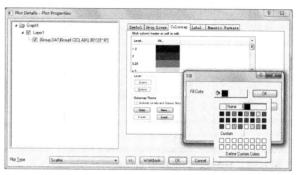

图 6-48 Symbol 型模板中彩色映射图的属性设置对话框

（2）单击"Fill"下的一种颜色，可以进行换色的设置。

（3）单击"Level"下的数据值，"Insert"和"Delete"就会被激活，可以对颜色数据点进行插入或删除。设置完 Copy Page 后如图 6-49 所示。如果单击"Plot Details"弹出框"Symbol"，在"Edge Thickness"下面的"Symbol"颜色就是"Color Map"的颜色，如果将其另外设置，那么先前的"Color Map"设置就会失效。当然符号设置也可以将"Show Construction"前的可选方框打上勾号进行设置。

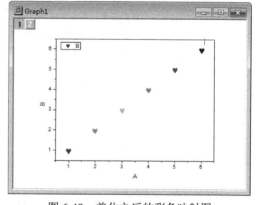

图 6-49 美化之后的彩色映射图

8．Bubble+Color Mapped（气泡+彩色映射，彩色气泡）

彩色气泡图可以说是用二维的 XY 散点图表示思维数据的散点图，此图是 2D XYY 或 2D XYYY 型图。

对于 2D XYYY 型，将第一列 Y 数据作为气泡符号等比例表示第二列 Y 数据，气泡符号颜色根据第三列 Y 数据的大小分配，它要求工作表中至少要有 3 列（或是其中的一部分）Y 值，每一行的 3 个 Y 值决定数据点的状态，最左边的 Y 值提供数据点的值，而第 2 列 Y 值提供数据点符号的大小，第 3 列 Y 值提供数据点符号的颜色。

Origin 会根据第 3 列 Y 值数据的最大值和最小值提供 8 种均匀分布的颜色，每一种颜色代表一定范围的大小，而每一个数据点的颜色由对应的第 3 列的 Y 值决定。

绘图数据采用的是 Samples/Chapter 06/Group.dat，如图 6-37 所示。按顺序选中数据列 A（X）、B（Y）和 C（Y），然后执行 Plot→Symbol→Bubble+Color Mapped（如图 6-29 所

示）命令，或单击 按钮（如图 6-30 所示），绘出图形如图 6-50 所示。

在对坐标轴和坐标设置后，接下来对曲线图进行属性设置，双击彩色气泡图，弹出"Plot Details"属性设置对话框，如图 6-51 所示，在"Symbol"将"Scaling"选为"4"，调整完成之后图形如图 6-52 所示。

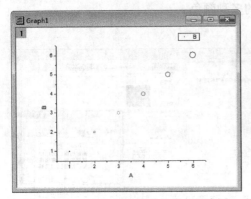

图 6-50 Symbol 型模板中的彩色气泡图

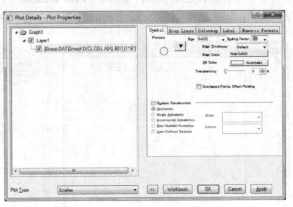

图 6-51 彩色气泡图的属性设置框

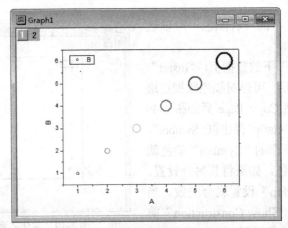

图 6-52 美化之后的彩色气泡图

6.2.3 点线符号（Line+Symbol）图

Origin 点线符号图有点线符号（Line+Symbol）图、折线（Line Series）图、两点线段（2 Point Segment）图、三点线段（3 Point Segment）图四种绘图模板。

选择菜单命令 Plot→Line+Symbol，如图 6-53 所示，在打开的二级菜单中选择绘制方式进行绘图；或者单击二维绘图工具栏点线符号旁的 按钮，在打开的二级菜单中，选择绘图方式进行绘图。点线符号（Line+Symbol）图的二级菜单如图 6-54 所示。

1. Line+Symbol（线段+符号）图

点线符号图案对绘图的数据要求是，工作表数据中至少要有 1 个 Y 列（或是其中的一部分）的值。如果没有设定与该列相关的 X 列，工作表会提供 X 的默认值。

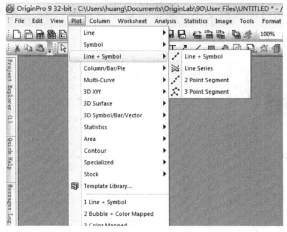

图 6-53 选择菜单命令 "Plot"

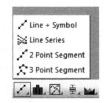

图 6-54 点线符号图的二级菜单

（1）单个数据点线符号图

本例仍采用 Outlier.dat 数据文件中的数据。选中图 6-15 中数据列 A（X）和 B（Y），然后执行 Plot→Line+Symbol →Line+Symbol 命令，或单击 按钮，就绘制成单个数据线图，如图 6-55 所示。设置坐标属性以及符号类型、颜色和连接线的属性后，单个数据线图如图 6-56 所示。

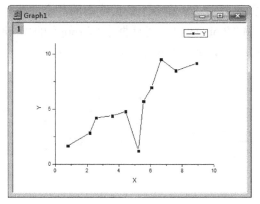

图 6-55 单个曲线的 Line+Symbol 图

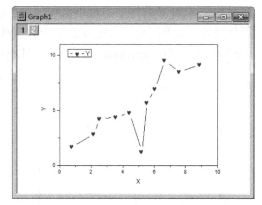

图 6-56 调整美化后的 Line+Symbol 图

这种 Origin 作图比较简单。在实际情况中，有些用户想在数据点标上坐标值，解决方法在 5.3 节的 "Data Reader" 里简单介绍了，这里详细操作如下：

单击绘图区左侧的 Data Reader 按钮，如果逗留时间够长，就会出现另外两个 Data Reader 的按钮： （Annotation），选择 （Annotation）按钮，就会出现右上角带有 "A" 标记的十字光标方框，如图 6-57 所示。

用鼠标左键双击要选取的数据点符号，就会在读取点的右上方出现带标注连接线的形如 "（X，Y）" 的文本，将 "Data Display" 及 "Data Info" 对话框关闭，并将 "（X，Y）" 文本移动到合适的位置即可标注数据点的坐标值，如图 6-58 所示。

（2）多数据点线符号图

多个数据线点线符号图一般是指两个或两个以上的 Y 列数据的物理意义是一样的，共用一个 X 坐标轴的图。如果 Y 列数据点物理意义不一样，可以使用双 Y 坐标轴或者三 Y 坐标轴，双 Y 和三 Y 坐标轴后文将详细介绍。

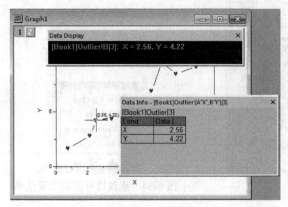

图 6-57　曲线 Data Reader 工具的 Data Display 对话框

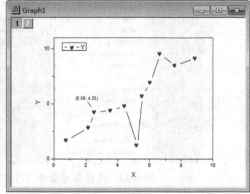

图 6-58　在曲线符号上标注坐标值

绘图数据采用的是 Samples/Chapter 06/Group.dat。依次选择 A（X）、B（Y）和 C（Y）作为数据，Plot→Line+Symbol→Line+Symbol 命令，或单击 按钮，简单设置坐标轴后，其绘出的多数据点线符号图如图 6-59 所示。

可以看出，由于 E1（Y）列的数据值比 C1（Y）和 D1（Y）小很多，并且 y 轴的坐标范围是根据 3 列 Y 数据中的最小值和最大值。如果要对 XY 型多个数据线图的各个曲线进行属性设置，必须用鼠标左键双击某个数据线，将"Plot Details"对话框中"Group"的"Edit Mode"单选为"Independent"（默认是"Dependent"），如图 6-60 所示。

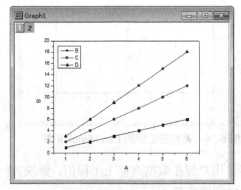

图 6-59　多个曲线的 Line+Symbol

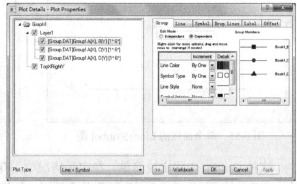

图 6-60　多个曲线的 Group 属性设置

2. Line Series （折线组）图

折线组图对绘图的数据要求是，工作表数据中至少要有 2 个 Y 列或 2 列以上的值。

作图后 Origin 在项目管理器中自动生成如"Performed on Book1 Worksheet"的工作薄，该 Worksheet 包含 2 列，左列是所选 Y 列的序号（1，2，3，1，2，3…），右列是序号相对应的 Y 列的数据值。

（1）2 个 Y 列数据折线组图

在绘图数据采用的是 Samples/Chapter 06/Group.dat。

依次选择 A（X）、B（Y）和 C（Y）作为数据，然后执行 Plot→Line+Symbol →Line Series 命令，或单击 按钮，就会出现如图 6-61 所示的警告框 "You must select either two or three Y columns"。

实际的确是选了 2 列 Y 数据的，因此应该是 Origin 本身的一个 Bug，解决的方法是：

不选 A（X），只选中 C1（Y）和 D1（Y），然后在菜单栏执行 Plot→Line+Symbol→Line Series 命令，或单击 按钮，设置坐标轴和曲线属性后，绘制图形如图 6-62 所示。对应的 x 轴 B/C 是两个 Y 列的序号。

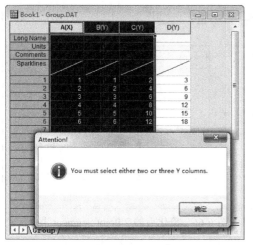

图 6-61 Line Series 图中两列 Y 数据出现的警告框

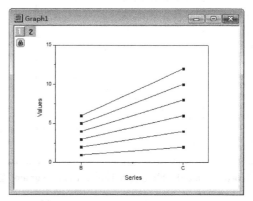

图 6-62 Line Series 图的两列 Y 数据图

（2）3 个 Y 列数据折线组图

绘图数据采用的是 Samples/Chapter 06/Group.dat。

依次选择 B（Y）、C（Y）、D（Y）作为数据，然后执行 Plot→Line+Symbol→Line Series 命令，或单击 按钮，绘制三个 Y 列数据折线组图如图 6-63 所示，对坐标轴属性及符号设置后，图形如图 6-64 所示。

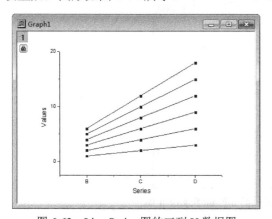

图 6-63 Line Series 图的三列 Y 数据图

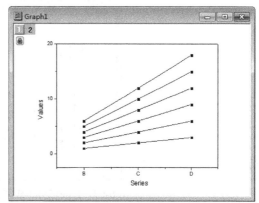

图 6-64 调整设置后的三列 Y 数据图

3. Point Segment（两点线段）图

在连续的两个数据点之间用线段连接，而下一组连续的两个数据点没有线段连接，数据点以符号显示。

绘图数据采用的是 Samples/Chapter 06/Group.dat。

依次选择 A（X）、B（Y）、C（Y）作为数据，然后执行 Plot→Line+Symbol →Line Series 命令，或单击按钮 ⚡，设置坐标轴属性，绘制两点线图如图 6-65 所示。

双击曲线，在"Plot Details"属性框里将"Group"的"Edit Mode"单选为"Independent " （默认是"Dependent"），并进行符号设置（B（Y）列数据曲线设置了符号渐变色，符号 Size 调整为"24"），设置完成后，两点线图如图 6-66 所示。

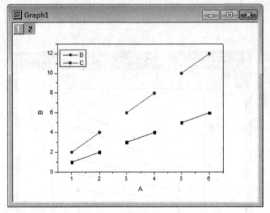

图 6-65   Line+Symbol 型模板的 2 Point Segment 图   图 6-66   美化后的 2 Point Segment 图

4．Point Segment（3 点线段）图

在连续的 3 个数据点之间用线段连接，而下一组连续的 3 个数据点没有线段连接，数据点以符号显示。

绘图数据采用的是 Samples/Chapter 06/Group.dat。

依次选择 A（X）、B（Y）、C（Y）、D（Y）作为数据，然后执行 Plot→Line+Symbol → Line Series 命令，或单击按钮 ⚡，设置坐标轴属性，绘制两点线图如图 6-67 所示。

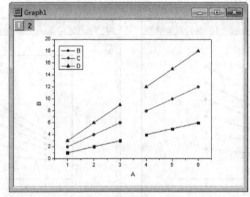

图 6-67   Line+Symbol 型模板的 3 Point Segment 图

6.2.4   柱状/条状/饼（Columns/Bars/Pie）图

Origin 棒状/条状图有柱状（Columns）图、柱状标注（Column+ Label）图、棒状（Bar）

图、堆叠柱状图（Stack Column）、堆叠棒状（Stack Bar）图、浮动柱状（Floating Column）图、浮动棒状（Floating Bar）图、3D 彩色饼（3 D Color Pie Chart）图和二维平面饼（2D B&W Pie Chart）图 9 种绘图模板。

选择菜单命令 Plot→Column/Bar/Pie 选项栏，如图 6-68 所示，在打开的二级菜单中选择绘制方式进行绘图；或者单击二维绘图工具栏符号旁的 █ 按钮，在打开的二级菜单中，选择绘图方式进行绘图。柱状/条状/饼图（Columns/Bars/Pie）的二级菜单如图 6-69 所示。

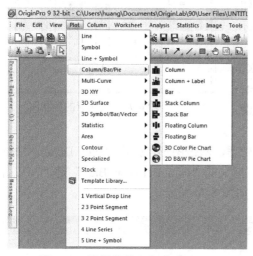

图 6-68　选择菜单命令 "Plot"　　　　　　　　图 6-69　柱状/条状/饼图的二级菜单

1.　Column（柱状）图：

绘出的柱状图里，Y 值以柱体的高度表示，柱体的宽度是固定的，柱体的中心为相应的 X 值。绘图数据采用的是 Samples/Chapter 06/Group.dat。

依次选择 A（X）、B（Y）作为数据，然后执行 Plot→Columns/Bars →Column 命令，或单击按钮 █，设置坐标轴属性，绘制柱状图如图 6-70 所示。

接下来对 Column 进行设置：

（1）双击柱状图的柱体，弹出 "Plot Details " 属性框，如图 6-71 所示；

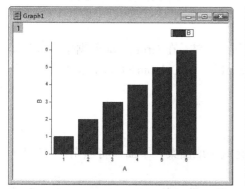

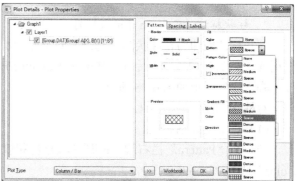

图 6-70　Columns/Bars 型模板的柱状图　　　　　图 6-71　柱状图属性设置

（2）在 "Pattern" 标签页右边 "Fill"（填充色和填充线条或图案）下面：将填充色 "Color"

选为"None"，"Pattern"下拉菜单选"Sparse"，"Pattern Color"选"increment"，其"Starting Color"为第一个颜色条"Black"；

（3）然后单击"Plot Details"属性框的"Spacing"标签，对柱状体的宽度进行设置，默认的"Gap Between Bars"是"20"，因为图6-71柱状体之间空隙看起来似乎较小，将默认的值"20"设置为"50"，单击OK按钮；

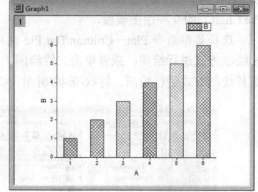

图6-72 美化后的柱状图

（4）美化完成，绘制柱状图如图6-72所示。

绘制多数据柱状图，过程如下：

在Group.dat数据中，选中数据列A（X）、B（Y）、C（Y）和D（Y），然后执行Plot→Columns/Bars→Column命令，或单击按钮，绘制图形如图6-73所示。

设置坐标轴属性，并对图形进行美化处理，双击图形，弹出"Plot Details"属性框，点"Spacing"，对柱状体的宽度进行设置，默认的"Gap Between Bars"是"20"，将默认的值"20"设置为"50"，单击OK按钮，如图6-74所示。

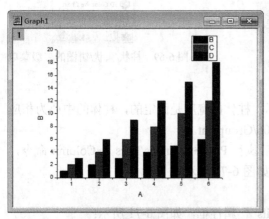

图6-73 多数据柱状图

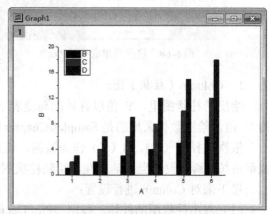

图6-74 多数据柱状图的spacing设置

2. 柱状标注（Column+Label）图

柱状标注图即为在柱状图的基础上对y轴坐标进行标注。在Group.dat数据中，选中数据列A（X）、B（Y），然后执行Plot→ Columns/Bars/Pie → Column+ Label命令，或单击按钮，绘制图形如图6-75所示。

对柱状标注图进行美化：

（1）设置坐标轴属性；

（2）在"Pattern"栏右边"Fill"（填充色和填充线条或图案）下面：将填充色"Fill→Color"选为"increment"；

（3）单击"Spacing"对话框，对条的间隙进行设置，默认的"Gap Between Bars"是"20"，将默认的值"20"设置为"50"，

（4）单击OK按钮，设置完成。

并对其进行美化后，绘制柱状标注图如图 6-76 所示。

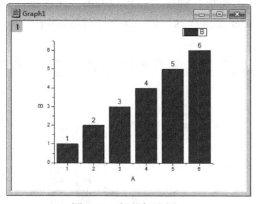

图 6-75　柱状标注图

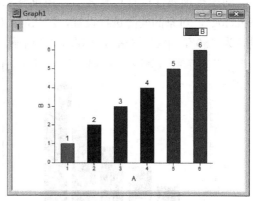

图 6-76　美化后的柱状标注图

3. Bar（条状）图：

绘出的柱状图里，Y 值以水平条的长度表示，条的宽度是固定的，柱体的中心为相应的 X 值。

在 Group.dat 数据中，选中数据列 A（X）、B（Y）、C（Y）和 D（Y），然后执行 Plot→Columns/Bars/Pie →Bar 命令，或单击按钮▇，绘制图形如图 6-77 所示。

对坐标轴属性进行设置之后，用鼠标左键双击图形，弹出"Plot Details"属性框，点"Spacing"，对条的间隙进行设置，默认的"Gap Between Bars"是"20"，将默认的值"20"设置为"50"，单击"OK"，如图 6-78 所示。

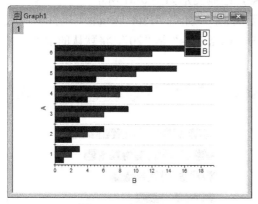

图 6-77　条状图

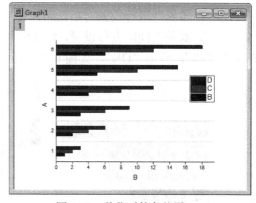

图 6-78　美化后的条状图

4. Stack Column（堆叠柱状）图

堆叠柱状图对工作表数据的要求是，至少要有两个 Y 列（或是 Y 列其中的一部分）数据。

如果没有设定与该列相关的 X 列，工作表会提供 X 的默认值。

在堆叠柱状图中，Y 值以柱的高度表示，柱之间会产生堆垛，前一个柱的终端是后一个柱的起始端。

在 Group.dat 数据中，选中数据列 A（X）、B（Y）、C（Y）和 D（Y），然后执行 Plot→

Columns/Bars/Pie→Stack Column 命令，或单击按钮■，绘制图形如图 6-79 所示。

　　对坐标轴属性进行设置之后，用鼠标左键双击图形，弹出"Plot Details"属性框，点
"Spacing"，对条的间隙进行设置，默认的"Gap Between Bars"是"20"，将默认的值"20"
设置为"50"，单击"OK"，如图 6-80 所示。

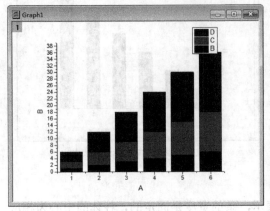

图 6-79　堆叠柱状图　　　　　　　　　　　　图 6-80　美化后的堆叠柱状图

5. Stack（堆叠条状）图

　　堆叠条状图对工作表数据的要求是，至少要有两个 Y 列（或是 Y 列其中的一部分）数据。
Y 值以条的长度表示，条之间会产生堆叠，前一个条的终端是后一个条的起始端，X
值会以 y 轴形式出现，Y 值会以 x 轴形式出现。

　　在 Group.dat 数据中，，选中数据列 A（X）、B（Y）、C（Y）和 D（Y），然后执行 Plot→
Columns/Bars/Pie→Stack Bar 命令，或单击按钮■，绘制图形如图 6-81 所示。

　　对坐标轴属性进行设置之后，用鼠标左键双击图形，弹出"Plot Details"属性框，点
"Spacing"，对条的间隙进行设置，默认的"Gap Between Bars"是"20"，将默认的值" 20"
设置为"50"，单击"OK"，如图 6-82 所示。

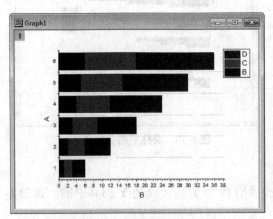
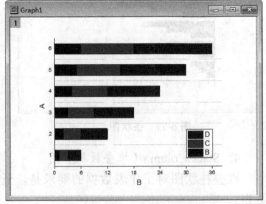

图 6-81　堆叠条状图　　　　　　　　　　　　图 6-82　美化后的堆叠条状图

6. Floating Column（浮动柱状）图

　　浮动柱状图至少需要两个 Y 列，每个柱的上下端分别对应同一个 X 值的 Y 列值的末
值和初值。

浮动柱状图对工作表数据的要求是，至少要有两个 Y 列（或者两个 Y 列其中的一部分）数据。

浮动柱状图以柱的各点来显示 Y 值，柱的首末段分别对应同一个 X 值的两个相邻的 Y 列的值。如果没有设定与该类相关的 X 列，工作表会提供 X 的默认值。

在 Group.dat 数据中，选中数据列 A（X）、B（Y）、C（Y）和 D（Y），然后执行菜单命令 Plot→Columns/Bars/Pie→Floating Column，或单击按钮■■，绘制图形如图 6-83 所示。

对坐标轴属性进行设置之后，用鼠标左键双击图形，弹出"Plot Details"属性框，点"Spacing"，对条的间隙进行设置，默认的"Gap Between Bars"是"20"，将默认的值"20"设置为"50"，单击 OK 按钮，如图 6-84 所示。

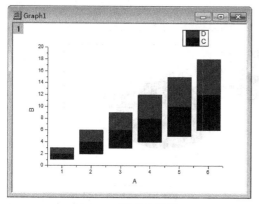
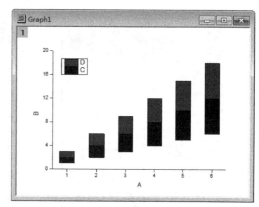

图 6-83 浮动柱状图   图 6-84 美化后的浮动柱状图

7. Floating Bar（浮动条状）图

Floating Bar（浮动条状）图对数据的要求为至少具有两个 Y 列，每个条的左右端分别对应同一个 X 值的 Y 列值的初值和末值，并且 X 值会以 y 轴形式出现，Y 值会以 x 轴形式出现。浮动棒状图以棒上的个端点来显示 Y 值，棒的首末段分别对应同一个 X 值的两个相邻 Y 列的值。

在 Group.dat 数据中，选中数据列 A（X）、B（Y）、C（Y）和 D（Y），然后执行 Plot→Columns/Bars/Pie→Floating Column，或单击按钮**≡**，绘制图形如图 6-85 所示。

对坐标轴属性进行设置之后，用鼠标左键双击图形，弹出"Plot Details"属性框，点"Spacing"，对条的间隙进行设置，默认的"Gap Between Bars"是"20"，将默认的值"20"设置为"50"，单击 OK 按钮，如图 6-86 所示。

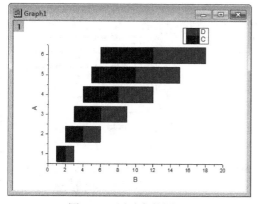
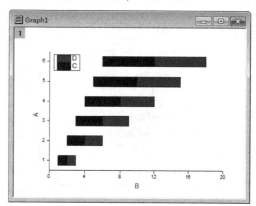

图 6-85 浮动条状图   图 6-86 美化后的浮动条状图

8. 3D 彩色饼（3D Color Pie Chart）图

Origin 将饼图也归纳到棒状/柱状/饼图里。饼图对工作表数据的要求是，只能选择一列 Y 值（X 列不可以选）。本例采用 Samples/Chapter 06/3D Pie Chart.dat 数据文件。绘图方法如下：

（1）导入 3D Pie Chart.dat 数据文件，其工作表如图 6-87 所示，选择工作表数据进行绘图。

在图 6-88 中，选中数据列 B（Y），然后执行 Plot→Columns/Bars/Pie→3D Color Pie Chart 命令，或单击按钮 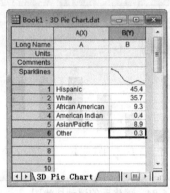，绘制图形如图 6-88 所示。

图 6-87 工作表

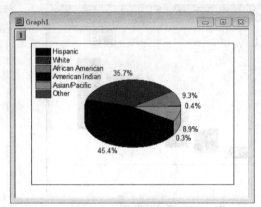

图 6-88 3D 彩色饼图

（2）对饼图参数进行设置，该图形特点为表示出各项所占的百分数。

如果数据不是百分数，则 Origin 将 Y 列值求和，算出每一个值所占的百分比，再根据这些百分比绘图。

9. 二维平面饼（2D B&W Pie Chart）图

本例采用 Samples/Chapter 06/3D Pie Chart.dat 数据文件。绘图方法如下：

（1）导入 3D Pie Chart.dat 数据文件，选中数据列 B（Y），然后执行 Plot→Columns/Bars/Pie→2D B&W Pie Chart 命令，或单击按钮 ，绘制图形如图 6-89 所示。

（2）用鼠标左键双击饼图，在"Plot Detail"对话框（如图 6-90 所示）中对饼图参数进行设置，其图形结果如图 6-91 所示。

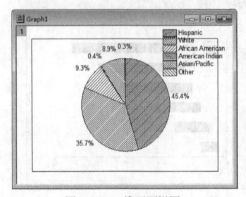

图 6-89 二维平面饼图

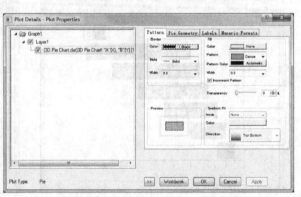

图 6-90 "Plot Detail"对话框

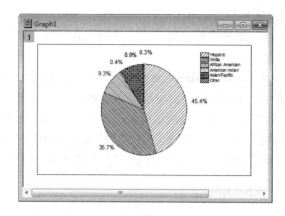

图 6-91 美化后的二维平面饼图

6.2.5 多层曲线（Multi-Curve）图

Origin 9.0 与 Origin 8.0 版本相比，多层曲线（Multi-Curve）图模板数量增加较大，由原来的 8 个扩展到目前的 16 个。分别为双 Y 轴图（Double-Y）、3Y 轴（Y-YY）图（3Ys Y-YY）、3Y 轴（Y-Y-Y）图（3Ys Y-Y-Y）、4Y 轴（Y-YYY）图（4Ys Y-YYY）、4Y 轴（YY-YY）图（4Ys YY-YY），多 y 轴图（Multiple Y Axes）、y 轴错距叠曲线图（Stack Lines by Y Offsets）、二维瀑布图（Waterfall）、y 轴彩色映射瀑布图（Waterfall Y: Color Mapping）、z 轴彩色映射瀑布图（Waterfall Z: Color Mapping）、上下对开图（Vertical 2 Panel）、左右对开图（Horizontal 2 Panel）、四屏图（4 Panel）、九屏图（9）、叠图（Stack）、多屏图（Multiple Panels by Lable）16 个绘图模板。

选择菜单命令 Plot→Multi-Curve，如图 6-92 所示，在打开的二级菜单中选择绘制方式进行绘图；或者单击二维绘图工具栏多层曲线符号旁的 按钮，在打开的二级菜单中，选择绘图方式进行绘图。多层曲线（Multi-Curve）图的二级菜单如图 6-93 所示。

图 6-92 选择菜单命令 "Plot"

图 6-93 多层曲线图二级菜单

1. 双 Y 轴图（Double-Y）

双 Y 轴图（Double-Y）图形模板主要适用于试验数据中自变量数据相同，但有两个因变量的情况。

本例中采用 Samples/Chapter 06/Template.dat 的数据，工作表如图 6-94 所示。

实验中，每隔一段时间间隔测量一次电压和压力数据，此时变量时间相同，因变量数据为电压值和压力值。采用双 Y 轴图形模型模板，能在一张图上将它们清楚表示。

在图 6-94 中，选中数据列 A（X）、B（Y）、C（Y），然后执行 Plot→Multi-Curve→Double-Y 命令，或单击按钮，绘制图形如图 6-95 所示，用双 Y 坐标轴图形表示电压值、压力及时间的曲线图。

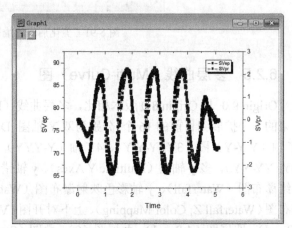

图 6-94　mplate.dat 数据表　　　　　　　图 6-95　绘制的双 Y 坐标轴图形

2. 3Y 轴 Y-YY 型图（3Ys Y-YY）

3Y 轴 Y-YY 型图对工作表数据的要求为至少有 3 个 Y 列（或是 2 个 Y 列其中的一部分）数据。如果没有设定与该列相关的 X 列，工作表会提供 X 的默认值。

本例采用 Samples/Chapter 06/gid164/ gid164.opj 文件的数据。打开 gid164.opj 工程文件，该工程文件中的工作表如图 6-96 所示。

在图 6-96 中，选中数据列 A（X1）、B（Y1）、D（Y2）和 F（Y3），然后执行 Plot→Multi-Curve→3Ys Y-YY，或单击按钮，绘制 3Y 轴 Y-YY 型图如图 6-97 所示。

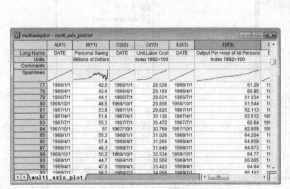

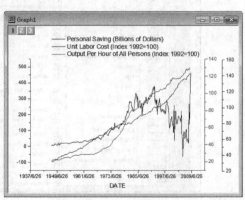

图 6-96　gid164.opj 工程文件中的工作表　　　　图 6-97　3Y 轴 Y-YY 型图

3. 3Y 轴 Y-Y-Y 型图（3Ys Y-Y-Y）

3Y 轴 Y-YY 型图对工作表数据的要求为至少有 3 个 Y 列（或是 3 个 Y 列其中的一部分）数据。

如果没有设定与该列相关的 X 列，工作表会提供 X 的默认值。

在 gid164.opj 工程文件工作表中，选中数据列 A（X1）、B（Y1）、D（Y2）和 F（Y3），然后执行 Plot→Multi-Curve→3Ys Y-Y-Y，或单击按钮⊠，绘制图形如图 6-98 所示。

4. 4Y 轴 Y-YYY 型图（4Ys Y-YYY）

4Y 轴 Y-YYY 型图对工作表数据的要求为至少有 4 个 Y 列（或是 4 个 Y 列其中的一部分）数据。如果没有设定与该列相关的 X 列，工作表会提供 X 的默认值。

在 gid164.opj 工程文件工作表中，选中数据列 A（X1）、B（Y1）、D（Y2）、F（Y3）和 H（Y4），然后执行 Plot→Multi-Curve→4Ys Y-YYY，或单击按钮⊠，绘制图形如图 6-99 所示。

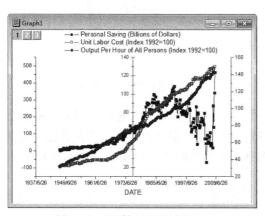

图 6-98　3Y 轴 Y-YY 型图

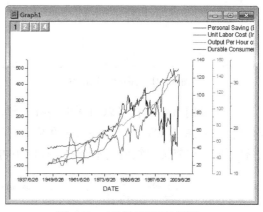

图 6-99　4Y 轴 Y-YYY 型图

5. 4Y 轴 YY-YY 型图（4Ys YY-YY）

4Y 轴 YY-YY 型图与 4Y 轴 Y-YYY 型图类似，只是将 4 个 Y 列坐标轴平均分布在图形两侧。4Y 轴 YY-YY 型图对工作表数据的要求为至少有 4 个 Y 列（或是 4 个 Y 列其中的一部分）数据。如果没有设定与该列相关的 X 列，工作表会提供 X 的默认值。

同样采用在 gid164.opj 工程文件工作表中，的数据。

选中数据列 A（X1）、B（Y1）、D（Y2）、F（Y3）和 H（Y4），然后执行 Plot→Multi-Curve→4Ys YY-YY 命令，或单击按钮⊠，绘制图形如图 6-100 所示。

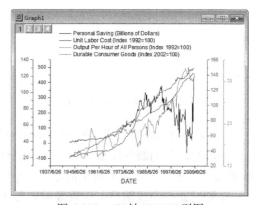

图 6-100　4Y 轴 YY-YY 型图

6. 多 Y 轴图（Multiple Y Axes）

多 Y 轴图型可以绘制多个 Y 列数据的图形。其绘制过程与前几种不同。下面我们介绍一下。

（1）采用图 6-96 工作表中的数据。在图 6-96 中，选中数据列 A（X1）、B（Y1）、D（Y2）、F（Y3）、H（Y4）和 J（Y5），然后执行 Plot→Multi-Curve→Multiple Y Axes 命令，或单击按钮，出现一个如图 6-101 所示的对话框，在对话框中可以调整数据输出形式，线型等内容。

（2）在 Input 中可以选择输出的数据；Plot Type 中可以选择图形的线性，如 "Line" Scatter Line+Symbol Custom 单击 Preview 键可以预览所作图形，设置完成后单击 OK 按钮，即可得到所绘制的图形，如图 6-102 所示。

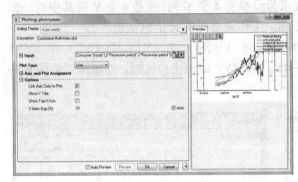

图 6-101 图形输出对话框

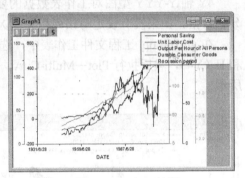

图 6-102 多 Y 轴图

（3）此时我们同样可以对图形进行调整，用鼠标左键双击图形，出现 "Plot Details" 对话框，如图 6-103 所示，在其中我们可以对每条数据线的型号、宽度、颜色等相关属性进行调整，与前文中叙述基本一致，在此不再赘述，调整之后多 Y 轴图形如图 6-104 所示。

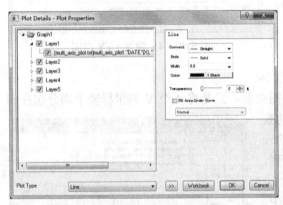

图 6-103 "Plot Details" 对话框

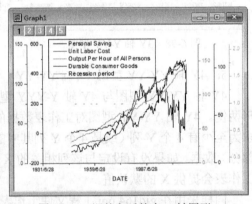

图 6-104 调整之后的多 Y 轴图形

7. y 轴错距叠曲线图（Stack Lines by Y Offsets）

y 轴错距叠曲线图模板特别适合绘制对比曲线峰的图形，如 XRD 曲线等。它将多条曲线叠在一个图层上，为了表示清楚，在 y 轴上有一个相对的错距。

y 轴错距叠曲线图对工作表数据的要求是，至少要有两个 Y 列（或者两个 Y 列其中的一部分）数据。如果没有设定与该列相关的 X 列，工作表会提供 X 的默认值。

本例采用 Samples/ Chapter 06/ pid828/ pid828.ojp 文件的数据。该数据是加州大学伯克利分校的一名研究生进行凝聚态物理相关研究实验时所得到的。

该学生使用扫描隧道显微镜得到一种叫做 Bi2Sr2CaCu2O8+x 的高温超导体的图片，同时绘制了这种超导体超导状态的密度映射作为反应其能量的函数。

在这里我们就是应用这样的数据来绘制 y 轴错距叠曲线图。打开 pid828.opj 工程文件，该工程文件中的工作表如图 6-105、图 6-106 所示。

按其说明绘图得到 y 轴错距叠曲线图，如图 6-107 所示。

	Kn36(X1)	En36(Y1)	Kn34(X2)	En34(Y2)	Kn32(X)
1	0	2.896	0	3.056	
2	0.01152	3.259	0.01139	3.356	0.011
3	0.02304	2.825	0.02278	3.185	0.022
4	0.03456	2.024	0.03417	2.488	0.034
5	0.04608	1.852	0.04555	2.369	0.045
6	0.0576	1.774	0.05694	2.176	0.056
7	0.06912	1.81	0.06833	2.232	0.068
8	0.08064	2.099	0.07972	2.683	0.079
9	0.09216	1.418	0.09111	1.903	0.091
10	0.10368	1.072	0.1025	1.282	0.10
11	0.1152	1.199	0.11388	1.41	0.113
12	0.12672	1.243	0.12527	1.489	0.125
13	0.13824	1.157	0.13666	1.173	0.136
14	0.14975	0.8438	0.14805	0.8682	0.148
15	0.16127	0.5836	0.15944	0.7044	0.159

Sheet1

图 6-105　Ysine256W1L1 工作表

	Qn36(X1)	Fitn36(Y1)	Qn34(X2)	Fitn34(Y2)	Qn32(X)
1	0	3.10892	0	2.89488	
2	0.01152	3.04824	0.01139	2.87389	0.011
3	0.02304	2.82385	0.02278	2.80262	0.022
4	0.03456	2.48916	0.03417	2.68589	0.034
5	0.04608	2.11504	0.04555	2.53123	0.045
6	0.0576	1.77152	0.05694	2.34781	0.056
7	0.06912	1.51178	0.06833	2.14648	0.068
8	0.08064	1.36006	0.07972	1.93824	0.079
9	0.09216	1.30199	0.09111	1.733	0.091
10	0.10368	1.28098	0.1025	1.53739	0.10
11	0.1152	1.22244	0.11388	1.35229	0.113
12	0.12672	1.09034	0.12527	1.17218	0.125
13	0.13824	0.91113	0.13666	0.9924	0.136
14	0.14975	0.73162	0.14805	0.81671	0.148
15	0.16127	0.57887	0.15944	0.65544	0.159

Sheet1

图 6-106　FitCurves 工作表

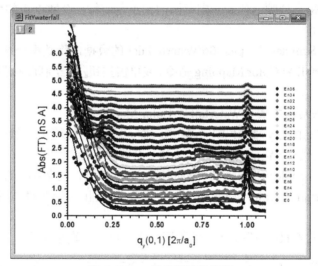

图 6-107　y 轴错距叠曲线图

8. 瀑布图（Waterfall）

瀑布图模板特别适合绘制多条曲线图形，如对比大量曲线。它将多条曲线叠在一个图层中，并对其进行适当偏移，以便观测其趋势。瀑布图对工作表数据的要求是，至少要有两个 Y 列（或是两个 Y 列其中的一部分）数据。

如果没有设定与该列相关的 X 列，工作表会提供 X 的默认值。本例采用 Samples/Chapter 06/Waterfall.dat 的数据，导入 Waterfall.dat 数据文件，其工作表如图 6-108 所示。

在 Waterfall.dat 数据文件中，将数据全选，然后执行 Plot→Multi-Curve→Waterfall 命令，或单击按钮⚟，绘制瀑布图形结果如图 6-109 所示。

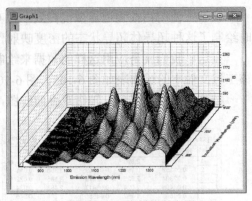

图6-108 导入数据的工作表　　　　　　　　图6-109 绘制的瀑布图

瀑布图是在相似条件下对多个数据集之间进行比较的理想工具。这种图能够显示 Z 向的变化，每一组数据都在 X 和 Y 方向上做出特定的偏移后绘图，因此，特别有助于数据间的对比分析。

9. y 轴彩色映射瀑布图（Waterfall Y: Color Mapping）

y 轴彩色映射瀑布图与绘制的瀑布图图形一样，其区别为应用彩色映射颜色的不同代表 y 轴的变量，即每一种颜色代表一定范围的大小，而每一个数据点的颜色由对应的 y 轴值所决定。

本例依旧采用 Samples/Chapter 06/Waterfall.dat 的数据，将数据全选，然后执行 Plot→Multi-Curve→Waterfall Y: Color Mapping 命令，或单击按钮，绘制瀑布图形结果如图 6-110 所示。

10. z 轴彩色映射瀑布图（Waterfall Z: Color Mapping）

z 轴彩色映射瀑布图与 y 轴彩色映射瀑布图一样，只是应用彩色映射颜色的不同代表 z 轴的变量，即每一种颜色代表一定范围的大小，而每一个数据点的颜色由对应的 z 轴值所决定。

本例依旧采用 Samples/Chapter 06/Waterfall.dat 的数据，将数据全选，然后执行 Plot→Multi-Curve→Waterfall Z: Color Mapping 命令，或单击按钮，绘制瀑布图形结果如图 6-111 所示。

读者注意对比图 6-110 与图 6-111 的不同，举一反三，真正掌握。

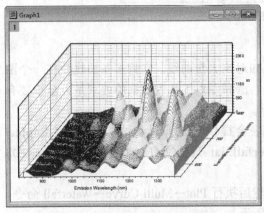

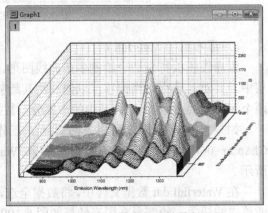

图6-110 y 轴彩色映射瀑布图　　　　　　　图6-111 z 轴彩色映射瀑布图

11. 上下对开图（Vertical 2 Panel）

上下对开图模板主要适用于实验数据为两组不同自变量与因变量的数据，但又需要将它们绘制在一张图中的情况。

两列 Y 在同一个绘图区内以垂直的上下两"片"结构显示，并自动生成两个图层。被选中的第一列 Y 在下"片"，图层标帜为"1"；第二列 Y 在上"片"，图层为"2"。

本例采用 Samples/Chapter 06/Template.dat 的数据。

选中 A（X）、B（Y）、C（Y）列数据，然后执行 Plot→Multi-Curve→Vertical 2 Panel 命令，或单击按钮▨，绘制上下对开图结果如图 6-112 所示。

12. 左右对开图（Horizontal 2 Panel）

左右对开图模板与上下对开图模板对实验数据的要求及图形外观都是类似的，区别仅仅在于前者的图层是上下对开的，后者的图层是左右对开排列方式。

采用 Template.dat 的数据，选中 A（X）、B（Y）、C（Y）列数据，然后执行 Plot→Multi-Curve→Horizontal 2 Panel 命令，或单击按钮▨，绘制左右对开图结果如图 6-113 所示。

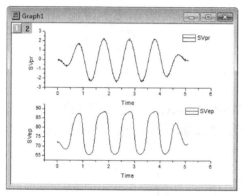

图 6-112　上下对开图

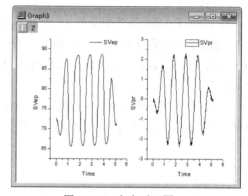

图 6-113　左右对开图

13. 四屏图（4 Panel）

四屏图模板可用于多变量的比较，最适用于 4 个 Y 值的数据比较。四屏图对工作表数据的要求是，至少要有 1 个 Y 列（或是 1 个 Y 列其中的一部分）数据（最理想的是 4 个 Y 列）。如果没有设定与该列相关的 X 列，工作表会提供 X 的默认值。

四列 Y 在同一个绘图区内以两行两列一共四"片"的结构显示，并自动生成四个图层。被选中的第一列 Y 在左上"片"，图层标帜为"1"；第二列 Y 在右上"片"，图层为"2"；第三列 Y 在左下"片"，图层为"3"；第四列 Y 在右下"片"，图层为"4"。

本例采用 Samples/Chapter 06/Waterfall.dat 数据文件中的前 4 个 Y 列数据，然后执行 Plot→Multi-Curve→4 Panel 命令，或单击按钮▨，绘制四屏图结果如图 6-114 所示。

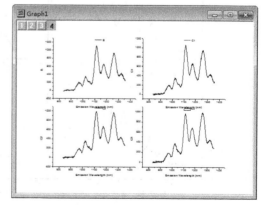

图 6-114　四屏图

14. 九屏图（9 Panel）

九屏图模板可用于多变量的比较，最适用于9个Y值的数据比较。九屏图对工作表数据的要求是，至少要有1个Y列（或是1个Y列其中的一部分）数据（最理想的是9个Y列）。

如果没有设定与该列相关的X列，工作表会提供X的默认值。

9列Y在同一个绘图区内以3行3列的一共9"片"结构显示，并自动生成9个图层。在设置曲线粗细和字体大小等属性时，因为"片"数太多，一个一个的设置是很麻烦的。

这里介绍一个很好的方法，就是Origin 9.0的格式复制、粘贴模式，相当于Word里的"格式刷"。Origin 9.0可以先设置好一个图层或Graph页面的图形的线条或文本等属性，然后通过这个Origin的"格式刷"将其他图层或Graph页面的图形进行同一化设置，这可以避免重复工作，当然也可以只对某一个类（字体、颜色、符号、线条、坐标范围等）进行"格式刷"。

在Waterfall.dat的数据文件中，选择前9个Y列数据，然后执行Plot→Multi-Curve→9 Panel命令，或单击按钮，绘制9屏图结果如图6-115所示。

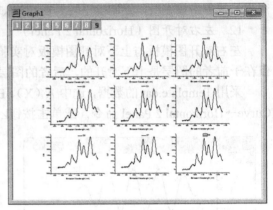

图6-115 九屏图

下面介绍Origin 9.0的"格式刷"。首先将图6-115的9 Panel的第一个曲线（第一行第一列）的坐标轴（坐标值）、Legend文本大小、线条等进行属性设置，设置完成后如图6-116所示。

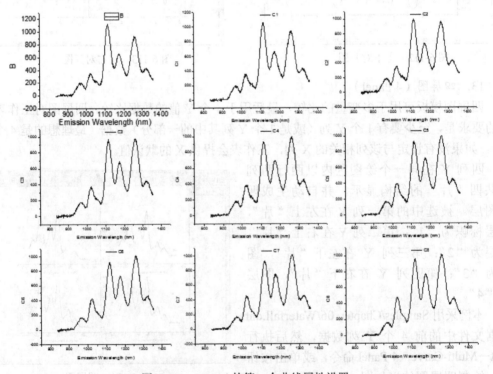

图6-116 9 Panel的第一个曲线属性设置

　　用鼠标左键单击第一个曲线图形的空白区，出现带十字四箭头的有色四边形方框，然后用鼠标右键单击 Copy Format→All Style Formats，接着用鼠标左键单击第二个曲线图形的空白区，出现带十字四箭头的有色四边形方框后用鼠标右键单击"Paste Formats"，这样第二个曲线和坐标的格式就和第一个曲线图一样了，余下的曲线图"片"可以在带十字四箭头的有色四边形方框后直接"Paste Formats"进行格式化，刷完之后图形如图 6-117 所示。

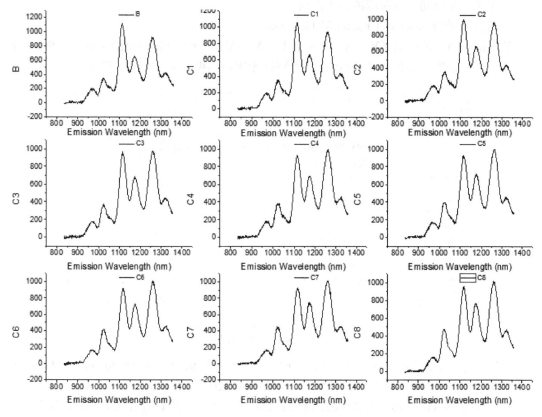

图 6-117　应用格式刷设置其余曲线属性

　　当然，用户也可以将第一个设置好的格式进行存储，以便用户需要时直接进行图形设置，方法是在带十字四箭头的有色四边形方框后用鼠标右键单击"Save Format as Theme"，如图 6-118 所示。

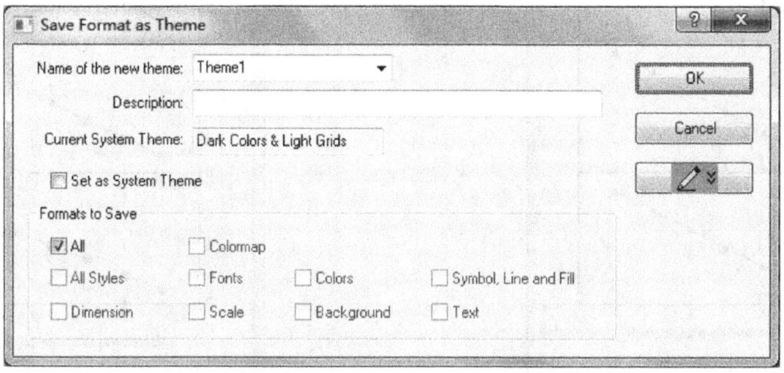

图 6-118　存储设置好的格式

15. 叠图（Stack）

叠图图形模板也可以用于多变量的比较，它对工作表数据的要求是，至少要有 1 个 Y 列（或者是 1 个 Y 列其中的一部分）数据。如果没有设定与该列相关的 X 列，工作表会提供 X 的默认值。

可以对多个 Y 列数据曲线进行上下堆垒似的排布，默认从下到上为按照 Workbook 中 Y 列的顺序，并自动生成对应的多个图层。

绘图数据采用 Samples/Chapter 06/Group.dat。

依次选择 A（X）、B（Y）、C（Y）和 D（Y）作为数据，Plot→Multi-Curve→Stack 命令，或单击按钮鑿，会弹出 "plotstack" 的属性设置对话框，如图 6-119 所示。

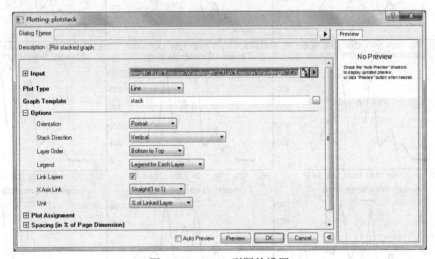

图 6-119　Stack 型图的设置

"Plot Type" 选 "Line+Symbol"，"Layer Order" 按照默认的 "Bottom to Top"，"Legend" 按照默认 "Legend for Each Layer"，"OK" 后如图 6-120 所示。

用鼠标左键双击图形，设置坐标轴和 Legend 等属性（注意 Origin 默认 Stack 各个层的曲线图符号是一样的），绘制叠图如图 6-121 所示。

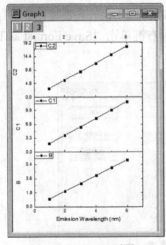

图 6-120　Stack 型图

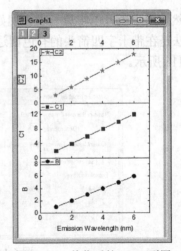

图 6-121　美化后的 Stack 型图

16. 多屏图（Multiple Panels by Lable）

多屏图模板可用于多变量的比较，根据 Y 值数据的多少进行绘制。多屏图对工作表数据的要求是，至少要有 1 个 Y 列（或是 1 个 Y 列其中的一部分）数据（最理想的是 9 个 Y 列）。如果没有设定与该列相关的 X 列，工作表会提供 X 的默认值。

本例依旧采用 Samples/Chapter 06/Waterfall.dat 的数据，可以选择多个 Y 列，然后执行 Plot→Multi-Curve→Multiple Panels by Lable 命令，或单击按钮 ，如图 6-122 所示为选择 5 个 Y 列数据绘制的多屏图，图 6-123 为选择 6 个 Y 列数据绘制的多屏图。

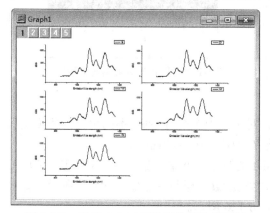 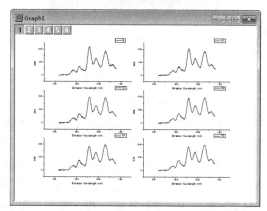

图 6-122　选择 5 个 Y 列数据绘制的多屏图　　　　图 6-123　选择 6 个 Y 列数据绘制的多屏图

6.2.6　面积（Area）图

Origin 9.0 面积图有面积（Area）图、叠加面积（Stack Area）图和填充面积（Fill Area）图 3 个绘图模板。

选择菜单命令 Plot→Area 选项栏，如图 6-124 所示，在打开的二级菜单中选择绘制方式进行绘图；或者单击二维绘图工具栏面积图符号旁的 按钮，在打开的二级菜单中，选择绘图方式进行绘图。面积（Area）图的二级菜单如图 6-125 所示。

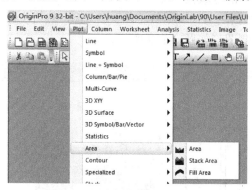

图 6-124　选择菜单命令 Plot

图 6-125　面积图二级菜单

面积图对工作表数据的要求是，至少要有 1 个 Y 列（或者是 1 个 Y 列其中的一部分）数据。如果没有设定与该列相关的 X 列，工作表会提供 X 的默认值。

当仅有 1 个 Y 列数据时，Y 值构成的曲线与 x 轴之间被自动填充，如图 6-126 所示；而当有多个 Y 列数据时，Y 列数据值依照先后顺序堆叠填充，如图 6-127 所示。

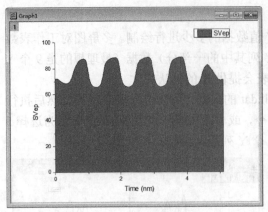

图 6-126　1 个 Y 列数据时面积图

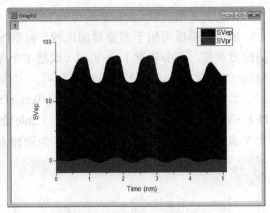

图 6-127　多个 Y 列数据时面积图

1. 面积（Area）图

填充选中 Y 列的曲线与 x 轴之间的区域，对于选中多个 Y 列，不同数据列按照先后顺序堆叠，即后一 Y 列填充区域的起始线是前 Y 列填充区域的曲线。

本例中采用 Samples/Chapter 06/Template.dat 的数据。选中数据列 A（X）、B（Y）、C（Y），然后执行 Plot→Area→Area 命令，或单击按钮 ，绘制图形如图 6-127 所示。如只选择 A（X）、B（Y）数据，那么绘图结果如图 6-126 所示。

2. 叠加面积（Stack Area）图

Origin 9.0 较以前版本，在面积图中添加了叠加面积图模板。

在 Template.dat 的数据文件中，选中数据列 A（X）、B（Y）、C（Y），然后执行 Plot→Area→Stack Area 命令，或单击按钮 ，绘制图形如图 6-128 所示。

3. 填充面积（Fill Area）图

此图形是 XYY 型，即只能选中 2 个 Y 列，填充选中 2 个 Y 列的曲线之间的区域，填充区域的起始线和结束线是 2 个 Y 列的曲线。如果没有设定与该列相关的 X 列，工作表会提供 X 的默认值。在图中 2 条数据曲线之间的区域被填充。

在 Template.dat 的数据文件中，选中数据列 A（X）、B（Y）、C（Y），然后执行 Plot→Area→Fill Area 命令，或单击按钮 ，绘制图形如图 6-129 所示。

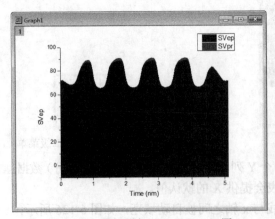

图 6-128　叠加面积（Stack Area）图

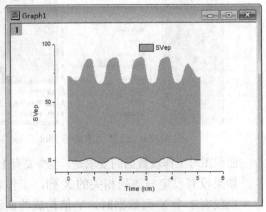

图 6-129　填充面积（Fill Area）图

6.2.7 特殊（Specialized）二维图

为了方便管理，Origin 9.0 将极坐标图（Polar Graph）、风玫瑰图（Wind Rose）、三角图（Ternary Graphs）、史密斯圆（Smith Chart）图、雷达图（Radar）、矢量图（Vector XYAM）、矢量图（Vector XYXY）和局部放大图（Zoom）并轨到特殊二维图模板中，其中 Zoom 模板已经在前文中介绍过了，这里对其余的图形进行介绍。

选择菜单命令 Plot→Specialized 选项栏，如图 6-130 所示，在打开的二级菜单中选择绘制方式进行绘图；或者单击二维绘图工具栏符号旁的 按钮，在打开的二级菜单中，选择绘图方式进行绘图。特殊（Specialized）二维图的二级菜单如图 6-131 所示。

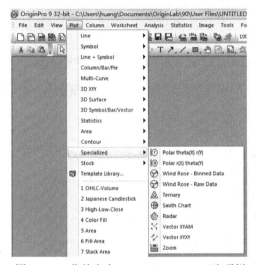

图 6-130　菜单命令 Plot→ Specialized 选项栏

图 6-131　特殊二维图的二级菜单

1. 极坐标图（Polar Graph）模板

Origin 9.0 极坐标图对工作表数据的要求是，至少要有 1 对 XY 数据。极坐标图有两种方式绘图，一种是 X 为极坐标半径坐标位置，Y 为角度"单位为（°）"；另一种是 Y 为极坐标半径坐标位置，X 为角度"单位为（°）"。

本例采用 Samples/Chapter 06/ pid887/ pid887.opj 数据，该例为用极坐标显示天线的计算和测量效率。

解压 pid887.zip 文件，打开 pid887.opj 项目文件中的工作表，如图 6-132 所示。

工作表中，A（X）数据为角度，因此选择用 X 为角度"单位为（°）"，Y 为极坐标半径位置绘图。绘图方法如下：

（1）选中 B（Y）列数据，然后执行 Plot→Specialized→Polar theta（X）r（Y）命令，如图 6-131 所示，或单击 2D 绘图工具栏中的按钮 ，绘制的图形如图 6-133 所示。

（2）在按下 Alt 键的同时，双击图层 1 图标，弹出"Plot Setup"对话框，如图 6-134 所示。在打开的图层窗口中将 C（Y）列加入，绘图结果如图 6-135 所示。

（3）在图 6-135 中，鼠标左键双击图形，出现"Plot Details"窗口，如图 6-136 所示。在窗口中选择"Display"标签，选中"Grid on Top of Data"复选框，然后单击 OK 按钮。

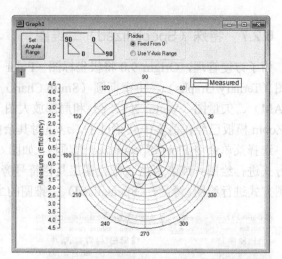

图 6-132 pid887.opj 项目文件中的工作表 | 图 6-133 只有 B（Y）Y 列数据的极坐标图

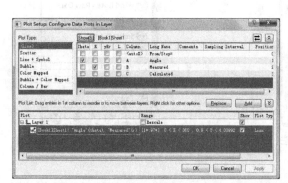

图 6-134 图层窗口

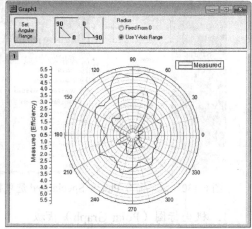

图 6-135 极坐标图

（4）扩展该对话框图层 1 的节点，选择不同的颜色对 A（X）、C（Y）和 A（X）、B（Y）图形进行填充。鼠标左键双击 y 轴，打开 y 轴对话框，在"Tick Lables"标签中按照图 6-137 进行选择，单击 OK 按钮，最后在图上加上标题。图 6-138 所示为最终绘出的极坐标图形。

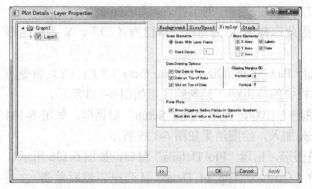

图 6-136 "Plot Details"窗口中设置

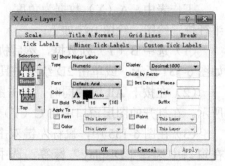

图 6-137 y 轴对话框中选择

2. 风玫瑰图（Wind Rose）

"风玫瑰"图也叫风向频率玫瑰图，它是根据某一地区多年平均统计的各个方风向频率的百分数值，并按一定比例绘制。

本例采用 http://wiki.originlab.com/~originla/ howto/index.php?title=Tutorial:Windrose_Graph #Binned_Data 项目文件中的数据，首先应用对该地区各个方风向频率的百分数值进行处理之后的数据进行风玫瑰图图形的绘制，其数据工作表如图 6-139 所示。应用预处理数据绘制风玫瑰图步骤如下：

（1）选中工作表中所有数据，然后执行 Plot→Specialized→Wind Rose—Binned Data 命令，或单击 2D 绘图工具栏中的按钮⊛，绘制的图形如图 6-140 所示。

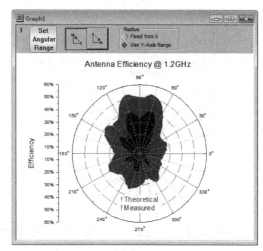

图 6-138　最终绘出的极坐标图

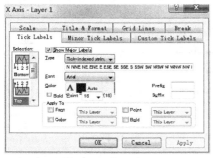

图 6-139　工作表

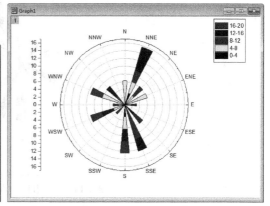

图 6-140　绘制的基本图形

（2）改变风的方向，让图形中只显示 N、E、S、W 方向。双击图形中指示风方向的标题栏，弹出 x 轴属性设置对话框，如图 6-141 所示，对"Tick Lables"标签中的"Type"选项栏进行重新设置，将原有对多个方向的标注改为"N E S W"四个方向的标注，如图 6-142 所示。

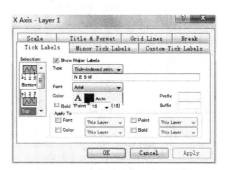

图 6-141　"Tick Lables"标签　　　　图 6-142　调整"Type"选项栏

（3）激活"Scale"标签，如图 6-143 所示。调整"Increment"选项栏中的值为 90，如图 6-144 所示。

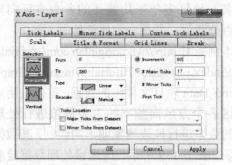

图 6-143 "Scale"标签 　　　　　　　　图 6-144 调整"Increment"选项栏

（4）单击 OK 按钮，应用预处理数据绘制风玫瑰图如图 6-145 所示。

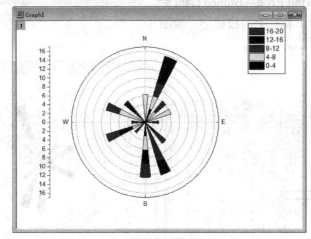

图 6-145 应用预处理数据绘制风玫瑰图

应用原始数据绘制风玫瑰图，其工作表格如图 6-146 所示，具体绘制步骤如下：

（1）选中工作表 A（X）、B（Y）数据，然后执行 Plot→Specialized→Wind Rose—Raw Data 命令，或单击 2D 绘图工具栏中的按钮，会弹出"plot_windrose"的属性设置对话框，如图 6-147 所示。

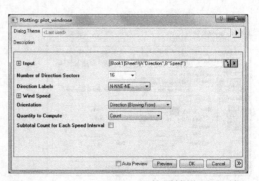

图 6-146 工作表数据 　　　　　　　　图 6-147 "plot_windrose"的属性设置对话框

（2）对其属性进行设置，如图 6-148 所示，设置“Increment”选项栏中的值为“4”，设置 Quantity to Compute 选项卡为 Percent Frequency，在 Subtotal Count for Each Speed Interval 选项卡后打钩。

（3）然后单击 OK 按钮，应用原始数据绘制风玫瑰图如图 6-149 所示。

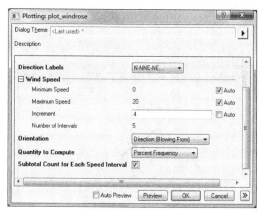

图 6-148 调整图形设置

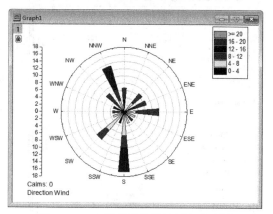

图 6-149 应用原始数据绘制风玫瑰图

3. 三角图（Ternary Graphs）

三角图对工作表数据的要求是，应有一个 Y 列和一个 Z 列。若没有与该列相关的 X 列，工作表会提供 X 的默认值。

用三角图可以方便地表示 3 种组元（X、Y、Z）间的百分数比例关系，Origin 认为每行 X、Y、Z 数据具有 X+Y+Z=1 的关系。

如果工作表中数据未进行归一化，在绘图时 Origin 给出进行归一化选择，并代替原来的数据，图中的尺度是按照百分比显示的。

本例绘图采用 Samples/Chapter 06/Ternary1. dat、Ternary2.dat、Ternary3.dat 和 Ternary4.dat 数据文件。绘图方法如下：

（1）导入 Ternary1. dat、Ternary2.dat、Ternary3.dat 和 Ternary4.dat 数据文件为同一个工作簿的不同工作表，导入数据后的工作簿如图 6-150 所示。

Book3 - Ternary4.dat

	A(X)	B(Y)	C(Y)
Long Name	A	B	C
Units	Medium	Fine	Coarse
Comments			
Sparklines			
1	0	0.12	0.88
2	0.04	0.1	0.86
3	0.1	0.08	0.82
4	0.11	0.08	0.81
5	0.12	0.09	0.79
6	0.13	0.1	0.77
7	0.14	0.11	0.75
8	0.14	0.12	0.74
9	0.14	0.13	0.73
10	0.14	0.14	0.72

Ternary1 Ternary2 Ternary3 Ternary4

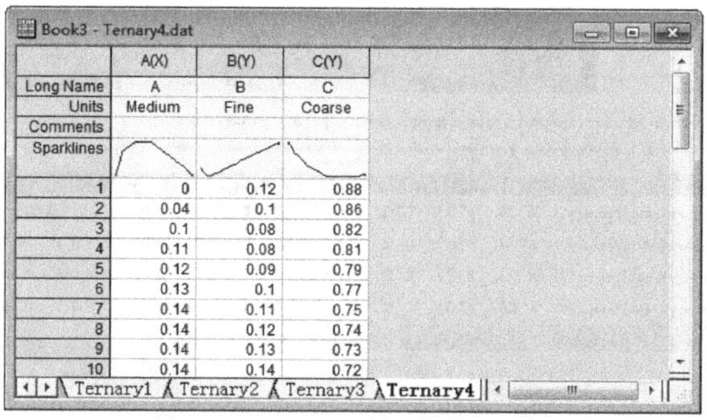

图 6-150 导入数据后的工作簿

然后将各工作表中 C（Y）的坐标属性改为 C（Z），选中 C（Y）列数据，单击鼠标右键，选择“properties”选项，弹出“Column Properties”对话框，更改“Plot Designation”

类型为"Z",如图 6-151 所示。

（2）当工作表为 Ternary1 时，选中工作表中的数据，执行菜单命令 Plot→Specialized→Ternary，或单击 2D 绘图工具栏中的按钮，绘制的图形如图 6-152 所示。

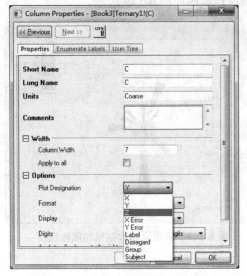

图 6-151　Column properties 对话框

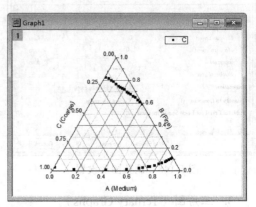

图 6-152　用工作表 Ternary1 数据绘制的三角图

（3）在按下 Alt 键的同时，双击图层 1 图标，弹出"Plot Setup"对话框。将 Ternary2、Ternary3 和 Ternary4 工作表中的数据依次按 xyz 轴添加到图中，如图 6-153 所示。

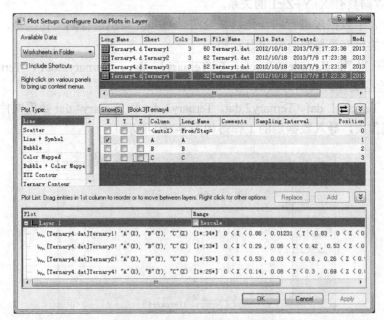

图 6-153　"Plot Setup"对话框

（4）然后单击 OK 按钮，绘制图形如图 6-154 所示。

（5）最后在图中修改图线颜色和线形，图 6-155 所示为最终绘出的三角图。

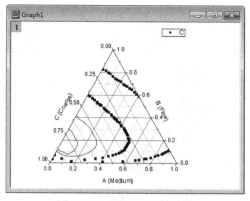

图 6-154 绘出的三角图

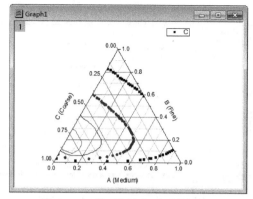

图 6-155 线形颜色调整后的三角图

4. 史密斯圆图（Smith Chart）

史密斯圆图由许多圆周交织而成，主要用于电工与电子工程学传输线的阻抗匹配上，是计算传输线阻抗的重要工具。

Origin 9.0 史密斯原图对工作表数据的要求是，应有至少一个 Y 列。如果工作表有 X 列，则有该 X 列提供 X 值；如果没有与该列相关的 X 列，工作表会提供 X 的默认值。

本例采用 Samples/Chapter 06/pid974/pid974.opj 文件中的数据，该例为史密斯圆图讨论电子工程汇总的阻抗。

打开 pid974.opj 项目文件中的工作表，如图 6-156 所示。绘图方法如下：

（1）选中工作表中所有数据，执行菜单命令 Plot→Specialized→Smith Chart，或单击 2D 绘图工具栏中的按钮⊗，绘制的图形如图 6-157 所示。

	A(X1)	B(Y1)	C(X2)	D(Y2)
1	0.0134	-0.9942	0.0121	-0.1942
2	0.0137	-0.931	0.0123	-0.131
3	0.014	-1.0332	0.0126	-0.2332
4	0.0154	-0.8555	0.0138	-0.0555
5	0.0156	-0.9752	0.0141	-0.1752
6	0.0161	-0.9097	0.0145	-0.1097
7	0.0175	-0.7664	0.0158	0.0336
8	0.0178	-0.831	0.016	-0.031
9	0.0209	-0.6574	0.0188	0.1426
10	0.0216	-0.7367	0.0195	0.0633
11	0.0264	-0.5233	0.0237	0.2767
12	0.0267	-0.622	0.024	0.178
13	0.0356	-0.4771	0.0321	0.3229
14	0.0361	-0.3513	0.0325	0.4487
15	0.0361	-1.069	0.0325	-0.269
16	0.0412	-1.0169	0.0371	-0.2169
17	0.0481	-0.9577	0.0433	-0.1577
18	0.0499	-0.1279	0.0449	0.6721
19	0.0521	-0.2935	0.0469	0.5065
20	0.0557	-1.0994	0.0501	-0.2994

图 6-156 导入数据后的工作表

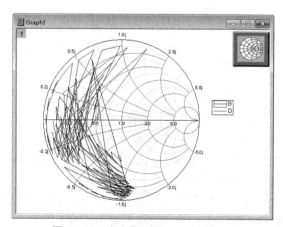

图 6-157 史密斯圆图（Smith Chart）

（2）用鼠标左键双击数据线，打开"Plot Details"对话框，在 Plot Style 选项卡中将线图改为散点图，如图 6-158 所示。得到的图形如图 6-159 所示。

（3）用鼠标左键双击图中的数据点，打开"Plot Details"对话框，在"Symbol"标签中选择"Sphere"；在"Group"标签中，选择"Independent"模式，并在"Symbol"标签中对散点的颜色进行设置，设置完毕之后单击 OK 按钮。

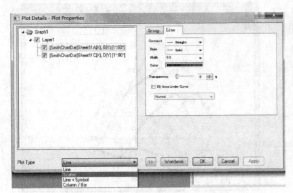

图 6-158 "Plot Details" 对话框

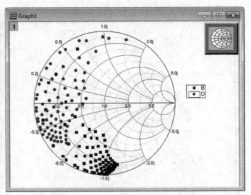

图 6-159 将线图改为散点图

（4）用鼠标左键双击图中水平轴，打开"X Axis"对话框，如图 6-160 所示对轴参数进行设置。绘制史密斯圆图（Smith Chart）如图 6-161 所示。此外还可以单击图中图标，打开史密斯圆图工具，对该图进行设置。

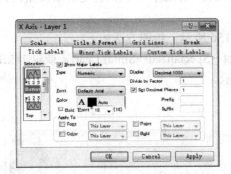

图 6-160 X Axis 对话框

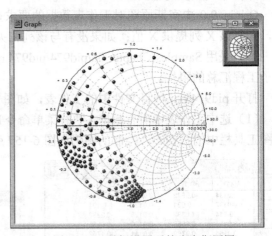

图 6-161 重新设置后的史密斯圆图

5. 雷达图（Radar）

雷达图对工作表数据要求是至少有 1 列 Y 值（或是其中的一部分）。如果没有设定与该列相关的 X 列，工作表会提供 X 的默认值。

本例选择 Samples/Chapter 06/Statistical and Specialized Graphs/ Specialized/ Radar 数据文件，数据工作表如图 6-162 所示。

选中工作表中所有数据，执行菜单命令 Plot→Specialized→Radar，或单击 2D 绘图工具栏中的按钮，绘制的图形如图 6-163 所示。

6. 矢量图（Vector XYAM）

Origin 矢量图有两种，分别是 Vector(XYAM)矢量图和 Vector(XYXY)矢量图。Vector(XYAM)矢量图中 A 和 M 分别表示角度和长度，全名为 X、Y、Angle、Magnitude Vector，对工作表数据要求是有 3 列 Y 值（或是其中的一部分）。

如果没有设定与该列相关的 X 列，工作表会提供 X 的默认值。在默认状态下，工作表最左边的 Y 列确定矢量末端的 Y 坐标值，第 2 个 Y 列确定矢量的长度。数据列必须是

XYYY 型。

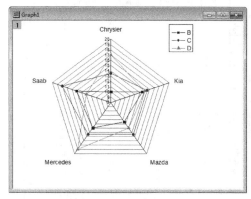

| | 图 6-162 工作表数据 | | 图 6-163 绘制的雷达图 |

矢量图以矢量箭头表示三列 Y，矢量箭头起点是 X 列数值（横轴），矢量箭头终点是第一列 Y 数值（纵轴），矢量箭头角度是第二列 Y（对应 A，以 x 轴水平线逆时针旋转角度），第三列 Y 决定箭头矢量幅值大小（对应 M，幅值大小不一定就是第三列 Y 数值，但对于各行数据所决定的矢量箭头，应是同比例）。

为了更好地说明以上内容，简单以平面几何知识讲解一下。

如图 6-164 所示，因为矢量箭头起点是 X 列数值（横轴），因此起点在经过这个 X 数值并垂直于 x 轴的直线上滑动，而矢量箭头终点是第一列 Y 数值（纵轴），因此终点在经过这个 Y 数值并垂直于 y 轴的直线上滑动。

由于矢量箭头角度是第二列 Y 数值，因此就确定了起点和终点的连线的方向，这样的矢量箭头是一个平行的"箭头簇"，所以要唯一确定这个矢量箭头，必须要矢量箭

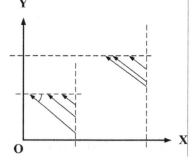

图 6-164 矢量箭头唯一确定的平面几何示意图

头的长度有唯一值，这个矢量箭头的长度就是由第三列 Y 来决定，也就是第三列 Y 决定箭头矢量幅值大小。

又由于是多行数据所形成的矢量箭头组，因此各个矢量箭头幅值大小（长度）不一定就是相对应的第三列 Y 数值，应是同比例尺寸显示它们的长度。

本例采用 Samples/ Chapter 06/ pid756/ pid756. opj 为例进行说明。该例为用矢量图显示河水流过两个塔标周围的紊流和层流情况，图中矢量箭头用颜色的深浅表示流量的大小。

打开 pid756.opj 项目文件中的 Vector 工作表，如图 6-165 所示。Vector 工作表包括了 XY 角度和大小数据，Pylon 工作表定义了图 6-166 中右下椭圆的塔标，图中圆形的塔标用工具进行绘制，绘图方法如下：

（1）选中工作表中所有数据，执行菜单命令 Plot→Specialized→Vector XYAM，或单击 2D 绘图工具栏中的按钮，绘制的图形如图 6-166 所示。

（2）用鼠标左键双击数据线，打开"Plot Details"对话框，如图 6-167 所示，对图中矢量进行设置。在"Line"标签的连接方式中设置为"No Line"，在"Vector"标签的颜色中设置为"Mapcol（Magnitude）"如图 6-168 所示。

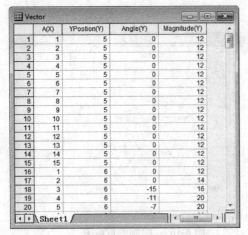

图 6-165 工作表

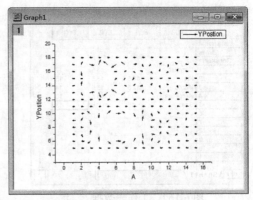

图 6-166 绘制的矢量图

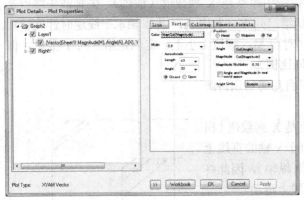

图 6-167 "Plot Details"对话框设置线型和颜色

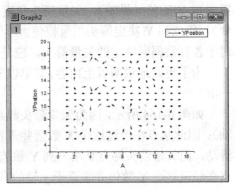

图 6-168 设置线型及颜色之后的矢量图

（3）添加图层 2（执行菜单命令 Graph→New Layer (Axes)→Right Y，添加新图层 RightY），在该图层的"Plot Details"对话框的轴关联标签中，选择与图层 1 的 x 轴和 y 轴 1:1 关联，如图 6-169 所示。

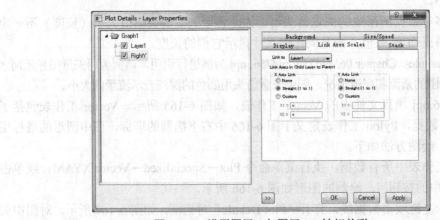

图 6-169 设置图层 1 与图层 2 y 轴相关联

（4）单击图层 2 标签，出现"Layer Contents"对话框，如图 6-170 所示，将 Pylon 的

Top 和 Bottom 数据加入，并分别对 Pylon-Top 和 Pylon-Bottom 线色和填充进行设置，设置为浅灰色，绘制图形如图 6-171 所示。

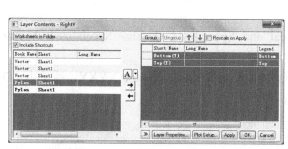

图 6-170 "Layer Contents"对话框

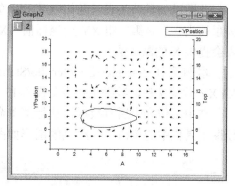

图 6-171 添加数据后的图形

（5）用鼠标左键双击塔标图形，如图 6-172 所示，在弹出的"Plot Details"对话框中对线色和填充设置为浅灰，绘制图形如图 6-173 所示。

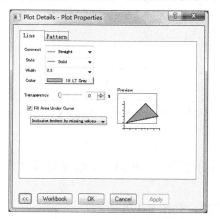

图 6-172 对数据进行填充

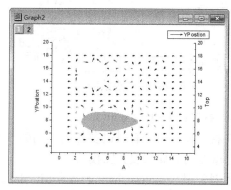

图 6-173 填充后的效果

（6）用"Tool"工具栏绘图工具绘出另一个圆形塔标，并将其大小进行调整，调整之后的图形如图 6-174 所示。

（7）在图层 1 和图层 2 中隐藏 xy 轴，同时执行菜单命令 View→Show→Frame，最终绘图的矢量图如图 6-175 所示。

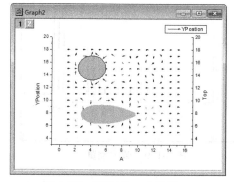

图 6-174 绘制另一个塔标

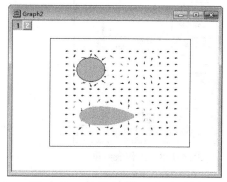

图 6-175 绘制完成后的矢量图

7. 矢量图（Vector XYXY）

矢量图（Vector XYXY）对数据的要求是数据列必须是 XYXY 型。

此图以矢量箭头表示两组 XY 列，矢量箭头起点是第一组 XY 列坐标值（X1，Y1），矢量箭头终点是第二组 XY 列坐标值（X2，Y2）。如果没有设定与该列相关的 X 列，工作表会提供 X 的默认值。

本例选择 Samples/Chapter 06/Statistical and Specialized Graphs/ Specialized/ Vector XYXY 数据文件，数据工作表如图 6-176 所示。

选中工作表中所有数据，执行菜单命令 Plot→Specialized→Vector XYXY，或单击 2D 绘图工具栏中的按钮 ，绘制的图形如图 6-177 所示。

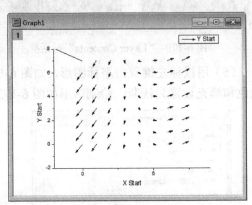

图 6-176　工作表数据　　　　　　　图 6-177　矢量图（Vector XYXY）

8. 局部放大图（Zoom）

在科技作图中，有时需要将图形局部放大前后的数据曲线在同一个绘图窗口内显示和分析，就要用到局部放大图模板。

本例采用 Samples/Chapter 06/Nitrite.dat 数据文件，如图 6-178 所示。

从数据预览精灵（Sparklines）显示该数据为时间与电压的关系，且电压为脉冲电压，如图 6-179 所示。

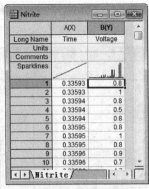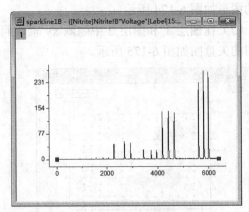

图 6-178　工作表数据　　　　　　　图 6-179　数据预览

绘制局部放大图的具体步骤如下：

（1）选中工作表中的数据，执行菜单命令 Plot→Specialized→Zoom，或单击 2D 绘图工具栏中的按钮，绘制的图形如图 6-180 所示。

（2）此时打开一个有两个图层的绘图窗口，上层显示整条数据曲线，下层显示放大的曲线段。下层的放大图由上层全局图内的矩形选取框控制。

（3）用鼠标移动矩形框，选择需要放大区域，则下层显示出相应部分的放大图，如图 6-181 所示。

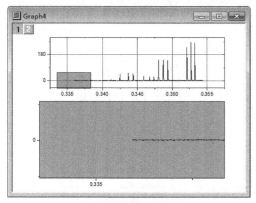 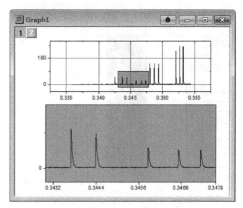

图 6-180　局部放大图　　　　　　　　图 6-181　选择需要放大区域

6.3　主题（Themes）绘图

Origin 将一个内置或用户定义的图形格式信息集合成为主题（Themes）。它可以将一整套预先定义的绘图格式应用于图形对象、图形线段、一个或多个图形窗口，改变原来的绘图格式。

有了 Themes 绘图功能，用户可以方便地将一个图形窗口中用 Themes 定义过的图形元素的格式部分或全部应用于其他图形窗口，这样非常利于立即更改图形视图，保证绘制出的图形之间一致。

Origin 9.0 除了主题绘图外，还将主题的含义扩充和增加到主题工作簿。主题分析对话框等，由于篇幅限制，这里仅介绍主题绘图。

Origin 9.0 提供了大量的内置主题绘图格式和系统（System）主题绘图格式。这些主题文件存放在子目录下，用户可以直接使用或对现有的主题绘图格式进行修改。

用户还可以根据需要重新定义一个系统主题绘图格式，系统主题绘图格式将应用于所有用户所创建的图形。主题长廊（Theme Gallery）允许快捷地选择编辑定义主题。

分组排列表（Group Incremental Lists）是主题绘图的一个子集，用户可以根据组排序列表定义一列特定的图形元素（如图形颜色、图形填充方式等）排序，并用嵌套（Nested）或协同（Concerted）的排序方式应用于用户图形中去。

6.3.1　创建和应用主题绘图

下面通过实例介绍创建和应用主题绘图。

本例中采用 Samples/Chapter 06/Template.dat 数据文件进行介绍。

具体步骤如下：

（1）创建一个新的工作表，导入 Template.dat 的数据文件，导入的工作表如图 6-182 所示。选中该工作表中的 B（Y）数据，然后执行 Plot→Line→Line 命令，或单击／按钮，绘制的图形如图 6-183 所示。

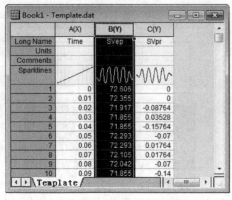

图 6-182　工作表数据

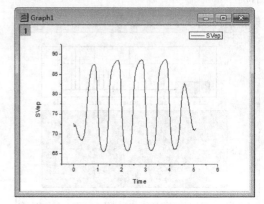

图 6-183　绘制的线图

（2）将图中坐标轴的字号改为 36 号字，更改之后的图形如图 6-184 所示。

（3）选中该图并用鼠标右键单击，在弹出的快捷菜单中，选择"Save Format as Theme"菜单，如图 6-185 所示。在弹出的对话框中，输入"新字号图"为该主题的名字。这时就创建了一个"新字号图"主题，如图 6-186 所示。

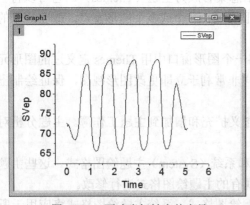

图 6-184　更改坐标轴字体字号

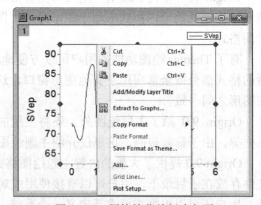

图 6-185　用快捷菜单创建主题

（4）选择工作表中 C（Y）数据，然后执行 Plot→Line→Line 命令，或单击／按钮，绘制的图形如图 6-187 所示。

（5）选择菜单命令 Tool→Theme Organizer，打开 Theme Organizer 对话框，可以发现在该对话框中已有刚建立的"新字号图"主题，如图 6-188 所示。

单击 Apply Now 按钮，这时就实现了用"新字号图"主题绘图，如图 6-189 所示。

图 6-186 输入主题名称

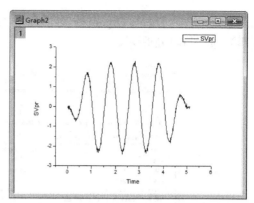

图 6-187 用 C（Y）列数据绘制的线图

图 6-188 Theme Organizer 对话框刚建立的主题

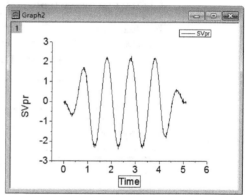

图 6-189 用"新字号图"主题绘出的图

6.3.2 主题管理器和系统主题

主题管理器是 Origin 存放内置的主题绘图格式、用户定义主题和系统主题的地方。

选择菜单命令 Tool→Theme Organizer，打开 Theme Organizer 对话框，或通过功能键 F7 打开 Theme Organizer 对话框，在图中可以看到刚刚创建的主题。

在打开的 Theme Organizer 对话框中，用户可以通过选中一个主题，用鼠标右键单击，打开快捷菜单，进行复制、删除、编辑或将其设置为系统主题。

用户还可以在该对话框中右边"Apply Theme to"的下拉列表框中选择主题的应用范围，即当前的图形、当前工程文件或某一目录下所有的图形，如图 6-190 所示。

这样大大提高了绘图效率，保证了图形之间格式的一致性。在该对话框中还提示了当前系统主题的名字。

下面我们以刚刚创建的主题为例，结合其他主题，介绍创建一个新的名为"My system theme"的主题。

（1）选中"新字号图"主题，用鼠标右键单击，打开快捷菜单，选中"Duplicate"复制出一个主题；而后打开该主题的"Theme Editing"编辑窗口，如图 6-191 所示，在"Description"中输入"My system theme"。

（2）选中刚编辑的主题，将其重新命名为"My system theme"。在用鼠标右键单击该主题，打开快捷菜单，选中"Set as System theme"，则完成了"My system theme"新的系统主题创建。这时 Theme Organizer 对话框中"My system theme"改变为系统主题（字体变为更黑），如图 6-192 所示。

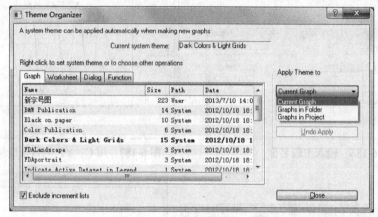

图 6-190 Theme Organizer 对话框

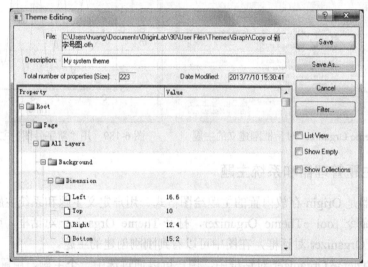

图 6-191 "Theme Editing"编辑窗口

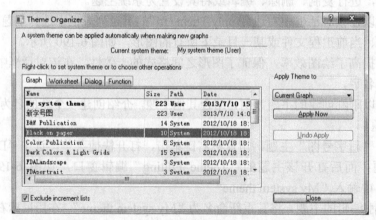

图 6-192 "My system theme"改变为系统主题

在状态栏中，可以看出当前的系统主题已经改变为"My system theme"。这时在默认的情况下，系统就按照此主题进行绘图。

6.3.3 编辑主题

Origin 的主题包括内置的主题、用户自定义主题和系统主题，是可以进行修改和重新编辑的。下面采用 Samples/ Chapter 06/ Group.dat 数据为例，来说明编辑主题的过程。

（1）将 Group.dat 数据导入到工作表中，依次选中工作表中的 B（Y）、C（Y）、D（Y）列，在 2D 绘图工具栏中单击 ▥ 按钮绘图。此时是采用前面的"My system theme"系统绘图，绘制图形如图 6-193 所示。

（2）在图 6-193 所示柱状图上双击鼠标左键，打开"Plot Detail"对话框，在"Border Color"、"Fill Color"栏中，选中 Increment 复选框，将字体从 36 号改为 24 号。单击 OK 按钮。

（3）通过功能键 F7 打开 Theme Organizer 对话框，选择"Tick All In"主题，单击"Apply Theme"，将该主题的坐标刻度向内的格式应用于图形，如图 6-194 所示。

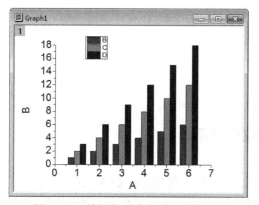

图 6-193 编辑主题前的系统主题绘图

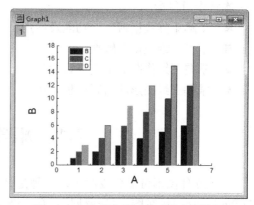

图 6-194 编辑主题后的系统主题绘图

（4）在图 6-194 中用鼠标右键单击，打开快捷菜单，选择"Set Format As Theme"并保存，主题名字中输入"My system theme"，忽略覆盖的提示并保存。此时就完成了对"My system theme"系统主题的修改编辑。

6.4 本章小结

在科技图形的制作过程中，二维图形的绘制使用频率最高，因此掌握二维图形的绘制方法尤为关键。Origin 中二维图形种类繁多，本章以列表和图形的形式将 Origin 中各类二维图形罗列出来，详细地介绍了二维图绘制功能及其绘制过程，帮助读者形成一定的印象，方便作图。请读者仔细研读，认真掌握。

第7章 三维图形的绘制

Origin 9.0 存放数据的工作表主要有工作簿中的工作表和矩阵工作簿中的矩阵工作表，以下简称工作表和矩阵表。其中，工作表数据结构主要支持二维绘图和某些简单的三维绘图，但要进行三维表面图和三维等高图绘制，则必须采用矩阵表存放数据。

为了能进行三维表面图等复杂三维图形的绘制。Origin 提供了将工作表转换成矩阵表的方法。在 Origin 中有大量的三维图形内置模板，掌握这些模板的用法对于绘制三维图形至关重要，能节约作图时间，同时还能提高作图效果。

本章学习目标：

- 了解矩阵数据窗口的功能及应用
- 掌握三维数据的转换
- 掌握三维作图的定制与设置
- 掌握三维图形的内置模板应用

7.1 矩阵数据窗口

三维立体图形可以分成两种，一种是具有三维外观的二维图形，如 3D Bar 三维主图、3D Pie Chart 三维饼图；另一种是具有三维空间数据，即必须有 XYZ 三维数据的图形，如 3D Surface 三维表面图等。

这些三维图的建立通常需要使用 Matrix 矩阵数据，而 Matrix 矩阵数据通常从 XYZ 数据转换而来。因此，在介绍 3D 绘图前，必须先熟悉窗口及其操作。

7.1.1 创建 Matrix 窗口

通过执行 File→New 命令可以新建一个 Matrix，如图 7-1 所示。默认为 32*32 大小，这是新建一个 Matrix 窗口，然后自行输入数据即可，如图 7-2 所示。

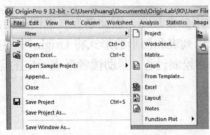

图 7-1　新建一个 Matrix

图 7-2　一个简单的矩阵窗口

7.1.2 Set Dimensions and Labels 规格与标签

通过执行 Matrix→Set Dimensions and Labels 命令，如图 7-3 所示，可以设置 Matrix 的大小。

其中 Matrix Dimensions 标签可以设置 Matrix 大小，xy Mapping 标签可以设置匹配的区域，如图 7-4 所示。

设置完成之后，可以执行 View→show X/Y 命令，观察和确认矩阵的设置，如图 7-5 所示。

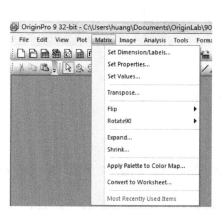

图 7-3 执行 Matrix→Set Dimensions and Labels 命令 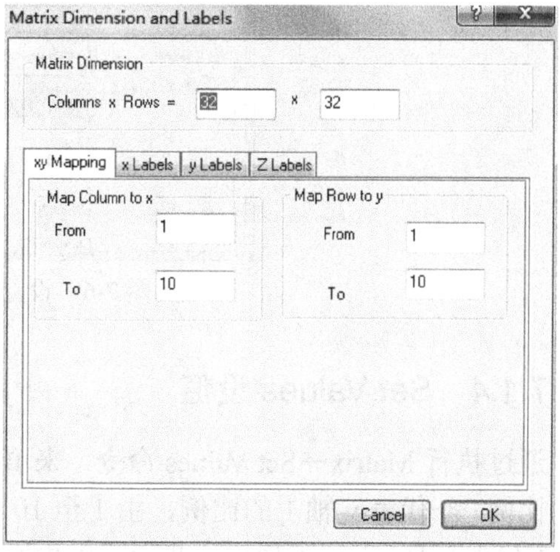　图 7-4 "Matrix/ Set Dimensions and Labels" 对话框

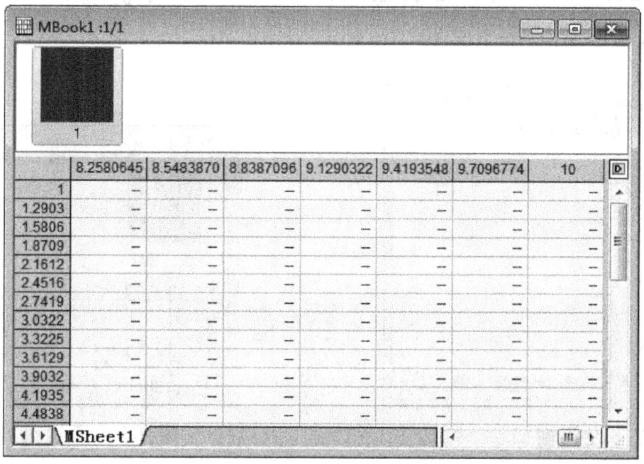

图 7-5 观察和确认矩阵设置

7.1.3 Set Properties 属性

通过执行 Matrix→Set Properties 命令，可以设置 Matrix 的格式，如 Cell Width（列宽）、Data Type（数据类型）（数据格式）、Data Format（数据格式）、Numeric Display（数字的有效位数或小数点的显示格式）。

Data Type 主要是设置数据类型，如果数据是证书可以设为 Long，如果数据有小数部分，可设为 Real，如果数据绝对值很大，则设置为 Double，如图 7-6 所示。

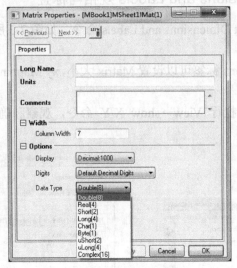

图 7-6　设置矩阵窗口属性

7.1.4　Set Values 设值

通过执行 Matrix→Set Values 命令，来填充 Matrix 的数据。如图 7-7 所示，X 代表 x 轴上的比例，y 代表 y 轴上的比例，由 1 至 10 分布。

I 代表行号，j 代表列号。我们可以先通过上边的几个小点的操作得到一个 4*4、列宽为 10 的 Matrix，在 Set Values 对话框的输入栏中填入 "abs(i-j)*i"，单击 OK 按钮，得到如图 7-8 所示的 Matrix。

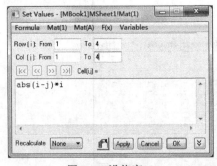

图 7-7　设值窗口

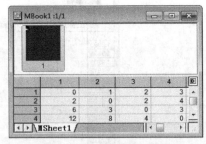

图 7-8　通过公式填充的数据

7.1.5　Matrix 窗口常用操作

（1）Transpose 转置

通过执行 Matrix→Transpose 命令可以对 Matrix 转置，即纵横数值反转。

执行 Matrix→Transpose 命令，出现如图 7-9 所示对话框，"Input" 标签可以设置转置的数据区域。

单击 OK 按钮，对图 7-7 的数据转置得到如图 7-10 所示的 Matrix。

图 7-9 转置设置窗口

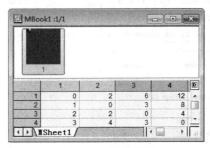

图 7-10 数据转置

（2）Flip Horizontal 水平反转

通过执行 Matrix→Flip→Horizontal 命令可以将 Matrix 水平反转。

对图 7-8 数据操作后得到如图 7-11 所示的 Matrix。

（3）Flip Vertical 垂直反转

通过执行 Matrix→Flip→Vertical 命令可以将 Matrix 垂直反转。

对图 7-8 数据操作后得到如图 7-12 所示的 Matrix。

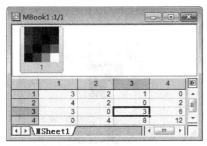

图 7-11 水平反转

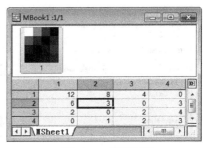

图 7-12 垂直反转

（4）Rotate 90° 旋转

Origin 9.0 中 Rotate 90° 功能可以将 Matrix 向多个方向旋转，如图 7-13 所示。

对图 7-8 数据执行 CCW90 旋转命令，得到如图 7-14 所示的 Matrix。

图 7-13 旋转方向

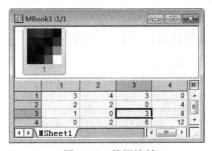

图 7-14 数据旋转

（5）Expand 扩展

通过执行 Matrix→Flip→Expand 命令可以将 Matrix 扩展。

对图 7-8 的数据做 Columns 的 2 倍扩展，Row 的 2 倍扩展，如图 7-15 所示，data manipulation 对话框设置所示，得到如图 7-16 所示的 64*64 矩阵。

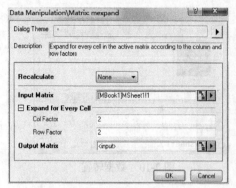

图 7-15 Expand 设置对话框

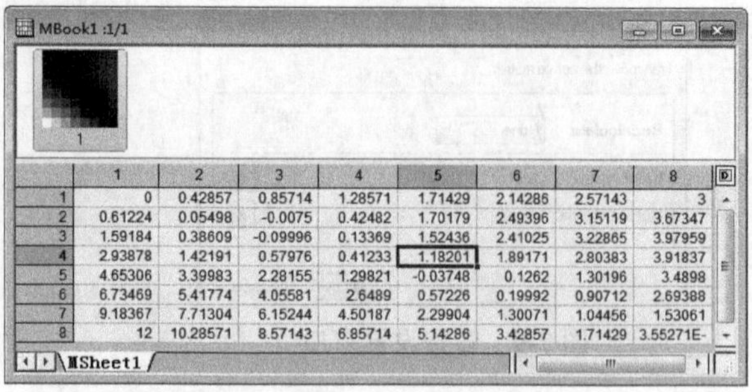

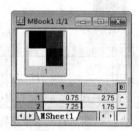

图 7-16 扩展矩阵数据

（6）Shrink 收缩

通过执行 Matrix→Flip→Expand 命令可以将 Matrix 扩展。

对图 7-8 的数据做 Columns 的 2 倍收缩，Row 的 2 倍收缩，如图 7-17 所示，得到如图 7-18 所示的 2*2 的 Matrix。

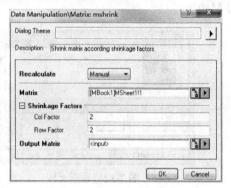

图 7-17 Shrink 设置对话框

图 7-18 收缩矩阵数据

（7）Convert To Worksheet 转化为工作表

Matrix 数据与 Worksheet 数据之间的转化，对作图来说，是很重要的操作。

通过执行 Matrix→ Convert To Worksheet 命令可以将 Matrix 做成工作表。

执行 Matrix→Convert To Worksheet 命令，出现如图 7-19 所示的对话窗口，可以将图 7-8 的 Matrix 转化为工作表，如图 7-20 所示。

图 7-19 Convert to Worksheet 设置对话框

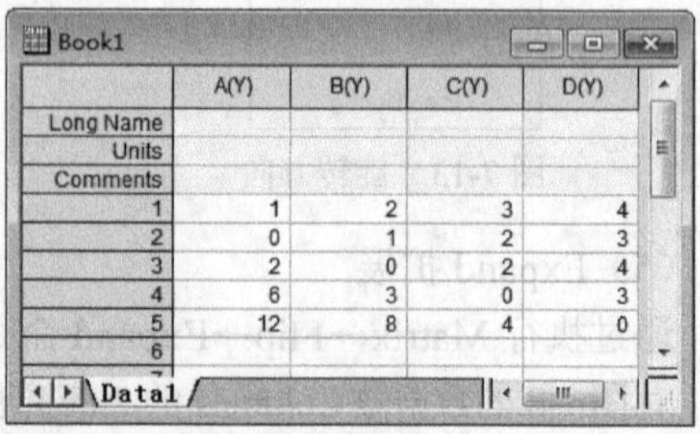

图 7-20 将 Matrix 数据转化为 Worksheet 数据

7.2 三维数据转换

要将 Worksheet 中的数据转换为 Matrix，主要有 4 种算法：Direct、Expand、XYZ Gridding 和 XYZ Log Gridding。

在实际应用时选择哪一种转换方法，完全取决于工作中数据的情况。

激活 Worksheet 窗口的情况下，通过 Worksheet→Convert to Matrix 菜单中的命令可以打开对话框，对数据进行转换，如图 7-21 所示。

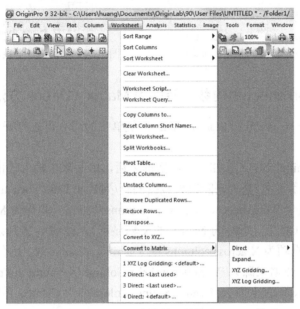

图 7-21 将 Worksheet 中的数据转换为 Matrix 算法

7.2.1 导入数据

下面通过例子来介绍将工作表转换为矩阵表。

例子数据来源于 Samples/ Chapter 07/ XYZ Random Gaussian. dat 数据文件。XYZ Random Gaussian. dat 数据文件工作表如图 7-22 所示。

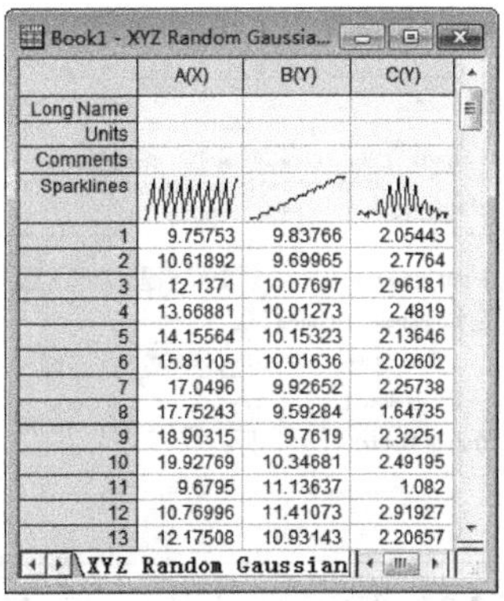

在默认状态下，从 ASCII 文件导入的数据在工作表中的格式是 XYY。若要转换为矩阵格式，必须把导入工作表的数列格式变换为 XYZ。具体方法为：

用鼠标左键双击 C（Y）列的标题栏，在弹出的"Column Properties"对话框的选项栏中将 C（Y）改变为 C（Z），如图 7-23 所示。数列格式变换为 XYZ 后的工作表如图 7-24 所示。

图 7-22 XYZ Random Gaussian. Dat 数据工作表

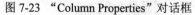

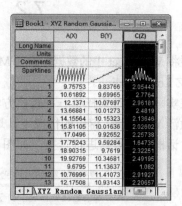

图 7-23 "Column Properties"对话框　　　　图 7-24 数列格式变换为 XYZ 后的工作表

7.2.2 将 Worksheet 中的数据转换为 Matrix（Direct 方法）

通过 Worksheet→Convert to Matrix→Direct 菜单中的命令可以打开"Data Manipulation/Gridding"对话框。

打开"Data Manipulation/Gridding"对话框之后，里面除了输入输出设置项之外，主要有 Trim Missing（是否整行/整列删除缺失数据的行/列）和 Data Format 选项，可以设置为 No X and Y（转换整个 Worksheet）、X across columns（将第一列作为 Matrix 的 y 轴显示）或 Y across columns（将第一行作为 Matrix 的 x 轴显示），如图 7-25 所示。

当 Data Format 选项为 X across columns 或 Y across columns 时，还有以下选项：X Values in/ Y Values in（选择数据来源）、Y Values in Frist Column/X Values in Frist Column（是否把第一列的值设置到 x、y 轴上面）、Even Spacing Tolerance（Matrix 的轴的刻度容差），如图 7-26 所示。

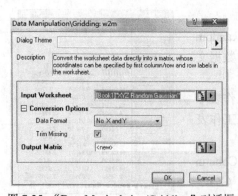

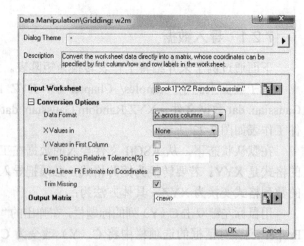

图 7-25 "Data Manipulation/Gridding"对话框　　　　图 7-26 参数设置

设置完毕后，单击 OK 按钮完成转换，如图 7-27 所示。

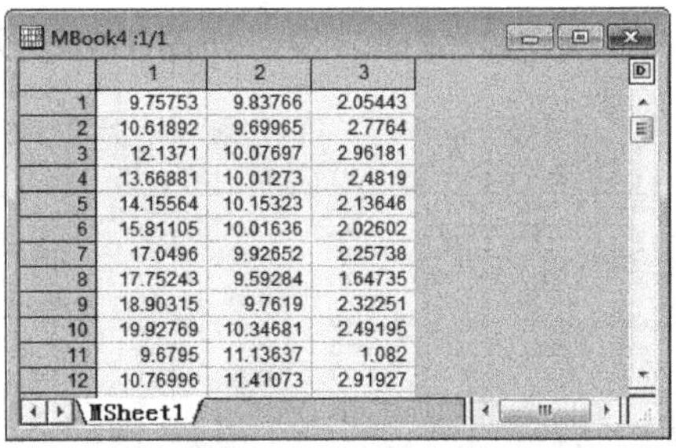

图 7-27 将 Worksheet 中的数据转换为 Matrix 的结果

7.2.3 扩展 Matrix（Expand 方法）

通过执行 Worksheet→Convert to Matrix→Expand 命令可以打开"Data Manipulation/ Gridding"对话框。对 Worksheet 进行扩展转换。

在这个对话框中，可以设置 Expand for Every Row/Col（只接受整数，扩展的倍数）和 Orientation（扩展的方向），如图 7-28 所示。单击 OK 按钮可以完成转换，如图 7-29 所示。

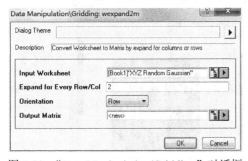

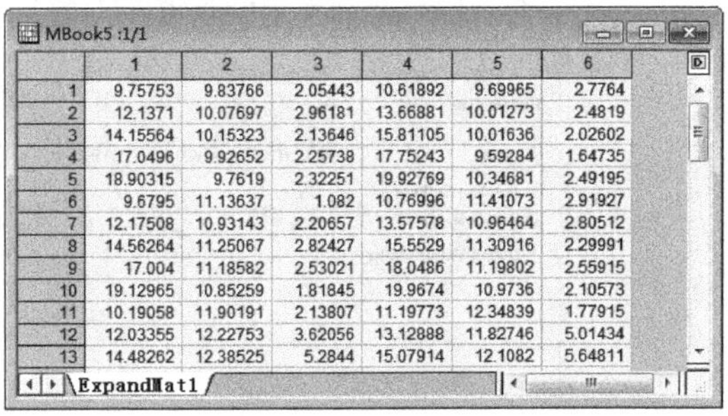

图 7-28 "Data Manipulation/Gridding"对话框　　　　图 7-29 转换结果

7.2.4 XYZ Gridding

选中工作表中的 XYZ 列数据，通过执行 Worksheet→Convert to Matrix→XYZ Gridding 命令将数据网格化，得到矩阵窗口，如图 7-30 所示。

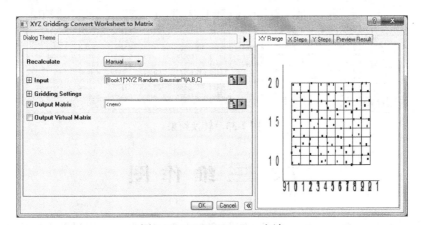

图 7-30 XYZ Gridding 方法

设置完成之后，单击 OK 按钮可以完成转换，如图 7-31 所示。

MBook16 :1/1

	1	2	3	4	5	6	7	8	9	10
1	2.22119	2.89364	3.18669	3.06781	2.69538	2.2278	1.82346	1.66654	2.44953	3.22444
2	1.20382	3.13549	2.17562	2.67335	2.28902	1.59889	2.34845	2.58141	1.86028	2.4735
3	1.00728	2.11184	3.14562	5.17796	4.01871	5.07989	3.81984	2.15746	1.61126	2.33918
4	0.91214	1.8834	4.97076	6.17033	8.69915	9.48227	6.31887	3.97701	2.73161	2.64227
5	0.85869	3.13824	4.9225	7.64354	10.8754	10.48471	6.79859	5.17595	2.8019	2.95627
6	0.87275	3.57696	4.76698	8.09736	10.67128	11.3434	7.7982	5.40157	3.71038	3.07062
7	0.98018	2.59835	4.35622	7.16249	10.12529	9.22253	8.35105	4.8579	3.34024	2.89691
8	1.2068	3.57422	3.2778	4.83262	4.37608	5.83212	5.45012	2.26732	1.84564	2.34763
9	1.57846	1.48892	3.44354	3.92331	2.99631	2.85792	3.36784	3.39339	2.69022	0.2512
10	2.10788	1.71543	1.66676	2.08436	2.71664	3.1752	3.07734	2.15114	1.65216	3.00017

MSheet1

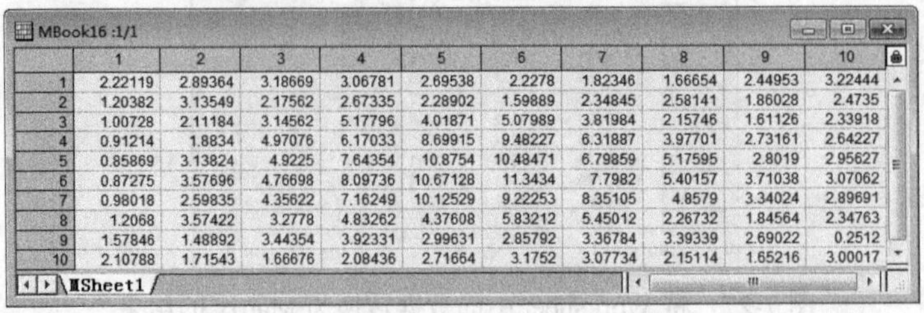

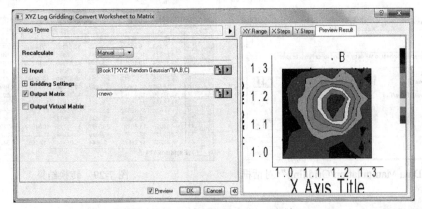

图 7-31　转换结果

7.2.5　XYZ Log Gridding

XYZ Log Gridding 方法与 XYZ Gridding 方法基本一样，只是坐标轴以 Log 形式存在。

选中工作表中的 XYZ 列数据，通过执行 Worksheet→Convert to Matrix→XYZ Log Gridding 命令可以打开“Data Manipulation/Gridding”对话框，如图 7-32 所示。

图 7-32　XYZ Log Gridding 方法

设置完成之后，单击 OK 按钮可以完成转换，如图 7-33 所示。

MBook19 :1/1

	1	2	3	4	5	6	7	8	9	10
1	2.22452	2.7086	2.93778	2.77866	2.39236	1.94775	1.6137	1.55908	2.17464	3.13225
2	1.43143	2.93019	3.00541	2.56903	2.47073	1.96801	1.71182	2.44101	1.97175	2.67896
3	1.05826	2.89435	2.55176	3.00154	3.60206	2.90757	2.32331	2.57774	2.1406	2.30175
4	0.93287	1.72012	2.15407	4.63784	5.46365	5.11299	6.21794	3.37956	1.86823	2.38293
5	0.84165	1.78435	3.11782	5.79636	6.60533	9.96674	9.40529	5.68136	3.47577	2.71749
6	0.81933	2.88444	3.95542	5.69247	8.64644	11.18513	9.24652	6.47727	3.02994	3.03177
7	0.90062	3.12775	3.64815	5.69255	8.6828	10.93973	11.0988	7.11076	4.38487	3.08707
8	1.12024	3.38613	2.88549	4.68941	6.57658	8.56348	7.47393	5.72444	2.73275	2.71838
9	1.51291	2.01976	3.29811	3.59349	4.23687	3.32206	3.85131	3.74176	2.5525	1.06229
10	2.10334	1.75789	1.60087	1.75076	2.34961	3.06217	3.38463	2.81316	1.59921	2.99168

MSheet1

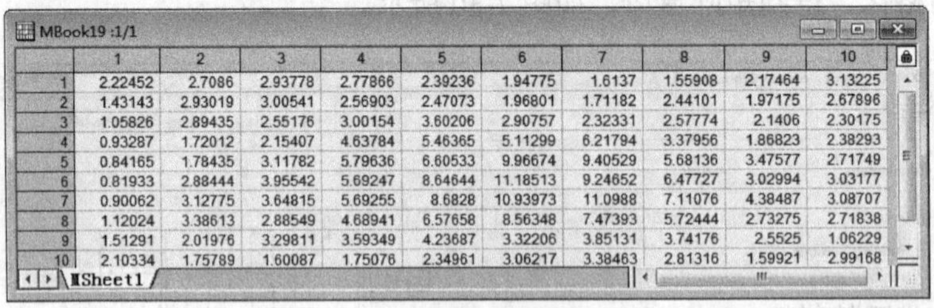

图 7-33　转换结果

7.3　三　维　作　图

本节主要在上文的基础上，介绍从矩阵窗口创建三维图形，通过数据转换建立三维图形，三维图形设置及三维图形旋转的方法。

7.3.1 从矩阵窗口创建三维图形

我们以球形方程为例，介绍从矩阵窗口创建三维图形的过程。已知球的方程，把它变换一下，取正值，得到 $z=(r^2-x^2-y^2)^{1/2}$。

上面说过，x 代表 x 轴上的比例，y 代表在 y 轴上的比例，由 1~10 分布。

为了让图形适应屏幕，因此设半径 r=10，并把 x，y 带入方程中得到公式 $z=(100-x^2-y^2)^{1/2}$ 式，在 Origin 中可以表示为 $z=sqrt(100-x^2-y^2)$。

先新建一个 32*32 的 Matrix，通过 Matrix/Set Dimensions and Labels 命令将 x 轴和 y 轴的范围设置为 -10~10，如图 7-34 所示。

然后通过 Matrix/Set Values 命令的输入框填入上面的公式 sqrt(100-x^2-y^2)，单击 OK 按钮即得到一个 Matrix，如图 7-35 所示。

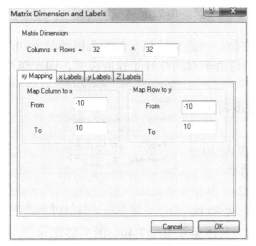

图 7-34　Matrix Dimensions and Labels 对话框

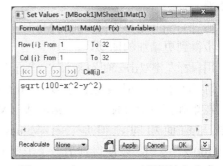

图 7-35　在 Set Values 对话框输入公式

由于我们已经限定了 z 轴为正值，因此这个数据其实只是一个半球的数据，如图 7-36 所示。

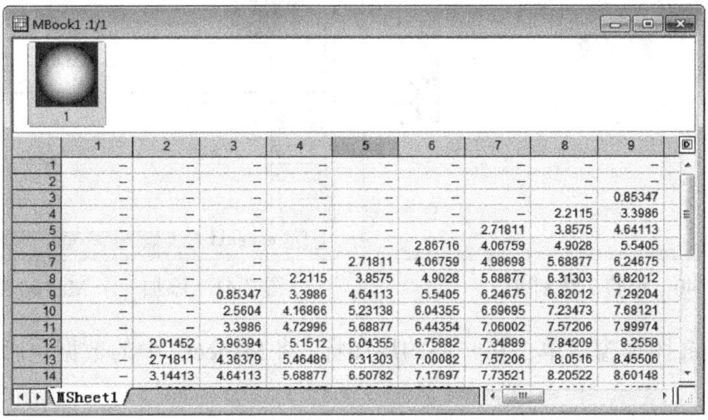

图 7-36　半个球形数据

然后通过 Plot→3D Surface→Color Map Surface 菜单下面的命令，如图 7-37 所示。执行命令后，绘制的三维图形如图 7-38 所示。

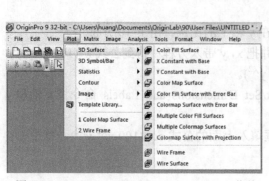

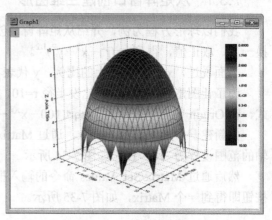

图 7-37　Plot/3D Surface/Color Map Surface 菜单

图 7-38　三维半球图形

上面的这个图形有一些缺点，包括两个方面，一是 x 轴与 y 轴的范围都是 ±10，而 z 轴只是从 0～10，因此半球出现了变形；二是由于自动打开了速度模式，因此图形过于粗略。

通过 Graph 菜单中的 Speed Mode，关闭速度模式可进一步得到更精细的图形。

用鼠标左键双击 z 轴坐标，调节 z 轴的坐标刻度为-10～10，则可以得到一个比较清楚的半球，如图 7-39 所示。

在矩阵窗口中添加一个 Matrix 表（Msheet2），其他设置与前面相同，但是 Set Values 时公式换成

图 7-39　关闭速度模式

-sqrt(100-x^2-y^2)，以便得到另一个半球的数据，具体步骤如图 7-40～图 7-43 所示。

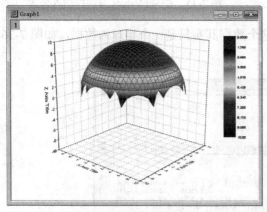

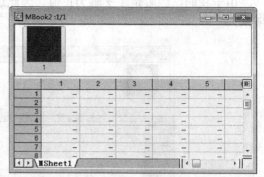

图 7-40　调整 z 轴刻度

图 7-41　添加一个 Matrix 表（Msheet2）

然后在 Graph 图形窗口单击第一层的层图标，将 Msheet2 中的数据也添加到图形当中，如图 7-44 所示。

最后作图得到一个球体，如图 7-45 所示。

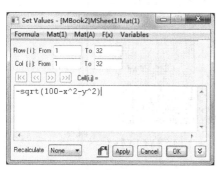

图 7-42 Set Values 对话框输入公式

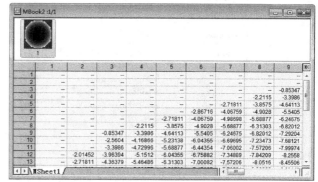

图 7-43 添加一个 Matrix 表（Msheet2）

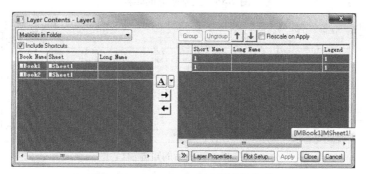

图 7-44 Set Values 对话框输入公式

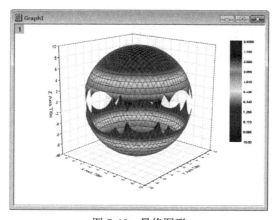

图 7-45 最终图形

7.3.2 通过数据转换建立三维图形

本例以 Samples/Chapter 07/XYZ Random Gaussian. dat 数据为例介绍通过数据转换建立三维图形。

选中工作表中的 XYZ 列数据，通过执行 Worksheet→Convert to Matrix→XYZ Gridding 命令将数据网格化，得到矩阵窗口，如图 7-46 和图 7-47 所示。

然后执行 Plot→3D Surface→Wire Frame 菜单命令得到三维线框图，如图 7-48 所示。

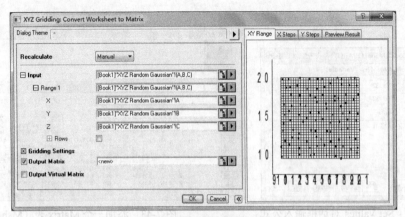

图 7-46 三维数据的转换

	1	2	3	4	5	6	7	8	9	10
1	2.22119	2.89364	3.18669	3.06781	2.69538	2.2278	1.82346	1.66654	2.44953	3.22444
2	1.20382	3.13549	2.17562	2.67335	2.28902	1.59889	2.34845	2.58141	1.86028	2.4735
3	1.00728	2.11184	3.14562	5.17796	4.01871	5.07989	3.81984	2.15746	1.61126	2.33918
4	0.91214	1.8834	4.97076	6.17033	8.69915	9.48227	6.31887	3.97701	2.73161	2.64227
5	0.85869	3.13824	4.9225	7.64354	10.8754	10.48471	6.79859	5.17595	2.8019	2.95627
6	0.87275	3.57696	4.76698	8.09736	10.67128	11.3434	7.7982	5.40157	3.71038	3.07062
7	0.98018	2.59835	4.35622	7.16249	10.12529	9.22253	8.35105	4.8579	3.34024	2.89691
8	1.2068	3.57422	3.2778	4.83262	4.37608	5.83212	5.45012	2.26732	1.84564	2.34763
9	1.57846	1.48892	3.44354	3.92331	2.99631	2.85792	3.36784	3.39339	2.69022	0.2512
10	2.10788	1.71543	1.66676	2.08436	2.71664	3.1752	3.07734	2.15114	1.65216	3.00017

图 7-47 转换后的矩阵窗口

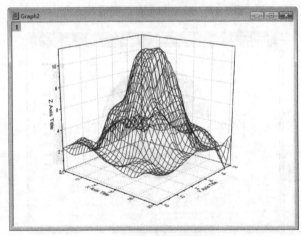

图 7-48 三维线框图

7.3.3 三维图形设置

三维图形参数的设置,从结构上与二维图形并没有不同,方法是使用鼠标右键单击图层,然后选择相应的菜单,如图 7-49 所示。

但是由于是三维图形,因此参数方面必然存在一定的差异,单击 Layer Properties 进入层属性对话框,主要是设置一些显示的参数。

用鼠标左键双击三维图形的坐标轴,可进入坐标轴设置,本部分与二维图形的设置形式基本一致,但是对话框形式不一样,同时多了第三维的坐标轴,如图 7-50 和图 7-51 所示。

图 7-49　图形设置

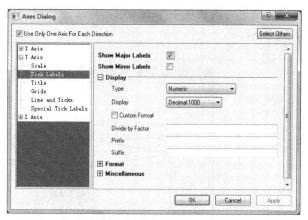

图 7-50　图形参数设置对话框

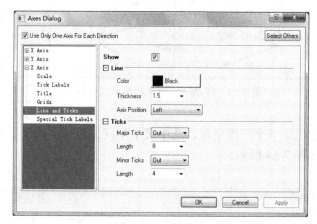

图 7-51　z 轴设置

用鼠标左键双击图形空白区域，图形出现三维框架，同时出现四个小标，⬦、⬦、⬦、
⬦，如图 7-52 所示。

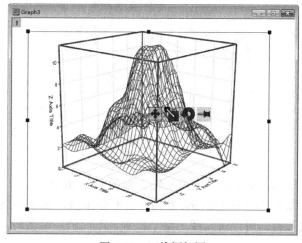

图 7-52　三维框架图

每个图标均能实现不同的功能，单击 按钮，可以拖动三维图在绘图窗口中移动，如图 7-53 所示。

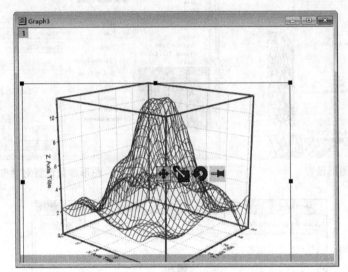

图 7-53 拖动三维图在绘图窗口中移动

单击 按钮，会出现一个三维坐标，选中其中不同的区域，拖动鼠标可以实现不同坐标轴的缩放功能，如图 7-54 所示。

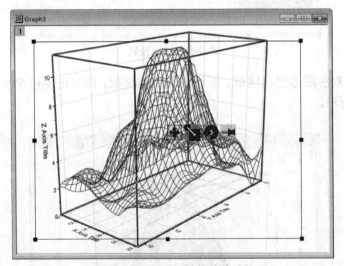

图 7-54 不同坐标轴的缩放功能

单击 按钮，可以实现图形的全方位旋转，如图 7-55 所示。

单击 按钮，可以实现图形在 Graph 窗口中的整体缩放，如图 7-56 所示。

用鼠标左键双击线框，可以进入图形细节设置，不同的三维图形，设置的参数略有不同，如图 7-57 所示。

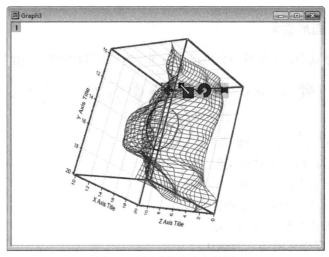

图 7-55　图形的全方位旋转

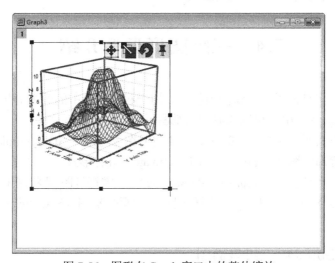

图 7-56　图形在 Graph 窗口中的整体缩放

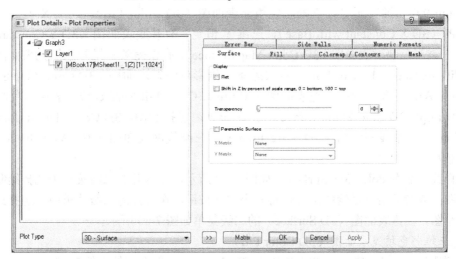

图 7-57　图形的细节设置

7.3.4 三维图形旋转

在 3D Graph 活动中，工具栏中会出现一系列与旋转有关的按钮，如图 7-58 所示。其中：

图 7-58 3D 旋转工具栏

（1） 表示将图形绕画布的 y 轴旋转。

（2） 表示将图形逆时针或顺时针旋转。

（3） 表示将图形绕画布 x 轴旋转。

（4） 表示改变坐标轴之间的角度。

（5） 表示把图形适应窗口显示。

（6） 表示恢复坐标轴角度为默认。

（7）后面的数字表示每次旋转的角度。

7.4 三维图形类型介绍

Origin 提供了多种内置三维绘图模板，可用于科学实验中的数据分析，实现数据的多用途处理。在 Origin 9.0 中，可以绘制的三维图形主要包括以下这些：

三维彩色填充表面图（3D Surface）、三维符号图/条状图（3D Symbol/Bar）、数据分析图（Statistics）、等高线图（Contour）、图片（Image）五种形式。

本节只介绍三维彩色填充表面图（3D Surface）、三维符号图/条状图（3D Symbol/Bar）、等高线图（Contour）、图片（Image）四种图形，数据分析图（Statistics）在分析统计章节中重点讲解。

7.4.1 3D Surface 三维表面图

Origin 9.0 三维表面图有三维彩色填充表面图（3D Color Fill），三维 X 恒定、有基底表面图（3D X Constant with Base），三维 Y 恒定、有基底表面图（3D Y Constant with Base），三维彩色映射表面图（3D Color Map Surface），有误差条三维彩色填充表面图（3D Color Fill Surface with Error Bar），有误差条三维彩色映射表面图（3D Color Map Surface with Error Bar），多层彩色填充表面图（Multiple Color Fill Surfaces），多层彩色映射表面图（Multiple 3D ColorMap Surface），三维彩色映射投影图（3D ColorMap Surface with Projection），三维线网线图（3D Wire Frame），三维线网表面图（3D Wire Surface）11 种绘图模板。

选择菜单命令 Polt→3D Surface，如图 7-59 所示，在打开的二级菜单中选择绘制方式进行绘图；或者单击三维绘图工具栏符号旁的 按钮，在打开的二级菜单中，选择绘图方式进行绘图。三维表面图（3D Surface）的二级菜单如图 7-60 所示。

1. 三维彩色填充表面图（3D Color Fill）

本例选择 Samples/Chapter 07/3D OpenGL Graphs. opj 数据文件中的 Surface with Symbol and Dropline 数据，数据中 Matrix 表格如图 7-61 所示。

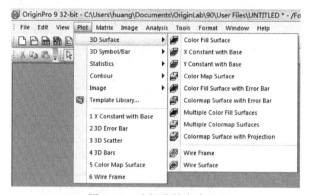

图 7-59 选择菜单命令 Polt

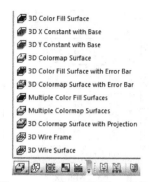

图 7-60 三维表面图的二级菜单

选中工作表中所有数据，执行菜单命令 Polt→3D Surface→3D Color Fill，或单击 3D 绘图工具栏中的按钮，绘制的图形如图 7-62 所示。

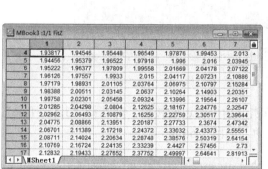

图 7-61 Matrix 表

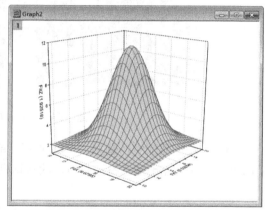

图 7-62 绘制的三维彩色填充表面图

但在日常的科技作图过程中，使用模板绘制三维彩色填充表面图不会如上文介绍的这么简单，本节应用 Samples/Chapter 07/3D OpenGL Graphs. opj 数据文件中的 Surface with Symbol and Dropline 数据向读者介绍 Surface with Symbol and Dropline 图的绘制过程。绘制过程如下：

（1）打开 Surface with Symbol and Dropline 数据中 XYZ RandomGauA 工作表，如图 7-63 所示。

（2）选中工作表中数据，执行菜单命令 Plot: 3D Symbol/Bar/Vector: 3D Scatter 命令，绘制图形如图 7-64 所示。

（3）现在我们将三维彩色填充表面图添加到这个三维散点图中。在图形窗口的左上角，双击该层图标"1"，打开"Layer Contents"对话框。

（4）在"Layer Contents"对话框中，从左上角的下拉菜单中选择"Matrix in Folder"，如图 7-65 所示。

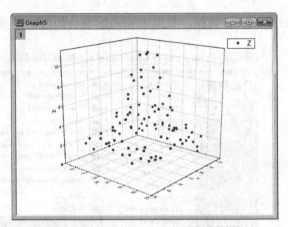

图 7-63 Matrix 表   图 7-64 绘制的三维彩色填充表面图

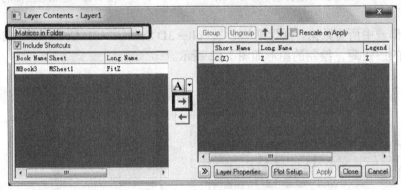

图 7-65 "Layer Contents"对话框

（5）在左侧面板中，选择"MBook3"，单击三角形旁边的按钮，并选择"3D surface"
x 选项，然后单击 ➡️ 将其添加到右边的对话框中，如图 7-66 所示。

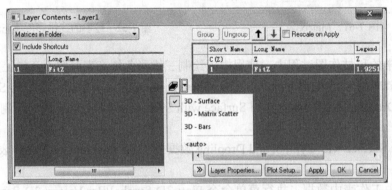

图 7-66 添加 MBook3 数据

（6）设置完毕之后，单击 ⬚OK⬚ 按钮，绘制图形如图 7-67 所示。

（7）双击图形打开"Plot Details"对话框，在左边的选项栏中选择"Original"选项，
如图 7-68 所示。

在右边的选项栏中选择"Symbol t"标签，将其"Shape"设置为"ball"，"Size"设置

为"9","Color" as "Olive"。

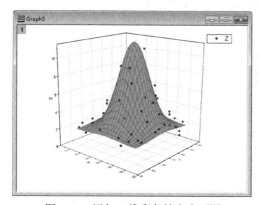

图 7-67 添加三维彩色填充表面图

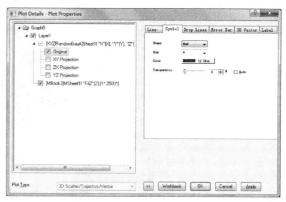

图 7-68 "Plot Details"对话框

设置完毕之后，单击 OK 按钮，绘制图形如图 7-69 所示。

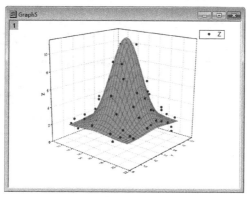

图 7-69 设置为完成后的图形

（8）在左侧面板中，选择"Surface"标签，然后在右侧面板中的"Fill"选项卡，更改 "Red"。设"Transparency"为"60"如图 7-70 所示，设置完成后图形如图 7-71 所示。

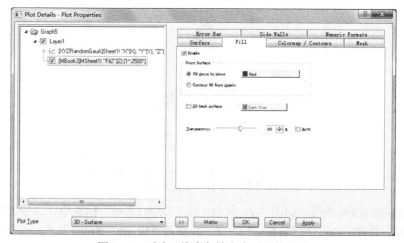

图 7-70 更改三维彩色填充表面图的属性

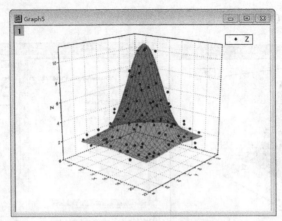

图 7-71 更改设置后的图形

在 "Mesh" 标签中，设置 "Line Width" 为 "1" 和设置 "Total Number of Majors" 为 "X=9"、"Y=9"。如图 7-72 所示。设置完毕之后，单击 OK 按钮，绘制图形如图 7-73 所示。

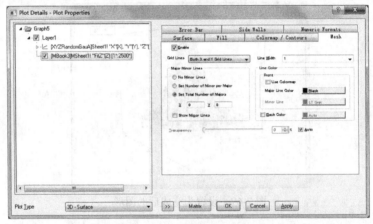

图 7-72 设置 Surface 属性

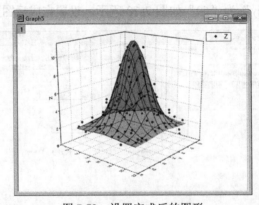

图 7-73 设置完成后的图形

（9）然后我们绘制垂线。如图 7-74 所示，在 "Drop Lines" 标签中，选中 "Parallel to Z Axis" 选项栏，选择 "Drop to Surface" 选项，并更改 "Width" 为 "2"，"color" 为 "Auto"。设置完成后，所绘制图形如图 7-75 所示。

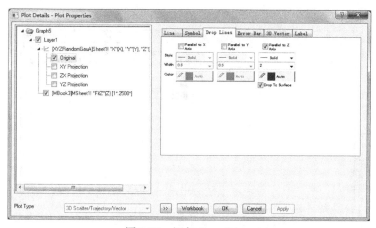

图 7-74　添加 Drop Lines

2. 三维 x 恒定、有基底表面图（3D X Constant with Base）

三维 x 恒定、有基底表面图（3D X Constant with Base）是不同的 x 轴确定了平行于 YZ 面的一系列平面，每个平面上，不同的 Z 值描述的点连接成直线。这些曲线形成的三维曲面，默认情况，图形颜色为蓝色。

图 7-75　最终完成图

应用 Samples/Chapter 07/3D OpenGL Graphs.opj 数据文件中的 Surface with Point label 数据向读者介绍三维 x 恒定、有基底表面图（3D X Constant with Base）的绘制过程。

（1）导入 Surface with Point label 数据，如图 7-76 所示。选中数据，执行菜单命令 Polt→3D Surface→3D X Constant with Base，或单击 3D 绘图工具栏中的按钮，绘制图形如图 7-77 所示。

MBook4 :1/1 Elevation

	1	2	3	4	5	6
1	391	324.1991	285.8235	284.9352	287.9148	280.62
2	320.77968	261.8371	233.4874	238.3979	244.3102	242.05
3	236.36012	195.4334	187.9395	199.8040	206.5732	207.19
4	148.62272	152.2532	160.6840	168.1035	172.9594	175.67
5	116.16188	131.5200	137.4256	142.0020	146.7574	150.64
6	117.9041	117.6408	118.2599	122.8022	127.9870	132.66
7	106.79338	103.8097	105.0323	109.7415	115.6036	121.77
8	94.44363	94.27988	96.11741	101.2251	108.0012	114.68
9	91.00239	90.10454	91.34375	96.43625	103.2760	109.84
10	92.18673	90.45653	91.78707	96.67305	103.2563	108.76
11	95.1918	93.67848	95.30351	100.4236	106.1255	111.52
12	97.5502	96.93446	99.10072	104.7267	110.8595	117.93
13	100.26332	100.2530	102.7728	108.2301	114.8134	122.65
14	104.00111	104.2811	106.1154	109.7520	116.2776	124.65

Sheet1

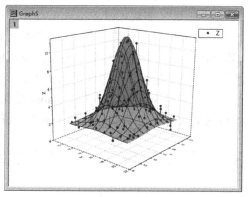

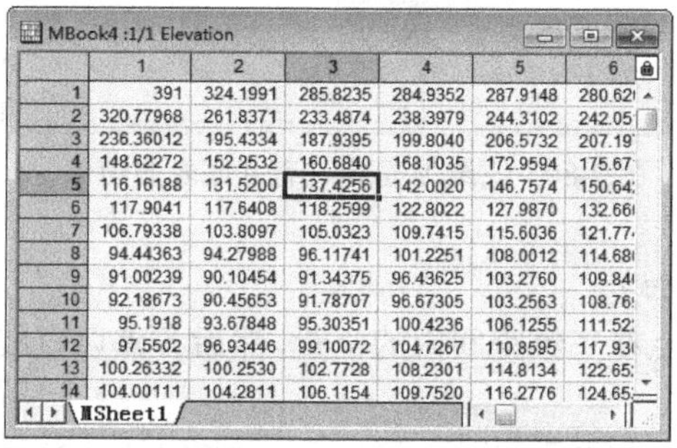

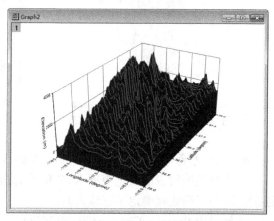

图 7-76　Surface with Point label 数据

图 7-77　绘制的三维 x 恒定、有基底表面图

（2）用鼠标左键双击图形，打开“Plot Details”对话框设置图形线条及填充颜色，如图 7-78 所示。

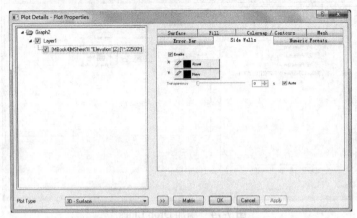

图 7-78 "Plot Details" 对话框

（3）设置完毕之后，单击 OK 按钮，绘制图形如图 7-79 所示。

3. 三维 Y 恒定、有基底表面图（3D Y Constant with Base）

三维 x 恒定、有基底表面图（3D X Constant with Base）是不同的 y 轴确定了平行于 XZ 面的一系列平面，每个平面上，不同的 Z 值描述的点连接成直线，这些曲线形成的三维曲面，默认情况，图形颜色为蓝色。

同样应用 Surface with Point label 数据向读者介绍三维 Y 恒定、有基底表面图，绘制过程与三维 X 恒定、有基底表面图基本一样，绘制图形如图 7-80 所示。

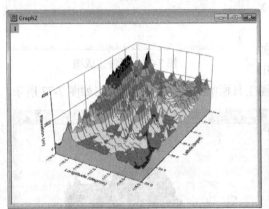

图 7-79 更改填充颜色后的图形

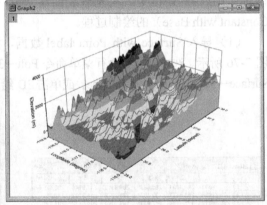

图 7-80 三维 Y 恒定、有基底表面图

4. 三维彩色映射表面图（3D Color Map Surface）

三维彩色映射表面图是根据 XYZ 的坐标确定点在三维空间内的位置，然后各点以直线连接，这些格栅线就确定了三维表面。

本例采用 Samples/Chapter 07/gid135/ gid135. opj 数据。打开 gid135.opj 工程文件，该工程文件中的 Matrix 如图 7-81 所示。

选中数据，执行菜单命令 Polt→3D Surface→3D Color Map Surface，或单击 3D 绘图工具栏中的按钮，绘制图形如图 7-82 所示。

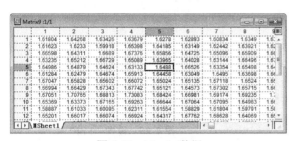

图 7-81 Matrix 数据

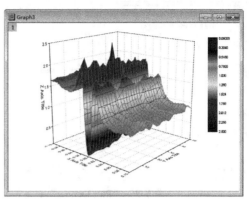

图 7-82 三维彩色映射表面图

5. 带误差棒的三维彩色填充表面图（3D Color Fill Surface with Error Bar）

本例选择 Samples/Chapter 07/3D OpenGL Graphs. opj 数据文件中的 3D Surface with Error Bars 数据，数据中 Matrix 如图 7-83 所示。带误差棒的三维彩色填充表面图绘制步骤如下：

（1）选中数据，执行菜单命令 Polt→3D Surface→3D Color Fill Surface with Error Bar，或单击 3D 绘图工具栏中的按钮，绘制图形如图 7-84 所示。

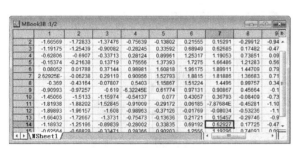

图 7-83 Matrix 数据

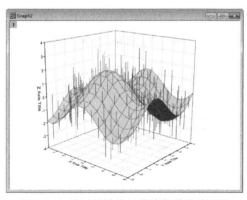

图 7-84 带误差棒的三维彩色填充表面图

（2）用鼠标左键双击图形，出现"Plot Detalis"对话框，如图 7-85 所示。在右边的选项栏中选择"Fill"标签，将其 "Front Surface"设置为"Contour fill from matrix"，并选中"Self"选项，如图 7-86 所示。在"Mesh"标签中设置"Line Width"为"0.1"，如图 7-87 所示。设置完毕之后，单击 OK 按钮，绘制图形如图 7-88 所示。

（3）在"Error Bar"标签中设置"Color"为黑色，"Gap"设置为"X Y Line"，如图 7-89 所示设置。设置完毕之后，单击 OK 按钮，绘制图形如图 7-90 所示。

6. 带误差棒的三维彩色映射表面图（3D Color Map Surface with Error Bar）

带误差棒的三维彩色映射表面图与带误差棒的三维彩色填充表面图有一定的差异，彩色映射图是用颜色的不同代表变量。

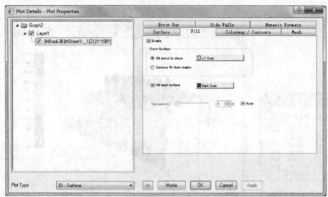

图 7-85 "Plot Detalis" 对话框

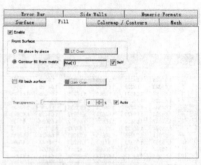

图 7-86 设置 "Fill" 标签

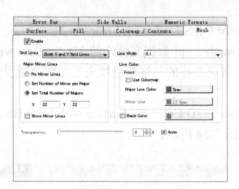

图 7-87 设置 "Mesh" 标签

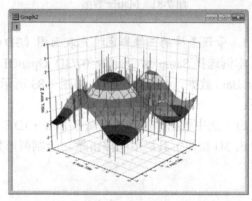

图 7-88 设置 "Fill" 及 "Mesh" 后的图形

图 7-89 设置 "Error Bar" 标签

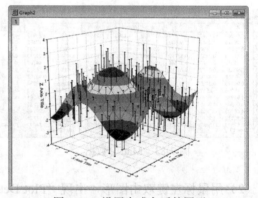

图 7-90 设置完成之后的图形

本例仍然采用 Samples/Chapter 07/3D OpenGL Graphs. opj 数据文件中的 3D Surface with Error Bars 数据进行说明。绘制带误差棒三维彩色映射表面图步骤如下：

（1）选中数据，执行菜单命令 Polt→3D Surface→3D Color Map Surface with Error Bar，或单击 3D 绘图工具栏中的按钮，绘制图形如图 7-91 所示。

（2）用鼠标左键双击图形，出现 "Plot Detalis" 对话框，如图 7-92 所示，在 "Error Bar" 标签中设置 "Color" 为黑色，"Gap" 设置为 "X Y Line"。设置完毕之后，单击 OK 按钮，绘制图形如图 7-93 所示。

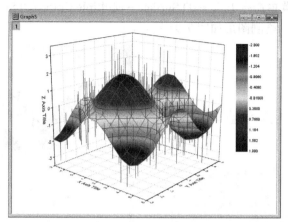

图 7-91 带误差棒三维彩色映射表面图

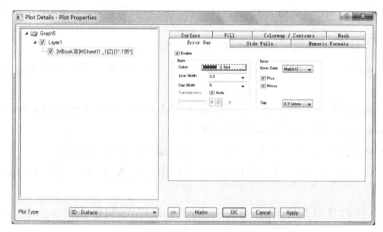

图 7-92 对图形属性进行设置

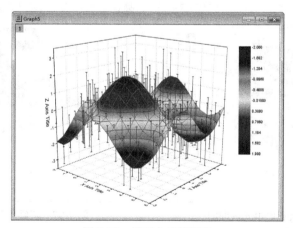

图 7-93 设置之后的图形

7. 多层彩色填充表面图（Multiple Color Fill Surfaces）

采用 Samples/Chapter 07/3D OpenGL Graphs. opj 数据文件中的 intersecting surfaces 数据进行说明，Matrix 数据如图 7-94 所示。

选中数据，执行菜单命令 Polt→3D Surface→Multiple Color Fill Surfaces，或单击 3D 绘图工具栏中的按钮，绘制图形如图 7-95 所示。

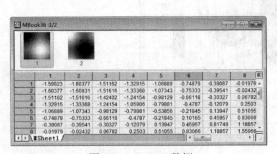

图 7-94 Matrix 数据

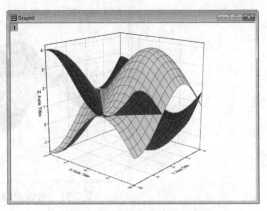

图 7-95 多层彩色填充表面图

8. 多层彩色映射投影图（Multiple Colormap Surfaces）

仍采用 Samples/Chapter 07/3D OpenGL Graphs. opj 数据文件中的 Intersecting Surfaces 数据进行说明。

选中数据，执行菜单命令 Polt→3D Surface→Multiple Colormap Surfaces，或单击 3D 绘图工具栏中的按钮，绘制图形如图 7-96 所示。

9. 三维彩色映射投影图（3D ColorMap Surface with Projection）

仍然采用 Samples/Chapter 07/3D OpenGL Graphs. opj 数据文件中的 intersecting surfaces 数据进行说明。

选中数据，执行菜单命令 Polt→3D Surface→3D ColorMap Surface with Projection，或单击 3D 绘图工具栏中的按钮，绘制图形如图 7-97 所示。

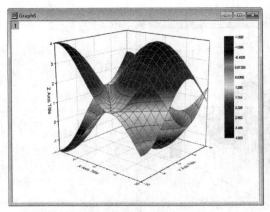

图 7-96 多层彩色填充表面图

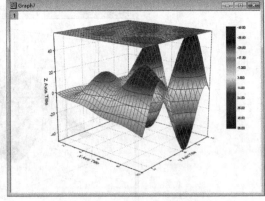

图 7-97 三维彩色映射投影图

10. 三维线网线图（3D Wire Frame）

仍然采用 3D OpenGL Graphs. opj 数据文件中的 Intersecting Surfaces 数据进行说明。

选中数据，执行菜单命令 Polt→3D Surface→3D Wire Frame，或单击 3D 绘图工具栏中的按钮，绘制图形如图 7-98 所示。

11. 三维线网表面图（3D Wire Surface）

采用 Samples/Chapter 07/3D OpenGL Graphs. opj 数据文件中的 intersecting surfaces 数据进行说明。具体绘制步骤如下：

（1）选中数据，执行菜单命令 Polt→3D Surface→3D Wire Surface，或单击 3D 绘图工具栏中的按钮，绘制图形如图 7-99 所示。

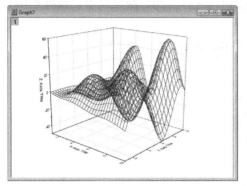 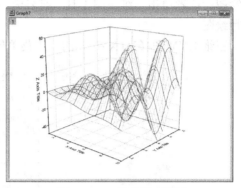

图 7-98　三维彩色映射投影图　　　　　　　图 7-99　三维线网表面图

（2）用鼠标左键双击图形，出现"Plot Detalis"对话框，如图 7-100 所示，在"Fill"标签中如图进行设置，设置完毕之后，单击 OK 按钮，绘制图形如图 7-101 所示。

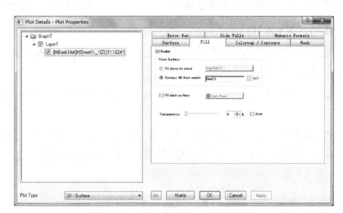

图 7-100　"Plot Details"对话框

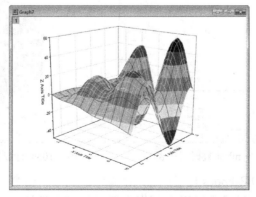

图 7-101　设置完成后的图形

7.4.2 三维 XYY 图（3D XYY）

Origin 9.0 三维 XYY 图有三维棒图（XYY 3D Bars）、三维条带图（3D Ribbons）和三维墙状图（3D Walls）3 种绘图模板。

选择菜单命令 Plot→3D XYY，如图 7-102 所示，在打开的二级菜单中选择绘制方式进行绘图；或者单击三维绘图工具栏符号旁的 ▣ 按钮，在打开的二级菜单中，选择绘图方式进行绘图。

三维 XYY 图（3D XYY）的二级菜单如图 7-103 所示。

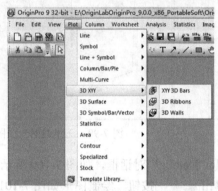

图 7-102　选择菜单命令 Plot　　　　　　　图 7-103　三维 XYY 图的二级菜单

1. XYZ 三维棒图（XYZ 3D Bars）

对数据的要求是每列 Y 数据为图形棒的高度，Y 列的标题标在 z 轴，如果没有设定与该列相关的 X 列，工作表取 X 的默认值。

采用 Samples/Chapter 07/3D OpenGL Graphs. opj 数据文件中的 3D Bar & Symbol 数据进行说明。

数据工作表如图 7-104 所示。依次选中 A（X）、F1（Y）、D（Y）数据，执行菜单命令 Plot→ 3D XYY→ XYY 3D Bars，或单击 3D 绘图工具栏中的按钮▣，绘制图形如图 7-105 所示。

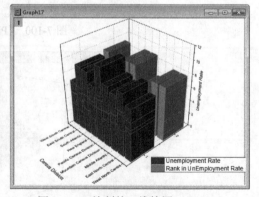

图 7-104　3D Bar & Symbol 数据工作表　　　图 7-105　绘制的三维棒图（3D Bar）

2. 三维条带图（3D Ribbons）

三维条带图对数据的要求是每列 Y 数据为图形条带的高度，Y 列的标题标在 z 轴，如果没有设定与该列相关的 X 列，工作表取 X 的默认值。

采用 Samples/Chapter 07/3D OpenGL Graphs. opj 数据文件中的 3D XYZ 数据进行说明。数据工作表如图 7-106 所示。

依次选中 A（X）、B（Y）、C（Y）数据，执行菜单命令 Plot→3D XYY→3D Ribbons，或单击 3D 绘图工具栏中的按钮，绘制图形如图 7-107 所示。

	A(X)	B(Y)	C(Y)	D(Y)	E(Y)	F(Y)	G(Y)	H(Y)	I(Y)	J(Y)
Long Name	Time	4	27	51	74	98	121	145	168	191
Units	sec					Hz				
Comments						Amplitude (a.u)				
47	1.73998	2.65431	13.15954	31.28553	27.39501	33.40526	48.23221	9.31747	14.55411	5.69878
48	1.77727	3.24643	13.57139	21.21433	27.19151	37.07058	47.45399	10.45343	14.6824	7.56736
49	1.81455	3.2617	13.11532	21.49295	24.28494	36.07757	43.76378	13.48542	13.38695	8.74329
50	1.85184	2.70733	12.26914	31.65702	19.35522	30.47926	38.6644	17.4733	11.11535	9.0194
51	1.88912	2.06819	11.73614	45.75601	15.24356	22.81031	34.81026	20.50557	9.05177	8.83588
52	1.92641	1.84025	12.22396	57.70854	14.84022	15.66511	34.87956	20.65047	8.39668	8.6486
53	1.96369	2.26201	14.0336	63.40887	19.48107	10.91119	39.98904	17.24225	9.68408	8.75479
54	2.00098	2.94998	16.48385	63.52367	26.74598	8.66023	47.48346	12.67337	11.83831	9.06854
55	2.03826	3.42861	18.74811	59.42594	33.66308	8.76405	54.14932	9.7889	13.54537	9.44724
56	2.07555	3.28345	20.05133	52.45964	37.48204	10.9692	57.0107	11.02468	13.62822	9.73837
57	2.11283	2.652	20.08413	43.70617	37.51243	14.07111	55.23835	15.11873	12.14711	9.70004
58	2.15012	1.96482	18.78435	34.10758	34.1543	16.36023	49.14267	18.84595	9.81914	9.04293
59	2.1874	1.65127	16.09674	24.60279	27.82498	16.13882	39.05694	18.9921	7.36414	7.48205
60	2.22469	1.8546	12.30606	15.99423	19.47628	12.92098	26.2277	14.48162	5.25486	5.08553
61	2.26197	2.24062	8.26443	8.85661	10.95183	8.24294	13.42537	7.80752	3.55179	2.51071
62	2.29926	2.42981	4.87782	3.74301	4.17989	3.83284	3.56498	1.80146	2.27632	0.47084
63	2.33654	2.11819	2.89004	1.05043	0.72276	1.15719	-1.01267	-1.16622	1.43616	-0.45281

图 7-106　3D XYZ 数据工作表

3. 三维墙状图（3D Walls）

采用 Samples/Chapter 07/3D OpenGL Graphs. opj 数据文件中的 3D XYZ 数据进行说明。选中全部数据，执行菜单命令 Plot→3D XYY→3D Walls，或单击 3D 绘图工具栏中的按钮，绘制的三维墙状图（3D Walls）如图 7-108 所示。

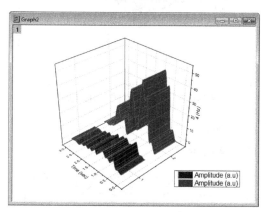

图 7-107　绘制的三维条带图（3D Ribbons ）

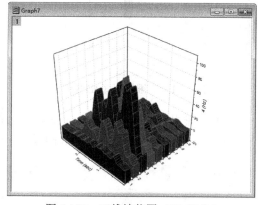

图 7-108　三维墙状图（3D Walls）

7.4.3　三维符号、棒状、矢量图（3D Symbol/Bar/Vector）

Origin 9.0 3D Symbol/Bar/Vector 图有三维棒图（3D Bars）、三维散点图（3D Scatter）、三维抛物线图（3D Trajectory）、三维误差棒状图（3D Error Bar）、三维 XYZ XYZ 矢量图（3D Vector XYZ XYZ）和三维 XYZ 微分矢量图 6 种绘图模板。

选择菜单命令 Plot→3D Symbol/ Bar/Vector，如图 7-109 所示，在打开的二级菜单中选择绘制方式进行绘图；或者单击三维绘图工具栏符号旁的按钮，在打开的二级菜单中，选择绘图方式进行绘图。

3D Symbol/Bar/Vector 图的二级菜单如图 7-110 所示。

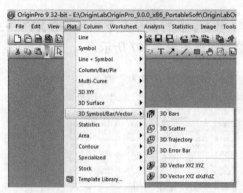

图 7-109　选择菜单命令"Plot"　　　　图 7-110　3D Symbol/Bar/Vector 图的二级菜单

（1）三维棒图（3D Bars），如图 7-111 所示。

（2）三维散点图（3D Scatter），如图 7-112 所示。

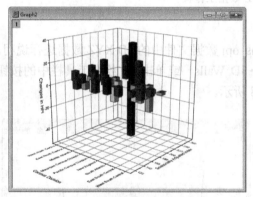
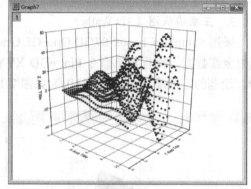

图 7-111　三维棒图（3D Bars）　　　　图 7-112　三维散点图（3D Scatter）

（3）三维抛物线图（3D Trajectory），如图 7-113 所示。

（4）三维误差棒状图（3D Error Bar），如图 7-114 所示。

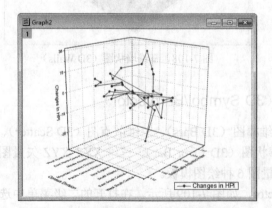
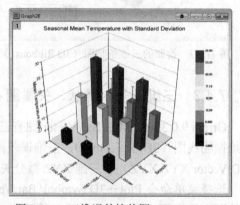

图 7-113　三维抛物线图（3D Trajectory）　　　　图 7-114　三维误差棒状图（3D Error Bar）

（5）三维 XYZ XYZ 矢量图（3D Vector XYZ XYZ）

采用 Samples/Chapter 07/3D OpenGL Graphs. opj 数据文件中的 3D Vector 数据进行说明。3D Vector 数据中的工作表如图 7-115 所示。

	A(X1)	B(Y1)	C(Z1)	D(X2)	E(Y2)	F(Z2)
Long Name						
Units						
Comments						
1	500	0	0	482.5558	85.08761	10
2	482.5558	85.08761	10	451.05246	164.16967	20
3	451.05246	164.16967	20	407.03194	235	30
4	407.03194	235	30	352.38045	295.6823	40
5	352.38045	295.6823	40	289.25443	344.72	50
6	289.25443	344.72	50	220.00001	381.05117	60
7	220.00001	381.05117	60	147.06867	404.06782	70
8	147.06867	404.06782	70	72.93224	413.61925	80

图 7-115 3D Vector 数据中的工作表

选中全部数据，执行菜单命令 Plot→3D Symbol/Bar/Vector→3D Vector XYZ XYZ，或单击 3D 绘图工具栏中的按钮，绘制的三维 XYZ XYZ 矢量图如图 7-116 所示。对相应参数进行设置，最后绘制完成的图形如图 7-117 所示。

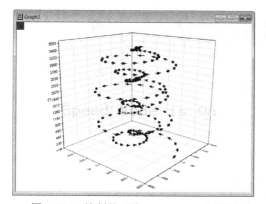

图 7-116 绘制的三维 XYZ XYZ 矢量图

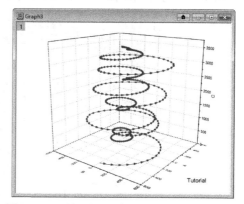

图 7-117 重新设置后的三维 XYZ XYZ 矢量图

7.4.4 Contour（等高线图）

Origin 9.0 内的 Contour（等高线图）有彩色等高线图（Color Fill）、黑白等高线图（B/W Lines+Lables）、灰度等高图（Gray Scale Map）、等高线轮廓图（Contour Profiles）、Polar Contour theta(X) r(Y)、Polar Contour theta(Y) r(X)、三角等高线图（Ternary Contour）7 种绘图模板。

选择菜单命令 Plot→Contour，如图 7-118 所示，在打开的二级菜单中选择绘制方式进行绘图；或者单击三维绘图工具栏符号旁的按钮，在打开的二级菜单中，选择绘图方式进行绘图。Contour（等高线图）的二级菜单如图 7-119 所示。

（1）彩色等高线图（Color Fill）

采用 Samples/Chapter 07/3D OpenGL Graphs. opj 数据文件中的 Surface Plot from Virtual Matrix 数据进行说明。

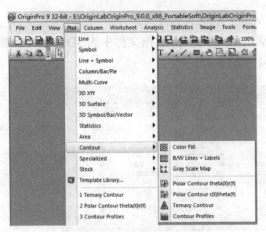

图 7-118 选择菜单命令 Polt　　　　　　　　图 7-119　Contour 等高线图的二级菜单

Surface Plot from Virtual Matrix 数据中的工作表如图 7-120 所示。

选中全部数据，执行菜单命令 Polt→Contour→Color Fill，或单击 3D 绘图工具栏中的按钮，出现 "Plotting" 对话框，如图 7-121 所示。

绘制的彩色等高线图如图 7-122 所示。

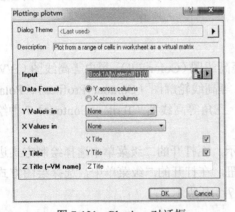

图 7-120　数据中的工作表

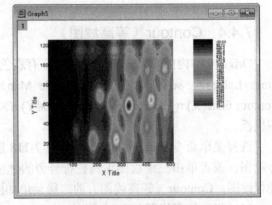

图 7-121　Plotting 对话框　　　　　　　　图 7-122　彩色等高线图（Color Fill）

（2）黑白等高线图（B/W Lines+Lables）

采用 Samples/Chapter 07/3D OpenGL Graphs. opj 数据文件中的 Surface Plot from Virtual

Matrix 数据进行说明。

选中全部数据,执行菜单命令 Plot→Contour→B/W Lines+Lables,或单击 3D 绘图工具栏中的按钮▦,绘制的黑白等高线图如图 7-123 所示。

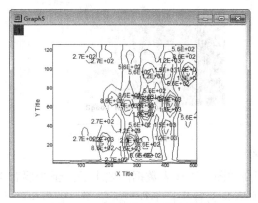

图 7-123 绘制的黑白等高线图

用鼠标左键双击图形,出现"Plot Details"对话框,设置图形参数,如图 7-124 所示。

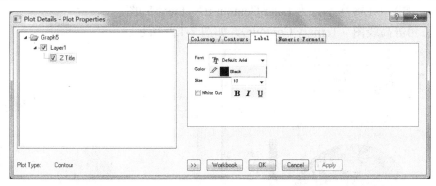

图 7-124 "Plot Details"对话框

设置完成之后,绘制的黑白等高线图如图 7-125 所示。

(3)灰度等高图(Gray Scale Map),如图 7-126 所示。

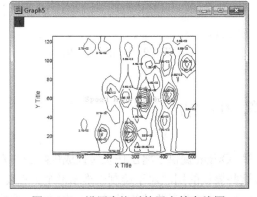

图 7-125 设置完毕后的黑白等高线图

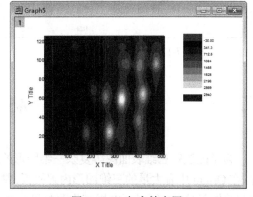

图 7-126 灰度等高图

(4)等高线轮廓图(Contour Profiles),如图 7-127 所示。

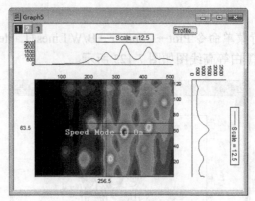

图 7-127 等高线轮廓图

（5）极坐标等高线图

Origin 9.0 极坐标等高线图对工作表数据的要求是，至少要有 1 对 XYZ 数据。极坐标图有两种方式绘图，一种是 X 为极坐标半径坐标位置，Y 为角度"单位为（°）"，即 Polar Contour theta(X) r(Y)图。

另一种是 Y 为极坐标半径坐标位置，X 为角度"单位为（°）"，即 Polar Contour r(X) theta(Y)图。如图 7-128 所示，为 Polar Contour r(X) theta(Y)图。

（6）三角等高线图（Ternary Contour），如图 7-129 所示。

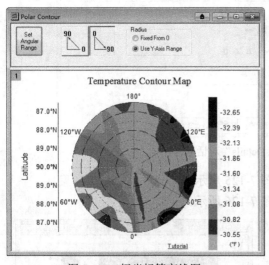

图 7-128 极坐标等高线图

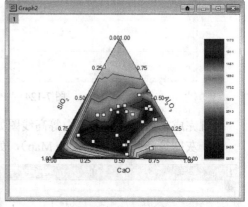

图 7-129 三角等高线图

7.5 本 章 小 结

为了能进行三维表面图等复杂三维图形的绘制，Origin 提供了将工作表转换成矩阵表的方法。在 Origin 中有大量的三维图形内置模板，掌握这些模板的用法对于绘制三维图形至关重要，能节约作图时间，同时还能提高作图效果。本章主要介绍矩阵数据窗口的功能及应用，三维数据的转换，利用内置三维图形模板绘制图形，读者需认真研读，注重实践，才能融会贯通。

第8章 绘制多图层图形

如何在同一绘图空间上绘制更多的曲线以构成更复杂的图形？这些图形具有不同的坐标体系或者不同的大小，不同的位置，或者一个图形是另一个图形的局部放大。方法就是使用 Layer（层）技术，即绘制多图层图形。Origin 支持多图层图形的绘制，允许绘制多达 121 个层的复杂图形。

图层是 Origin 的一个重要概念和绘图的基本要素，一个绘图窗口中可以有多个图层，每个图层中的图轴确定了该图层和总数据的显示。多图层可以实现在一个图形窗口中用不同的坐标轴刻度进行绘制图形。

根据绘图需要，Origin 图层之间既可互相独立，也可互相连接，从而使 Origin 绘图功能强大，可以在一个绘图窗口中高效地创建和管理多个曲线或图形对象，做出满足各种需要的复杂的科技图形。

本章学习目标：

- 了解 Origin 图层和多图层图形模板
- 掌握多图层图形的创建与定制
- 了解图层的管理功能

8.1 Origin 图层的概念

图层是 Origin 的图形窗口中基本要素之一，它是由一组坐标轴组成的一个 Origin 对象，一个图形窗口至少有一个图层，最多可以高达 121 个图层。图层的标记在图形窗口的左上角用数字显示，图层标记显示为压下时当前的图层。

通过鼠标左键单击图层标记，可以选择当前的图层，并可以通过选择菜单命令 View→Show →Layer Icons，如图 8-1 所示，显示或隐藏图层标记。在图形窗口中，对数据和对象的操作只能在当前图层中进行。

根据绘图要求可在图形窗口中添加新图层。以下绘图要求加入新图层。

（1）用不同的单位显示同一组数据，例如摄氏温标（℃）和华氏温标（℉）。

（2）在同一图形窗口中创建多个图，或在一个图中插入另一个图。

通过选择菜单命令 Format→Layer Properties，打开图形窗口的"Plot Details"对话框，如图 8-2 所示，可以清楚了解、设置和修改图形的各图层参数。例如，图层的底色和边框，图层的尺寸和大小，以及图层中坐标轴的显示等。

图 8-1 选择菜单命令 Layer Icons   图 8-2 "Plot Details"对话框

"Plot Details"对话框右边栏为该图形窗口中的图层结构，类似 Windows 目录的图层结构，便于用户了解各图层中的数据。通过单击图层号，选中该图层。

对话框左边由"Background"、"Size/Speed"和"Display"等 4 个选项卡栏组成。选取其中相应的选项卡，可对当前选中的图层进行设置和修改。

8.2　多图层图形模板

多图层图形将图形的展示提高到一个新的层次。在 Origin 中绘制多图层图形的方法很简单，它提供了多种常用的多图层图形模板包括双 y 轴（Double Y Axis）图形模板、左右对开（Horizontal 2 Panel）图形模板、四屏（4 Panel）图形模板、九屏（9 Panel）图形模板和叠层（Stack）图形模板等。

在了解了图层概念和对 Origin 提供的常用多图层图形模板熟悉后，就可以发现用模板进行绘图是十分方便的。

这些模板使用户在选择数据以后，只需要单击二维绘图工具栏上的相应的命令按钮，就可以在一个绘图窗口中把数据绘制为所要求的多图层图形。下面举几个简单的例子来进行说明。

8.2.1　双 y 轴图形（Double）

双 y 轴图（Double-Y）图形模板主要适用于试验数据中自变量数据相同，但有两个因变量的情况。

绘制双 y 轴图形的原因是有两个以上的 Y 列数据，它们共有区间接近的 x 轴坐标，但 y 轴坐标的数值范围相差很大。如 x 轴为时间，两个 y 轴分别为数值和百分比。

如果只用一个 y 轴绘制多曲线图形，则百分比将会被压缩成一条水平线；如果分开两个图绘制，又不能够集中表达出其中的变化意义。因此最好的选择是用两个 y 轴，左边是数值，右边是百分比，公用一个时间作为 x 轴。

本例中采用光盘文件：Samples/ Chapter 08/ Template.dat 的数据，如图 8-3 所示。

实验中，每隔一段时间间隔测量一次电压和压力数据，此时在变量时间相同时，因变量数据为电压值和压力值。采用双 y 轴图形模型模板，能在一张图上将它们清楚表示。

在图 8-3 所示中，选中数据列 A（X）、B（Y）、C（Y），然后执行 Plot→Multi-Curve →Double-Y 命令或相应的工具栏按钮⊠，绘制图形如图 8-4 所示，用双 Y 坐标轴图形表示电压值、压力及时间的曲线图。

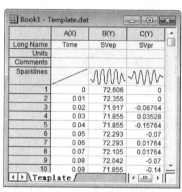

图 8-3　mplate.dat 数据表

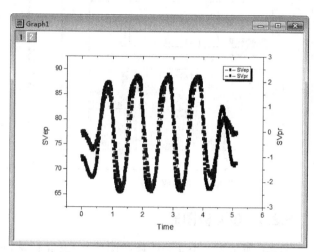

图 8-4　用双 Y 坐标轴图形绘制的曲线图

8.2.2　局部放大图（Zoom）

在科技作图中有时需要将图形局部放大前后的数据曲线在同一个绘图窗口内显示和分析，就要用到局部放大图模板。

本例采用 Samples/Chapter 08/Spectroscopy/Nitrite.dat 数据文件，如图 8-5 所示。

从数据预览精灵（Sparklines）显示该数据为时间与电压的关系，且电压为脉冲电压，如图 8-6 所示。

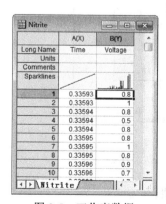

图 8-5　工作表数据

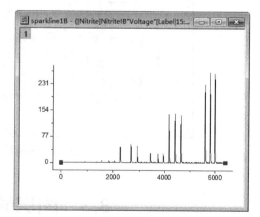

图 8-6　数据预览

选中工作表中的数据，执行菜单命令 Plot→Specialized→Zoom，或单击 2D 绘图工具栏中的按钮▤，绘制的图形如图 8-7 所示。

图形分为上下两部分，上图是完整的曲线，图 8-7 是局部的放大，相当于放大镜功能。通过用鼠标移动上图中的绿色球，下图放大图形将会随之变化，如图 8-8 所示。这也是一个典型的双层图形。

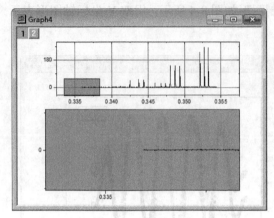 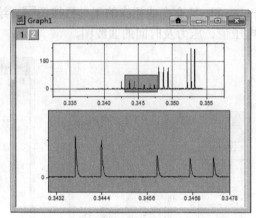

图 8-7 局部放大图　　　　　　　　　　图 8-8 选择需要放大区域

8.2.3 多面板图形

图 8-9 所示为一个 4 个面板的图形（4 Panel Graph），这是一个四层图形，每个层都可以通过鼠标右键单击图形窗口左上角的图层图标进行管理，方法同单层图形是一样的，如图 8-9 所示。

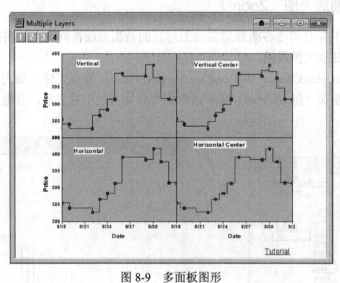

图 8-9 多面板图形

8.3 图层的添加

要为 Graph 窗口添加新的图层，主要可以通过四种方式进行：通过图层管理器（Layer

Management）添加图层、通过菜单（New Layer(Axes)）添加图层、通过 Graph 工具栏添加图层、通过 Graph：Merge Graph Windows 对话框创建多层图形。

8.3.1 通过图层管理器（Layer Management）添加图层

在原有的 Graph 上，通过执行菜单命令 Graph→Layer Management 命令打开 Layer Management 对话框。在这个对话框里面，可以添加新的图层，如图 8-10 所示。

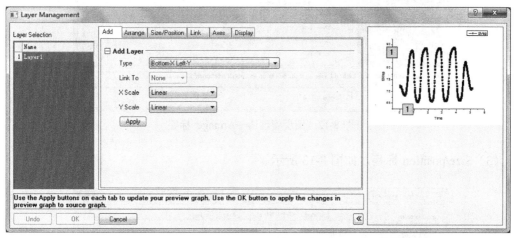

图 8-10 图层管理器

在这个对话框中可以设置与新建图层相关的信息。其中可设置的参数有以下几种。

（1）Add 标签

Type 选项：Bottom-X Left-Y（添加默认的包含底部 x 轴和左部 y 轴的图层）、Top（添加包含顶部 x 轴的图层）、Right Y（添加包含右部 y 轴的图层）、Top-X+ Right-Y（添加包含顶部 x 轴和右部 y 轴的图层）、Insert（在原有 Graph 上插入小幅包含底部 x 轴和左部 y 轴的图层）、Insert with Data（在原有 Graph 上插入小幅包含顶部 x 轴和右部 y 轴的图）几个可选项，如图 8-11 所示。

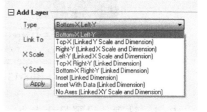

图 8-11 Add 标签中 Type 选项

（2）Arrange 标签

Arrange Selected Layers 选框：设置是否排列选中的图层。

Arrange Order 下拉表：可以设置排列对象的绘制顺序。

Number of Rows 文本框：设置坐标图层要排列到网格的行数。

Number of Columns 文本框：设置坐标图层要排列到网格的列数。

Add Extra Layer(s) for Grid 选项：是否为网格创建新的图层。

Keep Layer Ratio 选框：是否保持坐标图形的高宽比例。

Link Layers 选框：是否连接图层。

Show Axes Frame 选框：是否显示轴线框。

Space（% of Page）项：可以设置该网格周围的空隙大小。

Management）添加图层，通过菜单（New Layer(Axes)）选项创建，而且 Graph 工具栏的添加图层、添加右 Y 层……

在菜单 Graph 中执行 Layer Management 命令，打开图层管理器对话框。图层管理器（Layer Management）有 6 个标签栏，分别是 Add、Arrange……

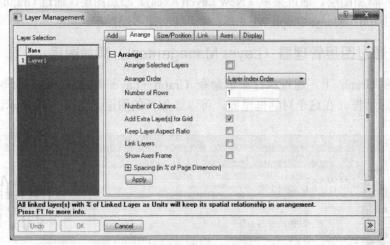

图 8-12 图层管理器—Arrange 标签

（3）Size/position 标签，如图 8-13 所示。

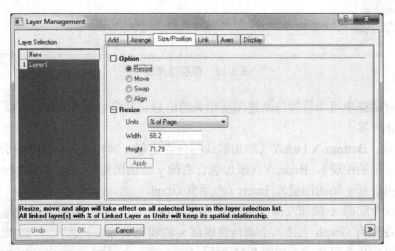

图 8-13 图层管理器—Size/position 标签

Resize 选项：设置尺寸大小。

Move 选项：设置位置数值。

Swap 选项：可以用于交换图层。

Align 选项:设置对齐方式。

（4）Link 标签，如图 8-14 所示。

Link To 下拉表：可以设置当前层所连接的层。

X Axis 项：设置 x 轴的连接方式。

Y Axis 项：设置 y 轴的连接方式。

Link 按钮：添加连接方式到预览中。

Unlink 按钮：取消连接方式到预览中。

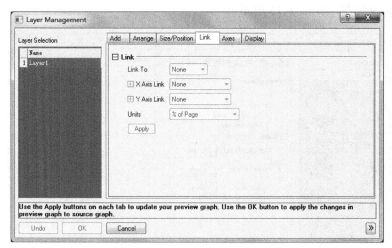

图 8-14 图层管理器—Link 标签

（5）Axes 标签，如图 8-15 所示。

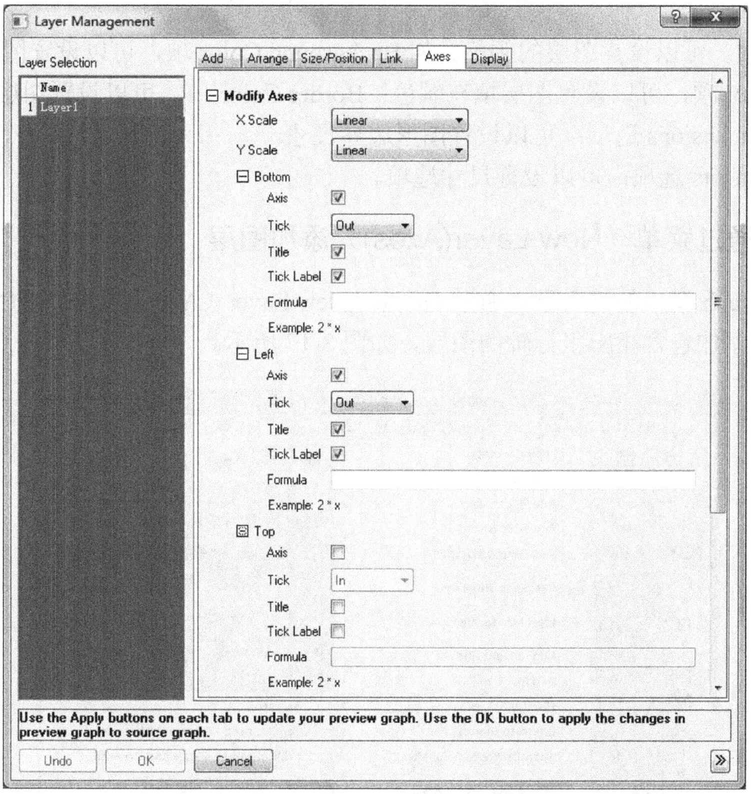

图 8-15 图层管理器—Axes 标签

X Scale 和 Y Scale：选择数轴刻度的表示方式。

分别有 Bottom、Left、Top、Right 四个方向坐标轴进行设置，可以选择是否显示坐标及标签的显示方式等。

（6）Display 标签，如图 8-16 所示。

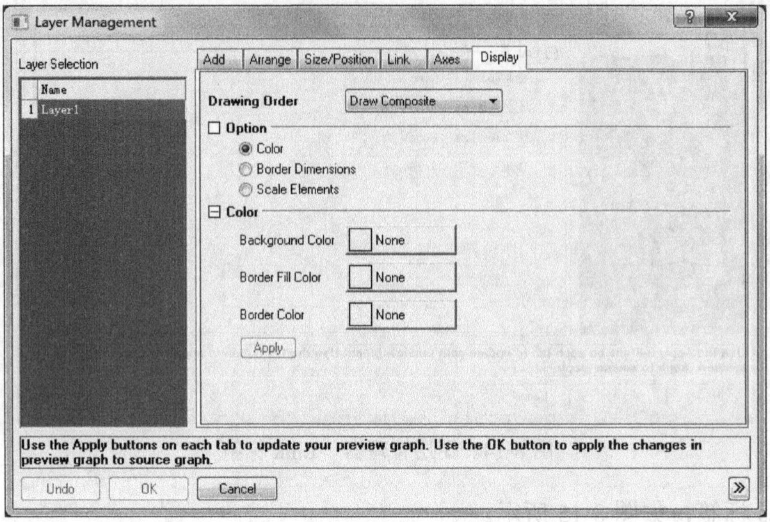

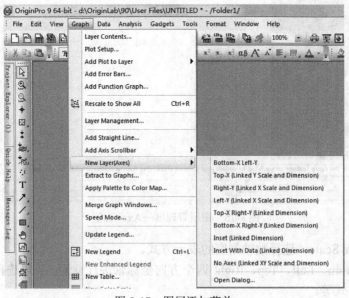

图 8-16　图层管理器—Display 标签

Color 选项：可以设置图层的颜色。如 Background Color 项，可以设置图层背景颜色；Border Fill Color 项，可以设置图层填充颜色；Border Color 项，可以设置图层边框颜色。

Border Dimensions 选项：可以设置图形边界尺寸。

Scale Elements 选项：可以设置尺寸选项。

8.3.2　通过菜单（New Layer(Axes)）添加图层

在激活 Graph 窗口的情况下，通过 Graph→New Layer（Axes）菜单下的命令，可以直接在 Graph 中添加包含相应坐标轴的图层，如图 8-17 所示。

图 8-17　图层添加菜单

可以添加的图层类型包括：Bottom-X Left-Y（添加默认的包含底部 x 轴和左部 y 轴的图层）、Top（添加包含顶部 x 轴的图层）、Right Y（添加包含右部 y 轴的图层）、Top-X+ Right-Y（添加包含顶部 x 轴和右部 y 轴的图层）、Insert（在原有 Graph 上插入小幅包含底部 x 轴和左部 y 轴的图层）、Insert with Data（在原有 Graph 上插入小幅包含顶部 x 轴和右部 y 轴的图）。

另外还可以通过 Graph→New Layer（Axes）→Open Dialog 命令打开"Graph Manipulation:layadd"对话框订制图层类型。除了可以使用上述基本类型以外，还可以选中 User Defined 选框进行图层订制。

其中可以订制的内容包括 Layer Axes 项（坐标轴位置）、Link To 下拉表（链接图层）、X Axes 下拉表（设置 x 轴的链接方式）和 Y Axes 下拉表（设置 y 轴的链接方式）。设置完毕之后单击 OK 按钮即可添加图层，如图 8-18 所示。

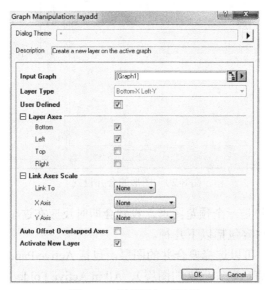

图 8-18　图层添加对话框

8.3.3　通过 Graph 工具栏添加图层

在 Graph 工具栏中，也包含相应的添加图层的按钮。在 Graph 窗口选中的情况下，直接单击这些按钮即可添加图层，如图 8-19 所示。主要包括以下按钮：

（1）　（Normal）：Bottom-X Left-Y：添加默认的包含底部 x 轴和左部 y 轴的图层。

图 8-19　图形工具栏

（2）　（Linked）：Top X：添加包含顶部 x 轴的图层。

（3）　（Linked）：Right Y：添加包含右部 y 轴的图层。

（4）　（Linked）：Top-X+ Right-Y：添加包含顶部 x 轴和右部 y 轴的图层。

（5）　（Linked）：Insert：在原有 Graph 上插入小幅包含底部 x 轴和左部 y 轴的图层。

（6）　（Linked）：Insert with Data：在原有 Graph 上插入小幅包含顶部 x 轴和右部 y

轴的图。

8.3.4 通过 Merge Graph Windows 创建多层图形

在这个对话框中，可以将多个 Graph 合并为一个多层图形，这种方式对于作复杂图形是非常方便的。

在选中 Graph 的情况下，通过 Graph→Merge Graph Windows 命令可以打开 Graph Manipulation: merge_graph 对话框，如图 8-20 所示。

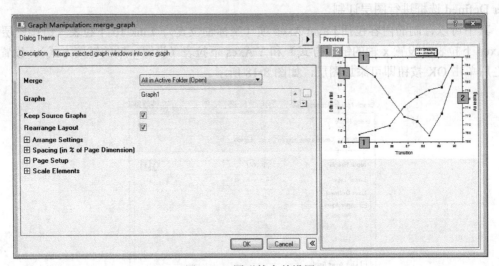

图 8-20　图形的合并设置

在这个对话框的右边是一个预览图形，设置会即时反应在这个预览图上面。在左边的设置框中，可以设置的内容包括以下几种。

（1）Merge 下拉表：可以选择要合并的图层，包括 Active Page（活动的页面的图层）、All in Active Folder（所有活动文件夹的图层）、All in Active Folder（Recursive）（所有多次打开的活动文件夹的图层）、All in Active Folder（Open）（所有打开的活动文件夹的图层）、All in Active Folder（Include Embedded）（所有活动文件夹的图层，包括被嵌入到其他页面中的图层）、All in Project（项目中所有图层）和 Specified（指定图层）。

（2）Graphs 列表：当 Merge 下拉表设置为 Specified 时，可以用来选择要合并的图形。

（3）Keep Source Graph 选框：是否保留原来的 Graph。

（4）Rearrange Layout 选框：是否将多个图层排列到网格之中，还是以重叠的方式合并图层。

（5）Arrange Settings 项：可以设置 Number of Rows（设置网格的行数）、Number of Columns（设置网格的列数）、Add Extra Layer(s) for grid（是否为网格创建新的图层）和 Keep Layer Ratio（是否保持坐标图形的高宽比例）。

（6）Spacing(in % of Page Dimension)项：可以设置该网格的空隙大小。

（7）Page Setup 项：可以设置整个 Graph 的尺寸大小。

（8）Scale Elements 项：可以设置 Scale Element（设置尺寸选项）和 Fixed Factor （当

Scale Elements 下拉表选中）时，可以设置该排列网格的比例大小。

设置完毕之后，单击 OK 按钮即可生成多层图形。

8.4 绘图调整对话框

绘图调整对话框在 Origin 9.0 中进一步得到完善。它使绘图工作更加便捷和直观，可以极为灵活地从图形窗口中添加、删除数据。用户可以在工程文件的图形中添加、删除数据，而不改变图形的格式（例如 x/y 轴，误差棒等）。

此外，用户可以方便地控制向图形窗口添加相关绘图数据和指定绘图数据范围。本节主要介绍绘图调整对话框的使用。常用以下三种方法打开“Plot Setup”对话框。

（1）通过鼠标左键双击图层标记或在图层标记上用鼠标右键单击，在快捷菜单中选择“Plot Setup”

（2）选择绘图窗口为当前窗口，选择菜单命令 Graph→Add Plot to Layer。

（3）选中整个图形窗口，用鼠标右键单击，在快捷菜单中选择“Plot Setup”。

8.4.1 结合绘图模板创建图形

本例中采用 Samples/Chapter 08/Linked Layer 1.dat 数据文件中的数据，来介绍用绘图调整对话框结合绘图模板创建图形。

（1）导入 Linked Layer 1.dat 数据文件，其工作表如图 8-21 所示。该数据 x 轴为年代，y 轴为各类物质的含量，其中“Lead”、“Arsenic”、“Cadmium”、“Merury”数值较小，而“DDT”“PCBs”数值较大，因此较适合用双 y 轴图形模板。

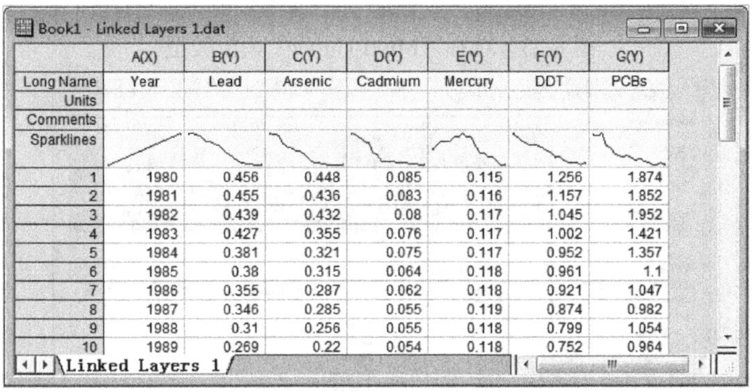

Book1 - Linked Layers 1.dat

	A(X)	B(Y)	C(Y)	D(Y)	E(Y)	F(Y)	G(Y)
Long Name	Year	Lead	Arsenic	Cadmium	Mercury	DDT	PCBs
Units							
Comments							
Sparklines							
1	1980	0.456	0.448	0.085	0.115	1.256	1.874
2	1981	0.455	0.436	0.083	0.116	1.157	1.852
3	1982	0.439	0.432	0.08	0.117	1.045	1.952
4	1983	0.427	0.355	0.076	0.117	1.002	1.421
5	1984	0.381	0.321	0.075	0.117	0.952	1.357
6	1985	0.38	0.315	0.064	0.118	0.961	1.1
7	1986	0.355	0.287	0.062	0.118	0.921	1.047
8	1987	0.346	0.285	0.055	0.119	0.874	0.982
9	1988	0.31	0.256	0.055	0.118	0.799	1.054
10	1989	0.269	0.22	0.054	0.118	0.752	0.964

Linked Layers 1

图 8-21 Linked Layer 1.dat 工作表

（2）选择菜单命令 Plot→Template Library，打开 Template Library 窗口，如图 8-22 所示。在“Category”列表栏中，选择“Multi-Curve”模板类型。在其中选择“DoubleY”模板，即采用双 y 轴方式，如图 8-23 所示。

（3）单击“Plot setup”，打开“Plot Setup”对话框，如图 8-24 所示。该对话框由上、中、下是三个面板组成，通过窗口右边的[⌃]和[⌄]按钮，可打开或关闭显示的面板。

Scale Elements 下改变合适

以确定活之类多,确定 OK 退出即可,注意应用起图形

8.4 绘图向导绘制图形

绘图向导操作是 Origin 9.0 中进一步简化了绘制过程图功能强大的绘图向导;可以使为定制绘图图模块参数,例如指数据,则可使用此功能

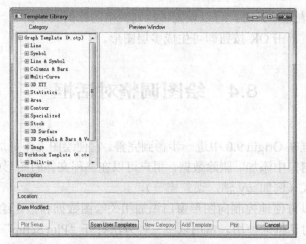

图 8-22 Template Library 窗口

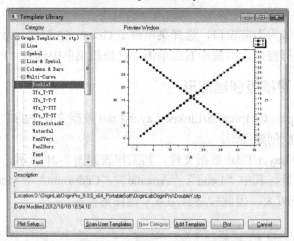

图 8-23 选择"Multi-Curve"模板类型

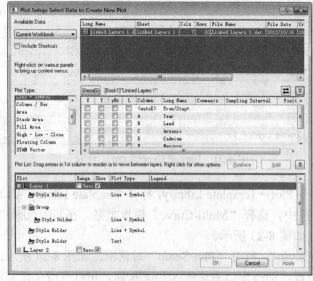

图 8-24 "Plot Setup"对话框

（4）上面板为绘图数据选择面板。在上面板中，选择"Linked Layer 1.dat"工作表。下面板为绘图图层列表面板。中面板为绘图类型面板。在中面板中，将"Year"列选择为 X，将"Lead"、"Arsenic"、"Cadmium"选择为 Y。单击"Add"按钮，将数据加入至"Layer 1"，如图 8-25 所示。

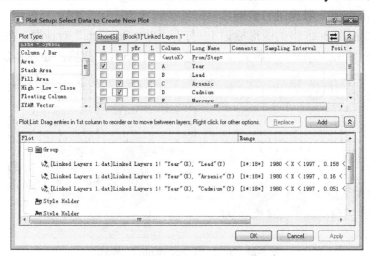

图 8-25　添加数据到 Layer 1 图层

（5）同理，在"Layer 2"中，将"DDT"和"PCBs"选择为 Y。在下面板中，选中"Rescale"按钮，如图 8-26 所示。单击 OK 按钮完成绘图，用"Plot Setup"对话框和模板创建的图形，如图 8-27 所示。

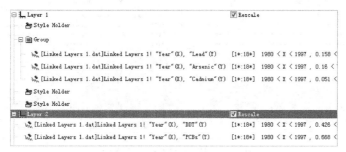

图 8-26　添加数据到 Layer 2 图层

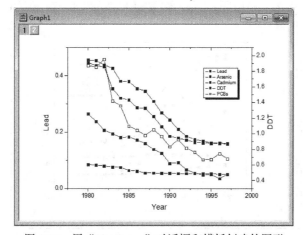

图 8-27　用"Plot Setup"对话框和模板创建的图形

8.4.2 编辑修改图形

可用绘图调整对话框对已有的图形进行修改和编辑。下面以修改图 6-6 图形为例，在该图中加入"Mercury"数据进行说明。

鼠标左键双击图 8-28 中的图形标记 1，打开"Plot Contents"对话框。在左右面板中间⬚下拉表中选择"Line+Symbol"样式，然后选中"Mercury"数据，如图 8-28 所示。

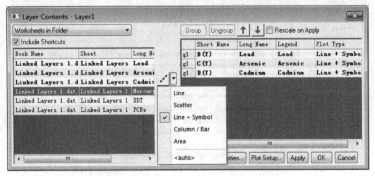

图 8-28　选择"Line+Symbol"样式

选中"Mercury"数据，单击➡按钮，将"Mercury"数据添加到图层 1 中，如图 8-29 所示。修改后的图形如图 8-30 所示。

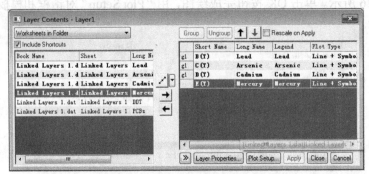

图 8-29　添加"Mercury"数据

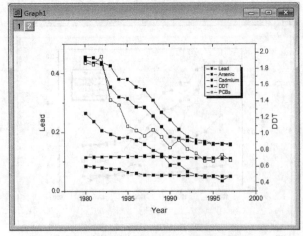

图 8-30　完成修改后的图形

8.4.3　用不同工作表中的数据绘图

用 Samples/Chapter 08/Color Scale 1.dat 和 Color Scale 2.dat 数据文件中的工作表为例，说明用多个工作表数据绘图的方法。

（1）分别导入 Color Scale 1.dat 和 Color Scale 2.dat 数据文件，其工作表如图 8-31 和图 8-32 所示。

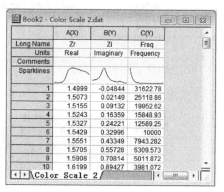

图 8-31　Color Scale 1.dat 工作表　　　　　图 8-32　Color Scale 2.dat 工作表

从数据文件看，两个文件中数据类型一样。若想比较两个文件中的"Zi"，采用左右对开图形模板比较合适。

（2）选择菜单命令 Plot→Template Library，打开 Template Library 窗口。在"Category"列表栏中，选择"Multi-Curve"模板类型，在其中选择"Pan2Horz"模板，即采用左右对开图形方式绘图，如图 8-33 所示。

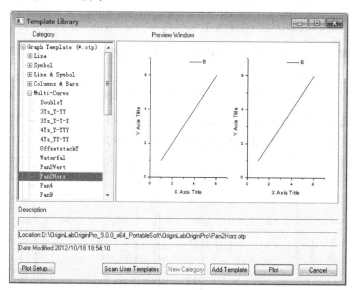

图 8-33　左右对开图形方式绘制

（3）打开"Plot Setup"对话框，在当前目录的上面板中有两个工作表，如图 8-34 所示。在中面板中显示工作表中所共有的列（该项目文件的 3 个工作表都具有相同的列）。

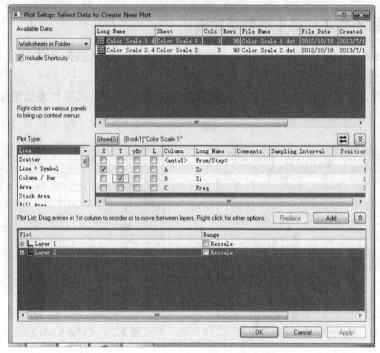

图 8-34　当前目录上面板中有两个工作表

（4）选中工作表 1。在中面板中，将"Zr"选择为 X，"Zi"选择为 Y，在下面板中，选中"Layer 1"。单击"Add"按钮，将工作表 1 中数据列加入到"Layer 1"层。在下面板中，选中"Layer 2"。选中工作表 2。在中面板中，将"Zr"选择为 X，"Zi"选择为 Y。单击"Add"按钮，将工作表 2 中数据列加入到"Layer 2"层，如图 8-35 所示。

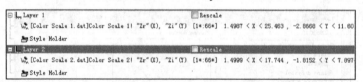

图 8-35　在两个图层中添加数据

（5）设置完成后，绘制的图形如图 8-36 所示。然后将左右对开图形的坐标轴调整成相同形式，完成用两个工作表数据进行绘图对比，如图 8-37 所示。

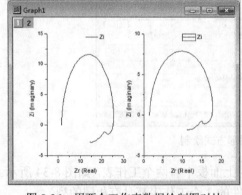

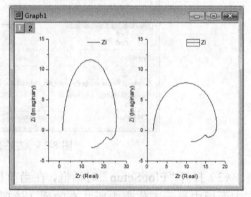

图 8-36　用两个工作表数据绘制图对比　　　　图 8-37　调整 y 轴坐标为相同形式

8.5 图 层 管 理

虽然 Origin 9.0 自带丰富的多图层图形模板，但它仍允许用户自己定制图形模板，以满足不同图形的需要。如果已经创建一个绘图窗口，并将它存为模板，以后就可以直接基于此模板绘图，而不必每次都重新创建并定制同样的绘图窗口。

8.5.1 创建双图层图形

最简单的多图层图形是双图层图形，如果掌握了双图层图形的创建方法，其他多图层图形的绘制方法可以依次类推。

本例中采用 Samples/Chapter 08/Linked Layer 1.dat 数据文件中的数据，来介绍用 Origin 创建双图层图形。具体创建该双图层图形的步骤如下：

（1）导入 Linked Layer 1.dat 数据文件。

（2）依次选中工作表中的 B（Y）、C（Y）和 D（Y）列数据，然后单击二维图形工具栏中的 ╱ 按钮，绘制图形如图 8-38 所示。这样就创建了以"Year"数列为自变量 X，B（Y）、C（Y）和 D（Y）列数据为因变量 Y 的曲线图。

（3）选中工作表中的 E（Y）、F（Y）和 G（Y）列数据，然后单击二维图形工具栏中的 ╱ 按钮，绘制图形如图 8-39 所示。这样就创建了以"Year"数列为自变量 X，E（Y）、F（Y）和 G（Y）列数据为因变量 Y 的曲线图。

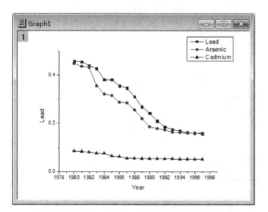
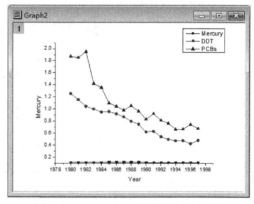

图 8-38　B、C 和 D 列数据绘制点线图　　　图 8-39　E、F 和 G 列数据绘制点线图

（4）将图形最小化。然后执行菜单命令 Graph→Merge Graph Windows 命令，打开"Graph Manipulation: Merge_graph"对话框，如图 8-40 所示。

（5）选择合并图形方式进行绘图，合并完成后的图形如图 8-41 所示。

（6）执行菜单命令 Tool/Theme Organizer，打开"Theme Organize"对话框，选择"Physical Review Letters"主体对图形进行修改绘图，如图 8-42 所示。修改完成后的图形如图 8-43 所示。

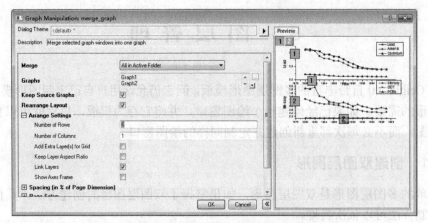

图 8-40　"Graph Manipulation: Merge_graph" 对话框

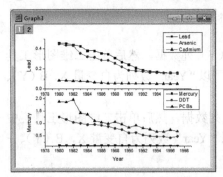

图 8-41　合并完成后的图形

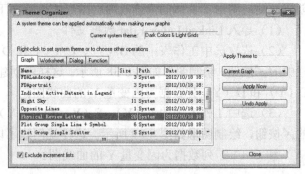

图 8-42　"Theme Organize" 对话框

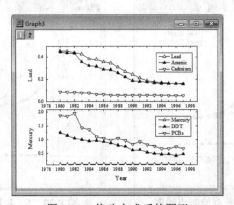

图 8-43　修改完成后的图形

8.5.2　调整图层

要对图层的位置和尺寸等性质进行调整，可以通过以下几种方法进行。

1. 鼠标直接拖动图层

单击图层对象之后，通过拖动鼠标直接调整图层，这种方法最简单直观，缺点是不能很精确量化。

2. 在"Layer Management"对话框中进行调整

执行菜单命令 Graph→Layer Management,则可以打开"Layer Management"对话框,如图 8-44 所示。

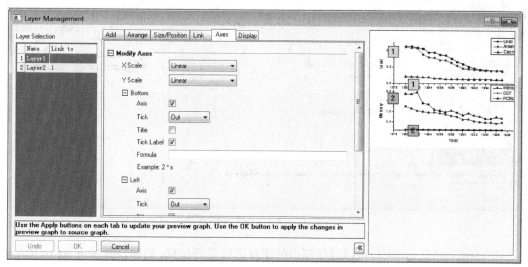

图 8-44 "Layer Management"对话框

通过"Layer Management"对话框实现图层的管理。在"Layer Management"对话框中各选项卡在前面已经介绍过(详见第一节 Layer Management 设置部分)。

下面以图 8-41 为例,详细介绍 Layer Management 的设置方式:

(1)在"Display"选项卡中,可以实现图形的颜色进行设置。如,将图层 1 背底色和框色进行了修改,如图 8-45 所示。注意,此时修改的是当前图层,即图层 1。通过需要修改图层 2,则应该将图层 2 置为当前图层。

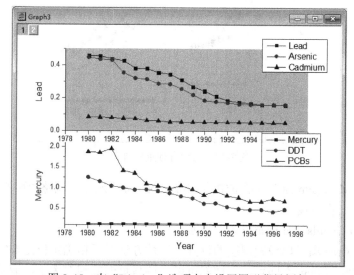

图 8-45 在"Display"选项卡中设置图形背景颜色

(2)"Layer Management"对话框中的"Arrange"选项卡如图 8-46 所示。

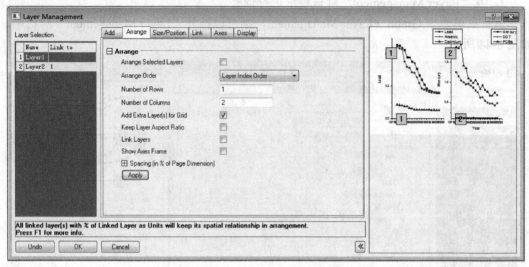

图 8-46 "Arrange" 选项卡

在"Arrange"选项卡中，可以对绘制出的图形进行重新排列，例如，将"Number of Rows"和 "Number of Columns" 分别更改为 "1" 和 "2"。

单击 "Apply" 按钮，这时可以看到原图发生了变化，图形如图 8-47 所示。

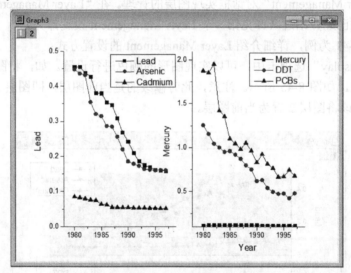

图 8-47 图形进行重新排列

（3）"Layer Management" 对话框中的 "Size/position" 选项卡调整图形如 8.3.1 小节所介绍，请读者自行查看实践。

3. 在 "Plot Details" 对话框中调整图层

其中 Layer Area 项可以设置图层的位置。这种方法对于精确定位是非常方便的，其中 Unit 一般保持 "% of Page" 即可，这样就可以保持与页面的相对大小，调整过程中尽量单击 Apply 按钮而非 OK 按钮，这样就可以在不关闭这个对话框的情况下，调整图形的位置和大小。

Worksheet data，maximum points per curve 输入框可以设置 Worksheet 数据的最大数据点数量；Matrix data，maximum points per dimension X 和 Matrix data，maximum points per dimension Y 输入框可以设置 Matrix 数据的最大数据点数量。设置完毕后单击 Apply 或 OK 按钮即可完成图层调整，如图 8-48 所示。

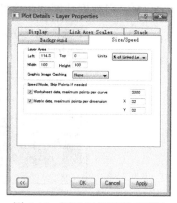

图 8-48　图形细节设置对话框

8.5.3　图层的数据管理

1. 通过 Add Plot to Layer 菜单下的命令添加数据

为了方便对比，可以将图 8-41 改为 4 个图层，将 Y 列数据分布在四个图层中。这里可以通过"Layer Management"对话框来实现图层中的数据添加与删除。

（1）在"Layer Management"对话框中"Arrange"选项卡中，将"Column"和"Row"均设置为 2，如图 8-49 所示。

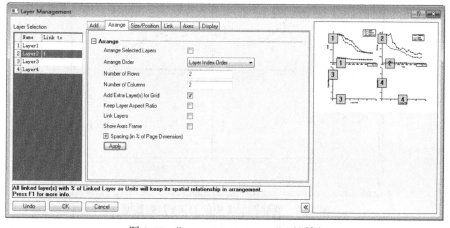

图 8-49　"Layer Management"对话框

单击"Apply"按钮，此时的图形如图 8-50 所示。

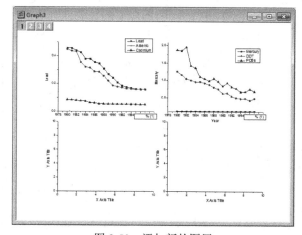

图 8-50　添加新的图层

（2）双击图形左上角的图层 1 图标，进入"Layer Contents-Layer 1"对话框中，在其中将 D（Y）列数据从图层 1 中删除，如图 8-51 所示。删除数据之后的图形如图 8-52 所示。

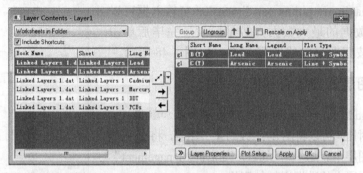

图 8-51 "Layer Contents-Layer 1" 对话框

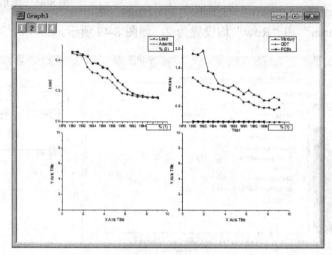

图 8-52 删除图层 1 中的 D（Y）列数据

（3）应用同样的方法，将 E（Y）列数据从图层 2 中删除，然后将 D（Y）、E（Y）列数据分别添加到图层 3 和 4 中。进行数据的添加和删除之后，绘制的图形如图 8-53 所示。

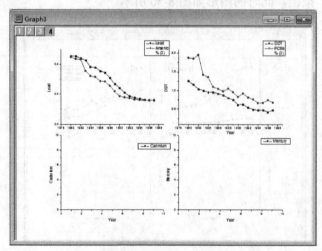

图 8-53 按照要求实现数据的添加和删除

（4）根据 D（Y）、E（Y）列数据调整图层 3 和 4 图形的 y 轴坐标范围，在现有 Graph 的基础上，在图层 3 和 4 分别执行 Graph→Add Plot to Layer 菜单下的 ✔ Line + Symbol... 命令，将数据添加到目标 Graph 中，绘制的图形如图 8-54 所示。

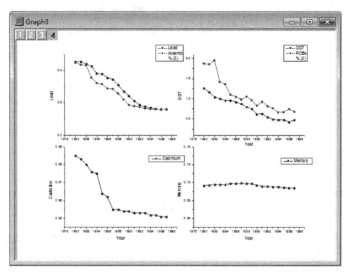

图 8-54　重新绘制后的图形

2. 通过 Plot Setup 对话框管理 Graph 数据

在选中 Graph 的情况下，通过 Graph→Plot Setup 命令可以对 Graph 的数据进行管理（参见第 4 章）。

3. 通过导入数据管理 Graph 数据

在选中 Graph 窗口的情况下，可以通过 File→Import 命令将数据导入 Graph 之中。

4. 通过 Layer n 对话框管理 Graph 数据

在 Graph 窗口的左上角的图层序号上单击鼠标右键，选择 Layer Contents 命令，可以打开 Layer n 对话框。

8.5.4　关联坐标轴

Origin 能在图形窗口中建立各图层间的坐标轴关联，这样方便了图形的设置。

当建立了各图层间的坐标轴关联后，改变某一图层的坐标轴标度，其他图层的坐标轴也将根据改变自动更新。

以图 8-54 为例，具体设置的方法如下：

（1）在 Layer 3 的图标上，用鼠标右键单击选择"Plot Details"命令，打开"Plot Details"对话框。

（2）选择"Link Axes Scales"选项卡，在 Link 下拉列表框内选择"Layer 1"。在"X Axes Link"组内选择"Straight（1 to 1）"单选命令按钮，在"Y Axes Link"组内选择"Straight（1 to 1）"单选命令按钮，如图 8-55 所示，单击 OK 按钮。

这样，Layer 3 的 x 轴与 Layer 1 的 x 轴就建立起 1：1 的关联，也就是说，两层的 x 轴和 y 轴均相同。关联后的绘图窗口如图 8-56 所示。

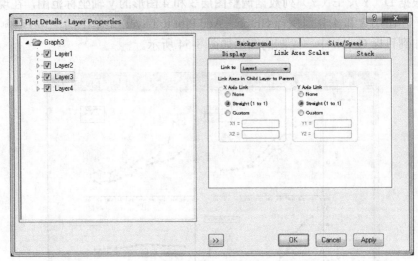

图 8-55 "Plot Details" 对话框

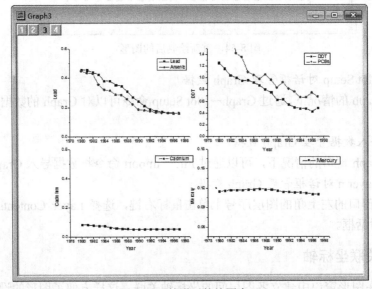

图 8-56 关联后的绘图窗口

8.5.5 定制图例

图例（Legend）是对图形中曲线进行说明的部分。在默认状态下，Origin 在每个图层中都创建一个图例。

当向图层中添加数据时，在"Plot Details"窗口的 Legend/Titles 选项卡中，图例自动更新的选择如图 8-57 所示。

按图 8-57 进行设置，即可以把所有图层的情况在一个图例中反映出来，如图 8-58 所示。

调整图例大小和位置，删除其他图例，定制图例后的绘图窗口如图 8-59 所示。

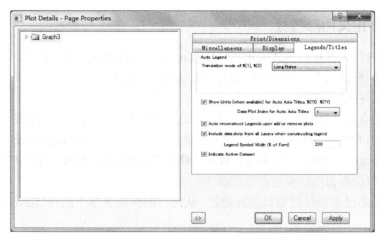

图 8-57 图例自动更新的选择

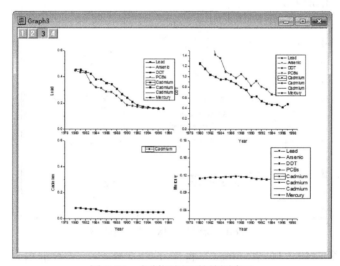

图 8-58 定制图例后的绘图窗口

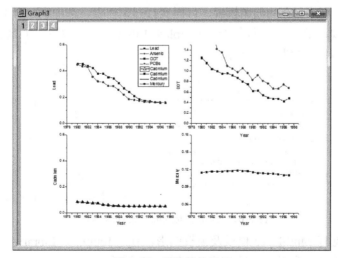

图 8-59 删除其他图例

8.5.6 自定义图形模板

如果需要绘制大量相同格式的图形，Origin 又没有提供该类图形模板，则可以将自己的图形以模板的形式保存，以减少绘图时间和工序。保存的图形模板文件只存储绘图的信息和设置，并不存储数据和曲线。

当下次需要创建类似的绘图窗口时，就只需选择工作表数列，再选择保存的图形模板即可。

在工作表窗口为当前窗口时，单击二维图形绘制工具栏上的"Template Library"命令按钮，或执行 Plot→Template Library 菜单命令，即可选择绘图模板文件（模板文件的扩展名为 otp）。

把绘图窗口保存为图形模板的步骤如下：

（1）用鼠标右键单击绘图窗口的标题栏，从弹出的快捷菜单中选择"Save Template As"，如图 8-60 所示。

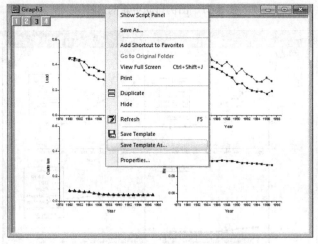

图 8-60 绘图窗口保存为图形模板

（2）在弹出窗口的"UserDefined"目录下"文件名"文本框内，输入模板文件名"Multilayer"，单击 OK 按钮，即可把当前激活的绘图窗口保存为自定义绘图模板了。

为了测试一下刚才保存的绘图模板，可再次打开工作表，选中表中全部列，执行 Plot→Template Library 菜单命令，在打开的"Template Library"对话框中的"Category"里选择"UserDefined"目录，如图 8-61 所示。

图 8-61 弹出的 template_saveas 窗口

这时可以看见有 Multilayer 模板及模板图形，在"Template Library"对话框中，还可以看到该模板文件存放在用户的目录下，如图 8-62 所示。

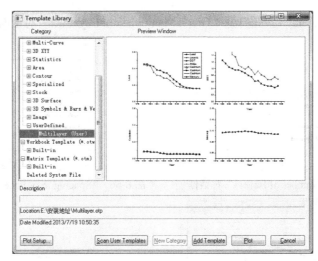

图 8-62 "Template Library"对话框

单击"Plot"按钮，这时，Origin 绘制出和模板完全相同的绘图窗口，说明模板创建成功。

8.5.7 图层形式的转换

1. 将单层图形转换为多层图形

以下列数据为例，将单层图形转换为多层图形，可以按照以下方法进行。

用 Samples/ Chapter 08/ Linked Layer 2.dat 数据文件中的数据为例，工作表如图 8-63 所示。

选中 Worksheet，通过 Plot 菜单下的命令生成单层 Graph，如图 8-64 所示。

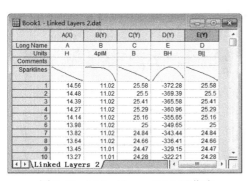

图 8-63 Linked Layer 2.dat 工作表

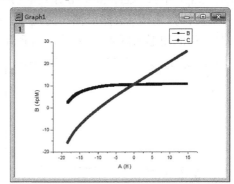

图 8-64 单层双曲线图形

再选中该 Graph，单击 Graph 工具栏上面的 Extract to Layers 按钮，会弹出"Total Number of Layers"对话框，可以设置分解后图层的排列格式、Number of Rows（网格行数）和 Number of Columns（网格列数），如图 8-65 所示。

设置好之后，单击 OK 按钮，出现"Spacing in % Page Dimension"对话框，可以设置网格高度空隙等参数，如图 8-66 所示。

设置好之后单击 OK 按钮即可将单图层图形分解为多图层图形，如图 8-67 所示。

2. 将多层图形转换为多个 Graph

要将多层图形分解为多个独立的 Graph，可以在选中需要分解的 Graph 之后，单击 Graph 工具栏上面的 Extract to Graph 按钮打开"Graph Manipulation: Layxtract"对话框，如图 8-68 所示。

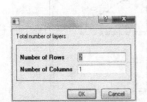

图 8-65 "Total Number of Layers"对话框

图 8-66 "Spacing in % Page Dimension"对话框

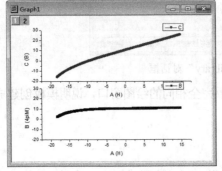

图 8-67 将单层双曲线图形转变为双层图形

图 8-68 "Graph Manipulation: Layxtract"对话框

进行相应的设置之后，单击 OK 按钮，即可完成分解操作，其中可设置的有 Extracted Layers（要分解的图层，以"："分隔始末图层序号，如"2:4"则分解 2/3/4 号 3 个图层到独立的 Graph 中）、Keep Source Graph（是否保留原来的 Graph）和 Full Page for Extracted（是否重新计算并显示分解后图形的尺寸大小）。

分解后的图形如图 8-69 和图 8-70 所示。

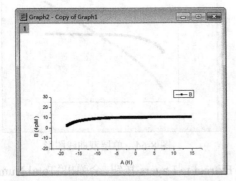

图 8-69 双层图形分成两个图形窗口-图形 1

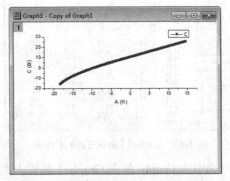

图 8-70 双层图形分成两个图形窗口-图形 2

8.6 插入和隐藏图形元素

8.6.1 插入图形和数据表

要在一个图形中插入另一个图形，首先选择一个图形对象（如图 8-71 所示），然后进行复制，再粘贴到目标窗口（如图 8-72 所示）中，复制之后效果如图 8-73 所示。

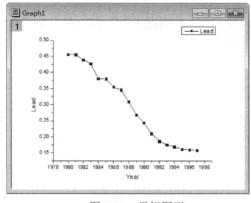

图 8-71 目标图形

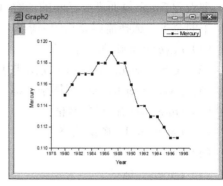

图 8-72 复制的对象

复制的方法有两种，分别是使用 Edit 编辑菜单中的 Copy Page 和 Copy 两个命令。前者是指复制这个图形窗口，最终粘贴完成后，除了可以对图形进行缩放外，不能再进行编辑，而且也不会随着目标图形的变化而变化，就像是一个绘图对象一样处理，也不会新建图层。

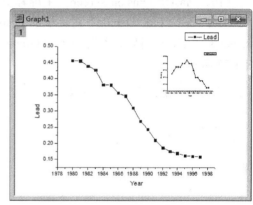

图 8-73 粘贴的结果

但如果使用 Copy 命令就会有很大的不同。使用 Copy 命令进行复制和粘贴，会自动建立新图层，粘贴后各部分的图形对象都可以进行编辑，图形会随着数据的变化而变化，因此这种方法其实是另类的建立图层的方法，如图 8-74 所示。

复制、粘贴表格的操作也很简单，首先选中数据表格中的数据（不用全选，只需选中部分单元格即可），然后在图形窗口中粘贴，结果如图 8-75 所示。实现了图、表的混合排版，双击表格可以进一步编辑其中的数据，返回后图形中的表格数据也随之改变。

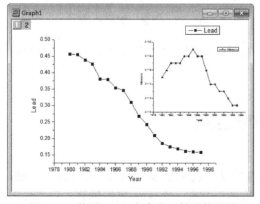

图 8-74 使用 Copy 命令然后粘贴的结果

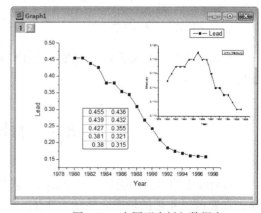

图 8-75 在图形中插入数据表

8.6.2　隐藏或删除图形元素

要设置 Graph 里面需要显示的内容，可以在选中 Graph 的情况下，通过执行 View→Show 菜单下的命令，选择需要显示的内容，可选的内容有：

（1）Layer Icons：图层标记

（2）Active Layer Indicator：活动图层标记

（3）Axis Layer Icons：图层坐标标记

（4）Object Grid：对象网格

（5）Layer Grid：图层网格

（6）Frame：框架

（7）Labels：标签

（8）Data：数据

（9）Active Layer Only：活动图层

（10）Master Items on Screen：主屏幕上的项目

另外，在"Plot Details"对话框的 Display 标签下的 Show Elements 项中，也可以设置要显示的 Graph 内容，如图 8-76 和图 8-77 所示。

图 8-76　图形元素显示选项

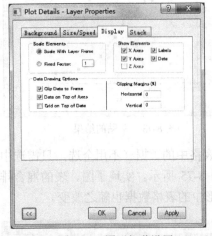

图 8-77　图形细节设置

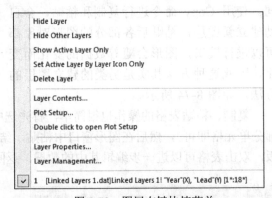

图 8-78　图层右键快捷菜单

要删除图层，只要鼠标右键单击要删除图层的图层标记，执行 Delete Layer 命令即可，如图 8-78 所示。

8.7　图轴的绘制

Origin 中的二维图层具有一个 xy 坐标轴系，在默认情况下仅显示底部 x 轴和左边 y 轴，通过设置可使 4 边的轴完全显示。Origin 中的三维图层具有一个 xyz 坐标轴系，与二维图坐标轴系相同，在默认的情况下不全显示，但通过设置可使 6 边轴完全显示。

8.7.1 图轴类型

Origin 中的坐标轴系可在"Axis"对话框中进行设置。打开"Axis"对话框的最简单方法是双击坐标轴。如图 8-79 所示为"Axis"对话框打开时,当前被选择的轴在"Axis"对话框的标题栏上显示(X Axis-Layer 1),与此同时,在"Axis"对话框左边的"Selection"列表框中也有相应显示。

"Axis"对话框中的选项卡提供了强大的坐标轴编辑和设置功能,几乎能满足所有科技绘图的需要。下面就其中刻度和类型"Scale"选项卡进行介绍。

"Horizontal"图标在默认时表示选择底部和顶部 x 轴,但如果选择了菜单命令 Graph→Exchange X-Y Axis 或对棒状图、浮动棒状图和堆叠棒状图进行编辑,则"Horizontal"图标与左右 y 轴关联。

"Vertical"图标在默认时表示选择左、右 y 轴,但如果选择了菜单命令 Graph→Exchange X-Y Axis 或对柱状图、浮动柱状图和堆叠柱状图进行编辑,则"Vertical"图标与底部和顶部 x 轴关联。

"Z Axis"图标默认时选择前、后 z 轴。除此以外,还有"Bottom"、"Top"、"Right"、"Front"、"Left"、"Back"图标,它们分别表示单一底部 x 轴、顶部 x 轴、左 y 轴、右 y 轴、前 z 轴和后 z 轴。

当选择了坐标轴后,在"Scale"选项卡右边,进行坐标轴起止坐标和类型的选择。在"From"和"To"文本框中输入起止坐标。在"Type"下拉列表框中选择坐标轴的类型。Origin 的坐标轴类型如图 8-80 所示。坐标轴类型说明如表 8-1 所示。

图 8-79 "Axis"对话框

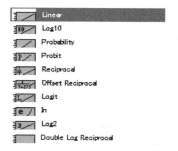

图 8-80 Origin 的坐标轴类型

表 8-1 Origin 的坐标轴类型说明

坐标轴类型	说　明
Liner	线性坐标轴
Log10	以 10 为底的对数轴,X'=log(X)
Probability	累积 Gaussian 概率分布轴,概率以百分数表示,取值范围 0.0001～99.999
Probit	单位概率轴,刻度为线性,刻度增量为标准差
Reciprocal	倒数轴,X'=1/X
Offset Reciprocal	偏移量倒数轴,X'=1/(X+Offset),Offset 为偏移量
Logit	分对数轴,logit=ln(Y/(100-Y))
In	以 e 为底的对数轴
Log2	以 2 为底的对数轴
Double Log Reciprocal	双对数倒数

8.7.2 图轴设置举例

1. 双温度坐标图轴设置

在科技绘图中，有时需要将数据用不同坐标在同一图形上表示。例如，图形窗口温度坐标系需要 x 轴用摄氏温标和绝对温标表示温度范围 0～100℃，可通过 Origin 图轴设置实现这一要求。具体步骤如下：

（1）通过双击图形窗口中 X 坐标轴，打开"Axis"对话框中的"Scale"选项卡。

（2）在"From"和"To"文本框中分别输入 0 和 100。

（3）在"Type"下拉列表框中选择"Offset Reciprocal"坐标轴，并在"Increment"文本框中输入 10，如图 8-81 所示。单击 OK 按钮关闭"Axis"对话框，绘制图形如图 8-82 所示。

图 8-81 "Axis"对话框

在图形窗口中单击鼠标右键选择快捷菜单 New Layer(Axis)→(Linked: Top X)，添加新图层。添加图层后图形如图 8-83 所示。

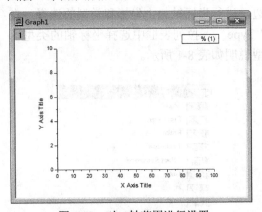

图 8-82 对 x 轴范围进行设置

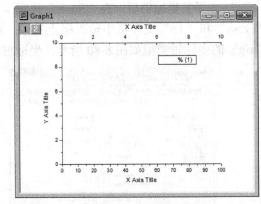

图 8-83 添加新图层

（4）如图 8-84 所示，打开 Layer 2 的"Plot Details"对话框中的"Link Axes Scales"选项卡。

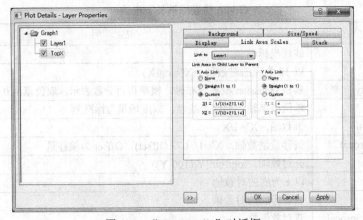

图 8-84 "Plot Details"对话框

在"X Axis Link"组中选择"Custom"定制单选命令按钮，并在"X1"文本框中输入"1/(X1+273.14)"，在"X2"文本框中输入"1/(X2+273.14)"。单击 OK 按钮，关闭"Plot Details"对话框，绘制图形如图 8-85 所示。

对图形坐标轴和标签进行修改，双温度坐标轴设置结果如图 8-86 所示。

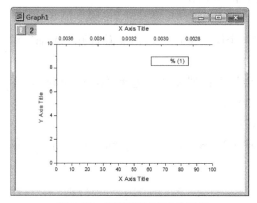

图 8-85 双温度坐标图轴设置

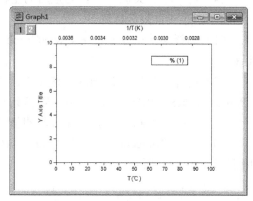

图 8-86 修改标签和坐标轴

2. 在二维图形坐标轴上插入断点

有时为了能重点显示二维图形中部分重要区间，而将不重要的区间不显示，这时可在图形坐标轴上插入断点。在坐标轴上插入断点的步骤如下：

（1）通过双击图形窗口中需要设置断点的坐标轴（以底部 x 轴为例），打开"Axis"对话框，选择"Break"选项卡，如图 8-87 所示。

（2）选中"Show Break"按钮，并在"From"和"To"文本框中分别输入起止位置。单击 OK 按钮，关闭"Axis"对话框。如图 8-88 所示，为设置断点后的图形。

图 8-87 选择"Break"选项卡

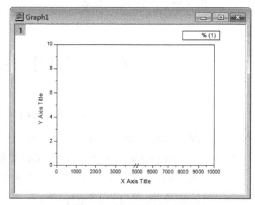

图 8-88 设置断点后的图形

3. 调整坐标轴位置

通常在默认情况下，坐标轴的位置是固定的，但有时根据图形特点，需要改变坐标轴位置。改变坐标轴位置的步骤如下：

（1）通过双击图像窗口中需要改变位置的坐标轴（以底部 x 轴为例），打开"Axis"对话框，选择"Title & Format"选项卡。

（2）在"Selection"列表框中，选择需要改变位置的 x 坐标轴。

（3）在"Axis"下拉列表框中，选择"At Position"；并在"Percent/Values"文本框中，输入需要调整的数值。

（4）对 y 轴做类似调整。调整后的坐标轴如图 8-89 所示。

4．创建 4 象限坐标轴

（1）选择菜单命令 File→New→Graph，新建一个图形窗口，双击 x 轴打开"Axis"对话框。

（2）选择"Title & Format"选项卡。在"Axis"下拉列表框中选择"At Position"，在"Percent/Value"中输入"0"，将 x 轴移到 y 轴为 0 的位置。

（3）选择"Scale"标签，将 x 轴设置为从-10 到 10。

（4）选择"Selection"中的"Left"，按照步骤（2）和（3）设置 y 轴，完成后的 4 象限图形如图 8-90 所示。

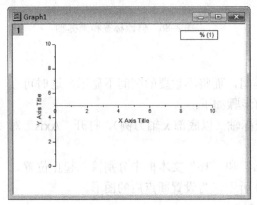

图 8-89　调整后的坐标轴

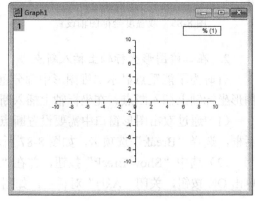

图 8-90　4 象限坐标轴图形

8.8　多图层绘图综合练习

多图层绘图的绘制在 Origin 科技制图中经常用到，如多图层相关联图形、多坐标图形、插入放大多图层图形等图形。本节主要介绍插入放大多图层图形。

本节采用 Samples/Chapter 08/Inset.dat 数据文件，来介绍插入放大多图层图形的绘制。

（1）导入 Inset.dat 数据文件，其工作表如图 8-91 所示。用鼠标单击选中 Inset 工作表的 temp（X）和 dCp（Y）列，创建"Line"图，如图 8-92 所示。

（2）在图形工具栏中单击 按钮，加入一个具有与原图一样的数据的新图层。将新图层放置在原图的左上方，并调整图形大小，如图 8-93 所示。

（3）将新图层上的 X 坐标轴起止坐标设置为 70 和 80，Y 坐标轴起止坐标设置为 0.007和 0.021，增大图层上的字号，如图 8-94 所示。

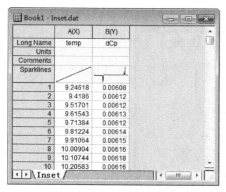

图 8-91 Inset.dat 工作表

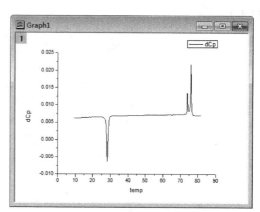

图 8-92 创建 "Line" 图

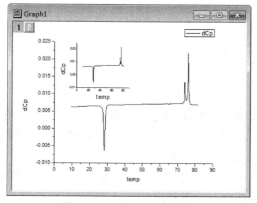

图 8-93 在左上角添加新图层

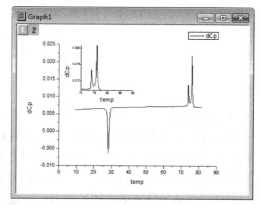

图 8-94 调整图形大小

（4）重复（2）和（3）步骤，再加入一个新图层，如图 8-95 所示。将该图层上的 X 坐标轴起止坐标设置为 75.3 和 76.6，Y 坐标轴起止坐标设置为 0.012 和 0.027。将该图层放置在右下方，并调整图形大小，如图 8-96 所示。

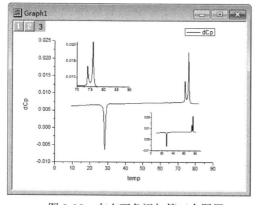

图 8-95 在右下角添加第三个图层

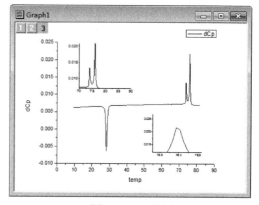

图 8-96 调整图形大小

（5）加入 "Layer 2" 和 "Layer 3" 的解释框，并加入指示箭头。插入放大多图层图形如图 8-97 所示。

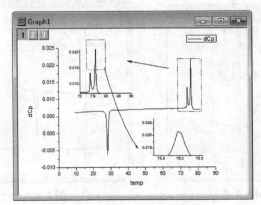

图 8-97　插入放大多层图形

8.9　本 章 小 结

　　Origin 图层之间既可互相独立，也可互相连接，从而使 Origin 绘图功能强大，可以在一个绘图窗口中高效地创建和管理多个曲线或图形对象，做出满足各种需要的复杂的科技图形。利用多层图形可以在一个绘图空间上绘制更多的曲线以构成复杂的图形，这些图形具有不同的坐标或者不同的大小、不同的位置。本章主要介绍了多层图形模板和图形的创建与定制，读者应该在学习的基础上，加强实践训练，牢固掌握。

第9章 图形版面设计及图形输出

图形的输出看起来很简单，但其实是最重要的，因为不管多么复杂、多么重要的图形，如果一直存放在 Origin 工程项目中，而不能输出利用，特别是输出到要表达图形的文档之中，并加以说明或讨论，那么其意义显然不大。

Origin 可与其他应用程序共享定制的图形版面设计图形，此时它的对象链接和嵌入在其他应用程序中。

本章主要介绍如下内容：

■ 了解 Origin 与其他应用软件共享 Origin 图形
■ 掌握 Layout 图形窗口使用
■ 掌握 Origin 图形和 Layout 图形窗口输出方法

9.1　Layout 窗口使用

使用 Layout 窗口，可以对现有的数据与图表进行排版。理论上来说，通常是直接在 Word 中进行排版的，但当图形比较多或比较复杂的时候，Layout 是一个更好的选择。因为 Layout 排版是基于图形的，整个窗口可以当成是一张白纸，然后多个图形或表格在上面进行随意的排列，而 Word 是基于文字的排版，太多图形的情况下，排版会相当困难。

9.1.1　向 Layout 图形窗口添加图形、工作表等

通过单击"Layout"工具栏上的图标或选择菜单中的相应命令，可向 Layout 图形窗口添加图形、工作表。通过文本工具，或者直接从剪贴板粘贴，可以将文本加入到 Layout 图形窗口。用"Tools"工具栏中的绘图工具可以加入实体、线条和箭头。

本例数据来源是 Samples/Chapter 09/Linked Layers 1.dat 数据文件。导入 Layout.dat 数据文件，选中 B（Y）列绘制散点图。

选择菜单命令 Analysis→Fitting→Fit Linear 做线性回归。这样就创建了一个数据窗口和一个图形窗口。下面结合创建的窗口，来介绍创建 Layout 图形窗口版面页的过程。

1. 新建 Layout 图形窗口

新建 Layout 图形窗口的步骤如下：

（1）通过 File→New→Layout 命令新建一个空白的 Layout 窗口，或单击"Standard"工具栏上的"New Layout"命令按钮 🖼，则 Origin 打开一个空白的 Layout 图形窗口。

（2）默认时 Layout 图形窗口为横向，通过鼠标右键在 Layout 图形窗口灰白区域单击，

在弹出的快捷菜单中选择"Rotate Page",如图 9-1 所示,则 Layout 图形窗口将旋转为纵向,如图 9-2 所示。Layout 图形窗口以 Layout 1,Layout 2 命名。

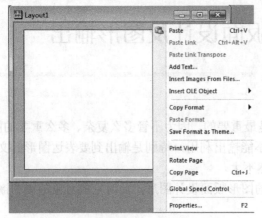

图 9-1 新建的横向 Layout 图形窗口　　　　图 9-2 新建的纵向 Layout 图形窗口

2. 向 Layout 图形窗口加入图形或工作表对象

在创建的数据窗口和图形窗口完成后,向 Layout 图形窗口加入图形或工作表对象的方法如下:

(1)在 Layout 图形窗口打开的情况下,通过用鼠标右键单击 Layout 窗口从快捷菜单中选择 Add Graph、Add Worksheet 或 Add Text 分别添加图形、表格和文本,选择菜单命令 Layout→Add Graph 和 Layout→Add Worksheet。

(2)在打开的"Graph Browser"或"Sheet Browser"对话框中,选择想要加入的图形或工作表,如图 9-3 和图 9-4 所示。当选定后,单击 OK 按钮,确定加入 Layout 图形。

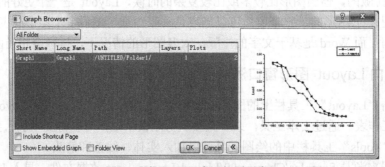

图 9-3 往 Layout 中添加图形窗口

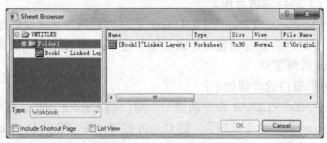

图 9-4 往 Layout 中添加数据表

（3）在 Layout 图形窗口中用鼠标右键单击，加入该对象。通过鼠标拖动该对象的方框，确定该对象的大小和尺寸。

（4）释放鼠标按钮，则该对象在 Layout 图形窗口中显示。选中图形或表格后用鼠标左键单击 Layout 窗口，适当地调整大小和位置即可，如图 9-5 所示将图形和表格混合地排列在一起。

另外一种方法是，在目标窗口活动的情况下，执行 Edit→Copy Page 命令，然后转到该 Layout 窗口，执行 Edit→Paste 命令，即可完成内容的添加，如图 9-6 所示。

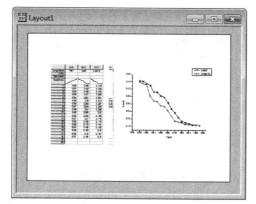
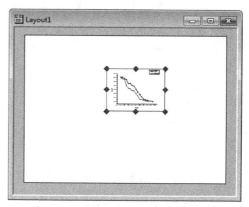

图 9-5　同时在 Layout 窗口中呈现数据表和图形　　　图 9-6　将图形粘贴到 Layout 窗口

如果该对象原是图形窗口，则所有该图形窗口中的内容将在 Layout 图形窗口中显示；如果该对象原是工作表窗口，则在 Layout 图形窗口中仅显示工作表中单元格数据和格栅，工作表中的标签不显示。

9.1.2　Layout 图形窗口对象的编辑

在 Layout 图形窗口中，绘图窗口和工作表窗口是作为图形对象加入的，Origin 提供了对 Layout 图形窗口的对象进行定制的工具。

这些对象可以在 Layout 图形窗口中移动、改变尺寸和改变背景。但是，在 Layout 图形窗口中，不能对图形对象直接编辑加工。

用鼠标对 Layout 图形窗口中的对象方框进行拖动，可以方便地移动和改变对象的尺寸。也可以使用文件菜单中的 Page Setup 页面设置命令，相当于设定打印纸，如图 9-7 所示。

此外，你还可以鼠标右键单击 Layout 图形窗口里面的对象，选择 Properties 命令，编辑该对象在 Layout 图形窗口中的属性，如图 9-8 所示。

（1）Dimensions 选项卡。

Units：计量单位；

Keep aspect ratio：是否保持比例；

Position：对象位置；

Size：对象尺寸大小。

（2）Image 选项卡，如图 9-9 所示。

Use picture holder：是否启用图片占位符；

Background：背景样式；

Apply to：应用范围。

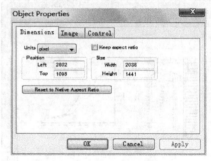

图 9-7　Page Setup 页面设置对话框　　　　图 9-8　对象属性：规格

（3）Control 选项卡，如图 9-10 所示。

Name：对象名称；

Type：对象类型描述；

Attach to：在 Layout 中对象与来源的联系方式；

Visible：是否可见；

Selectable：是否可选；

Horizontal Movement：是否允许水平移动；

Vertical Movement：是否允许垂直移动；

Resizing：是否允许修改尺寸大小；

Rotating：是否允许旋转；

Skewing：是否允许扭曲对象；

Edit：是否允许修改对象。

图 9-9　对象属性：图像　　　　　　　图 9-10　对象属性：控制

如果需要对图像对象进行编辑加工，则需要回到原图形窗口或工作表窗口。在 Layout 图形窗口中，用鼠标右键单击需要进行编辑加工的图形对象，打开快捷窗口，选择"Go to

Window"，则回到原图形窗口或工作表窗口。

在原图形窗口或工作表窗口中进行修改，然后再回到 Layout 图形窗口，选择菜单命令 Windows→Refresh 或单击🖳按钮，使 Layout 图形窗口刷新显示，完成修改。

9.1.3 排列 Layout 图形窗口中的对象

Origin 提供了三种方法对 Layout 图形窗口的图形对象进行排列。

（1）在 Layout 图形窗口上显示格栅，利用格栅线辅助排列图形对象。

（2）用对象编辑（Object Edit）工具栏里的工具排列图形对象。对于多个对象（图形或数据表）来说，对象编辑工具栏的操作是非常重要的，如图 9-11 所示。

（3）对"Object Properties"对话框进行设置排列图形对象。

利用格栅排列图标的步骤如下：

（1）在 Layout 图形窗口为当前窗口时，选择菜单命令 View→Show Grid，则 Layout 图形窗口出现格栅。

（2）鼠标右键单击图形对象，打开快捷菜单，选择"Keep Aspect Ratio"。这将使得 Layout 图形窗口中的图形对象和它的源绘图窗口保持对应的比例。如图 9-12 所示为设置 Layout 图形窗口出现格栅和打开快捷菜单的情况。

（3）用右侧的水平调整句柄调整图形对象的大小。

（4）用同样的方法调整其他图形对象。

（5）借助格栅，调整文本的位置，使其在 Layout 图形窗口的水平正中位置。

用对象编辑（Object Edit）工具栏里的工具排列图形对象的方法如下：

（1）用 View→Toolbars 打开对象编辑工具栏。用鼠标选中 Layout 图形窗口中的图形对象（多个图形对象用 Shift+鼠标单击）。

（2）选择对象编辑工具栏的工具排列图形对象。

用"Object Properties"对话框进行设置排列图形对象的方法如下：

图 9-11   对象编辑工具栏

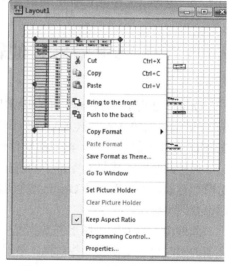

图 9-12   Layout 图形窗口出现格栅和
打开快捷菜单

（1）鼠标右键双击 Layout 图形窗口中的图形对象，打开"Object Properties"对话框。

（2）选择"Dimension"选项卡，输入尺寸和位置数值，采用"Object Properties"对话框设置排列图形对象，对多个图形对象进行设置可以实现精确定位。

一个典型的例子是将四个图形排列在一起，如图 9-13 所示。

要得到此图形，方法是分别添加四个图形，随便放置于 Layout 窗口中，简单地排列一下，让四个图形位于 Layout 窗口左上角，然后使用 Object Edit 工具栏调整四个图形的大小使之相同，再两两左对齐和顶对齐，适当调整一下图形间的距离，然后同时选中全部四个图形（使用鼠标或按 Shift 键的同时单击），用鼠标在四个图形的右下角拉动，调整大小，最终结果如图 9-12 所示。

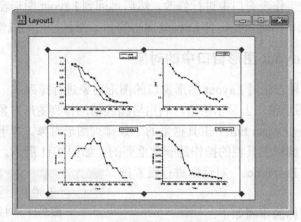

图 9-13　使用对象编辑工具栏列多个图形

事实上，图形的个数越多，使用 Layout 窗口和 Object Edit 工具栏的效率越高。

要将 Layout 窗口输出，直接使用 Edit 编辑菜单中的 Copy Page 命令，然后粘贴在 Word 中就行，也可以选择将 Layout 窗口导出为图形文件，再在 Word 中插入使用。

9.2　与其他软件共享 Origin 图形

Origin 使用了 Windows 平台中常用的对象共享技术，称为 OLE（Object Linking and Embedding，对象接入与嵌入）。利用这个技术，可以将 Origin 图形对象连接或嵌入到任何支持 OLE 技术的软件中，典型的软件包括 Word、Excel 或 PowerPoint 等。

这种共享的方式仍然保持了 Origin 对图形对象的控制，在这些软件中只要鼠标左键双击图形对象，就可以打开 Origin 进行编辑，编辑修改后只要再执行更新命令，文档中的图形也会同步更新。

此外由于 Origin 的图形与数据是一一对应的，拥有图形对象也就拥有原始数据，保存文档的同时会自动保存这些数据，不用担心图形文件丢失问题，这些都是 OLE 技术的灵活之处。

在其他应用软件中，使用 Origin 图形有输入和共享两种方式。采用输入方式输入的 Origin 图形仅能显示，不能用它的工具进行编辑。

如果采用共享方式共享 Origin 图形，不仅能显示自身图形，还能用其工具进行编辑。当 Origin 中的原文件改变时，在其他应用软件中也发生相应的更新。

在其他 OLE 兼容应用软件中，使用 Origin 图形有嵌入和链接两种共享方式。它们的主要差别是数据存储在哪里。采用嵌入共享方式，数据存储在应用软件程序文件中；采用链接共享方式，数据存储在 Origin 程序文件中。

该应用程序的文件仅保存在 Origin 图形的链接，并显示该 Origin 图的外观。选择采用嵌入或链接共享方式的主要根据为：

（1）如果要减小目的文件的大小，可采用创建链接的方法。

（2）如果要在不止一个目的文件中显示 Origin 图形，应采用创建链接的办法。

（3）如果仅有一个目的文件包含 Origin 图，可采用嵌入图形的办法。

OLE 最大的缺点，就是在用户自己的计算机上必须安装 Origin，而且版本必须相同，否则就无法编辑。

9.2.1　在其他应用软件嵌入 Origin 图形

Origin 提供了三种将 Origin 图形嵌入其他应用软件的文件中的方式。

1. 通过剪贴板利用数据

最简单的就是使用剪贴板进行数据交换。可以选择需要输出的图形窗口选择 Edit→Copy Page 命令，复制整页，然后选择目标文档执行 Paste 粘贴命令，这样 Origin 的图形就被嵌入到应用程序文件中，这其实是一种对象嵌入的快捷操作方式，如图 9-14 所示。

Worksheet 和 Matrix 类型的对象可以使用 Copy 命令复制到如.xls 之类的数据表文件或是.doc 和.txt 这样的文本文件中。但如果希望将 Excel 或文本文件的多列数据复制到 Origin 电子表格中，建议还是使用导入向导中的粘贴板导入功能，以避免数据错位。

2. 插入 Origin 图形窗口文件

当 Origin 图形已保存为绘图窗口文件（*.ogg），需在其他应用程序文件中作为对象插入时，可采取如下步骤：

（1）在目的应用程序中（以 Word 为例），选择"插入"→"对象"，打开"对象"对话框。

（2）选择"由文件创建"选项卡，如图 9-15 所示。

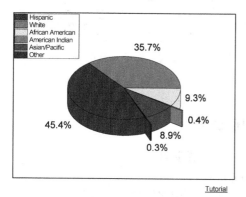

图 9-14　将 Origin 图形直接粘贴到 Word 文档　　　　图 9-15　Word "对象"对话框

（3）单击"浏览"命令按钮，打开对话框，选择所要插入的"*.ogg"文件，单击"插入"命令按钮。

（4）在"对象"对话框中，确认"链接到文件"复选框没有被选中。单击"确定"命令按钮。这样，Origin 图形就嵌入到 Word 应用程序的文件中了。

3. 创建并插入新的 Origin 图形对象

以上讨论的是先有 Origin 文件然后嵌入到 Word 文档，实际上也可以直接从 Word 文档中进行操作，方法是使用 Word 中的选择"插入"→"对象"命令，打开对象对话框，然后选择 Origin Graph，如图 9-16 所示。

这样会运行 Origin 并打开一个新的图形窗口，由于图形窗口中除默认坐标轴外什么也没有，因此要自己新建一个数据表 Worksheet，输入或导入数据，然后使用图层命令 Layer Contents 对话框，自己添加数据到图层，与普通的 Origin 作图一般操作，最后单击文件菜单中的"Update 文档"命令，返回图形给 Word，如图 9-17 所示。

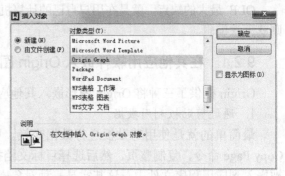

4. 使用嵌入式图表

通过 Tools→Options 命令选项的 Graph 选项卡，给右下角的 Enable OLE In-place Activation 选框打上勾。

之后使用剪贴板把图像复制到如 Word 之类的软件中时，图像会以控件的方式嵌

图 9-16　Word 中插入对象对话框

入文档中，这样你就可以直接在文档中编辑这个图像而不用打开 Origin 了，如图 9-18 所示。

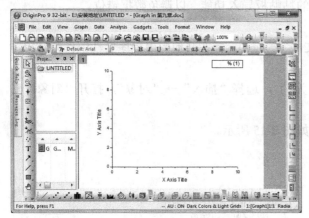

图 9-17　从一个图形窗口建立图形

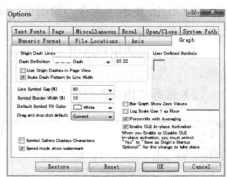

图 9-18　Options 对话框

9.2.2　在其他应用软件里创建 Origin 图形链接

Origin 提供了两种在其他应用程序中创建 Origin 图形链接的方法。

1. 要创建链接的 Origin 图形在项目文件（*.opj）中

要在其他应用程序中创建 Origin 项目文件（*.opj）中的图形链接，步骤如下：

（1）启动 Origin，打开该项目文件，使要创建链接的 Origin 图形窗口为当前窗口。

（2）选择菜单命令 Edit→Copy Page，将该图像输入到剪贴板。

（3）在其他应用程序中，选择菜单命令"编辑"→"选择性粘贴"，即打开了"选择性粘贴"对话框，如图 9-19 所示。

（4）在"形式"列表框中选择"Origin Graph 对象"，单击"确定"按钮，这样，Origin 的图形就被链接到了应用程序文档中。

2. 创建现存的绘图窗口文件（*.ogg）链接

要在其他应用程序中创建现存的绘图窗口文件（*.ogg）的链接，步骤如下：

（1）在目的应用程序中，选择"插入"→"对象"命令，打开"对象"对话框。

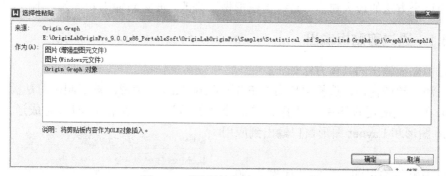

图 9-19　"选择性粘贴"对话框

（2）选择"由文件创建"选项卡，如图 9-20 所示。

（3）单击"浏览"命令按钮，打开对话框，选择所要插入的*.ogg 文件，单击"插入"命令按钮。

（4）在"对象"对话框中，确认"链接到文件"复选框中，单击"确定"按钮。这样，Origin 图形就链接到 Word 应用程序的文件中了。

在目的应用程序中建立对 Origin 图形的链接以后，该图形就可以用 Origin 进行编辑了。步骤如下：

（1）启动 Origin，打开包含链接源图形的项目文件或绘图窗口文件。

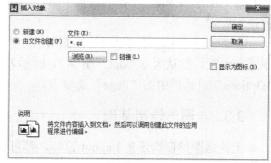

图 9-20　选择"由文件创建"选项卡

（2）在 Origin 中，修改图形完成后，选择菜单命令 Edit→Update Client，则目的应用程序中所链接的图形就更新了。

或者直接在目的应用程序中采用如下步骤：

（1）双击链接的图形，启动 Origin，在绘图窗口中显示该图。

（2）在 Origin 中，修改图形完成后，选择菜单命令 Edit→Update Client，则应用程序中所链接的图形就更新了。

9.3　Origin 图形和 Layout 图形窗口输出

Origin 图形和 Layout 图形窗口除了可以定制以外，还提供了几种图形输出过滤器，可以把图形或 Layout 窗口保存为图形文件，供其他应用程序使用。

此时该图形可在其他应用程序中显示，但不能用 Origin 进行编辑。

我们认为，图形的输出，即输出为图形文件，是 Origin 图形利用的最有效途径。

因为将图形保存为图形文件输出，一方面方便在其他文档中插入使用，更重要的是因图形文件是到处兼容的，从而避免了文档使用者（如论文投稿的杂志社）要安装 Origin 的问题。

使用这个方法的最大缺点,是每当图形做了修改,要重新输出和插入,不能自动更新。

9.3.1 通过剪贴板输出

通过剪贴板输出的具体方法如下:

(1)激活绘图窗口,选择菜单命令 Edit→Copy Page,图形即被复制进剪贴板。

(2)在其他应用程序中,选择菜单命令"编辑"→"粘贴",即可完成通过剪贴板将 Origin 图形和 Layout 图形窗口输出到应用程序。

通过剪贴板输出的图形默认比例为 40,该比例为输出图形与图纸的比例。通过 Origin 中的 Tools→Options 菜单命令,打开"Option"对话框中的"Page"选项卡,在"Copy Page Setting"组的"Ratio"下拉列表框中对输出比例进行设置。

在该选项卡中,还可以对输出图形的分辨率进行设置,默认为 300dpi。图 9-21 所示为"Options"对话框中的"Page"选项卡。

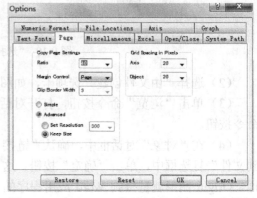

图 9-21 "Options"对话框中的"Page"选项卡

9.3.2 图形输出基础

无论是图形窗口还是 Layout 窗口,都可以使用文件菜单中的 Export Page 将窗口输出为图形文件,如图 9-22 所示。

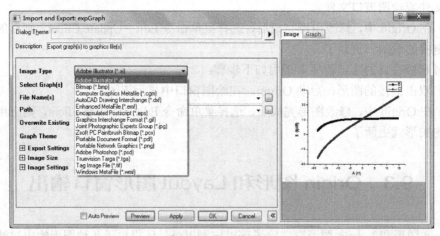

图 9-22 图形的导出

只要选择一种图形文件格式,然后输入文件名和文件保存路径,单击 OK 按钮即可保存文件,问题是 Origin 支持多种图形格式,每种格式的使用范围并不相同。

要讨论图形格式的问题,首先要明白图形可以分为两大类:一类是矢量图(Vector),这种图形是以点、直线和曲线等形式保存在文件中,文件很小,可以无级缩放而不失真,适合于各种各样的分辨率(既适合屏幕显示,又适合打印输出)。

另一类是位图或称光栅图（raster），这类图形保存后文件很大，一般不宜放大，一放大就可能失真，受制于图形的分辨率，使用场合不同分辨率也要不同。

Origin 支持图形格式以及其特性列举如表 9-1 所示。

表 9-1 　　　　　　　　　　　图形的格式及其特征

格式来源软件	扩展名	格式	适用范围及特性
Adobe Illustrator	(*.AI)	矢量图	
Bitmap	(*.BMP)	矢量图	Windows 通用
Computer Graphics Metafile	(*.CGM)	矢量图	
AutoCAD Drawing Interchange	(*.DXF)	矢量图	
Encapsulated PostScript	(*.EPS)	矢量图	出版
Enhanced Metafile	(*.EMF)	矢量图	Windows 通用
Graphics Image Format	(*.GIF)	矢量图	网络，最多 256 色
JPEG，Joint Photographic Experts Group	(*.JPG)	矢量图	网络，真彩图有损压缩
Zsoft PC Paintbrush Bitmap	(*.PCX)	矢量图	
Portable Network Graphics	(*.PNG)	矢量图	网络
Truevision Targa	(*.TGA)	矢量图	出版
Portable Document Format	(*.PDF)	矢量图	出版
Adobe PhotoShop	(*.PSD)	矢量图	
TIFF，Tage Image File	(*.TIF)	矢量图	出版
Windows Metafile	(*.WMF)	矢量图	Windows 通用
X-Windows Pix Map	(*.XPM)	矢量图	
X-Windows Dump	(*.XWD)	矢量图	

9.3.3　图形格式选择

虽然 Origin 支持多种格式，但是实际使用中，有一些格式是很重要的而另一些则不常用。它们包括矢量图形格式中的 EPS 和 EMF 或 WMF，位图格式中的 TIF 和 GIF 或 PNG。

前面已经讨论过，矢量图在处理曲线图形时拥有大量的优秀特性，这类格式最适合于在文档中插入（可以无极缩放而不失真）和输出到打印机中进行打印（因为分辨率无关，因此可以得到最高质量的图形）。

在所有的矢量图形格式中，EPS 是一种平台和打印机硬件无关的矢量图，是所有矢量图的首选格式，而 EMF/WMF（EMF 是 WMF 的扩展）两种格式则是 Windows 平台中最常用的矢量图格式，也属于最佳选择。

图 9-23 是 EMF 格式输出的对话框，其中要留意的是 File Name 文件名部分，默认的文件名是 Long Name，自动命名，这样再次输出时可能会提示是否覆盖原图，如果需要改名，直接输入文件名即可。

输出文件后，在 Word 中通过插入菜单中的插入图形命令，导入文件到文档中，再进行大小调整，调整时请保持图形的纵横比（按 Shift 键用鼠标调整）。

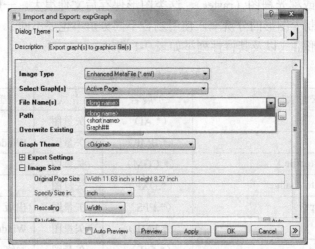

图 9-23   输出为 EMF 格式文件

为什么矢量图格式有这么多优点还要使用位图呢？这是因为很多情况下出版印刷并不支持矢量图，而一般只支持 TIF 位图格式（网络环境汇中选择 GIF 或 PNG 格式）。

由于位图受到多个因素的影响，因此其参数要比矢量图复杂一些，重点要留意图形的分辨率问题，因为如果图形分辨率太小，印刷效果将会非常差，建议的分辨率 DPI Resolution 是 600 或者 1200，这也是很多杂志社要求的分辨率，如图 9-23 和图 9-24 所示。

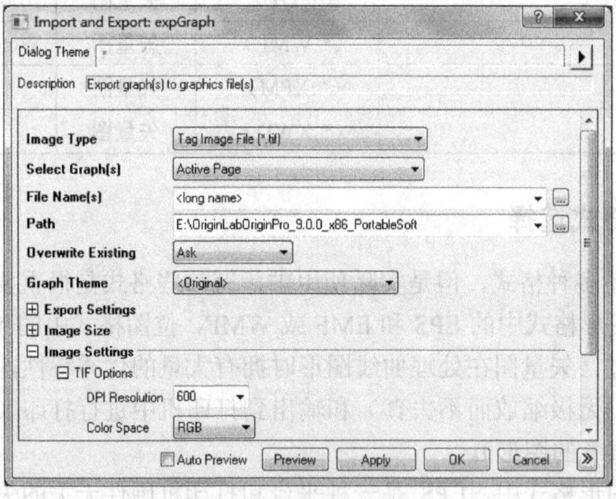

图 9-24   输出 TIF 格式

要注意的是，TIF 在提高分辨率后输出的文件非常之大，通常一个文件会达到 100MB，因此在发给出版社时要首先进行压缩。根据经验使用 WinRAR 压缩，压缩率达到 100 倍左右，压缩后每个图形只有 1MB 或更小。如果允许压缩，则选择 Compassion 选项中的 LZW 压缩方式。

至于 GIF 格式由于是输出到网络中的，只要使用 72-96DPI 即可。PNG 格式可以看作是 GIF 格式的扩展（GIF 只支持 256 色图形，PNG 不受此限制）。

要说明的是：除了图形的输出外，分析报告也可以先输出，不过常用的是输出的 PDF

格式文档，输出 PDF 格式时可以选择输出黑白还是彩色。其次电子表格 Worksheet 也可以很方便地输出，如输出为 ASCII 格式文件，以便其他软件进行利用。

9.4 Origin 窗口打印输出

Origin 提供了菜单命令来控制绘图窗口中元素的显示，其命令为 View→Show。在打开的下拉菜单中，选中想要显示在打印图形中的元素 "Element"。

也就是说，在绘图窗口中，显示的元素都可以打印输出。相反，如果元素没有显示在绘图窗口中，那么就不能打印出来。因此，在打印以前，要对其显示元素选项进行选择。

9.4.1 元素显示控制

选择菜单命令 View→Show，即打开元素显示控制下拉菜单，如图 9-25 所示。在图 9-25 中，选项前面的勾号表示该项已经被选中，即可以显示和打印。元素显示控制下拉菜单中各项意义如表 9-2 所示。

图 9-25　元素显示控制下拉菜单

表 9-2　　　　　　　　　　元素显示控制下拉菜单中各项意义

元 素 名 称	下拉菜单各项意义
Layer Icons	显示/隐藏图层的图标
Active Layer Indicator	显示/隐藏激活图层的图标
Object Grid	显示/隐藏对象格栅
Axis Grid	显示/隐藏坐标轴格栅
Frame	显示/隐藏激活层的图形边框
Labels	显示/隐藏图例
Data	显示/隐藏数据曲线
All Layers	显示/隐藏非激活的图层

9.4.2 打印页面设置和预览

打印页面设置的步骤如下：

（1）选择菜单命令 File→Page Setup，打开页面设置对话框。

（2）在页面设置对话框中，选择纸张的大小、方向，单击"打印机"命令按钮，可以在打开的对话框内选择输出的打印机。

（3）单击 OK 按钮，完成页面设置。

与很多软件一样，Origin 在打印一个图形文件前，也提供了打印预览功能。

可以通过打印预览，查看绘图页上的图形是否处于合适的位置，是否符合打印纸的要求等。选择菜单命令 File→Print Preview，打开打印预览窗口。

9.4.3 打印对话框设置

1. 打印图形窗口

Origin 的打印对话框与打印窗口有关。当 Origin 当前窗口为图形窗口、函数窗口或
Layout 图形窗口时，"Print"对话框如图 9-26
所示。

在图 9-26 的"Name"下拉列表框中选择打印机。如果没有要选择的打印机，可在
Windows 的控制面板中添加。选择"Print to
File"复选框，可以把所选的窗口打印到文件，创建 PostScript 文件。

图 9-26 中的"Print Graph"下拉列表框给出了三个选项，即 Current、All Open 和
All，分别表示打印项目中当前的、所有打开的或所有的图形、函数图或 Layout 图形窗口。

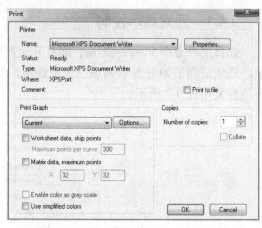

图 9-26 图形窗口的"Print"对话框

"Worksheet data, skip points"和"Matrix data, maximum points"复选框用来控制打印图形上曲线的点数，以提高打印速度。

选择该复选框以后，系统就会打开文本框，要求输入每条曲线最大的数据点数。当数列的长度超过规定的点数时，Origin 就会排出超过的点数，在数列内均匀取值。

"Enable color as gray scale"复选框：当使用黑白打印机时，Origin 默认把所有的非白颜色都视为黑色。如果选择这个选项，Origin 将用灰度模式打印彩色图形。

2. 打印工作表窗口或矩阵窗口

当激活窗口为工作表窗口或矩阵窗口时，
"Print"对话框如图 9-27 所示。选择"Selection"
复选框，则可以规定打印行和列的起始、结束序号，从而打印某个范围的数据。

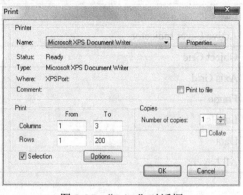

图 9-27 "Print"对话框

3. 打印到文件

打印到 PostScript 文件的步骤如下：

（1）激活要打印的窗口，选择菜单命令 File→Print。

（2）在"Name"下拉列表内，选择一台 PostScript 打印机。

（3）在"Print"对话框内，选中"Print to File"复选框。

（4）单击 OK 按钮，打开"打印到文件"（"Print to File"）对话框，如图 9-28 所示。

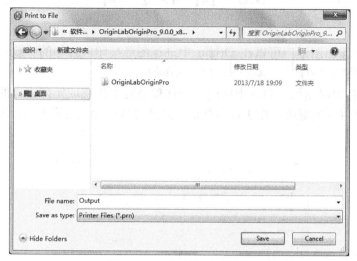

图 9-28　打印到文件对话框

（5）在对话框中，选择一个保存文件的位置，并键入文件名，单击"保存"命令按钮。这样，该窗口就打印到指定的文件了。

9.5　论文出版图形输出技巧

论文的出版与普通的图形输出略有不同，首先最后出版的论文要求图形很小，例如图形宽度最小 6cm（因为是分栏排版）。然而，这么小的图形仍然有清晰地阅读到坐标、数据、数据曲线、多曲线比较等等要求，即要求图形"可读性"很高，因此要做一些特殊处理。

下面总结一下学术论文写作和发表时图形的处理技巧，供大家参考。

■　所有的曲线颜色使用深色调，因为论文最终以黑白进行印刷。

■　所有线条包括坐标轴加粗。

■　不同曲线使用不同的符号 Symbol，符号大小调大。

■　所有的图形中出现的文字，包括标题、坐标轴数值、标记等等，全部调到 36Point。

■　字形的选择原则上是最终清晰为主，文字部分可以加粗体，坐标轴数值不要加粗。

■　如果输出时出现乱码，则要将出现乱码的符号字体改为中文字体。

■　将图形输出为 EMF 或 EPS 格式，在文档中插入图形，保持图形的纵横比调整大小，并以此为基础，使用激光打印机打印，可取得满意质量。

■　在论文出版前，出版社一般要求单独提供图形文件。按出版社的要求，一般要求是 TIF 格式，600dpi。按上一小节介绍方法输出，TIF 文件一起打包压缩后通过邮件或网络投稿发给出版社。

9.6 图 形 打 印

如果想直接输出图形，可以在 Origin 中进行图形打印，打印的一般步骤是"页面设置"/"打印设置"/"打印"，其操作是相当简单的。

图 9-29 是打印对话框，对话框中的一些选项是对工作表或矩阵窗口的最大列进行设定，也可以调整打印的颜色。由于打印默认的是当前页面对应纸张大小，因此基本上会整页输出。

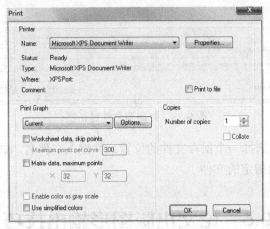

图 9-29　打印对话框

Origin 图形版面设计（Layout）窗口将项目中工作表窗口数据、绘图窗口图形以及其他窗口或文本等构成一副图画，进行设计图形排列和展示，以加强图形的表现效果。同时，图形版面设计窗口也是唯一的能将 Origin 图形与工作表数据一起展示的工具。

在图形版面设计窗口中的工作表和图形都被当作绘图形对象。排列这些图形对象可创建定制的图形展示（Presentation），供在 Origin 中打印或向剪切板输出。此外，Origin 图形版面设计图形还可以多种图形文件格式保存。

9.7 本 章 小 结

Origin 可与其他应用程序共享定制的图形版面设计图形，此时它的对象链接和嵌入在其他应用程序中。本章主要介绍了 Origin 中图形的输出，具有四个不同的意思，包括以图形对象（Object）的形式输出到其他软件如 Word 中共享、以图形文件包括（矢量图或位图）的形式输出以便插入到文档中使用，以 Layout 页面的形式输出和打印输出……。

第10章 曲线拟合

在试验数据处理和科技论文对试验结果讨论中，经常需要对试验数据进行线性回归和曲线拟合，用以描述不同变量之间的关系，找出相应函数的系数，建立经验公式或数学模型。

Origin 9.0 提供了强大的线性回归和函数拟合功能，其中最有代表性的是线性回归和非线性最小平方拟合。Origin 9.0 继承了以前版本提供的约 200 多个内置数学函数用于曲线拟合，这些函数表达式满足绝大多数科技工程中的曲线拟合要求。

它还改进了在拟合过程中根据需要定制输出拟合参数，提供了具有与 SPSS 或 SAS 等软件相媲美的、具有专业水准的拟合分析报告。它提供了拟合函数管理器（Fitting Function Organizer）改进了用户自定义拟合函数设置，可以方便用户实现自己定义拟合函数编辑、管理与设置。与 Origin 内置函数一样，自定义拟合函数定义后存放在 Origin 中，供拟合时调用。

本章学习目标：

- 掌握曲线拟合方法
- 了解拟合函数管理器的使用方法
- 掌握自定义函数拟合的方法

10.1 回归分析概述

10.1.1 什么是回归分析

回归分析（regression analysis）是确定两种或两种以上变数间相互依赖的定量关系的一种统计分析方法。运用十分广泛，回归分析按照涉及的自变量的多少，可分为一元回归分析和多元回归分析；按照自变量和因变量之间的关系类型，可分为线性回归分析和非线性回归分析。

如果在回归分析中，只包括一个自变量和一个因变量，且二者的关系可用一条直线近似表示，这种回归分析称为一元线性回归分析。如果回归分析中包括两个或两个以上的自变量，且因变量和自变量之间是线性关系，则称为多元线性回归分析。

回归（regression）分析，简单地说，就是一种处理变量与变量之间相互关系的数理统计方法。用这种数学方法可以从大量观测的散点数据中寻找到能反映事物内部的一些统计规律，并可以按数学模型形式表达出来。

例如，自由落体运动中，物体下落的距离 S 与所需时间 t 之间，有如下关系：

$$S = \frac{1}{2} g t^2 \qquad (10\text{-}1)$$

变量 S 的值随 t 而定（其他项是常量），这就是说，如果 t 有确定值，那么 S 的值就完全确定了。这种关系就是所谓的函数关系。

回归分析法所包括的内容或可以解决的问题，概括起来有以下四个方面：

（1）根据一组实测数据，按算法原理建立方程，解方程得到变量之间的数学关系式，即回归方程。

（2）判明所得到的回归方程式的有效性。回归方程式是通过数理统计方法得到的，是一种近似结果，必须对它的有效性做出定量检验。

（3）根据一个或几个变量的取值，预测或控制另一个变量的取值，并确定其准确度。

（4）进行因素分析。对于一个因变量受多个自变量（因素）的影响，则可以分清各自变量的主次，和分析各个自变量（因素）之间的互相关系。

回归分析方法是处理变量之间相关关系的有效工具，它不仅提供建立变量间关系的数学表达式——经验公式，而且利用统计学中的抽样理论来检验样本回归方程的可靠性，具体又可以分为拟合程度评价和显著性检验，从而判断经验公式的正确性。

回归（Regression）分析也可以称为拟合（Fitting），回归是要找到一个有效的关系，拟合则要找到一个最佳的匹配方程，两者虽然略有差异，但基本是同一个意思。

回归分析就是找到因变量与自变量之间的确定函数关系，而函数模型是无穷无尽的，讨论每一个模型已经远远超出了书本的内容，因此不可能面面俱到，如果需要，请读者自行参考相关书籍。

10.1.2　回归分析的分类

回归分析按照以下两个因素进行分类：

1. 根据方程涉及变量的个数

如果只有一个自变量则称为一元回归，其模型如下：

$$y = \beta_0 + \beta_1 x + \varepsilon \qquad (10\text{-}2)$$

其中 x 为自变量，y 为因变量；β_0、β_1 为参数（常数），ε 为随机误差项。对于误差项，在回归分析中有如下假设：

① 误差项是随机变量，它的期望值为 0。

② 对于所有的 x 值，误差项的方差 σ^2 为常数。

③ 误差项之间相互独立，即与一个值相联系的误差对与另一个值相联系的误差没有影响。

④ 随机误差项服从正态分布。

有一种特殊的情况，即 y 与 x 的指数存在相关，即

$$y = b_0 + b_1 x + b_2 x^2 + \cdots\cdots + b_k x^k + \varepsilon \qquad (10\text{-}3)$$

这就是多项式回归（polynomial regression）。多项式回归的最大优点就是可以通过增加 x 的高次项对实测点进行逼近，直至满意为止。

　　事实上，多项式回归可以处理相当一类非线性问题，它在回归分析中占有重要的地位，因为任一函数都可以分段用多项式来逼近。

　　因此，在通常的实际问题中，不论因变量与其他自变量的关系如何，我们总可以用多项式回归来进行分析。

　　2. 根据自变量和因变量函数关系式直线还是曲线

　　（1）线性回归（linear regression）。如上面提到的自由落体运动例子就是线性回归，准确地可以称为一元线性回归。

　　而 $y = \beta_0 + \beta_1 x + \beta_1 x + \cdots\cdots + \beta_k x_k + \varepsilon$ 则称为多元线性回归（multiple linear regression）。

　　要注意的是，很多函数关系看起来不像线性相关，但其实完全可以经过数学变换后得到线性关系，例如 $y = ax + bx^2 + c\sin(x)$，仍然要尽量以线性关系处理。

　　线性回归主要是根据最小二乘法原理，通过对微分方程组求偏导数，解出各个常数项，从而最终得到定量公式。

　　（2）非线性回归（nonlinear regression），其模型如下：

$$y = f(X, \beta) + \varepsilon \tag{10-4}$$

　　这里 X 是可观察的独立随机变量，β 是待估的参数向量，Y 是独立观察变量，它的平均数依赖于 X 与 β，ε 是随机误差。函数形式 $f()$ 是已知的。

　　非线性回归（nonlinear curve fitting）处理的情况要比线性回归复杂得多，需要进行更大量的尝试。因此除了依赖计算进行反复运算逼近，用户自己对参数的取值范围和估值也很重要。

10.1.3　回归分析的过程

　　（1）确定数量。包括变量的个数、自变量和因变量。

　　（2）确定数学模型。即自变量和因变量之间的关系。

　　确定数学模型有两点要注意，一是能否通过数据变换找到尽可以简单的模块，因为模型越简单，处理越方便，思路越清楚；二是模型中相关参数是否有物理意义，这一点是很重要的，因为实验模型并不是纯数学游戏，计算参数是为了解决问题，因此如果引入的参数没有确定的物理意义，这显然不是一个好的模型，即使这个函数将数据拟合得很好。

　　（3）交由计算机软件进行反复逼近，有必要时进行人为干预。计算机与人类相比的主要好处一是运算速度快的多，而且计算过程精确不会错漏，但如果模型是错误的，则运算结果将会错得更远，因此人为干预是必不可少的。

　　（4）根据运算结果，特别是相关系数进行检验。理论上相关系数越接近 1 越好，但也要结合常识对结果参数的物理意义特别是取值范围进行判断。

　　（5）如果结果不满意，则重新修改模型的参数再进行运算。

10.2　线　性　拟　合

　　线性拟合分析是数据分析中最简单但最重要的一种分析方法，其主要目标是寻找数据集中、数据增长的大致方向，以便排除某些误差数值，以及对未知数据的值做出预测。

Origin 按以下算法把曲线拟合为直线：对 X（自变量）和 Y（因变量），线性回归方程为 $Y = A + BX$，参数 A（截距）和 B（斜率）由最小二乘法求算。

10.2.1 拟合菜单

在 Analysis→Fitting 二级菜单下，Origin 直接使用的菜单命令有线性回归、多项式拟合、非线性拟合和非线性表面拟合等。其中，非线性拟合和非线性表面拟合需要分别打开非线性拟合对话框和非线性表面拟合对话框。

Analysis→Fitting 二级菜单下的拟合菜单命令如图 10-1 所示。采用菜单拟合时，必须激活要拟合的数据或曲线，而后在 Fitting 菜单下选择相应拟合类型进行拟合。

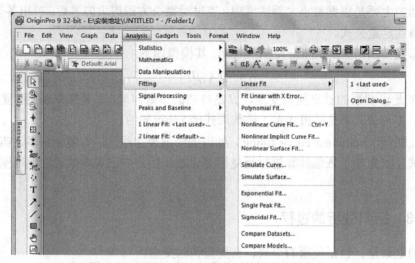

图 10-1 "Fitting" 二级菜单下的拟合菜单命令

大多数用菜单命令的拟合不需要输入参数，拟合将自动完成。有些拟合可能要求输入参数，但是也能根据拟合数据给出默认值进行拟合。

因此，这些拟合方法比较适合于初学者。拟合完成后，拟合曲线存放在图形窗口里，Origin 会自动创建一个工作表，用于存放输出回归参数的结果。

10.2.2 线性拟合实例

首先，建立数据表，导入要进行分析的数据，通过 File→Import 命令打开 Samples/Chapter 10/Liner Fit.dat，数据中工作表如图 10-2 所示。用拟合分析之间的关系，具体拟合步骤如下：

（1）选中要分析的数据，生成散点，如图 10-3 所示。

（2）选择菜单命令 Analysis→Fitting→Linear Fit 命令，打开 Liner Fit 对话框，设置相关的拟合参数，如图 10-4 所示。

在 Liner Fit 对话框中，可以对拟合输出的参数进行选择和设置，图中对拟合范围、输出拟合参数报告及置信区间等进行了设置。例如，单击 "Fitted Curves Plot"，打开后设置在图形上输出置信区间，如图 10-5 所示。

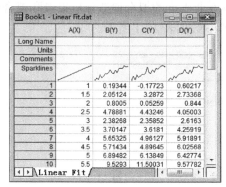

图 10-2　原始数据

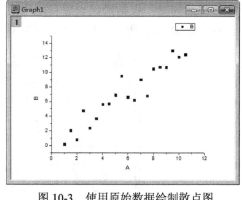

图 10-3　使用原始数据绘制散点图

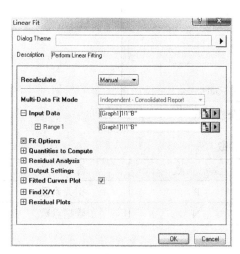

图 10-4　线性拟合对话框

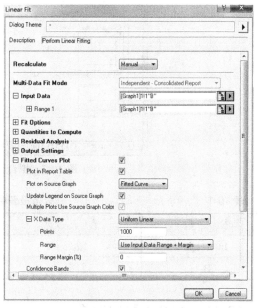

图 10-5　对 Fitted Curves Plot 选项卡进行设置

（3）设置好后，单击 OK 按钮，即完成了拟合曲线以及相应的报表。对其拟合直线和主要结果在散点图上给出，如图 10-6 所示。

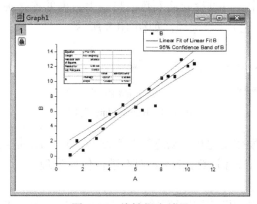

图 10-6　线性拟合结果

（4）与此同时，根据输出设置自动生成了具有专业水准的拟合参数分析报表和拟合数据工作表，如图 10-6 所示。拟合参数分析报表中的参数如表 10-1 所示。

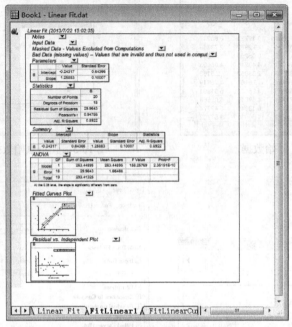

图 10-7 拟合结果分析报表

表 10-1 分析报表中的参数

参　　数	含　　义	参　　数	含　　义
Intercept	截距	R	相关系数
B	斜率	N	数据点数

10.2.3 拟合参数的设置

拟合参数设置对话框中，如图 10-4 所示，包含以下几项设置：

（1）Recalculate

在 Recalculate 一项中，可以设置输入数据与输出数据的连接关系，包括 Auto（自动）、Manual（手动）、None（无）3 个选项，如图 10-8 所示。

图 10-8 Recalculate 选项

Auto 是当原始数据发生变化后自动进行线性回归，Manual 是当数据发生变化后，用鼠标左键单击快捷菜单手动选择计算，None 则不进行任何处理。

（2）Input Data

Input Data 项下面的选项可用于设置输入数据的范围，主要包括：输入数据区域以及误差数据区域，如图 10-9 所示。

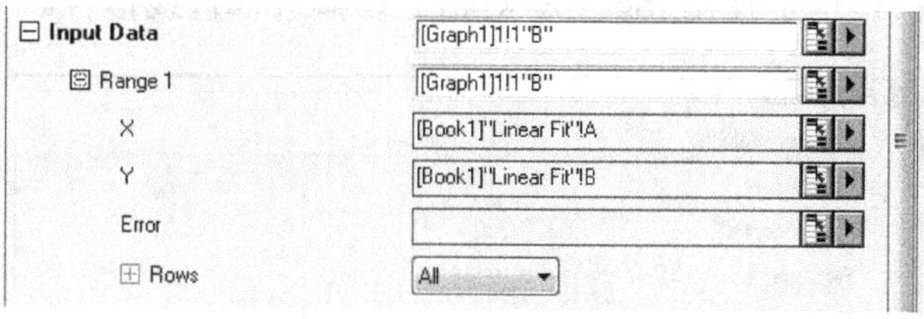

图 10-9　Input Data 选项

将选择数据范围的对话框汇总，单击![按钮]按钮表示要重新选择数据范围，会打开一个数据选择对话框，如图 10-10 所示。

图 10-10　数据选择对话框

可以使用鼠标左键选择所需数据及范围后，单击对话框右边的![按钮]按钮进行确认。如果熟悉 Excel 的操作，应该不会感觉陌生。

而如果单击![按钮]按钮，则出现快捷菜单，也可以对数据源进行调整，如果选择最后一个子菜单 Select Columns 则会打开 Dataset Browser 数据集浏览器，可以对当前项目中的所有数据进行选择、增删和设置，如图 10-11 和图 10-12 所示。

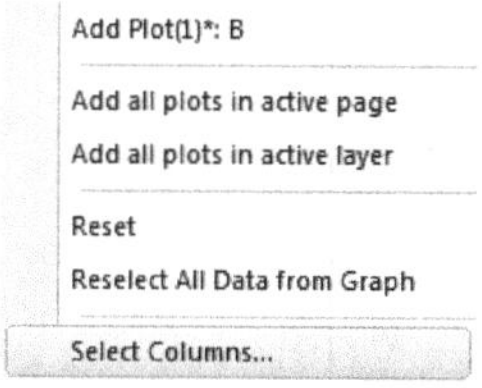

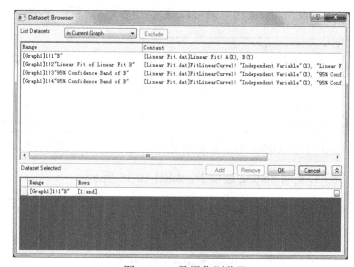

图 10-11　选择数据来源　　　　　　　　图 10-12　数据集浏览器

![按钮]和![按钮]两个按钮在 Origin 的其他对话框中大量出现，使用方法基本相同，不再赘述。

（3）Fit Options，如图 10-13 所示。

在 Fit Options 项下，可以设置的包括：

1）Errors as Weight：误差权重；

2）Fix Intercept 和 Fix Intercept at：拟合曲线的截距限制，如果选择 0 则通过原点；

3）Fix Slope 和 Fix Slope at：拟合曲线斜率的限制；

4）Use Reduced Chi-Sqr：这个数据也能揭示误差情况；

5）Apparent Fit：可用于使用 log 坐标对指数衰减进行直线拟合。

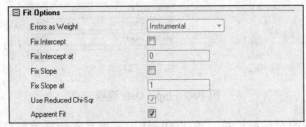

图 10-13　Fit Options 选项卡

（4）Quantities to Compute，如图 10-14 所示。

Quantities to Compute 项下可以设置的有：

1）Fit Parameters：拟合参数项；

2）Fit Statistics：拟合统计项；

3）Fit Summary：拟合摘要项；

4）ANOVA：是否进行方差分析；

5）Covariance matrix：是否产生协方差 Matrix；

6）Correlation matrix：是否显示相关性 Matrix。

（5）Residual Analysis，如图 10-15 所示。

Residual Analysis 项下面可以设置几种残留分析的类型。

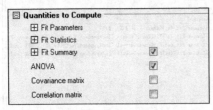

图 10-14　Quantities to Compute 选项卡

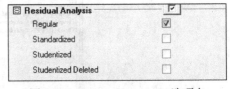

图 10-15　Residual Analysis 选项卡

（6）Output Setting 选项卡，如图 10-16 所示。

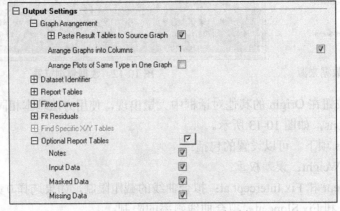

图 10-16　Output Setting 选项卡

在 Output Results 项下面是一些输出内容与目标的选项，定制分析报表。

1）Paste Results Tables to Graph：是否在拟合的图形上显示拟合结果表格；

2）Dataset Identifier：数据设定分辨器；

3）Report Tables：输出报告表格；

4）Find Specific X/Y Tables：输出时包含一个表格，自动计算 X 对应的 Y 值或者 Y 对应的 X 值。

（7）Fitted Curves Plot，如图 10-17 所示。

1）Plot in Report Table：在报告表中作拟合曲线的方式；

2）Plot on Source Graph：在原图上作拟合曲线的方式；

3）Update Legend on Source Graph：更新原图上的图例；

4）Multiple Plots Use Source Graph Color：使用源图形颜色绘制多层曲线；

5）X Data Type：设置 X 列的数据类型，包括 Points（数据点数目）和 Range（数据显示区域）；

6）Confidence Bands：显示置信区间；

7）Prediction Bands：显示预计区间；

8）Confidence Level for Curves(%)：设置置信度。

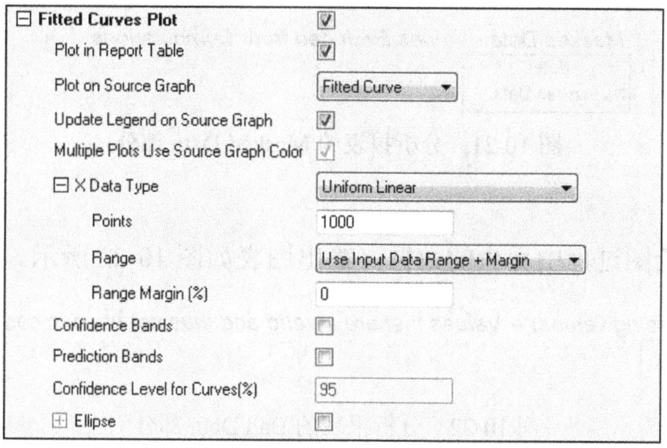

图 10-17　Fitted Curves Plot 选项卡

（8）Find X/Y。

Find X/Y 项主要是用于设置是否产生一个表格，显示 Y 列或 X 列中寻找另一列所对应的数据。

这里简单说明一下，很多学习者对于根据 X 值或 Y 值寻找对应的 Y 值或 X 值很有兴趣，然而，只有在 X 和 Y 建立了一定函数关系之后，这种方式才成为可能，建立这个表格，相当于无需自己手工运算的函数结果。

（9）Residual Plots 选项卡，如图 10-18 所示。

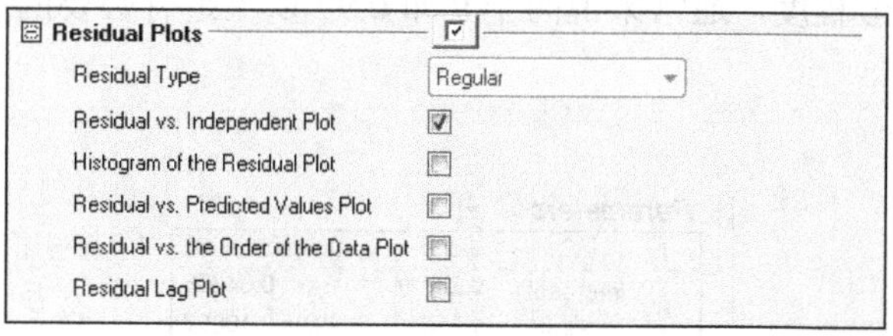

Residual Plots 项主要是设置一些残

图 10-18　Residual Plots 选项卡

留分析的参数。

10.2.4 拟合结果的分析报表

（1）Notes，如图 10-19 所示。

主要是记录一些信息诸如用户、使用时间等，此外还有拟合方程式。

（2）Input Data，如图 10-20 所示。

显示输入数据的来源。

Notes	
Description	Perform Linear Fitting
User Name	haung
Operation Time	2013/7/22 15:02:35
Equation	y = a + b*x
Report Status	New Analysis Report
Weight	No Weighting
Special Input Handling	

图 10-19 分析报表的 Notes 部分

Input Data		
Input X Data Source	Input Y Data Source	Range
[Book1]"Linear Fit"!A	[Book1]"Linear Fit"!B	[1*:20*]

图 10-20 分析报表的 Input Data 部分

（3）Masked Data，如图 10-21 所示。

屏蔽数据，输出的计算数值。

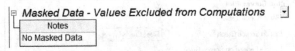

Masked Data - Values Excluded from Computations	
Notes	
No Masked Data	

图 10-21 分析报表的 Masked Data 部分

（4）Bad Data

坏的数据，在绘图过程中丢失的数据，输出图表如图 10-22 所示。

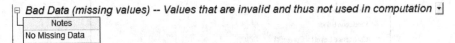

Bad Data (missing values) -- Values that are invalid and thus not used in computation	
Notes	
No Missing Data	

图 10-22 分析报表的 Bad Data 部分

（5）Parameters

显示斜率、截距和标准差，如图 10-23 所示。

（6）Statistics

显示一些统计数据如数据点个数等，重要的是 R-Square（R 平方）即相关系数，这个数字越接近 ±1 则表示数据相关度越高，拟合越好，因为这个数值可以反映试验数据的离散程度，通常来说两个 9 即 0.99 以上是有必要的，如图 10-24 所示。

Parameters		Value	Standard Error
B	Intercept	-0.24317	0.64366
	Slope	1.25883	0.10007

图 10-23 分析报表的 Parameters 部分

Statistics		B
Number of Points		20
Degrees of Freedom		18
Residual Sum of Squares		29.9643
Pearson's r		0.94756
Adj. R-Square		0.8922

图 10-24 分析报表的 Statistics 部分

（7）Summary

显示一些摘要信息，就是整合了上面几个表格，斜率、截距和相关系数是我们关心的，如图 10-25 所示。

Summary				
	Intercept		Slope		Statistics
	Value	Standard Error	Value	Standard Error	Adj. R-Square
B	-0.24317	0.64366	1.25883	0.10007	0.8922

图 10-25　分析报表的 Summary 部分

（8）ANOVA

显示方差分析的结果，如图 10-26 所示。

ANOVA		DF	Sum of Squares	Mean Square	F Value	Prob>F
	Model	1	263.44895	263.44895	158.25769	2.35151E-10
B	Error	18	29.9643	1.66468		
	Total	19	293.41325			

At the 0.05 level, the slope is significantly different from zero.

图 10-26　分析报表的 ANOVA 部分

（9）Fitted Curves Plot

显示图形的拟合结果缩略图。在这里再次显示图形看似多此一举，其实这是因为系统假设分析报告将要单独输出用于显示，如图 10-27 所示。

（10）Residual vs. Independent Plot

可以在 Linear Fit 对话框的 Residual Plot 项下设置显示的图表，如图 10-28 所示。

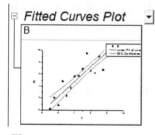

图 10-27　Fitted Curves Plot

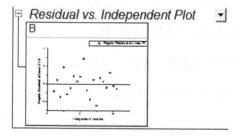

图 10-28　Residual vs. Independent Plot

10.2.5　关于分析报表

在 Origin 9.0 中，设计了全新的电子表格模块，支持复杂的格式输出；另一方面，新版本的分析模块中由用户自行控制的参数成本的增加，这就大大提高了分析的灵活性；所以，有必要使用一个专门的输出模块来呈现分析结果，这就是分析报表（Analysis Report Sheets）。

更重要的是，新版本中的分析报表并不仅仅是用来显示分析结果的"静态"报表，而更像是一种分析模板，也即动态报表。

简单来说，数据源可以动态改变（分析结果会自动重新计算），或者分析参数可以随时调整（分析结果也自动重算）。这种功能显然已经超越了结果输出的范畴，大大地提高了用户工作的效率。

一份典型的分析报表主要包括以下几个方面：

（1）报表是按树形结构组织的，可以根据需要进行收缩或展开；

（2）每个节点的数据输出的内容可以是表格、图形、统计和说明；

（3）报表的呈现形式是电子表格（Worksheet），只是没有把所有表格线显示出来而已；

（4）除了分析报表外，分析报表附带所需要的一些数据还会生成一个新的结果工作表Worksheet。

10.2.6　报表基本操作

报表（Report Table）的操作主要是通过单击鼠标右键的快捷菜单进行的，如图 10-29 所示。下面是一些主要操作的简介：

（1）User comments：添加注释；

（2）Copy Table：复制表格内容；

（3）Copy Footnote：复制脚注信息；

（4）Create Copy as New Sheet：把表格内容复制到一个新的 Worksheet；

（5）Create Transposed Copy as New Sheet：把表格转置后的内容复制到一个新的 Worksheet；

（6）Expand：展开表格内容；

（7）Collapse：把表格折叠起来；

图 10-29　快捷菜单

（8）Copy/Paste Format：复制表格格式；

（9）Edit Formatting：打开 Worksheet Theme Editor 对话框，编辑 Worksheet 样式；

（10）View：设置表格外观。

10.2.7　报表中的图形编辑

要编辑报表里面的 Graph 图形，只要双击 Graph，即可以打开相应的 Graph 窗口进行编辑。

1．工作表中的拟合结果数据

在生成的结果表格中，一系列的标签上打上🔒锁定记号，以防止随意被改动。被打上这种记号的，是在拟合参数设置对话框的 Recalculate 选项中已设置为 Manual 或 Auto。

也就是说，当外部参数（包括数据源和拟合参数）发生改变时会重新计算。一般来说，不要随意改动分析报表中的数据。非要改变时，可以设置 Recalculate 为 None，则不会显示锁定记号。

2．分析模板

建立分析模板 Analysis Template 的好处是可以重复使用，大大减少工作量提高效率。

有两种方式可以将分析模板储存起来：一种是直接保存为项目文件（opj），一种保存为工作簿（otw）。后者随时追加到新项目中（在当前项目下，通过文件菜单的打开 Open 命令打开 otw 文件）。

如果要保存为分析模板，则分析选项中的 Recalculate 重新计算选项一般要设置为 Auto。

不管哪一类形式，由于分析报表已经与源数据关联，因此当源数据发生改变后，分析报表也会自动重新计算分析结果。也就是说，用户可以导入新的数据，或手动改变源数据，分析结果也会跟着发生改变，而无需重新设置参数。

可见，分析模板可以方便地反复运算，或者用于分析模块参数的共享。

3. 分析报表的输出

我们已经发现分析报表是一个完整的报告文件，同图形文件一样，这个报表可以通过 File（文件）菜单的 Export 命令进行导出，导出为典型的 PDF 格式，这是一种跨平台的文档格式，也是学术论文的国际通用格式，可以使用免费的 Acrobat Reader 进行浏览或打印，能够保证在不同国家、不同计算机、不同软件平台和不同打印机上得到相同的输出结果，如图 10-30 和图 10-31 所示。

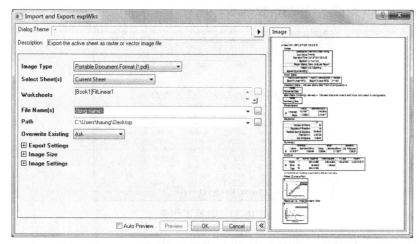

图 10-30　输出 PDF 文档参数

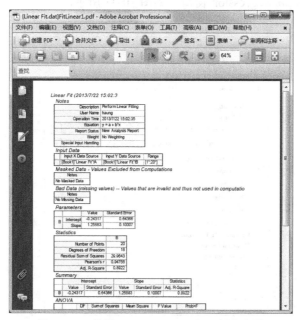

图 10-31　使用 Acrobat Reader 打开报表文档

10.2.8　多元线性回归

多元线性回归用于分析多个自变量与一个因变量之间的线性关系。式 10-5 为一般多元线性方程。

Origin 在进行多元线性回归时，需将工作表中一列设置为因变量（Y），将其他的设置为自变量（X_1，X_2，…，X_k）。

$$Y = A + B_1X_1 + B_2X_2 + \cdots + B_kX \qquad (10\text{-}5)$$

本节采用 Samples/Chapter 10/Multiple Linear Regression.dat 为源数据，说明多元线性回归。具体步骤如下：

（1）导入要拟合的数据集，通过 File→Import 命令导入 Samples/Chapter 10/Multiple Linear Regression.dat 数据，如图 10-32 所示。

Book1 - Multiple Linear Regression.dat

	A(X)	B(Y)	C(Y)	D(Y)
Long Name	Indep1	Indep2	Indep3	Dep
Units				
Comments				
Sparklines				
1	0.86059	0.10833	0.39905	4.64309
2	0.40585	0.46352	0.03873	0.70746
3	0.4422	0.86004	0.85081	1.27993
4	0.75474	0.65302	0.3881	2.6205
5	0.43946	0.83964	0.37438	0.15203
6	0.08667	0.20258	0.22584	0.39628
7	0.11512	0.32317	0.20211	0.27545
8	0.0575	0.28853	0.30746	-0.44884
9	0.18952	0.48456	0.54935	0.74341
10	0.6969	0.33286	0.78622	3.86449

Multiple Linear Regression

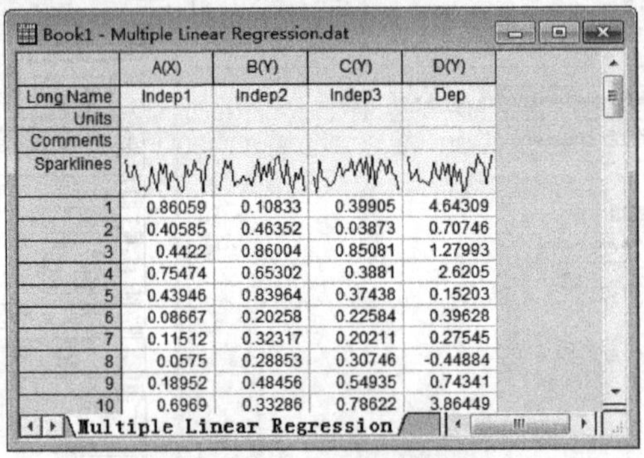

图 10-32　数据工作表

（2）选择执行菜单命令 Analysis→Fitting→Multiple linear regression，进行多元线性回归，系统会弹出 Multiple Regression 窗口，如图 10-33 所示。

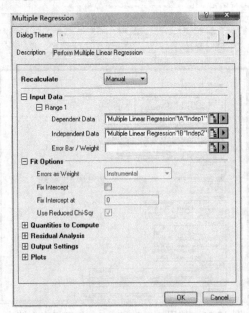

图 10-33　Multiple Regression 对话框

在 Multiple Regression 对话框中，设置因变量（Y）和自变量（X_1，X_2，X_3…），如图 10-34 所示，单击 OK 按钮确定。

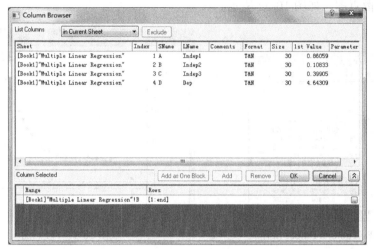

图 10-34　设置因变量和自变量

（3）根据输出设置自动生成了具有专业水准的多元线性回归分析报表，如图 10-35 所示。

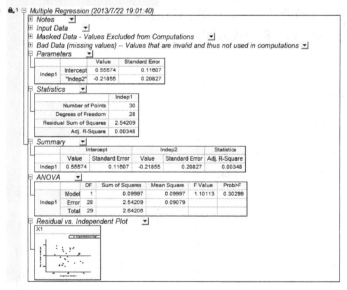

图 10-35　多元线性回归

10.2.9　多项式回归

线性回归方程式见式 10-6，其中 X 为自变量，Y 为因变量，多项式的级数为 1～9。

$$Y=A+B_1X+B_2X^2+\cdots+B_kX^k \tag{10-6}$$

现在以 Samples/Chapter 10/Polynomial Fit.dat 数据文件为例，说明多项式回归。具体步骤如下：

（1）导入要拟合的数据集，通过 File→Import 命令导入 Samples/Chapter 10/Polynomial Fit.dat 数据，如图 10-36 所示。选中数据 Polynomial Fit 工作表中的 A（X）和 C（Y）列数据，进行绘制散点图，如图 10-37 所示。

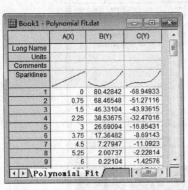

图 10-36　Polynomial Fit.dat 工作表

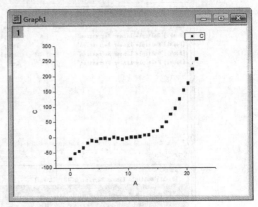

图 10-37　散点图

（2）选择执行菜单命令 Analysis→Fitting→Polynomial Fit，进行回归。在弹出的 "Polynomial Fit" 对话框中，设置回归区间和采用试验法得出多项式合适的级数，如图 10-38 所示。其中的参数设置以及结果输出请参考线性回归，其内容基本相同。

（3）其回归曲线和拟合结果在散点图上给出，如图 10-39 所示。事实上，如果多项式的 $n=1$，其实就是 $Y=A+BX$，即直线方程。

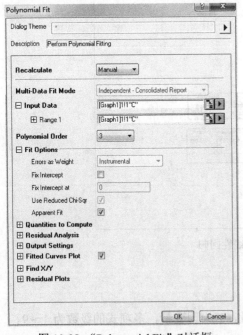

图 10-38　"Polynomial Fit" 对话框

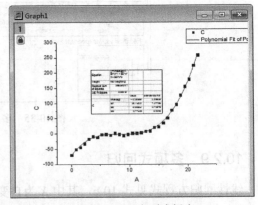

图 10-39　多项式拟合

对于弯曲的图形来说，理论上 n 值越大，拟合效果越好。不过实际使用时 n 值越多，项也就越多，如何解释其物理意义就成了大问题。

（4）与此同时，根据输出设置自动生成了具有专业水准的拟合参数分析报表和拟合数据工作表，如图 10-40 所示。拟合参数分析报表中的各参数含义见表 10-2。

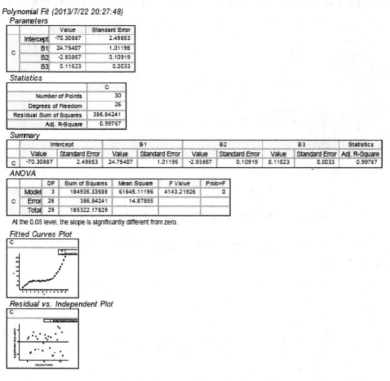

图 10-40　多项式回归分析报表

表 10-2　　　　　　　　　　　　分析报表中的各参数

参　　数	含　　义	参　　数	含　　义
Intercept，B1，B2....	回归方程系数	N	数据点数
R-square	=(SYY-RSS)/SYY	SD	回归标准差
p	R-square 为 0 的概率		

10.2.10　指数拟合

指数拟合可分为指数衰减拟合和指数增长拟合，指数函数有一阶函数和高阶函数。现以 Samples/Chapter 10/Exponential Decay.dat 数据文件为例，说明指数衰减拟合。具体拟合步骤如下：

（1）导入 Exponential Decay.dat 数据，工作表如图 10-41 所示。从工作表窗口"Sparklines"图形可以看出，包括了 Decay 1，Decay 2 和 Decay 3 三列呈指数衰减数据。

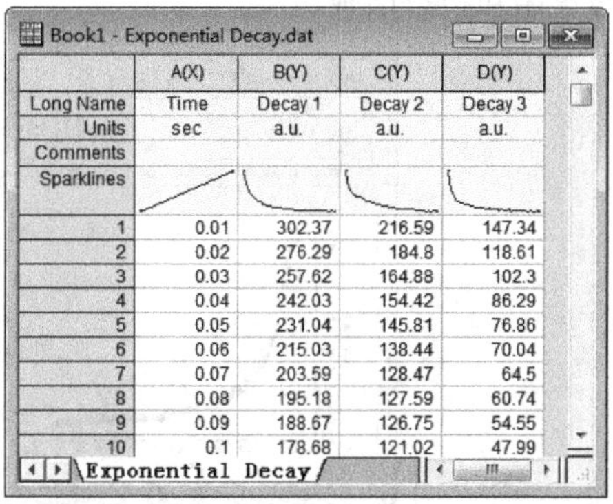

（2）选中数据中的 B（Y）列绘图（Graph1）。

图 10-41　Exponential Fit 工作表

选择菜单命令 Analysis→Fitting→Exponential Fit，打开"NLFit"对话框。

此时，在"Function"下拉列表框中，给出了用一阶指数衰减函数的拟合，如图 10-42 所示。如果需要更改指数衰减函数的阶数，可以在"Function"下拉列表框中进行选择。

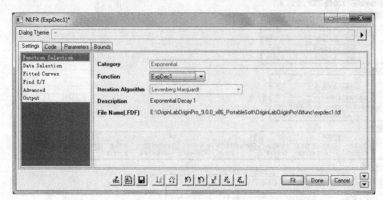

图 10-42　"NLFit"对话框中"Function"下拉列表

单击"NLFit"对话框的"Parameter"标签，选择对象参数性质的设置。如图 10-43 所示，将 y0 和 A1 设置为常数。

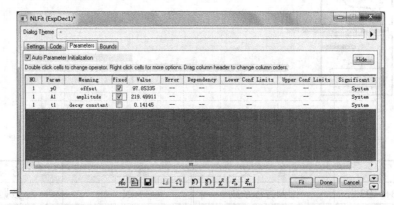

图 10-43　"NLFit"对话框中"Parameter"标签

（3）单击图 10-43 中的▼，可以打开该对话框的下半部分，如图 10-44 所示。单击不同的标签可以分别看到拟合效果、拟合函数和其他信息。图 10-44 和图 10-45 分别为拟合效果图和拟合函数。

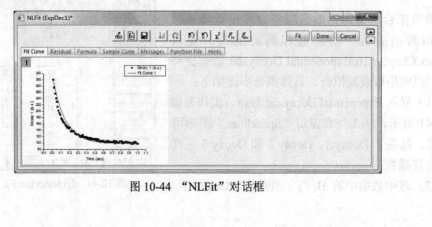

图 10-44　"NLFit"对话框

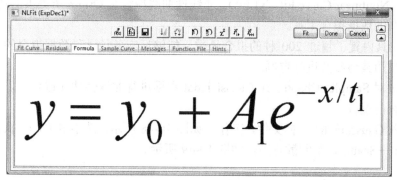

图 10-45　"NLFit" 对话框中 "Function" 下拉列表

（4）单击 "Fit" 按钮，完成对数据用一阶指数衰减函数的拟合，根据输出设置自动生成了具有专业水准的拟合参数分析报表和拟合数据工作表。如图 10-46 为拟合曲线所示。图 10-47 为输出分析报告表。

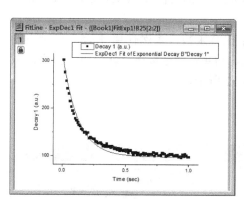

图 10-46　用一阶衰减指数函数对数据拟合图形

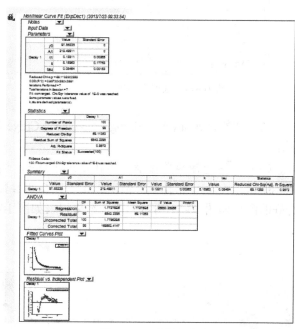

图 10-47　分析报告表

10.3　非线性拟合

10.3.1　基本过程

除了线性回归外，大部分数据都不能处理成一种直线关系，因此需要使用到非线性函数进行拟合（Nonlinear Curve Fit，NLFit）。非线性曲线拟合是 Origin 所提供的功能最强大，使用也最复杂的数据拟合工具。

NLFit 工具内置了超过 200 种的拟合函数，能够适应各种学科数据拟合的要求，每一函数也可以使用具体参数进行定制。

下面通过对 Samples/Chapter 10/Gaussian.dat 数据进行非线性曲线拟合，以简要说明非线性曲线拟合的过程。

（1）导入 Gaussian.dat 数据文件，工作表如图 10-48 所示。选中 B（Y），执行菜单命令 Plot→Symbol→Scatter，绘制散点图，如图 10-49 所示。

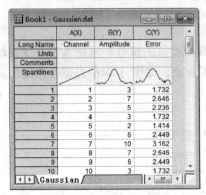

图 10-48　数据工作表

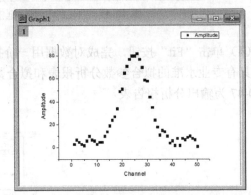

图 10-49　数据文件散点图

（2）在执行 Analysis→Fitting→Nonlinear Curve Fit 菜单项打开 NLFit 对话框，如图 10-50 所示。

（3）然后选择函数目录，再在目录下选择一个拟合函数（本例使用 Basic 目录下的 GaussAmp 函数），根据具体情况设置一些初始参数，再单击 Fit 按钮，就完成了拟合，拟合好的图形如图 10-51 所示。拟合结果报表如图 10-52 所示。

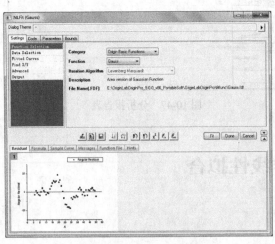

图 10-50　NLFit 对话框

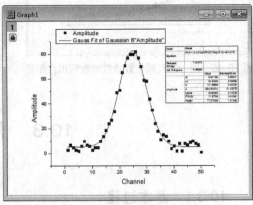

图 10-51　用 Gauss 函数进行拟合

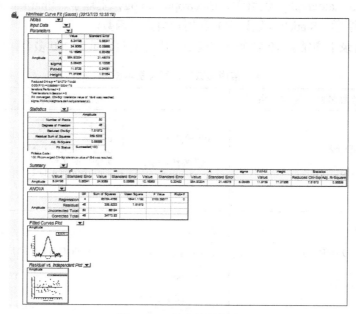

图 10-52 拟合结果报表

10.3.2 Nonlinear Fitting 对话框详解

NLFit 对话框主要由 3 部分组成，分别是上部的一组参数设置标签、中间的一组主要的控制按钮以及下部的一组信息显示标签。

在控制按钮上部的一组标签，如图 10-53 所示。

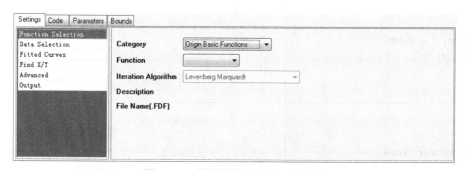

图 10-53 控制按钮上部的一组标签

主要是用来设置拟合的参数：

■ Setting 标签：包括 4 个子项。

（1）Function Selection：

可以选择要使用的拟合函数，包括 Category（函数所属种类）、Function（具体的函数）、Description（函数的描述）和 File Name（函数的来源和名称）。

函数目录包括基本类型（Origin Basic Functions）按形式分类（By Form，包括 Exponential 指数、Growth/Sigmoidal 生长/S 曲线、Hyperbola 双曲线、Logarithm 对数、Peak Functions 峰函数、Polynomial 多项式、Power 幂函数、Rational 有理数、Waveform 波形）、按领域（By

Field，包括 Chromatography 色谱学、Electrophysiology 生理学、Pharmacology 药理学、Spectroscopy 光谱学、Statistics 统计学）和用户自定义函数。

每一函数目录下通常有 10 多个具体函数，所有函数总量为 200 多个，如表 10-3 所示。

表 10-3 各类常用函数的方程及基本图形

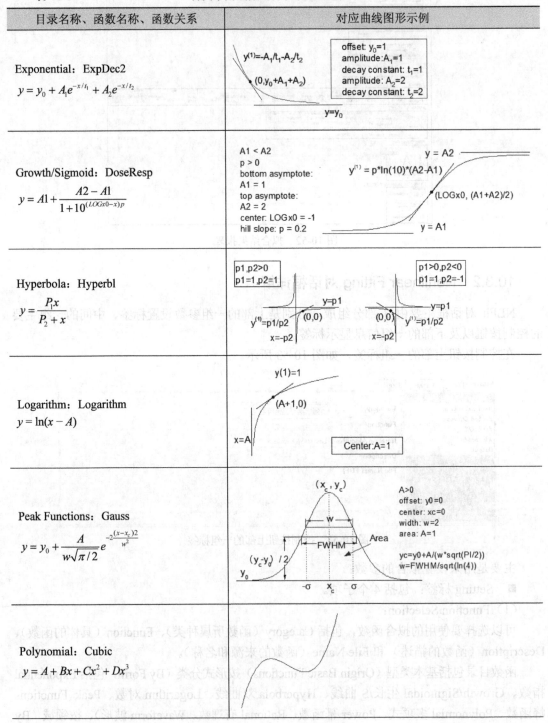

目录名称、函数名称、函数关系	对应曲线图形示例
Exponential：ExpDec2 $y = y_0 + A_1 e^{-x/t_1} + A_2 e^{-x/t_2}$	$y^{(1)} = -A_1/t_1 - A_2/t_2$ $(0, y_0 + A_1 + A_2)$ $y = y_0$ offset: $y_0 = 1$ amplitude: $A_1 = 1$ decay constant: $t_1 = 1$ amplitude: $A_2 = 2$ decay constant: $t_2 = 2$
Growth/Sigmoid：DoseResp $y = A1 + \dfrac{A2 - A1}{1 + 10^{(LOGx0 - x)p}}$	A1 < A2 p > 0 bottom asymptote: A1 = 1 top asymptote: A2 = 2 center: LOGx0 = -1 hill slope: p = 0.2 $y = A2$ $y^{(1)} = p*\ln(10)*(A2-A1)$ (LOGx0, (A1+A2)/2) $y = A1$
Hyperbola：Hyperbl $y = \dfrac{P_1 x}{P_2 + x}$	p1,p2>0 p1=1,p2=1 $y = p1$ $(0,0)$ $y^{(1)} = p1/p2$ x=-p2 p1>0,p2<0 p1=1,p2=-1 $y=p1$ $(0,0)$ $y^{(1)} = p1/p2$ x=-p2
Logarithm：Logarithm $y = \ln(x - A)$	y(1)=1 (A+1,0) x=A Center:A=1
Peak Functions：Gauss $y = y_0 + \dfrac{A}{w\sqrt{\pi/2}} e^{-2\frac{(x-x_c)^2}{w^2}}$	(x_c, y_c) w FWHM $(y_c - y_0)/2$ y_0 $-\sigma$ x_c σ A>0 offset: y0=0 center: xc=0 width: w=2 area: A=1 yc=y0+A/(w*sqrt(PI/2)) w=FWHM/sqrt(ln(4))
Polynomial：Cubic $y = A + Bx + Cx^2 + Dx^3$	

目录名称、函数名称、函数关系	对应曲线图形示例

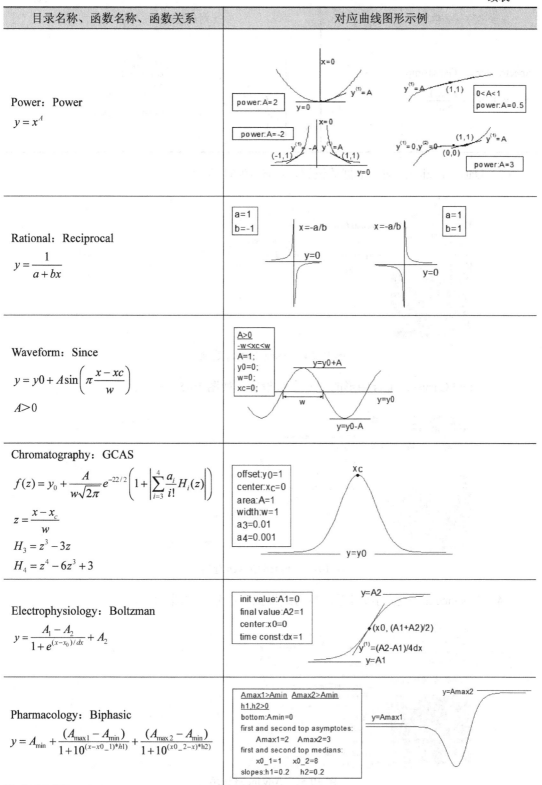

Power：Power

$$y = x^A$$

power:A=2   y=0   x=0 $y^{(1)} = A$

$y^{(1)} = A$ (1,1)   0<A<1   power:A=0.5

power:A=-2   x=0 $y^{(1)} = -A$ $y^{(1)} = A$ (-1,1)   (1,1)   y=0

$y^{(1)} = 0, y^{(2)} = 0$ (1,1) $y^{(1)} = A$ (0,0)   power:A=3

Rational：Reciprocal

$$y = \frac{1}{a + bx}$$

a=1, b=-1   x=-a/b   y=0

a=1, b=1   x=-a/b   y=0

Waveform：Since

$$y = y0 + A \sin\left(\pi \frac{x - xc}{w}\right)$$

$$A > 0$$

A>0, -w<xc<w, A=1; y0=0; w=0; xc=0;   y=y0+A   w   y=y0   y=y0-A

Chromatography：GCAS

$$f(z) = y_0 + \frac{A}{w\sqrt{2\pi}} e^{-22/2}\left(1 + \left|\sum_{i=3}^{4} \frac{a_i}{i!} H_i(z)\right|\right)$$

$$z = \frac{x - x_c}{w}$$

$$H_3 = z^3 - 3z$$

$$H_4 = z^4 - 6z^3 + 3$$

offset:y0=1, center:xc=0, area:A=1, width:w=1, a3=0.01, a4=0.001   xc   y=y0

Electrophysiology：Boltzman

$$y = \frac{A_1 - A_2}{1 + e^{(x-x_0)/dx}} + A_2$$

init value:A1=0, final value:A2=1, center:x0=0, time const:dx=1   y=A2   (x0, (A1+A2)/2) $y^{(1)} = (A2-A1)/4dx$ y=A1

Pharmacology：Biphasic

$$y = A_{\min} + \frac{(A_{\max 1} - A_{\min})}{1 + 10^{(x - x0\_1)*h1}} + \frac{(A_{\max 2} - A_{\min})}{1 + 10^{(x0\_2 - x)*h2}}$$

Amax1>Amin   Amax2>Amin   h1,h2>0   bottom:Amin=0   first and second top asymptotes: Amax1=2   Amax2=3   first and second top medians: x0_1=1   x0_2=8   slopes:h1=0.2   h2=0.2   y=Amax1   y=Amax2

目录名称、函数名称、函数关系	对应曲线图形示例
Spectroscopy: GaussAmp $y = y_0 + Ae - \dfrac{(x - x_c)^2}{2w^2}$	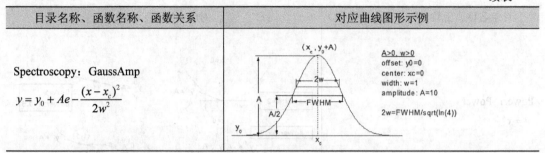

（2）DataSelection：输入数据的设置，如图 10-54 所示。

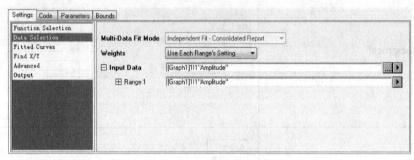

图 10-54　DataSelection 选项

（3）Fitted Curves：拟合图形的一些参数设置，如图 10-55 所示。

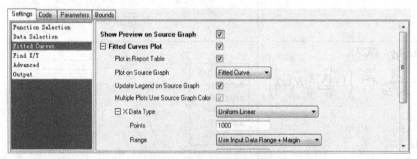

图 10-55　Fitted Curves 选项

（4）Advanced：一些高级设置，参考线性拟合部分，如图 10-56 所示。

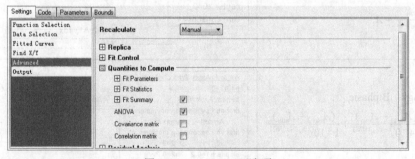

图 10-56　Advanced 选项

（5）Output：输出设置，如图 10-57 所示。

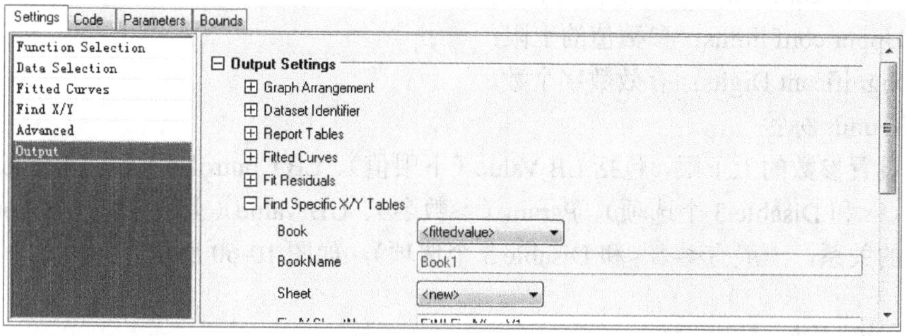

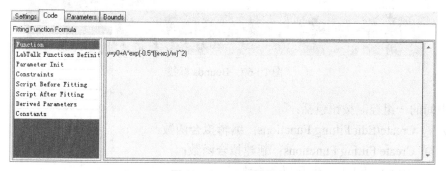

图 10-57　Output 选项

■　Code 标签：显示拟合函数的代码、初始化参数和限制条件，如图 10-58 所示。

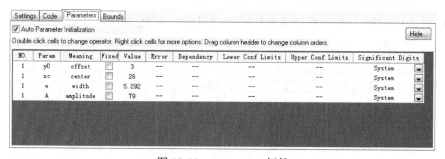

图 10-58　Code 标签

■　Parameters 标签：将各个参数列为一个表格，如图 10-59 所示。

NO.	Param	Meaning	Fixed	Value	Error	Dependency	Lower Conf Limits	Upper Conf Limits	Significant Digits	
1	y0	offset	☐	3	--	--	--	--	System	▼
1	xc	center	☐	26	--	--	--	--	System	▼
1	w	width	☐	5.292	--	--	--	--	System	▼
1	A	amplitude	☐	79	--	--	--	--	System	▼

图 10-59　Parameters 标签

表格中的列包括：

（1）Param：参数名；

（2）Meaning：参数的意义；

（3）Fixed：是否为固定值；

（4）Value：参数值；

（5）Error：误差值；

（6）Dependency：置信值；

（7）Lower conf limits：参数值的下限；

（8）Upper conf limits：参数值的上限；

（9）Significant Digits：有效数字个数。

■　Bounds 标签

可以设置参数的上下限，包括 LB Value（下限值）、LB Control（下限值与参数的关系，一般有<=、<和 Disable 3 个选项）、Param（参数名）、UB Value（上限值）、UB Control（上限与参数的关系，一般有<=、<和 Disable 3 个选项），如图 10-60 所示。

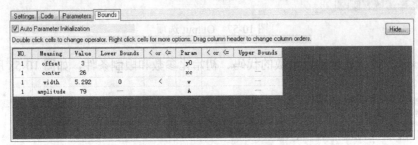

图 10-60　Bounds 标签

在中间的一组控制按钮包括：

（1）🏭 Create/Edit Fitting Functions：编辑拟合函数；

（2）🏭 Create Fitting Functions：新建拟合函数；

（3）🖫 Save FDF File：保存拟合函数；

（4）🖻 Initialize Parameters：初始化参数；

（5）🖻 Simplex：给参数赋予近似值；

（6）𝑥² Calculate Chi-Square：计算 Chi-Square 值；

（7）🖍 1 Iteration：使当前函数每次运行时只执行一次；

（8）🖍 Fit till Converged：使当前函数每次运行时不断循环执行直到结果在规定范围内。

在控制按钮下面，是一组信息显示标签。

■　Fit Curve：拟合结果的预览图，如图 10-61 所示。

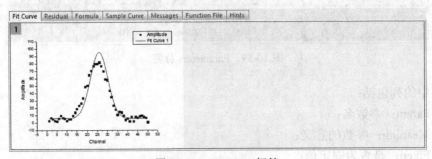

图 10-61　Fit Curve 标签

■　Residual：残留分析图形预览，如图 10-62 所示。

Fit Curve
Residual
Formula
Sample Curve
Messages
Function File
Hints
Regular Residual
Regular Residual
A

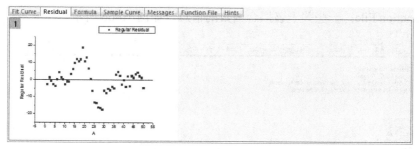

图 10-62 Formula 标签

- Formula：拟合函数的数学公式，如图 10-63 所示。

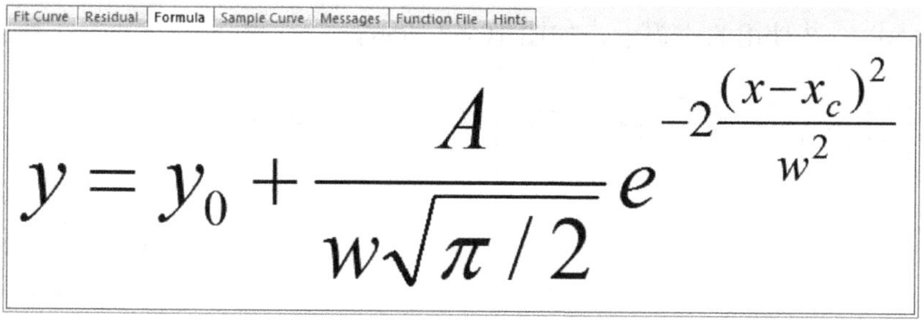

Fit Curve
Residual
Formula
Sample Curve
Messages
Function File
Hints
$y = y_0 + \frac{A}{w\sqrt{\pi/2}} e^{-2\frac{(x-x_c)^2}{w^2}}$

图 10-63 Formula 标签

- Sample Curve：显示拟合示例曲线（图形），如图 10-64 所示。

Fit Curve
Residual
Formula
Sample Curve
Messages
Function File
Hints
(x_c, y_c)
w
FWHM
Area
$(y_c-y_0)/2$
y_0
-σ
x_c
σ
A>0
offset: y0=0
center: xc=0
width: w=2
area: A=1
yc=y0+A/(w*sqrt(PI/2))
w=FWHM/sqrt(ln(4))

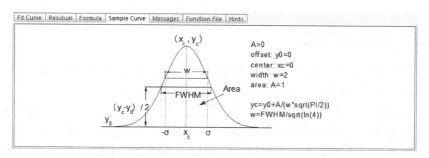

图 10-64 Sample Curve 标签

- Messages：显示用户的操作过程，Log 记录，如图 10-65 所示。

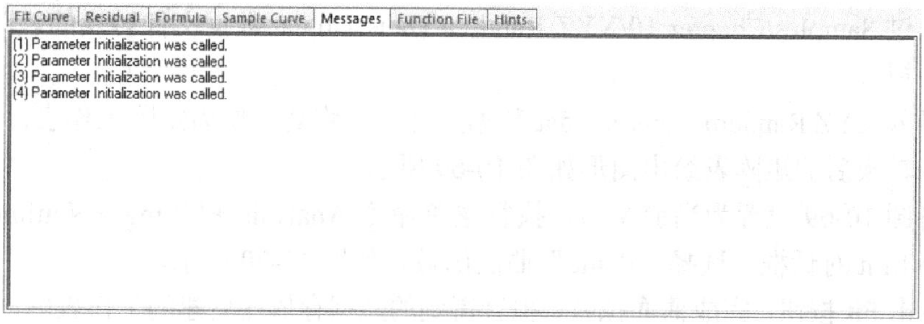

Fit Curve
Residual
Formula
Sample Curve
Messages
Function File
Hints
(1) Parameter Initialization was called.
(2) Parameter Initialization was called.
(3) Parameter Initialization was called.
(4) Parameter Initialization was called.

图 10-65 Messages 标签

■ Function File：一些关于该拟合函数的信息，如图 10-66 所示。

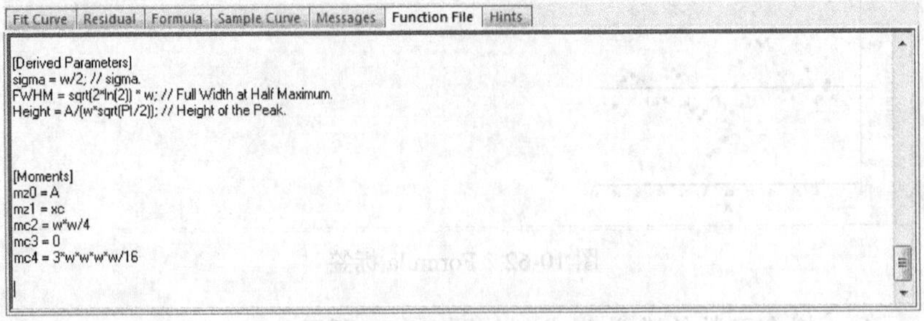

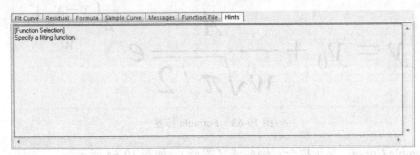

图 10-66 Function File 标签

■ Hints：一些使用的小提示，如图 10-67 所示。

图 10-67 Hints 标签

10.3.3 非线性曲面拟合

非线性曲面拟合是 Origin 9.0 的特色功能之一，通过内置的表面拟合函数可以完成对三维数据的拟合。非线性曲面拟合操作与非线性曲线拟合基本相同。

如果拟合数据是工作表数据，需要工作表有 XYZ 列数据，选中工作表中 XYZ 列数据，选择菜单命令，即可完成非线性曲面拟合；如果拟合数据是矩阵工作表数据，选中矩阵工作表中数据，选择菜单命令 Analysis→Nonlinear Matrix Fit，即可完成非线性曲面拟合。

如果对三维曲面进行拟合，该三维曲面必须采用矩阵绘制，其拟合过程与上面一样，也是执行菜单命令 Analysis→Fitting→Nonlinear Surface Fit。因为曲面拟合有两个自变量，因此散点图无法表示平面的残差，必须采用轮廓图。

下面通过 Samples/Chapter 10/XYZ Random Gaussian.dat 数据文件转换的矩阵，来说明非线性曲面拟合。

（1）导入 XYZ Random Gaussian.dat 数据文件，并将其转换为矩阵工作表，如图 10-68 所示。根据转换后的矩阵表绘出图形如图 10-69 所示。

（2）将图 10-69 设置为当前窗口，执行菜单命令 Analysis→Fitting→Nonlinear Surface Fit，打开 NLFit 对话框，选择 "Plane" 曲面函数，如图 10-70 所示。

（3）单击 Fit 按钮，完成曲面拟合，拟合得到的数据存放在新建的工作表中，如图 10-71 所示。

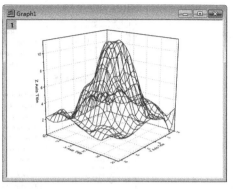

图 10-68　矩阵工作表　　　　　　　　　　图 10-69　绘出图形

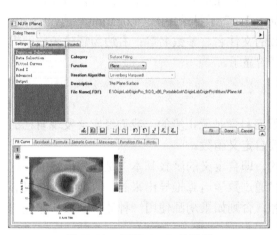

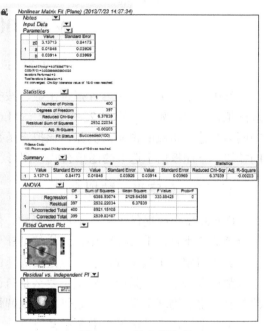

图 10-70　打开 NLFit 对话框　　　　　　　图 10-71　输出报告表

10.4　拟合函数管理器和自定义拟合函数

拟合函数管理器（Fitting Function Organizer，FFO）是 Origin 9.0 的又一亮点。所有内置拟合函数和自定义拟合函数都由拟合函数管理器进行管理。

每一个拟合函数都以扩展名 fdf 的文件形式存放。内置拟合函数存放在 Origin 9.0/FitFunc 子目录下，用户自定义拟合函数存放在 Origin 9.0 用户子目录下的 FitFunc 子目录中。

10.4.1　拟合函数管理器

执行菜单命令 Tools→Fitting Function Organizer，或采用 F9 快捷键打开拟合函数管理器，如图 10-72 所示。拟合函数管理器也分为上、下面板。

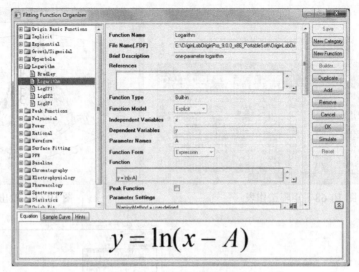

图 10-72 拟合函数管理器

其中，上面板左边为内置拟合函数，按类别存放在不同的子目录中，可以用鼠标左键选择拟合函数，例如，图 10-72 中选择了"Logarithm"子目录中的"Logarithm"拟合函数；中间为对选中函数的说明，例如，该拟合函数的文件名、参数名等；右边为新建函数编辑的按钮。下面板用于选中的函数公式、图形等的显示。

10.4.2 自定义函数拟合

Origin 中已经提供了超过 200 种函数，然而科学是无止境的，我们经常会发现自己的拟合函数并不存在于 Origin 中，这样的话就要自定义函数。

关于自定义函数拟合，有一点是要思考的，即自定义的函数基本上是预先确定的，这些函数要么来源于文献中的模型，要么是自己通过数学运算推导出来的，因此拟合结果必然具有一定的物理意义，其结果可以加以解释，否则如果胡乱使用一种数学函数，即使拟合结果非常好，可以说也是毫无意义的。

下面以一实例来介绍用户自定义函数拟合的过程：

（1）首先打开 Tools 菜单中的 Fitting Functions Organizer 拟合函数管理器。在 User Definded 用户自定义下面建立目录和函数。

单击 New Category 建立目录"MyFuncs"，然后再单击 New Function 将自定义函数命名为"MyExp"，以上两个名称直接输入到文本框中。

（2）现在进行最重要的工作，即构建函数。一个函数关系是由自变量、因变量和相关常量构成的，常量在这里称为 Parameter，事实上曲线拟合就是为了求得这些参数的最佳合理值，在拟合之前这些参数是未知的，因此也要使用各种代码来表示。

对于本实例来说，保持 Independent Variables（自变量）为 x，Dependent Variables（因变量）为 y 不变，拟合时这些 x 和 y 对应着源数据的记录，Parameter Names 参数名称则修改为 y0、a、b 即共有 3 个参数。

为了帮助用户正确地完成自定义函数的工作，当将鼠标左键单击相应输入框时，在对话框最下面的 Hints 中会有进一步的提示，如图 10-73 所示，鼠标停留在 Parameter Names，

Hints 框中告诉我们如何命名参数、名称等。

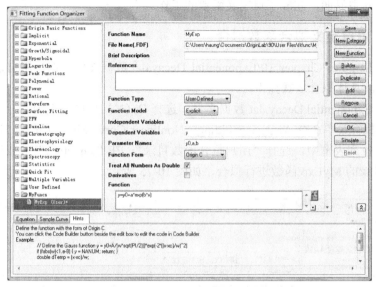

图 10-73　使用拟合函数管理器建立自定义目录和函数

（3）完成了函数定义后，为了能够在 Origin 中进行使用，必须经过代码编译，编译后自定义函数就与内部函数一样成为系统的一部分。

单击  调用 Coder Builder 进行编译。可以看到系统自动将我们刚刚定义的函数编译成 C 语言代码。不要管这些代码，而是直接单击 Compile 编译，可以看到左下角出现编译和链接状态提示，当看到 Done 即完成了编译工作，单击 Return to Dialog 返回自定义函数对话框，如图 10-74 所示。

图 10-74　代码编译

（4）单击 Save 保存按钮进行保存，可以单击 Simulate 对函数进行模拟，然后单击 OK
按钮回到 Origin 主界面，完成了自定义函数的工作。

10.4.3 用自定义拟合函数拟合

下面采用 Samples/Chapter 10/Exponential Decay.dat 数据文件为例，用自定义拟合函数
进行拟合说明。具体拟合步骤如下：

（1）导入 Exponential Decay.dat 数据文件，选择 B（Y）列作散点图。

（2）选择执行菜单命令 Analysis→Fitting→Nonlinear Curve Fit，打开 NLFit 对话框。在
"Category"下拉列表框中，选择"用户拟合函数目录"；在"Function"下拉列表框中，选
择 MyFuncs 目录的 MyExp 函数进行拟合，如图 10-75 所示。

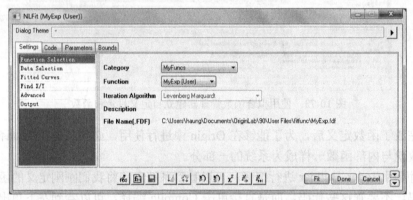

图 10-75 选择 MyFuncs 目录的 MyExp 函数进行拟合

（3）为了得到有效的结果和减少处理工作量，必须单击"Parameters"进行参数设置，
如图 10-76 所示，在这里我们输入自定义的 3 个参数原始值，都定义为 1。

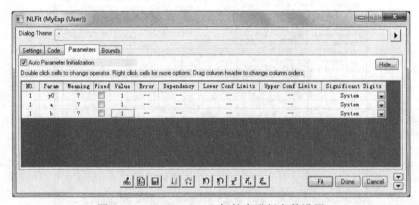

图 10-76 "Parameters"标签中进行参数设置

然后单击鼠标所指的按钮 Fit Till Converged 即拟合直到数据收敛，完成收敛后即可得
到 y0、a 和 b 的值，单击 OK 按钮返回主界面，完成拟合。结果如图 10-77 所示。

将拟合结果存放到报告中，如图 10-78 所示。表格显示了自定义函数方程式、三个参
数以及相关系数 R^2 的数值，R^2=0.985 表示拟合情况良好。

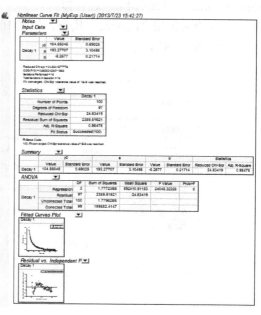

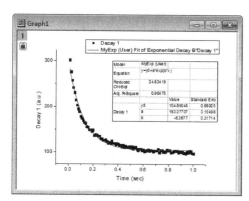

图 10-77　用自定义拟合函数拟合的结果

图 10-78　拟合结果报表

10.5　拟合数据集对比

在实际工作中，仅仅对曲线进行了拟合或找出了参数是不够的，用户有时可能需要进行多次拟合，从中找出最佳的拟合函数与拟合参数。例如，用户可能需要进行多次拟合，从中找出最佳的拟合函数与拟合参数。

例如，用户可能需要比较两组数据集，确定两组数据集的样本是否属于同一总体空间；或者想知道某数据集是用 Gaussian 模型还是用 Lorentz 模型拟合更佳。Origin 9.0 提供了数据集对比和拟合模型对比工具，用于比较不同数据集之间是否有差别和对同一数据集采用哪一种拟合模型更好。

与以前版本不同的是，Origin 9.0 拟合对比是在拟合报表（Fit Report Worksheets）中进行的，所以必须采用不同的拟合方式进行拟合，得到包括残差平方和（RSS）、自由度（df）和样本值（N）的拟合报表。

下面以 Samples/Chapter 10/Lorentzian.dat 数据文件为例，分析该数据工作表中 B（Y）数据集与 C（Y）数据集是否有明显差异。具体拟合数据集对比步骤如下：

（1）导入需要拟合对比数据，Lorentzian.dat 数据文件工作表如图 10-79 所示。

（2）选中 B（Y）列数据，执行菜单命令 Analysis→

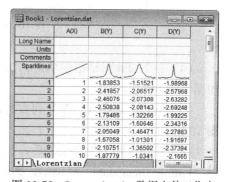

图 10-79　Lorentzian.dat 数据文件工作表

Fitting→Nonlinear Curve Fit，进行拟合。

（3）拟合时采用"Lorentz"模型，如图 10-80 所示；并将拟合结果输出到拟合报表中，具体设置如图 10-81 所示。

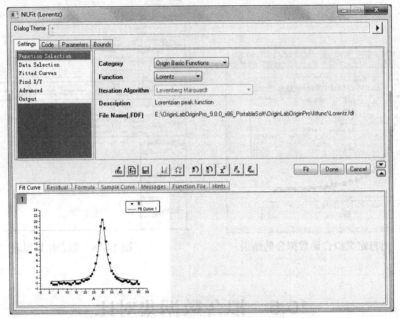

图 10-80 采用"Lorentz"模型

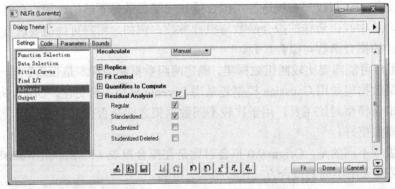

图 10-81 NLFit 对话框中进行设置

（4）在 NLFit 对话框中单击 按钮，完成拟合，单击 OK 按钮完成拟合。其拟合报表如图 10-82 所示。

（5）同理，选中 C（Y）列数据，完成步骤（2）～（4）的操作，得到的拟合报表如图 10-83 所示。

（6）在完成两个拟合报表后，执行菜单命令 Analysis→Fitting→Compare Datasets，打开"Fitting: fitcmpdata"对话框，如图 10-84 所示。

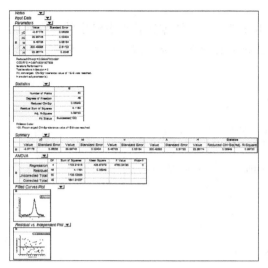

图 10-82　B（Y）列数据得到的拟合报表　　　　图 10-83　C（Y）列数据得到的拟合报表

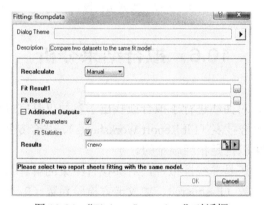

图 10-84　"Fitting: fitcmpdata"对话框

（7）在"Fit Result 1"和"Fit Result 2"栏的⊡分别单击，弹出 Report Tree Browser 对话框，选择输入拟合报表名称，如图 10-85 和图 10-86 所示。

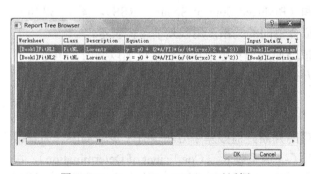

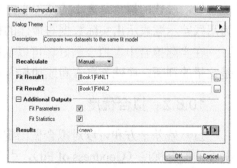

图 10-85　Report Tree Browser 对话框　　　　图 10-86　选择输入拟合报表名称

（8）设置完成之后，单击 OK 按钮，完成整个拟合数据集对比过程，最终得到数据比较报表，如图 10-87 所示。

（9）从图 10-87 中可以看出，由于两数据组差别较大，数据比较报表给出的拟合对比信息为：在置信度水平为 0.95 的条件下，两组数据差异显著。通过拟合对比，证明这两数据组不可能属于同一总体空间。

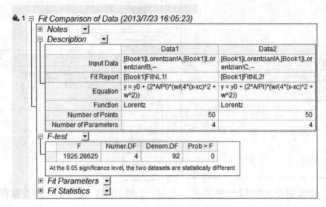

图 10-87　数据比较报表

10.6　拟合结果分析

在实际拟合工作中，对曲线进行了拟合或找出了参数仅是完成后一部分工作，用户还必须根据拟合结果，如拟合报表（Fit Report Worksheets）、结合专业知识，对拟合做出正确的解释，而这部分工作可以说是相当艰难的。

不论拟合是线性拟合还是非线性拟合，对其拟合结果的解释基本相同。通常情况下，用户是根据拟合的决定系数（R-square）、加权卡方检验系数（Reduced Chi-square）及对拟合结果的残差分析而得出拟合结果的优劣的。

10.6.1　最小二乘法

最小二乘法（Least-Squares Method）是用于检验参数的最常用的方法，根据最小二乘法理论，最佳的拟合是最小的残差平方和（Reduced Sum of Square，RSS）。图 10-88 所示为用残差示意表示出实际数据与最佳的拟合值间的关系，用残差 $y_i - \hat{y}_i$ 表示。

在实际拟合中，拟合的好坏可以从拟合曲线与实际数据是否接近加以判断，但这都不是定量的判断，而残差平方和或加权卡方检验系数可以作为定量判断。

10.6.2　拟合优度

虽然残差平方和可以对拟合做出定量的判断，但残差平方和也有一定的局限。为获得最佳的拟合优度（Goodness of Fit），引入了决定系数 R^2（Coefficient of Determination），决定系数 R^2 其值在 0～1 变化。若 R^2 接近 1 时，表明拟合效果好，注意决定系数 R^2 不是 r（相关系数）的平方，千万不能搞混了。此外，如果 Origin 在计算时出现 R^2 值不在 0～1 之间，则表明该拟合效果很差。

　　从数学的角度看，决定系数 R^2 受拟合数据点数量的影响，增加样本数量可以提高 R^2 值。为了消除这一影响，Origin 还引入了校正决定系数 R^2_{adj}（adjusted R^2）。

　　尽管有了决定系数 R^2 和校正系数 R^2_{adj}，在有的场合下，还是不能够完全正确地判断拟合效果。例如，对图 10-89 中的数据点进行拟合，四个数据集都可以得到理想的 R^2 值，但很明显图 10-89 中的 b、c 和 d 拟合得到的模型是错误的，仅有图 10-89a 拟合得到的模型是比较合适的。

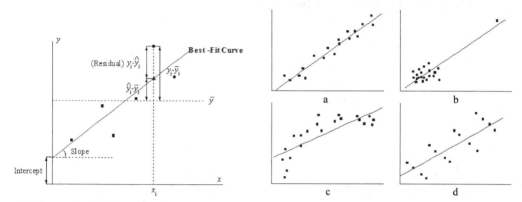

图 10-88　实际数据与最佳的拟合值间的关系　　图 10-89　决定系数不能完全判断拟合效果的示意图

　　因此，在拟合完成时，要认真分析拟合图形，在必要时还必须对拟合模型进行残差分析，在此基础上，才可以得到最佳的拟合优度。

10.6.3　残差图形分析

　　Origin 在拟合报表中提供了多种拟合残差分析图形，其中包括残差-自变量图形（Residual vs. Independent）、残差-数据顺序图形（Residual vs. Order of the Data）和残差-估计值图形（Residual vs. Predicted Value）等。用户可以根据需要在 NLFit 对话框的"Residual Plots"栏中设置残差分析图输出，如图 10-90 所示。

　　不同的残差分析图形可以给用户提供模型假设是否正确，提供如何改善模型等有用信息。例如，如果残差散点图显示无序，则表明拟合优度好。用户可以根据需要选择相关的残差分析图形，对拟合模型进行分析。

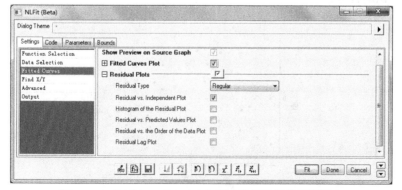

图 10-90　在"Residual Plots"栏中设置残差分析图输出

残差散点图可以提供很多有用的信息。例如，残差散点图显示残差值随自变量变化具有增加或降低的趋势，则表明随自变量变化拟合模型的误差增大或减小，如图 10-91a、b 所示；误差增大或减小都表明该模型不稳定，可能还有其他因素影响模型。图 10-91c 所示情况为残差值不随自变量变化，这表明模型还是稳定的。

残差-数据时序图形可以用于检验与实践有关的变量在试验过程中是否漂移。当残差在 0 周围随机分布时，则表明该变量在试验过程中没有漂移，如图 10-92a 所示；反之，则表明该变量在试验过程中有漂移，如图 10-92b 所示。

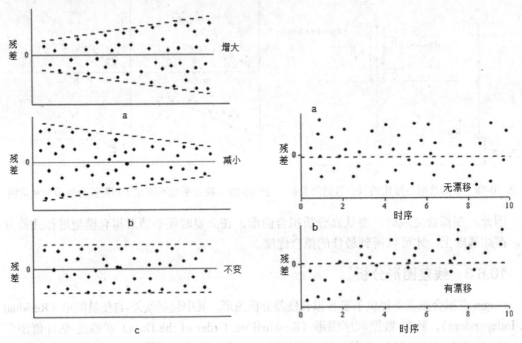

图 10-91　残差散点图残差值随自变量变化趋势　　图 10-92　检验变量在试验过程中是否漂移残差散点图

残差散点图还可以提供改善模型信息。例如，拟合得到的具有一定曲率的残差-自变量散点图，如图 10-93 所示。该残差散点图表明，如果采用更高次数的模型进行拟合，可能会获得更好的拟合效果。当然，这里只是说明了一般情况，在分析过程中，还要根据具体情况和专业知识进行分析。

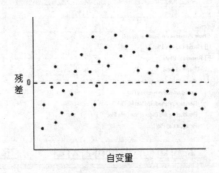

图 10-93　具有一定曲率的残差-自变量散点图

10.6.4　其他拟合后分析

有时会需要从拟合曲线上求取数据，可以打开 NLFit 对话框，通过对"Advanced"标签中的"Find Specific X/Y"栏进行设置来完成。

例如，在 10.5 节中对 Lorentzian.dat 数据文件中 B 列进行了非线性曲线拟合，想在拟合函数中读取数据，可以打开 NLFit 对话框，在"Find X/Y"栏进行设置，如图 10-94 所示。拟合完成后，会生成"FitNLFindYfromX1"工作表。

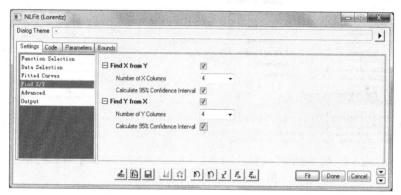

图 10-94　对"Find X/Y"栏进行设置

10.7　曲线拟合综合举例

10.7.1　自定义函数拟合

下面我们来研究激光功率与加工线宽的影响，实验数据列如表 10-4 所示，要求利用公式 10-7 进行分析。从 Origin 内置函数中没有找到该函数，因此考虑采用自定义拟合函数。

表 10-4　　　　　　　　　　　　　　　　某实验结果

激光功率/mW	6.11	6.44	6.79	7.17	7.57	8.00	8.47	8.98	9.53
线宽/nm	121	228	255	290	317	341	367	378	413

理论分析激光功率 X 与线宽 Y 关系如下：

$$y = a\sqrt{\ln\frac{x}{b}} \qquad (10\text{-}7)$$

下面我们用上面的函数来拟合表中的数据。

1. 建立用户自定义函数

（1）执行菜单命令 Tools→Fitting Function Organizer 或单击快捷键 F9，打开 Fitting Function Organizer。单击 New Category 按钮，创建一个函数类，可以根据自己需要重命名，比如 My Functions，本例建立在 MyFuncs 函数类下。然后单击 New Function，在这个类下面创建一个新的函数，然后命名，比如 Myfunction，如图 10-95 所示。

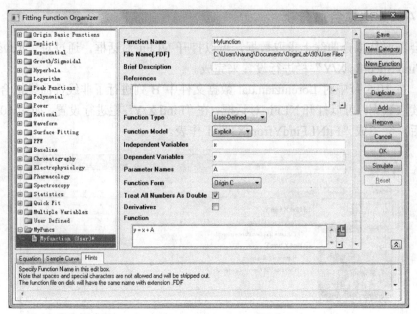

图 10-95　创建一个新的函数

（2）对该函数进行简短的描述，定义函数所需参数，输入函数方程。然后，进行最最关键的一步：函数编译！编译正确的前提是：方程正确。方程中的相关参数在方程之前进行了创建，方程中的运算符格式符合 C 语言规则。输入公式为 y=a*sqrt(ln(x/b))。

其中，a，b，x 为待定参数，定义函数如图 10-96 所示。参数声明和方程建立完成之后，单击▣按钮进入编译界面，单击 Compile，如图 10-97 所示，如果编译成功出现界面如图 10-98 所示。

图 10-96　定义函数所需参数

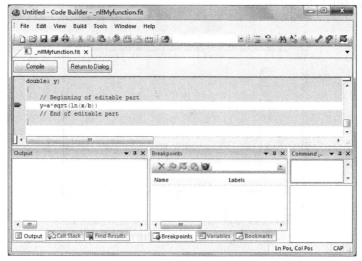

图 10-97 进入编译界面

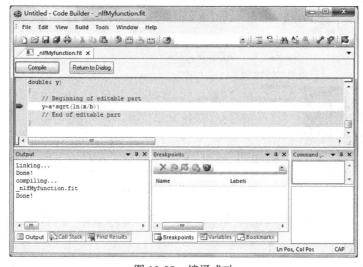

图 10-98 编译成功

2. 自定义拟合函数的使用

曲线拟合的目的是得到曲线的方程，从而计算得到自己关心的数据。以半圆为例，自定义拟合函数的调用如下：

（1）输入数据，数据工作表如图 10-99 所示。

（2）利用数据绘制散点图，绘出的散点图如图 10-100 所示。

（3）单击曲线，执行菜单命令 Analysis→Fitting→Non-linear Curve Fit，打开 NLFit 对话框，选定自己定义的函数，如图 10-101 示。

然后单击参数（parameter）选项卡，设置初始值，初始值的大小只需要凭自己经验给定一个大概的值即可，输

	A(X)	B(Y)
Long Name		
Units		
Comments		
1	6.11	121
2	6.44	228
3	6.79	255
4	7.17	290
5	7.57	317
6	8	341
7	8.47	367
8	8.98	378
9	9.53	413
10		
11		
12		

图 10-99 工作表格

入为 "400，6"，如图 10-102 所示。

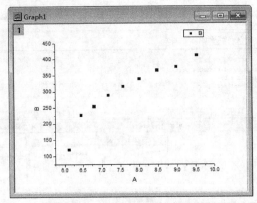

图 10-100　应用数据作出的散点图

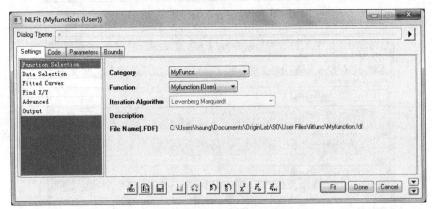

图 10-101　调用自定义函数

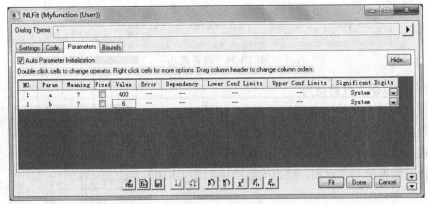

图 10-102　参数（parameter）选项卡

（4）拟合结果并不很理想，然后直接拟合到收敛，得到的值如图 10-103 所示。该拟合效果很好，单击 OK 按钮完成拟合，得到拟合图形和拟合报告，如图 10-104 和图 10-105 所示。

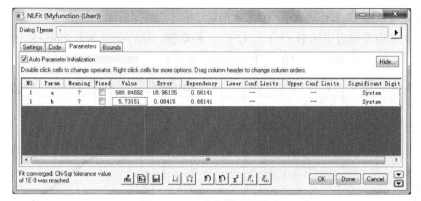

图 10-103 直接拟合到收敛

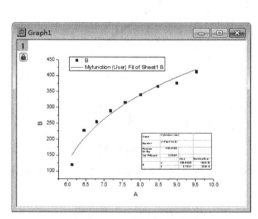

图 10-104 拟合的结果

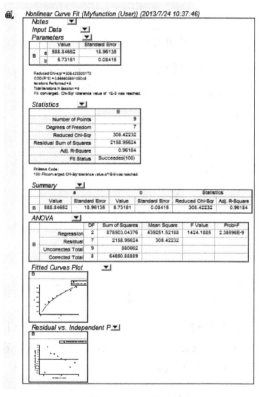

图 10-105 拟合报告

10.7.2 指数函数线性回归

指数函数线性回归要求图形由上下两部分组成。上部分纵坐标为以 10 为底的对数，下部分为普通直角坐标，纵坐标和横坐标分别为 Rate 和 Time。数据中 Rate（Y）和 Time（X）随 Time（X）呈指数下降趋势。绘图后对上图中的数据进行线性回归。

下面介绍指数函数线性回归，数据来源于 Samples/Chapter 10/Apparent Fit.dat 数据文件。绘图步骤如下：

（1）导入 Apparent Fit.dat 数据文件，将其工作表选择为当前窗口，新建一列，将该列值设置为 Log（B）。该工作表如图 10-106 所示。

（2）分别选中工作表中的 B（Y）和 C（Y）栏数据，执行菜单命名 Plot→Symbol→Scatter 绘制散点图，绘制图形如图 10-107 和图 10-108 所示。

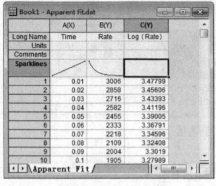

图 10-106　工作表格

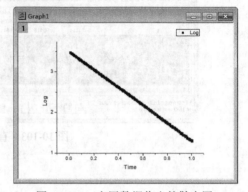

图 10-107　应用数据作出的散点图

（3）选择执行菜单命令 Analysis→Fitting→Fit Linear，打出 Linear Fit 对话框，对 C（Y）栏数据绘制的图形进行线性拟合，得到回归线性方程和图形，如图 10-109 所示。

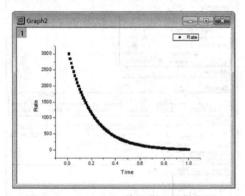

图 10-108　B（Y）数据作出的散点图

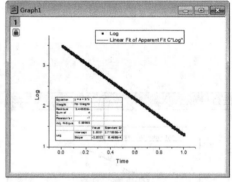

图 10-109　回归线性方程和图形

（4）选择执行菜单命令 Graph→Merge Graph Windows，打开 Graph Manipulation 对话框。在"Arrange Setting"中选取 2 行 1 列，在"Spacing in % Page Dimension"中将垂直间隙设为 0，如图 10-110 所示。

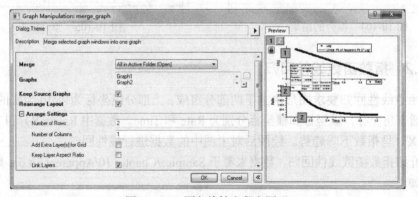

图 10-110　回归线性方程和图形

（5）单击 OK 按钮，得到绘图要求的图形，如图 10-111 所示。

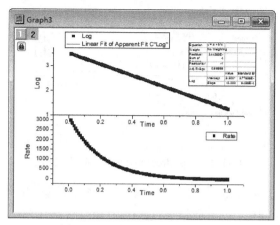

图 10-111　得到绘图要求的图形

10.7.3　多峰值拟合

通过 Analysis→Peaks and Baseline→Multi-peak Fit 命令可以对数据进行多峰拟合。

采用 Samples/Chapter 10/Multi-peak.dat 数据文件为例，介绍多峰值拟合。具体步骤如下：

导入 Samples/Chapter 10/Multi-peak.dat 数据文件，工作表如图 10-112 所示。

（1）选择 B（Y）列数据，生成数据的曲线图，绘制的图形如图 10-113 所示。

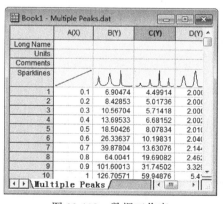

图 10-112　数据工作表

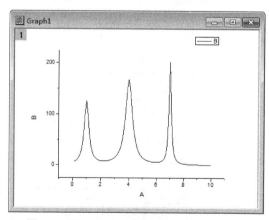

图 10-113　B（Y）列数据生成数据的曲线图

（2）通过执行菜单命令 Analysis→Peaks and Baseline→Multi-peak Fit 打开"Spectroscopy: nlfitpeaks"对话框，如图 10-114 所示。

在该对话框中设置好 Peak Type（拟合方法）、Number of Peaks（峰数目）以及输入输出等参数后单击 OK 按钮，然后在数据的 Graph 上寻找制定数目的峰值，寻找完毕之后便绘制出峰值拟合结果了，如图 10-115 所示。结果拟合报告表如图 10-116 所示。

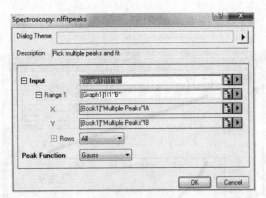

图 10-114 "Spectroscopy: nlfitpeaks" 对话框

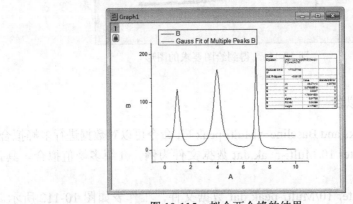

图 10-115 拟合两个峰的结果

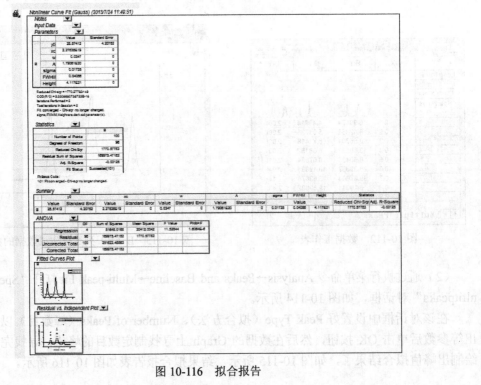

图 10-116 拟合报告

10.8　本 章 小 结

　　曲线拟合是 Origin 所提供的最重要的功能之一，在很大程度上方便了科技工作者在曲线拟合方面的要求。Origin 9.0 提供了强大的线性回归和函数拟合功能，其中最有代表性的是线性回归和非线性最小平方拟合。本章主要介绍了曲线的线性拟合和非线性拟合的方法，并要求读者在此基础上掌握关于自定义函数拟合的方法，希望读者认真研读，真正的掌握。

第 11 章　数据操作与分析

Origin 具有强大的数据分析功能。在试验数据的处理和科技论文对试验结果的分析中，除采用第 10 章中的回归分析和曲线拟合方法，建立经验公式或数学模型外，还经常采用其他数据操作和分析方法对试验数据进行处理。

Origin 提供了强大易用的数据分析功能，例如，数据选取工具、简单数学运算、微分积分计算、插值和外推处理、曲线运算等处理。

本章学习目标：
- 掌握数据选取工具的应用
- 了解插值和外推的方法
- 学会简单数学运算方式
- 掌握数据的排列及归一化

11.1　数学运算概述

Origin 具有强大的数据分析功能。数学处理主要包括插值和外推、简单数学运算、微分和积分、曲线平均等。

这些分析都可以通过 Analysis→Mathematics 菜单选择相应指令进行操作。只要打开对话框，设置好参数，单击 OK 按钮即可在指定的位置输出结果，如图 11-1 所示。

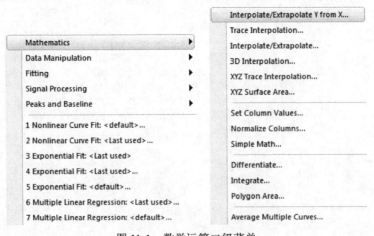

图 11-1　数学运算二级菜单

这些数据运算可以在数据表中进行，也可以在图形窗口中进行，两者的算法选项略有差异。如果是在 Graph 图形窗口中进行，则可以即时看到处理结果的曲线。

而在对话框标题上的，则是相应 X-Function 的名字，因此也可以通过 Command Window 来执行。

11.2 数据运算实例

11.2.1 Interpolate/Extrapolate Y from X..插值/外推求 Y 值

插值是指在当前数据曲线的数据点之间，利用某种算法估算出新的数据点；而外推是指在当前数据曲线的数据点外，利用某种算法估算出新的数据点。

Origin 9.0 中可以实现一维、二维和三维的插值。一维插值指的是给出（x，y）数据，插 y 值。依次类推，二维插值需要给出（x，y，z）数据，插 z 值；三维则是给出（x，y，z，f）数值，插 f 值。

利用 Interpolate/Extrapolate Y from X...命令可以进行外推/插值操作。所谓插值，指的是在已有的数据点之间尽量按照数据原有趋势增加一些数据点；所谓外推，指的是在当前曲线之外按照曲线末端走向，增加一些数据点。

增加数据点的依据是原有的数据趋势，可以有多种算法进行选择，实质是根据一定的算法找到新的 X 坐标对应的 Y 值。

本功能在 Worksheet 中操作，可以根据原数据的趋势，再根据设定的 X 值，计算出适合的 Y 值。

在图形窗口或工作簿为当前窗口时，选择菜单命令 Analysis→Mathematics→Interpolate/Extrapolate，弹出的"Mathematics:interp1"对话框，如图 11-2 所示。其参数设置为：

（1）X Values to Interpolate：制定 X 值范围用于插值；

（2）Input：要处理的数据区域；

（3）Method：分析算法，包括 Linear（线性），Cubic Spline（三次样条插值），Cubic B-Spline（B 样条插值）；

（4）Result of interpolation：插值结果输出区域；

（5）Recalculate：设置输入数据与输出数据的连接关系（即是否因原数据的改变而重新计算），包括 Auto（自动）、Manual（手动）、None（不连接）3 个选项。

下面采用 Samples/Chapter 11/Interpolation.dat 数据进行说明，具体步骤如下：

导入 Samples/Chapter 11/Interpolation.dat 数据文件，其工作表如图 11-3 所示。

用工作簿中的 A（X）、B（Y）绘制散点图，如图 11-4 所示。

（1）在图形窗口或工作表窗口为当前窗口时，选择执行菜单命令 Analysis→ Mathematics→Interpolate / Extrapolate，弹出"Mathematics: interp1xy"插值选项对话框，按图 11-5 所示进行设置后，单击 OK 按钮，进行插值计算。

（2）插值曲线绘制在图形窗口中，如图 11-6 所示。插值数据保存在工作表中，如图 11-7 所示。

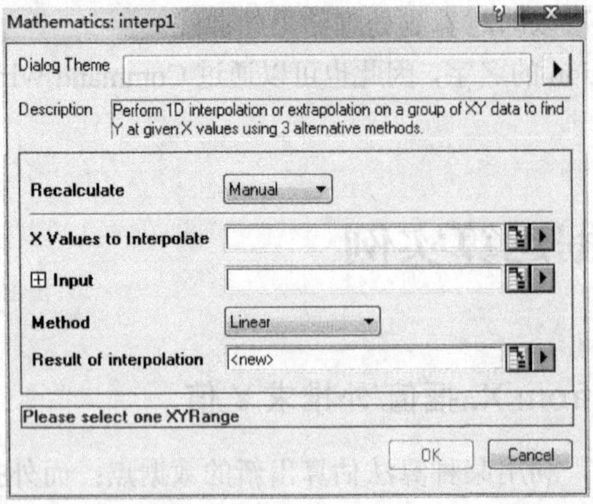

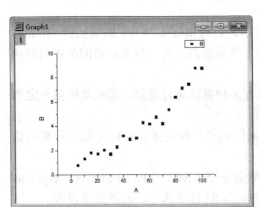

图 11-2 "Mathematics: interp1" 插值选项对话框

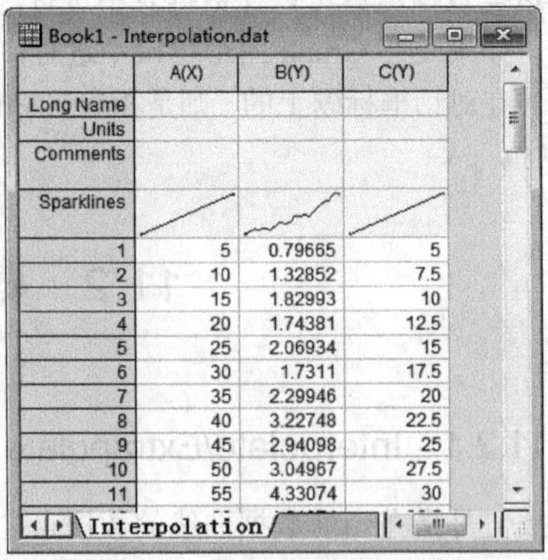

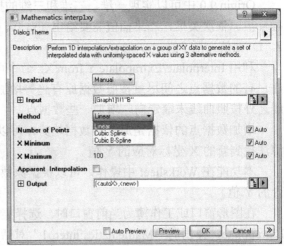

图 11-3 Interpolation.dat 工作表

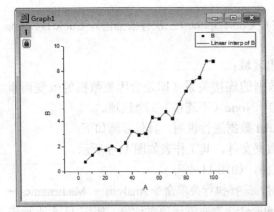

图 11-4 A（X）、B（Y）数据绘制散点图

图 11-5 "Mathematics: interp1xy" 插值选项对话框

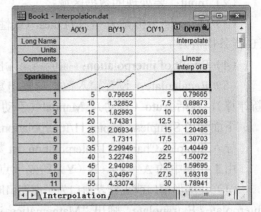

图 11-6 插值曲线

图 11-7 插值数据

若用户不想插某个特定点的值，只是想通过插值增加或减少一些数据点，则可以通过在"Mathematics: interp1xy"插值选项对话框中，指定被插曲线和要插出的数据点个数，然

后 Origin 会生成均匀间隔的插值曲线。

11.2.2 Trace Interpolation 趋势插值

利用 Trace Interpolation 命令可以进行趋势插值操作，适用于工作表或图形窗口。利用这个功能，在原有曲线中均匀地插入 n 个数据点，默认是 100 个点。

下面采用 Samples/Chapter 11/Circle.dat 文件数据进行说明，具体步骤如下：

（1）导入 Samples/Chapter 11/Interpolation.dat 数据文件，其工作表如图 11-8 所示。用工作簿中的 A（X）、B（Y）绘制散点图，如图 11-9 所示。

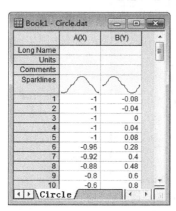

图 11-8　Interpolation.dat 数据工作表　　　　图 11-9　A（X）、B（Y）数据绘制散点图

（2）选择执行菜单命令 Analysis→Mathematics→ Trace Interpolation，弹出 "Mathematics: interp1 trace" 对话框，按图 11-10 所示进行设置后，单击 OK 按钮，进行插值计算。图中参数设置如下：

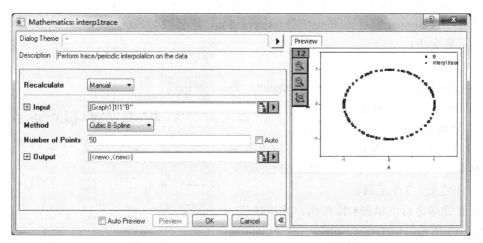

图 11-10　"Mathematics: interp1 trace" 对话框

1）Input：输入数据区域；

2）Method：分析算法，包括 Linear（线性）、Cubic Spline（三次样条插值）、Cubic B-Spline

（B 样条插值）；

　　3）Number of Points：插值点数目；

　　4）Output：插值结果输出区域；

　　5）Recalculate：设置输入数据与输出数据的连接关系，包括 Auto（自动）、Manual（手动）、None（不连接）3 个选项。

　　（3）用原始数据和插值数据绘制散点图，如图 11-11 所示。其中，大黑点为原始数据点，小红点为插值数据点。值得注意的是，轨迹插值工具只能插出间隔均匀的值。

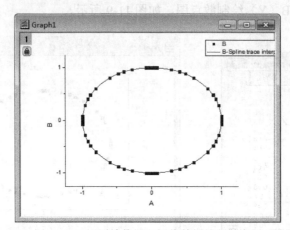

图 11-11　用原始数据和插值数据绘制散点图

11.2.3　3D Interpolation 三维插值

　　三维插值是指（x，y，z，f）数据插第四维 f 值，因此可以通过不同颜色、大小的 3D 散点图来看到效果。

　　导入 Samples/Chapter 11/3D Interpolation.dat 数据文件，工作表如图 11-12 所示。选择执行菜单命令 Analysis→Mathematics→3D Interpolation，弹出 "Mathematics: interp3" 对话框，其中参数设置如下：

　　1）Input：输入数据区域；

　　2）Number of Points in Each Dimension：各个方向上的最大/最小插值点；

　　3）Output：插值结果输出区域；

　　4）Recalculate：设置输入数据与输出数据的连接关系，包括 Auto（自动）、Manual（手动）、None（不连接）3 个选项。

　　设置完毕之后，单击 OK 按钮，完成插值，如图 11-13 所示。例如在 "Number of Points in Each Dimension" 输入 "10"，则会插值出 10*10*10 个点。这些插值点会自动保存在新建的工作表中，如图 11-14 所示。

	A(X)	B(Y)	C(Y)	D(Y)
Long Name	X	Y	Z	F
Units				
Comments				
Sparklines				
1	9.9	9.14	2.29	19.41
2	9.97	5.35	8.16	32.58
3	0.64	2.65	0.24	0.05
4	4.11	4.4	0.6	1.55
5	0.94	8.43	0.75	0.01
6	5.3	8.09	8.88	7.84
7	6.82	0.28	9.85	6.5
8	9.27	0.01	6.2	15.79
9	3.59	2.2	3.88	2.21
10	9.54	6.54	1.31	17.78
11	5.49	9.72	2.57	3.19
12	0.99	0.74	0.15	0.05
13	4.69	3.52	1.7	2.33

图 11-12　3D Interpolation.dat 数据文件

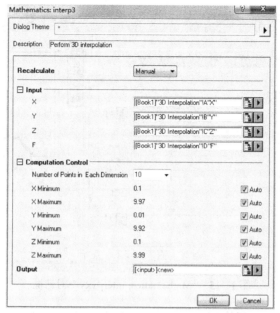

图 11-13 “Mathematics: interp3”对话框

	X(X)	Y(Y)	Z(Z)	F(Y)
Long Name	Interp X	Interp Y	Interp Z	3D Interpolatio
Units				
Comments	3D interp of "X", "Y"	3D interp of "X", "	3D interp of "X", "Y	3D interp of "X",
1	0.1	0.01	0.1	0.51895
2	0.1	0.01	1.19889	0.50087
3	0.1	0.01	2.29778	0.56924
4	0.1	0.01	3.39667	0.46565
5	0.1	0.01	4.49556	0.18785
6	0.1	0.01	5.59444	-0.32486
7	0.1	0.01	6.69333	-1.1822
8	0.1	0.01	7.79222	-2.53703
9	0.1	0.01	8.89111	-4.30201
10	0.1	0.01	9.99	-5.40858
11	0.1	1.11111	0.1	0.30336
12	0.1	1.11111	1.19889	0.42612
13	0.1	1.11111	2.29778	0.56973

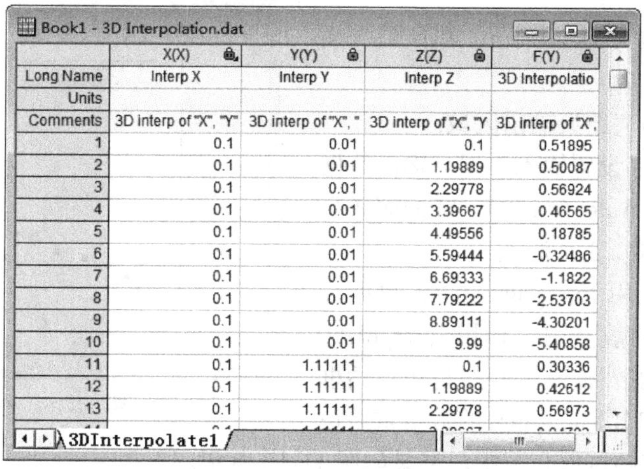

图 11-14 三维插值输出工作表

11.2.4 Interpolate/Extrapolate 插值/外推

前面介绍的是数据插值，而数据外推指的是，在已经存在的最大或最小 X、Y 数据点的前后加入数据。下面用实例进行介绍。

利用 Interpolate/Extrapolate 命令可以进行插值/外推操作，利用这个功能可以设定一个较大的范围（超过原有 X 坐标范围）均匀插入 n 个点。

选择执行菜单命令 Analysis→Mathematics→Interpolate/Extrapolate，弹出“Mathematics: interp1xy”对话框，如图 11-15 所示。

其中参数设置如下：

1）Input：输入数据区域；

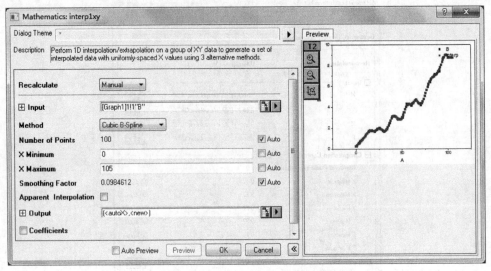

图 11-15 "Mathematics: interp1xy"对话框

2) Method: 分析算法,包括 Linear (线性)、Cubic Spline (三次样条插值)、Cubic B-Spline (B 样条插值);

3) X Minimum/X Maximum: 最小/最大插值点;

4) Output: 插值结果输出区域;

5) Recalculate: 设置输入数据与输出数据的连接关系,包括 Auto (自动)、Manual (手动)、None (不连接) 3 个选项。

实例,仍然采用 Interpolation.dat 数据文件,作 A 和 B 列的散点图,调用 Interpolate/Extrapolate,要实现外推最重要的是在对话框中将 X Minimum 和 X Maximum 的数值重新设定,让 X 值的范围超过原有范围,结果如图 11-16 所示。

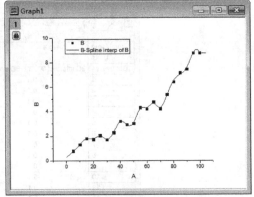

图 11-16 外推结果

11.2.5 Simple Curve Math 简单数学运算

当对图形窗口进行数学运算时,需先对 X 列的数据进行排序,而后进行数学运算。当对工作簿窗口进行数学运算时,可以直接用数学工具进行运算。利用 Simple Math 命令可以进行普通的数学运算,适用于数据表或图形。

利用这个功能可以非常方便地对数据或曲线进行简单的加减乘法的运算,对于图形来说,可以利用加减运算进行平移或升降,利用乘除可以调整曲线的纵横深度。

在实际使用中,这个功能是非常有用的,特别是对多条曲线进行比较时。

采用 Samples/Chapter 11/Multiple Peaks.dat 文件数据进行说明,具体步骤如下:

(1) 导入 Multiple Peaks.dat 文件数据,工作表如图 11-17 所示。

(2) 选中所有列作线图,结果如图 11-18 所示。

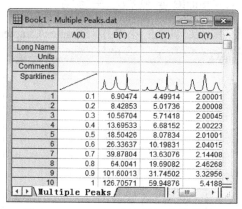

图 11-17　Multiple Peaks.dat 文件数据

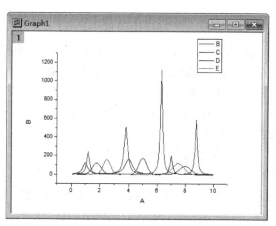

图 11-18　选中所有列做线图

但是发现所有曲线重叠在一起，不方便观察和描述，执行 Analysis→Mathematics→Simple Curve Math，弹出"Mathematics: mathtool"对话框，如图 11-19 所示，其中参数设置如下：

- Input：输入数据区域；
- Operator：操作符，包括加、减、乘、除和幂的操作；
- Operand：操作数类型，包括常量和参数数据（如用于扣除背景）；
- Reference Data：使用数据集作为操作数；
- Const：使用常量作为操作数；
- Output：结果输出区域；
- Recalculate：设置输入数据与输出数据的连接关系，包括 Auto（自动）、Manual（手动）、None（不连接）3 个选项。

通过观察原来曲线的数据，并用加减操作调整四条曲线的数值，结果如图 11-20 所示。

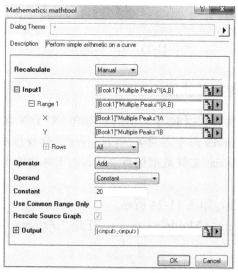

图 11-19　"Mathematics: mathtool"对话框

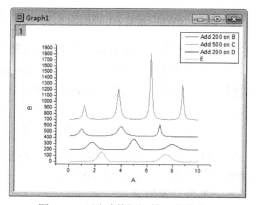

图 11-20　通过数据运算平衡曲线

11.2.6 Vertical Translate，Horizontal Translate 垂直和水平移动

垂直移动指选定的数据曲线沿 y 轴垂直移动。以 11.2.5 小节中 Samples/Chapter 11/Multiple Peaks.dat 文件数据进行说明，上下移动的步骤如下：

（1）选中 C（Y）列数据，作出线图，如图 11-21 所示。

（2）执行菜单命令 Analysis→Data Manipulation→Vertical Translate，这时，将在图形上添加一条绿色的水平线，如图 11-22 所示。

（3）选中绿线并将图形上下移动到需要的地方，如图 11-23 所示。

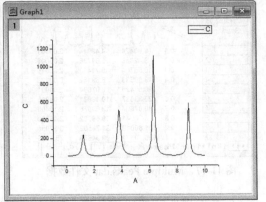

图 11-21 C（Y）列数据绘制的线图

左右移动的功能和方法与垂直移动几乎完全相同，区别仅仅在于选择菜单命令，即 Analysis→Data Manipulation→Horizontal Translate，将计算纵坐标差值改为计算横坐标差值，该曲线的 X 值即可发生变化。

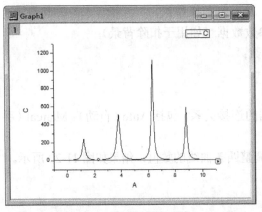

图 11-22 出现绿色水平线

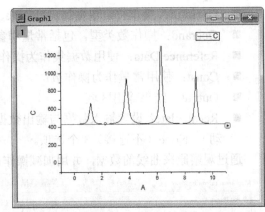

图 11-23 上下移动图形

11.2.7 Average Multiple Curves 平均多条曲线

多条曲线求平均是指计算当前激活的图层内所有数据曲线 Y 值的平均值。对于 X 单调上升或下降的数据，可以利用 Average Multiple Curves 命令对两条曲线进行平均化操作，其中的参数设置以 Samples/Chapter 11/Multiple Peaks.dat 文件数据进行说明，上下移动的步骤如下：

（1）选中 B（Y）、C（Y）列数据，作出线图，如图 11-24 所示。

（2）执行菜单命令 Analysis→Data ation→Average Multiple Curves，打开 "Mathematics: avecurves" 对话框，如图 11-25 所示。

其中参数设置如下：

1）Input：输入数据区域；

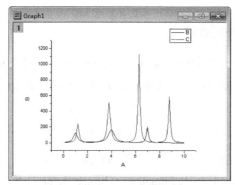

图 11-24 所作的线图

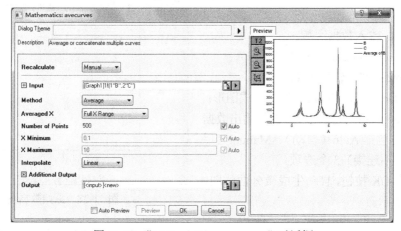

图 11-25 "Mathematics: avecurves"对话框

2）Method：分析算法，包括 Average 和 Concatenate2 种方法对多条曲线求平均；

3）Output：插值结果输出区域；

4）Additional Output：是否显示一些输出结果项；

5）Recalculate：设置输入数据与输出数据的连接关系，包括 Auto（自动）、Manual（手动）、None（不连接）3 个选项。

选择数据范围和求值方法，单击 OK 按钮，则计算出当前激活图层内所有数据曲线 Y 值的平均值，绘制图形如图 11-26 所示。计算结果存在一个新的工作表窗口，如图 11-27 所示。

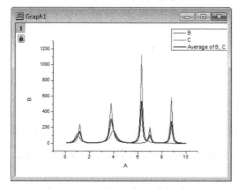

图 11-26 平均两条曲线的结果

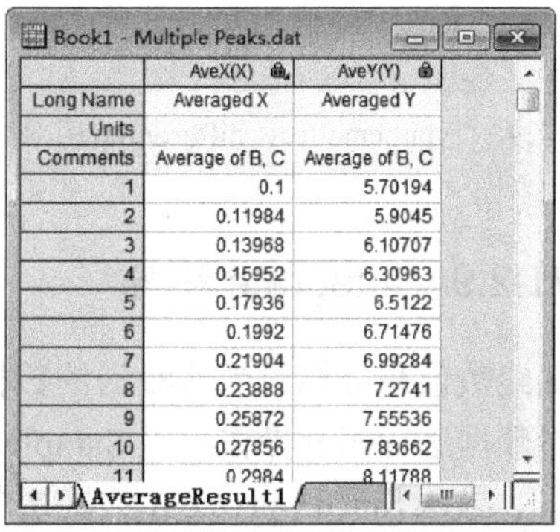

	AveX(X)	AveY(Y)
Long Name	Averaged X	Averaged Y
Units		
Comments	Average of B, C	Average of B, C
1	0.1	5.70194
2	0.11984	5.9045
3	0.13968	6.10707
4	0.15952	6.30963
5	0.17936	6.5122
6	0.1992	6.71476
7	0.21904	6.99284
8	0.23888	7.2741
9	0.25872	7.55536
10	0.27856	7.83662
11	0.2984	8.11788

图 11-27 计算结果

11.2.8　Differentiate 微分

曲线数值微分就是对当前激活的数据曲线进行求导。微分值通过式（11-1）计算相近两点的平均斜率得到。以 Samples/Chapter 11/Curve.dat 数据为例进行介绍。

$$y' = \frac{1}{2}\left(\frac{y_{i+1} - y_i}{x_{i+1} - x_i} + \frac{y_i - y_{i-1}}{x_i - x_{i-1}} \right)$$

$$(11\text{-}1)$$

（1）导入 Since Curve.dat 数据绘图，如图 11-28 所示。

（2）执行菜单命令 Analysis→Mathematics→Differentiate，打开"Mathematics：differentiate"对话框，如图 11-29 所示。其中的参数设置如下：

1）Input：输入数据区域；

2）Derivative Order：阶数；

3）Output：结果输出区域；

4）Plot Derivative Curve：是否生成图形；

5）Recalculate：设置输入数据与输出数据的连接关系，包括 Auto（自动）、Manual（手动）、None（不连接）3 个选项。

（3）单击 OK 按钮，自动生成微分曲线图，如图 11-30 所示。

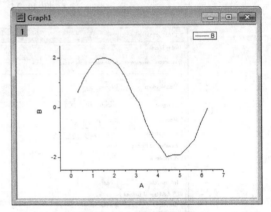

图 11-28　原始数据图

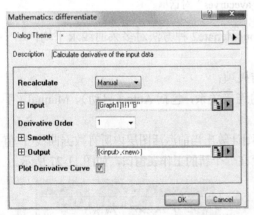

图 11-29　"Mathematics：differentiate"对话框

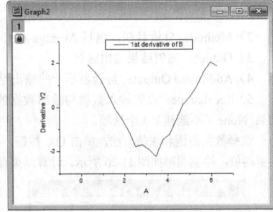

图 11-30　微分曲线图

11.2.9　Integrate 积分

曲线数值积分指对当前激活的数据曲线用梯形法则进行数值积分。利用 Integrate 命令可以对数据进行积分操作。以 Samples/Chapter 11/ Since Curve.dat 数据为例进行介绍。

（1）导入 Since Curve.dat 数据绘图。

（2）执行菜单命令 Analysis→Mathematics→Integrate，打开"Mathematics：integ1"对

话框，如图 11-31 所示。其中的参数设置如下：

1）Input：输入数据区域；

2）Area Type：进行积分的方式；

3）Output：结果输出区域；

4）Plot Integral Curve：是否生成计算结果的数据图形；

5）Results Log Output：是否输出计算结果的 Results Log 窗口；

6）Recalculate：设置输入数据与输出数据的连接关系，包括 Auto（自动）、Manual（手动）、None（不连接）3 个选项。

（3）设置完成之后，单击 OK 按钮，自动生成微分曲线图，如图 11-32 所示。

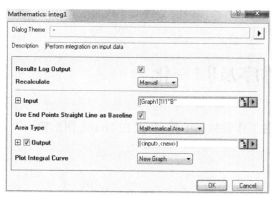

图 11-31 “Mathematics：integ1”对话框

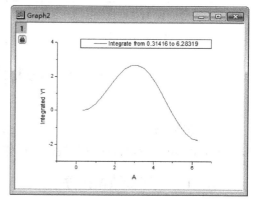

图 11-32 数值积分曲线图

11.2.10 Subtract Straight Line、Subtract Reference Data 扣除数据

这两个命令位于 Analysis→Data Manipulation 菜单中，目的是为了进行数据扣除运算，两个命令的主要区别是，Subtract Reference Data 用于扣除一列已经存在的数据。

因此主要用于扣除空白试验数据（即背景或基底），可用于 Worksheet 或 Graph，而 Subtract Straight Line 则直接通过扣除一条由 Drigin 绘制的直线（不一定是水平线，也可以是斜线），当原有数据随试验过程明显偏移基线时可人为地进行修正。以 Subtract Straight Line 为例进行说明。

采用 Samples/Chapter 11/Raman Baseline. dat 数据为例进行说明，具体步骤如下：

（1）导入 Raman Baseline.dat 数据文件，其工作表如图 11-33 所示。

（2）选中 B（Y）列数据作线图，绘制结果如图 11-34 所示。

（3）执行菜单命令 Analysis→Data Manipulation→Subtract Straight Line，通过鼠标左键双击确定起点、终点，绘制一条斜线用于扣除，则结果如图 11-35 所示。

Book1 - Raman Baseline.dat

	A(X)	B(Y)
Long Name		
Units		
Comments		
Sparklines		
1	344.09	57484
2	344.783	57363
3	345.475	57048
4	346.175	56929
5	346.866	57009
6	347.557	57045
7	348.255	56846
8	348.945	57098
9	349.634	56829
10	350.33	56968

Raman Baseline

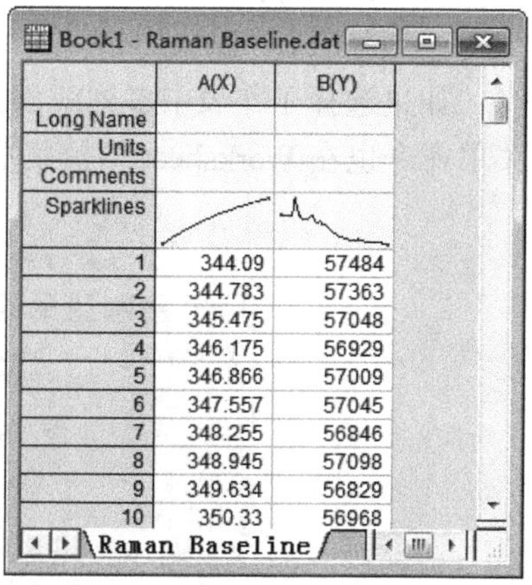

图 11-33 数据工作表

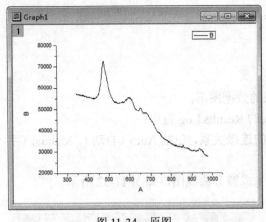

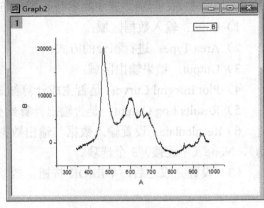

图 11-34 原图   图 11-35 扣除斜线的结果

11.3 数据排序及归一化

数据排序及归一化主要介绍利用 Origin 对工作表数据的排序，及在 Graph 图形窗口下，利用 Normalize 命令对曲线进行规范化操作。

11.3.1 工作表数据排序

工作表数据排序类似数据库系统中的记录排序，是指根据某列或某些列数据的升降顺序进行排序。Origin 可以进行单列、多列甚至整个工作表数据的排序（Sorting Data）。单列、多列和工作表排序的方法类似。

1. 简单排序

单列数据简单排序的步骤如下：

（1）打开工作表，选择一列数据。

（2）选择执行菜单命令 Worksheet→Sort Columns，然后选择相应的排序方法，如 "Ascending" 或 "Descending"。

如果选择工作表中多列或部分工作表数据，则排序仅在该范围进行。其他数据排序的菜单命令也在 Worksheet 下拉菜单中，如图 11-36 所示。

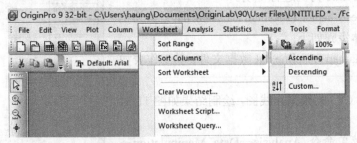

图 11-36 数据排序的菜单命令

2. 嵌套排序

对工作表部分数据进行嵌套排序时，应先打开工作表，选择该部分数据，然后执行菜单命令 Worksheet→Sort Columns→Custom，进行排序。

　　如果对整个工作表进行嵌套排序，则可用菜单命令 Worksheet→Sort Columns→Custom，打开"Nested Sort"对话框，如图 11-37 所示。通过选择"Ascending"或"Descending"进行排序。

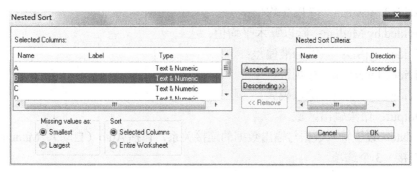

图 11-37　"Nested Sort"对话框

11.3.2　Normalize Curve 规范化/常态化曲线

　　在 Graph 图形窗口的情况下，利用 Normalize 命令对曲线进行规范化操作，主要目的是将数值除以一个值以便产生新的结果，其中的参数设置如图 11-38 所示。

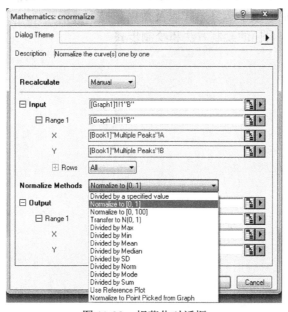

图 11-38　规范化对话框

（1）Input：输入数据区域；

（2）Data Info：输入数据信息；

（3）Normalize Methods：规格化方法；

■　Divided by a specified value：除以一个值；

■　Normalize to "0, 1"：使数据出现在 0～1 区间；

- Normalize to "0, 100"：使数据出现在 0~100 区间；
- Transfer to N(0,1)：转换为 0~1 区间的正态分布；
- Divided by Max：除以最大值；
- Divided by Min：除以最小值；
- Divided by Mean：除以平均值；
- Divided by Median：除以算术平均值；
- Divided by SD：除以标准偏差；
- Divided by Norm；分规范；
- Divided by Mode。除以模式。

（4）Output：结果输出区域。

Recalculate：设置输入数据与输出数据的连接关系，包括 Auto（自动）、Manual（手动）、None（不连接）3 个选项。

11.4 本 章 小 结

Origin 提供了强大易用的数据分析功能，例如，数据选取工具、简单数学运算、微分积分计算、插值和外推处理、曲线运算等处理。本章主要介绍了数据选取工具的应用方式、插值和外推的方法、简单数学运算方式以及数据的排列及归一化，读者可以根据数据的特点和绘图习惯选择适合自己的绘制方法和绘制步骤。

第 12 章　数字信号处理

数字信号处理对测量的数据采用了各种处理或转换方法，如用傅里叶变换（Fourier Transforms）分析某信号的频谱、用平滑（Smoothing）或其他方法对信号去除噪音。Origin 9.0 提供了大量的数字信号处理工具用于数据信号处理。

例如，各种数据平滑工具、FFT 滤波、傅里叶变换（Fourier Transforms）和小波变换（Wavelet Transform）。

本章学习目标：
- 掌握数据平滑和滤波方式
- 了解傅里叶变换和小波变换方法

12.1　信号处理概述

信号（signal）是信息的物理体现形式，或是传递信息的函数，而信息则是信号的具体内容。简单地说，数字信号处理就是用数值计算的方式对信号进行加工的理论和技术。

12.1.1　数字信号与信号处理

数字信号处理的英文原名叫 digital signal processing，简称 DSP。另外 DSP 也是 digital signal processor 的简称，即数字信号处理器，它是集成专用计算机的一种芯片，只有一枚硬币那么大。

有时人们也将 DSP 看作是一门应用技术，称为 DSP 技术与应用。这种技术就是用数值计算方法数字序列进行各种处理，把信号变换成符合需要的某种形式，达到提取有用信息便于应用的目的。

数字信号处理是一门建立在微积分、概率统计、随机过程、高等数学、数值分析、积分变换、复变函数等基础上的应用数学课程，主要应用于物理和通信。

广义来说，数字信号处理是研究用数字方法对信号进行分析、变换、滤波、检测、调制、解调以及快速算法的一门技术学科。

但很多人认为，数字信号处理主要是研究有关数字滤波技术、离散变换快速算法和频谱分析方法。随着数字电路与系统技术以及计算机技术的发展，数字信号处理技术也相应地得到发展，其应用领域十分广泛。

一般地讲，数字信号处理涉及三个步骤：

（1）模数转换（A/D 转换）：把模拟信号变成数字信号，是一个对自变量和幅值同时进行离散化的过程,基本的理论保证是采样定理。

(2)数字信号处理(DSP):包括变换域分析(如频域变换)、数字滤波、识别、合成等。

(3)数模转换(D/A 转换):把经过处理的数字信号还原为模拟信号。通常,这一步并不是必须的。

信号有模拟信号和数字信号之分。数字信号处理具有精度高和灵活性强等特点,能够定量检测电势、压力、温度和浓度等参数,因此广泛应用于科研中。Origin 中的信号处理主要指数字信号处理。

12.1.2 Origin 信号处理

在 Origin 9.0 中提供的信号处理工具较多,如图 12-1 所示。但较常用的内容主要为:

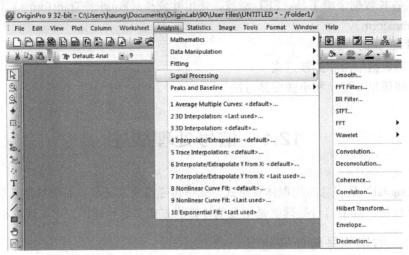

图 12-1 信号处理相关菜单命令

(1)平滑,即使信号变化更加平滑,作用之一就是除噪;

(2)滤波,即信号过滤;

(3)傅里叶变换(Fourier transforms),频谱分析、滤波、卷积、反卷积与相关运算等操作;

(4)小波变换(Wave transforms),分解、重构、除噪、平滑等。

12.2 数据平滑和滤波

Origin 提供了下面几种数据曲线平滑和滤波的方法:

(1)用 Adjacent-Averaging(相邻平均法)平滑。

(2)用 Savitzky-Golay 滤波器平滑。

(3)用 FFT Filter(FFT 滤波器)平滑。

(4)Percentile Filter(数字滤波器),如低通(Low Pass)、高通(High Pass)、带通(Band

Pass)、带阻（Band Block）和门限（Threshold）滤波器。

12.2.1 Smooth 平滑

数据平滑是通过一系列相邻数据点的平均，从而使信号曲线变化更加平滑。

对平滑曲线进行平滑操作时，首先，要激活该绘图窗口。选择执行菜单命令 Analysis →Signal Processing→Smoothing 命令，打开"Signal Processing: Smooth"对话框，可实现用 4 种方式对曲线进行平滑处理。

采用光盘文件：Samples/Chapter 12/ EPR Spectra.dat 数据文件为例，说明对数据曲线进行平滑处理的过程。具体步骤如下：

（1）导入光盘文件：Samples/Chapter 12/EPR Spectra.dat 数据文件，其工作表如图 12-2 所示。

（2）执行菜单命令 Analysis→Signal Processing→Smoothing 命令，打开"Signal Processing: Smooth"对话框，如图 12-3 所示。

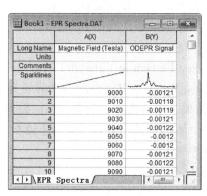

图 12-2 数据工作表

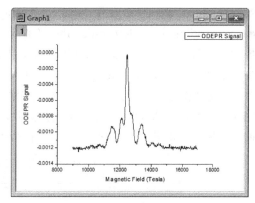

图 12-3 原图

对话框分为两个部分，左边为平滑处理控制选项面板;右边为拟处理信号曲线和采用平滑处理的效果预览面板，单击对话框左边的 Preview 按钮即可在右边的预览窗口生成预览图，也可以选中 Auto Preview 以便自动预览。

在左边平滑处理控制选项面板中，选项很多，如图 12-4 所示。

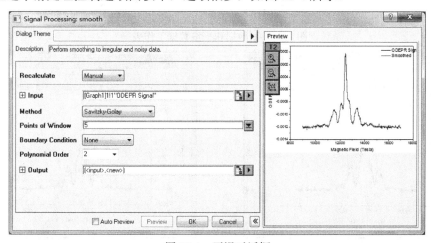

图 12-4 平滑对话框

具体设置如下：

Recalculate：设置输入数据与输出数据的连接关系，包括 Auto（自动）、Manual（手动）、None（不连接）3 个选项。

- **Input**：输入数据区域；
- **Method**：平滑方法，包括 Adjacent-Averaging、Savitzky-Golay、Percentile Filter 和 FFT Filter 4 种方法，每种方法对应的处理效果和相关参数略有不同。
- 平滑曲线的点数，点数越大平滑效果越小，数据失真越严重，一般设置为 5~11 个点。当然，数据点很多时，这个值可以大一些。
- **Boundary Condition**：边界条件，包括 None、Reflect、Repeat、Periodic 和 Extrapolate 5 个选项。
- **Polynomial Order**：设置在 Savitzky-Golay 方法下的多项式项数。
- **Output**：结果输出区域。
- **Weighted Average**：设置 Adjacent-Averaging 方法时是否使用加权平均。
- **Percentile**：设置 Percentile Filter 方法下平滑曲线的垂直距离的百分点。
- **Cutoff Percentage**：设置在 FFT Filter 方法下平滑曲线的偏移百分点。

分别依次采用 Savitzky-Golay、Adjacent-Averaging、Percentile Filter 和 FFT Filter 4 种平滑命令，对数据进行平滑处理，为了表现平滑的效果，Points of Windows 参数设置为 100。

完成设置后，单击 OK 按钮则完成分析并输出结果，平滑数据自动存放在原数据和平滑数据工作表内，如图 12-5 所示。使用各种平滑命令，输出的图形如图 12-6~图 12-9 所示。

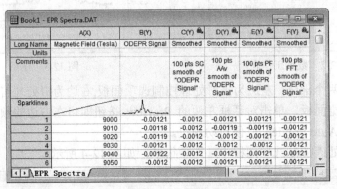

图 12-5　原数据和平滑数据工作表

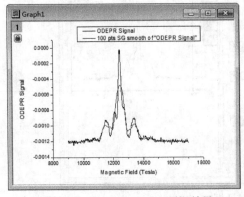

图 12-6　Savitzky-Golay 平滑结果

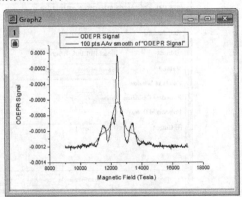

图 12-7　Adjacent-Averaging 平滑结果

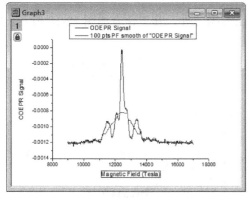

图 12-8　Percentile Filter 平滑结果

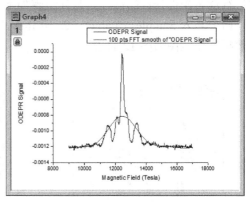

图 12-9　FFT Filter 平滑结果

要注意的是，本例只是为了显示平滑的效果，因此结果较为夸张。实际操作中，平滑的点数不能太多，平滑点数越多，结果越容易失真，因此具体操作以不影响数据趋势为准。

12.2.2　FFT Filter 滤波

滤波是将信号中特定波段频率滤除的操作，是抑制和防止干扰的一项重要措施。是观察某一随机过程的结果，对另一与之有关的随机过程进行估计的概率理论与方法。

Origin 采用傅里叶变换的 FFT 数字滤波器进行数据滤波分析。该 FFT 数字滤波器具有低通（Low Pass）、高通（High Pass）、带通（Band Pass）、带阻（Band Block）和门限（Threshold）滤波器等 5 种。

低通和高通滤波器分别用来消除高频噪声或低频噪声频率成分，带通滤波器用来消除特定频带以外的噪声频率成分，带阻滤波器用以消除特定频带以内的噪声频率成分，门限滤波器用来消除特定门槛值以下的噪声频率成分。

1. 低通和高通滤波器

要消除高频或低频噪声的频率成分，就要用低通和高通滤波器。Origin 用式子（12-1）计算其默认的截止频率。

$$F_c = 10 \times \frac{1}{Period} \tag{12-1}$$

式中，Period 是 X 列的长度。

2. 带通和带阻滤波器

要消除特定频带以外的频率成分，就要用带通滤波器；要消除特定频带以内频率成分，就要用带阻滤波器。Origin 用式（12-2）和式（12-3）计算它们的默认值下限截止频率（Low Cut off Frequency，Fl）和上限截止频率（High Cut off Frequency，Fh）。

$$Fl = 10 \times \frac{1}{Period} \tag{12-2}$$

$$Fh = 20 \times \frac{1}{Period} \tag{12-3}$$

采用 Origin 9.0/Samples/Signal Processing/fftfilter 1.DAT 数据文件为例，说明对数据曲

线进行滤波操作处理的过程。具体步骤如下：

（1）导入 Samples/Chapter 12/ fftfilter 1.DAT 数据文件，其工作表如图 12-10 所示。B 列数据所作线图如图 12-11 所示。

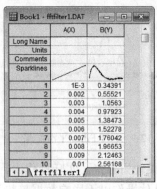

图 12-10　数据工作表

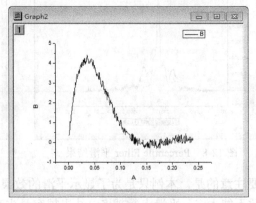

图 12-11　原图

（2）执行菜单命令 Analysis→Signal Processing→FFT Filter 命令，打开 "Signal Processing: fft_filter" 对话框，如图 12-12 所示。左边为数字滤波控制选项面板；右边为拟处理信号曲线和采用平滑处理的效果预览面板，单击对话框左边的 Preview 按钮即可在右边的预览窗口生成预览图，也可以选中 Auto Preview 以便自动预览。

在设置框里面，可以设置的除了有 Input、Output 以及 Recalculate 等常见的设置项之外，最重要的是 Filter Type（分析方法）：

- Low Pass：只允许低频率部分保留；
- High Pass：只允许高频率部分保留；
- Band Pass：只允许频率为制定频率以内部分保留；
- Band Block：只允许频率为指定频率以外部分保留；
- Threshold：只允许振幅大于指定数值的部分保留；
- Cutoff Frequency/Lower Cutoff Frequency/ Upper Cutoff Frequency：限制的频率范围；
- Keep DC Offset：DC 偏移值。

（3）设置完成后单击 OK 按钮，则完成分析并输出结果，如图 12-13 和图 12-14 所示。

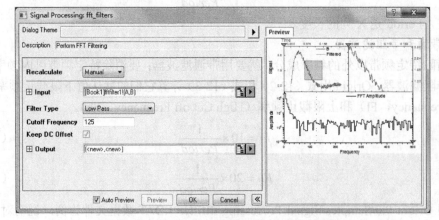

图 12-12　"Signal Processing: fft_filter" 对话框

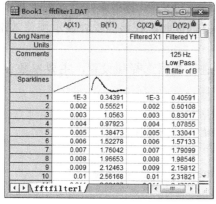

图 12-13 输出的工作表

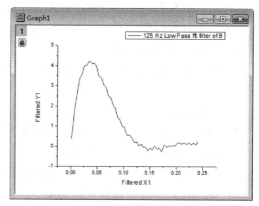

图 12-14 滤波结果

12.3 傅里叶变换

傅里叶分析是将信号分解成不同频率的正弦函数进行叠加，是信号处理中最重要、最基本的方法之一。对于离散信号一般采用离散傅里叶变换，而快速傅里叶变换则是离散傅里叶变换的一种快速、高效的算法。正是由于有了快速傅里叶变换，傅里叶分析才被广泛地应用于滤波、卷积、功率谱估计等方面。

下面简单介绍以下各种傅里叶变换的参数设置以及分析样例。

12.3.1 Fast Fourier Transform （FFT）快速傅里叶变换

进行 FFT 计算时，首先在工作表窗口中选择数列，或在绘图窗口中选择数据曲线，然后执行菜单命令 Analysis→Signal Processing→FFT→FFT，打开"Signal Processing/ FFT：fft1"对话窗口，如图 12-15 所示。

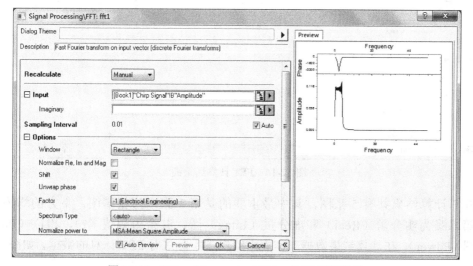

图 12-15 "Signal Processing/ FFT：fft1"对话窗口

该对话框由左右两部分组成，右边为处理信号曲线的 FFT 计算效果预览面板，其上方为相位谱，下方为幅度谱，当选中"Auto Preview"复选框时，在该面板处显示预览效果；左边为 FFT 计算控制选项面板。

在"Signal Processing/ FFT：fft1"对话窗口中进行数据选择和设置，主要参数设置如下：

（1）Window：设置窗口类型；

（2）Shift：是否重新排列结果以使频率低的数据出现在中间；

（3）Unwrap phase：是否打开相位；

（4）Factor：设置该分析的规格是 Electrical Engineering 还是 Science 类型；

（5）Spectrum Type：设置光谱类型；

（6）Normalize power to：指定分析的幂；

（7）Preview：设置预览信息；

（8）Plot：该标签下的项用于设置是否显示相应类型的计算结果。

下面结合实例介绍 FFT 的运算步骤。

导入光盘文件：Samples/Chapter 12/ Chirp Signal. Dat 数据文件。

执行菜单命令 Analysis→Signal Processing→FFT，打开" Signal Processing/ FFT：fft1"对话窗口。

在 Input 中选择工作表中数据，其余为默认选择，单击 OK 按钮，进行傅里叶换算，绘出 FFT 计算结果，如图 12-16 所示。

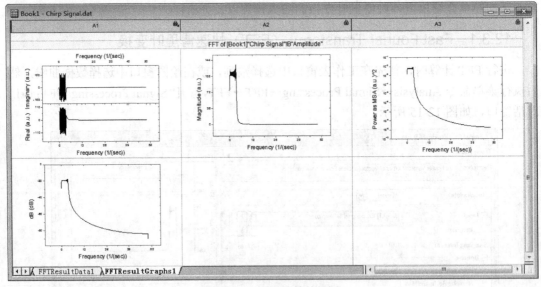

图 12-16　FFT 计算结果图

FFT 计算结果共有 5 张图，其中最重要的是第 1 张，为相谱图，下方的均为幅度谱。第二张为实分量（Real）和虚分量（Imag）图，其余为幅值（r）、相位（Ph）和功率图（Power）。在计算结果数据工作表中给出了实际进行 FFT 计算的数据，如图 12-17 所示。

	Freq(X) 🔒	FFT(Y) 🔒	Real(Y) 🔒	Imag(Y) 🔒
Long Name	Frequency	Complex	Real	Imaginary
Units	1/(sec)	(a.u.)	(a.u.)	(a.u.)
Comments	FFT of [Book1]"Chirp Signal"!B"Amplitude"	FFT of [Book1]"Chirp Signal"!B"Amplitude"	FFT of [Book1]"Chirp Signal"!B"Amplitude"	FFT of [Book1]"Chirp Signal"!B"Amplitude"
24	1.12305	-66.45228 - 94.19564i	-66.45228	-94.19564
25	1.17188	-82.36392 + 82.25265i	-82.36392	82.25265
26	1.2207	97.21253 + 50.05872i	97.21253	50.05872
27	1.26953	3.90279 - 112.58056i	3.90279	-112.58056
28	1.31836	-109.31163 + 42.71803i	-109.31163	42.71803
29	1.36719	85.54077 + 68.70972i	85.54077	68.70972
30	1.41602	-0.2027 - 112.86843i	-0.2027	-112.86843
31	1.46484	-94.62408 + 68.6755i	-94.62408	68.6755
32	1.51367	107.14872 + 17.61455i	107.14872	17.61455
33	1.5625	-76.45717 - 87.3118i	-76.45717	-87.3118
34	1.61133	-0.74622 + 113.20052i	-0.74622	113.20052
35	1.66016	53.37046 - 96.91577i	53.37046	-96.91577
36	1.70898	-102.33741 + 57.53551i	-102.33741	57.53551
37	1.75781	107.5214 - 13.25026i	107.5214	13.25026

▶ \FFTResultData1 / FFTResultGraphs1 /

图 12-17　计算结果数据工作表

12.3.2　Inverse Fast Fourier Transform　（IFFT）反向快速傅里叶变换

采用 Samples/Chapter 12/ Average Sunspot. Dat 数据文件为例介绍 IFFT 运算步骤。

（1）导入 Samples/Chapter 12/ Average Sunspot. Dat 数据文件。

（2）执行菜单命令 Analysis→Signal Processing→FFT→ IFFT，打开 "Signal Processing/ FFT：ifft1" 对话窗口，如图 12-18 所示。主要参数设置如下：

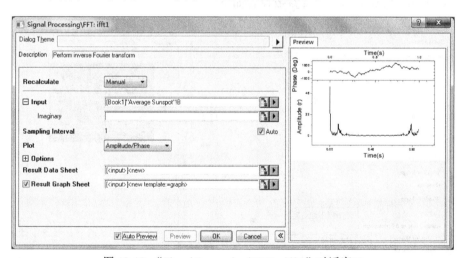

图 12-18　"Signal Processing/ FFT：ifft1" 对话窗口

1）Plot：用于设置分析结果的类型结果；

2）Window：设置窗口类型；

3）Unwrap phase：是否打开相位；

4）Factor：设置该分析的规格是 Electrical Engineering 还是 Science 类型。

（3）设置完毕之后，单击 OK 按钮，进行傅里叶换算，绘出 IFFT 计算结果，如图 12-19 所示。

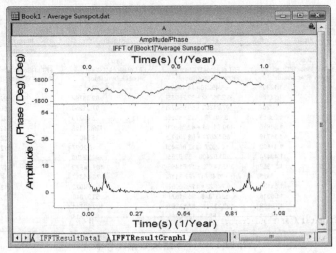

图 12-19 反转傅里叶变换

12.3.3 Short-Time Fourier Transform （STFT） 短时傅里叶变换

采用 Samples/Chapter 12/ fftfilter2. dat 数据文件为例介绍 STFT 运算步骤。

（1）导入 Samples/Chapter 12/ftfilter2. dat 数据文件。

（2）执行菜单命令 Analysis→Signal Processing→STFT，打开"Signal Processing: stft"
对话窗口，如图 12-20 所示。主要参数设置如下：

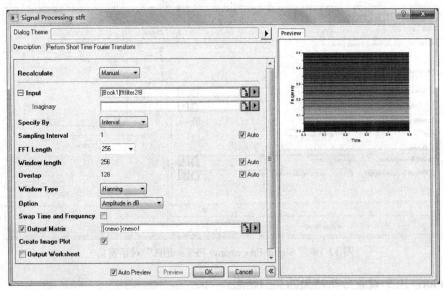

图 12-20 "Signal Processing: stft" 对话窗口

1）Sampling Interval：设置取样间隔；

2）FFT Length：设置频率线条；

3）Window Length：设置窗口长度；

4）Overlap：交叠；

5）Window Type：设置窗口类型；

6）Option：设置输出结果项；

7）Swap Time and Frequency：是否交换时间与频率的坐标；

8）Output Matrix：是否输出到 Matrix；

9）Create Image Plot：是否创建图表。

（3）设置完毕之后，单击 OK 按钮，进行傅里叶换算，绘出 STFT 计算结果，如图 12-21 所示。

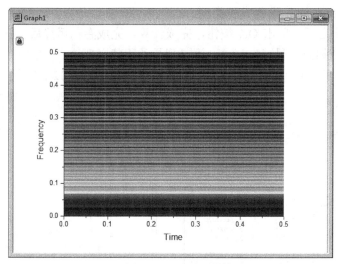

图 12-21　STFT 计算结果

12.3.4　Convolution 卷积

卷积（Convolution）运算是将一个信号与另一个信号混合，后一个信号通常是响应信号。对两个数列进行卷积运算是数据平滑、信号处理和边沿检测的常用过程。

采用光盘文件：Samples/Chapter 12/fftfilter2. dat 数据文件为例介绍 Convolution 运算步骤。

（1）导入 Samples/Chapter 12/ Convolution. dat 数据文件，工作表如图 12-22 所示。

（2）执行菜单命令 Analysis→ Signal Processing→Convolution，打开 "Signal Processing: con" 对话窗口，如图 12-23 所示。

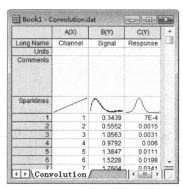

图 12-22　数据工作表

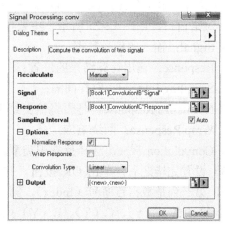

图 12-23　"Signal Processing: con" 对话窗口

主要参数设置如下：

1）Signal：输入的信号数据；

2）Response：输出计算结果的位置；

3）Sampling Interval：取样间隔；

4）Normalize Response：是否将输出结果格式化；

5）Wrap Response：回绕响应；

6）Convolution Type：选择卷积类型。

（3）设置完毕之后，单击 OK 按钮，完成计算。完成卷积运算后，在原工作表中增加两列，第一列是数据点序号（Index），第二列是卷积值（Conv），如图 12-24 所示。应用图 12-24 中的 B（Y）、C（Y）、E（Y）列数据所作线图，如图 12-25 所示。

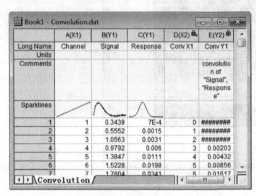

图 12-24　卷积运算数据

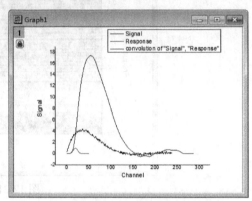

图 12-25　卷积

12.3.5　Deconvolution 去卷积

去卷积（Deconvolution）是卷积计算的逆过程，它是根据输出信号和系统响应来确定输入信号的。结合 Samples/Chapter 12/ fftfilter2. dat 数据文件为例介绍 Deconvolution 运算步骤。

（1）导入 Samples/Chapter 12/ Deconvolution. dat 数据文件，工作表如图 12-26 所示。

（2）执行菜单命令 Analysis→Signal Processing→Deconvolution，打开"Signal Processing: decon"对话窗口，如图 12-27 所示。主要参数设置如下：

1）Signal：输入的信号数据；

2）Response：输出计算结果的位置；

3）Sampling Interval：取样间隔；

4）Normalize Response：是否将输出结果格式化；

5）Wrap Response：回绕响应；

6）Convolution Type：选择反卷积类型。

（3）设置完毕之后，单击 OK 按钮，完成计算。完成反卷积运算后，在原工作表中增加两列，第一列是数据点序号（Index），第二列是反卷积值（Conv），如图 12-28 所示。应用图 12-28 中的 B（Y）、C（Y）、E（Y）列数据所作线图如图 12-29 所示。

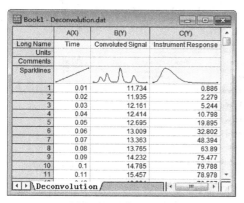

图 12-26 数据工作表

图 12-27 "Signal Processing: decon"对话窗口

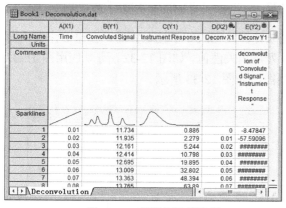

图 12-28 反卷积运算数据

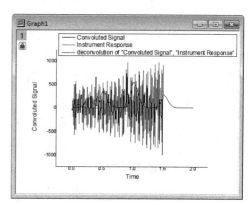

图 12-29 反卷积

12.3.6 Coherence 相干性

采用 Samples/Chapter 12/ Coherence. dat 数据文件为例介绍 Coherence 运算步骤。

（1）导入 Samples/Chapter 12/ Coherence. dat 数据文件，工作表如图 12-30 所示。

（2）执行菜单命令 Analysis→Signal Processing→Coherence，打开"Signal Processing: cohere"对话窗口，如图 12-31 所示。

主要参数设置如下：

1）Iuput1/Input2：输入数据；

2）Sampling Interval：设置取样间隔；

3）FFT Length：设置频率线条；

4）Window Length：设置窗口长度；

5）Overlap：交叠；

6）Window Type：设置窗口类型；

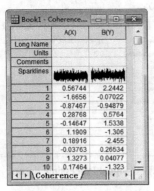

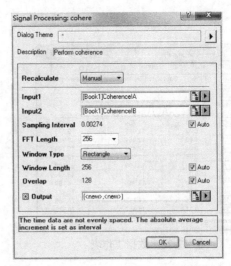

图 12-30　数据工作表　　　　　　图 12-31　"Signal Processing:cohere" 对话窗口

（3）设置完毕之后，单击 OK 按钮，完成计算。完成相干性运算后，在原工作表中增加两列，第一列是数据点序号（Index），第二列是相关性值，如图 12-32 所示。应用图 12-32 中的 B（Y）、C（Y）、E（Y）列数据所作线图，如图 12-33 所示。

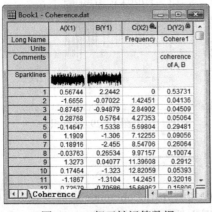

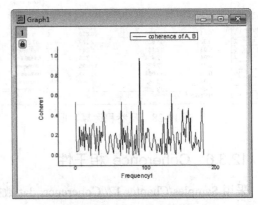

图 12-32　相干性运算数据　　　　　　图 12-33　相干性

12.3.7　Correlation　相关性

采用 Samples/Chapter 12/ Coherence. dat 数据文件为例介绍 Correlation 运算步骤。

（1）导入 Samples/Chapter 12/ Coherence. dat 数据文件。

（2）执行菜单命令 Analysis→ Signal Processing→ Correlation，打开 "Signal Processing: corr1" 对话窗口，如图 12-34 所示。主要参数设置如下：

1）Iuput1/Input2：输入数据；

2）Sampling Interval：设置取样间隔；

3）Type：选择分析的类型是 Liner（线性）还是 circular（循环）；

4）Normalize Response：是否将输出结果规范化。

（3）设置完毕之后，单击 OK 按钮，完成计算。完成相干性运算后，在原工作表中增加两列，第一列是数据点序号，第二列是相关性值，如图 12-35 所示。

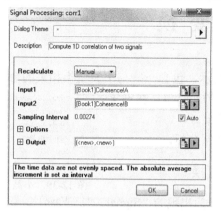

图 12-34 "Signal Processing: corr1" 对话窗口

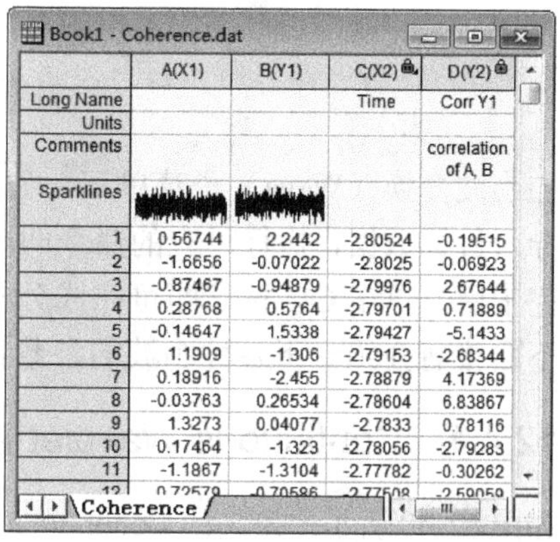

图 12-35 相干性运算数据

12.3.8 Hilbert Transform 希耳伯特变换

采用 Samples/Chapter 12/ fftfilter2. dat 数据文件为例介绍 Hilbert Transform 运算步骤。

（1）导入 Samples/Chapter 12/ fftfilter2. dat 数据文件。

（2）执行菜单命令 Analysis → Signal Processing→Hilbert Transform，打开"Signal Processing: hilbert"对话窗口，如图 12-36 所示。主要参数设置如下：

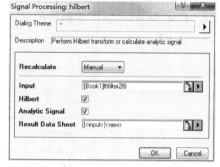

1）Hilbert：是否输出 Hilbert Transform 的数据；

2）Analytic Signal：是否输出信号分析的数据；

图 12-36 "Signal Processing: Hilbert" 对话窗口

3）Result Data Sheet：选择输出的位置；

4）Normalize Response：是否将输出结果规范化。

（3）设置完毕之后，单击 OK 按钮，完成计算。输出的运算表格如图 12-37 所示。用输出的信号分析数据所作的线图如图 12-38 所示。

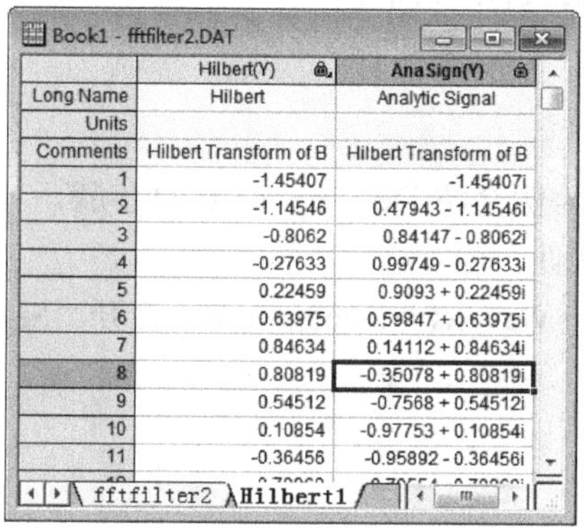

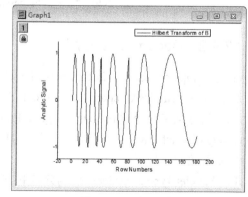

图 12-37 输出的计算表格

图 12-38 希尔伯特变换

12.4 小 波 变 换

在小波变换（Wave）子菜单下，如图 12-39 所示。包含一些与小波变换相关的命令，只要导入目标数据，执行对应的命令即可打开相应的对话框，在设置窗口完毕后，单击 OK 按钮即可完成分析并输出结果。

下面接着介绍一下各种小波的参数设置以及样例分析。

| Continuous Wavelet... |
| Decompose... |
| Reconstruction... |
| Multi-Scale DWT... |
| Denoise... |
| Smooth... |

12.4.1 Continuous Wavelet 连续小波变换

如图 12-40 所示，为执行 Continuous Wavelet 命令后出现的"Signal Processing/Wavelet: cvvt"对话框，主要参数设置：

图 12-39 小波变换（Wave）子菜单

（1）Discrete Signal：输入数据；

（2）Scale：控制输出结果的范围；

（3）Wavelet Type：设置分析方法；

（4）Coefficient：输出数据的位置；

（5）Coefficient Matrix：是否输出到 Matrix。

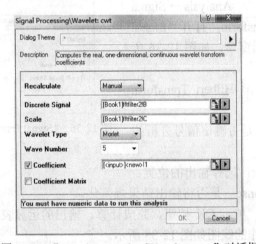

图 12-40 "Signal Processing/Wavelet: cvvt"对话框

12.4.2 Decompose 分解

采用 Samples/Chapter 12/ fftfilter1. dat 数据文件为例介绍 Decompose 运算步骤。

（1）导入 Samples/Chapter 12/ fftfilter1. dat 数据文件。

（2）执行菜单命令 Analysis→Signal Processing→Wavelet→Decompose，打开"Signal Processing/Wavelet: dwt"对话框，如图 12-41 所示。

主要参数设置如下：

1）Wavelet Type & Order：控制分解的方法；

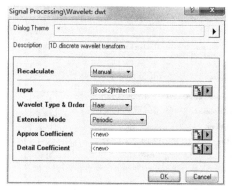

图 12-41 "Signal Processing/Wavelet: dwt" 对话框　　图 12-42 输出的计算表格

2）Extension Mode：控制输出的结果是 Periodic（周期性显示）还是 Zero-padded（以 0 填补末端）；

3）Approx Coefficient：设置近似值系数；

4）Detail Coefficient：细节系数。

（3）设置完毕之后，单击 OK 按钮，完成计算。输出的运算表格如图 12-42 所示。用输出的信号分析数据所作的线图如图 12-43 所示。

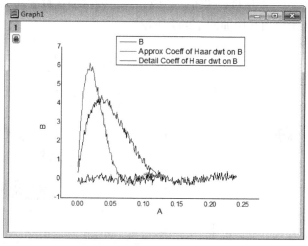

图 12-43 分解

12.4.3　Reconstruction 重建

采用 Samples/Chapter 12/ Chirp Signal. dat 数据文件为例介绍 Reconstruction 运算步骤。

（1）导入 Samples/Chapter 12/ Chirp Signal. dat 数据文件，工作表如图 12-44 所示。

（2）执行菜单命令 Analysis→Signal Processing→Wavelet→Reconstruction，打开 "Signal Processing/Wavelet: idwt" 对话框，如图 12-45 所示。

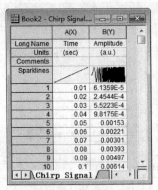

图 12-44 数据工作表

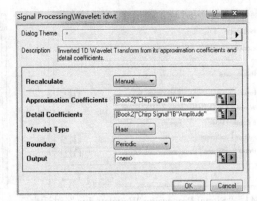

图 12-45 "ignal Processing/Wavelet: idwt" 对话框

主要参数设置如下：

1）Approx Coefficient：设置近似值系数；

2）Detail Coefficient：细节系数；

3）Wavelet Type：控制重构的方法；

4）Boundary：控制输出的结果是 Periodic（周期性显示）还是 Zero-padded（以 0 填补末端）；

（3）设置完毕之后，单击 OK 按钮，完成计算。输出的运算表格如图 12-46 所示。用输出的信号分析数据所作的线图如图 12-47 所示。

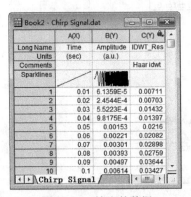

图 12-46 输出的数据

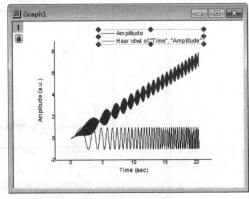

图 12-47 重建

12.4.4 Multi-Scale DWT 多尺度离散小波变换

采用 Samples/Chapter 12/ Signal with High Frequency Noise. dat 数据文件为例介绍 Multi-Scale DWT 运算步骤。

（1）导入 Samples/Chapter 12/ Signal with High Frequency Noise. dat 数据文件，工作表如图 12-48 所示。

（2）执行菜单命令 Analysis→ Signal Processing→ Wavelet→ Multi-Scale DWT，打开 "Signal Processing/Wavelet: mdwt" 对话框，如图 12-49 所示。

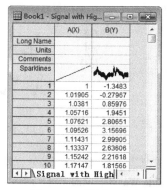

图 12-48 数据工作表

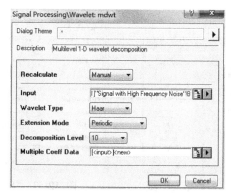

图 12-49 "ignal Processing/Wavelet: idwt"对话框

主要参数设置如下：

1）Approx Coefficient：设置近似值系数；

2）Detail Coefficient：细节系数；

3）Wavelet Type：控制重构的方法；

4）Boundary：控制输出的结果是 Periodic（周期性显示）还是 Zero-padded（以 0 填补末端）；

（3）设置完毕之后，单击 OK 按钮，完成计算。输出的运算表格如图 12-50 所示。用输出的信号分析数据所作的线图如图 12-51 所示。

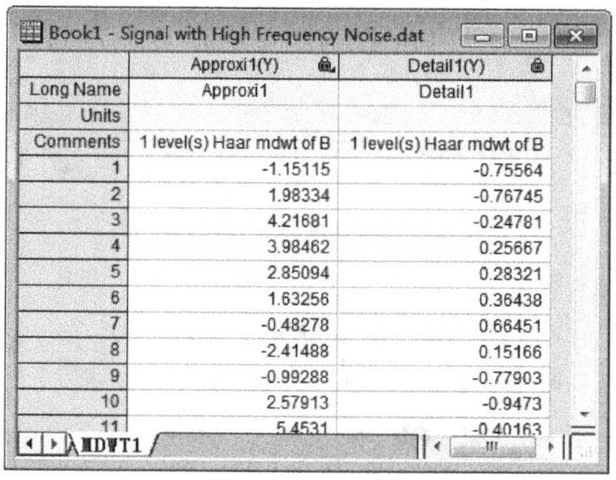

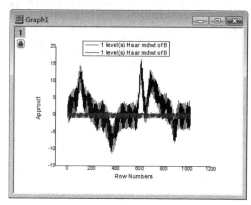

图 12-50 输出的数据

图 12-51 多尺度离散小波变换

12.4.5 Denoise 除噪

采用 Origin 9.0/ Samples/ Chapter 12/ Step with High Frequency Noise. dat 数据文件为例介绍 Denoise 运算步骤。

（1）导入 Origin 9.0/ Samples/ Chapter 12/ Step with High Frequency Noise. dat 数据文件，工作表如图 12-52 所示。

（2）执行菜单命令 Analysis→ Signal Processing→ Wavelet→ Denoise，打开"Signal Processing/Wavelet: wtdenoise"对话框，如图 12-53 所示。

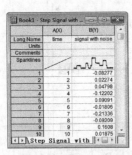

图 12-52 数据工作表

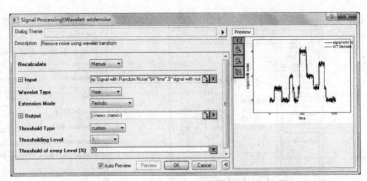

图 12-53 "Signal Processing/Wavelet: wtdenoise" 对话框

主要参数设置如下:

1) Wavelet Type: 控制除噪的方法;

2) Extension Mode: 控制输出的结果是 Periodic (周期性显示) 还是 Zero-padded (以 0 填补末端);

3) Threshold Type: 设置除噪系数的值是 custom (指定值) 还是 sqtwolog (根据计算所得);

4) Thresholding Level: 设置除噪水平;

5) Threshold of every Level (%): 在 Threshold Type 项为 custom 时指定的除噪系数。

(3) 设置完毕之后,单击 OK 按钮,完成计算。输出的运算表格如图 12-54 所示。用输出的信号分析数据所作的线图如图 12-55 所示。

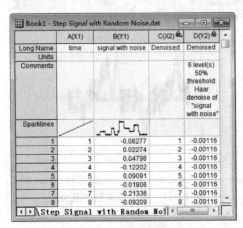

图 12-54 输出的数据

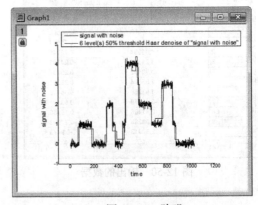

图 12-55 除噪

12.4.6 Smooth 平滑

采用 Samples/Chapter 12/ Signal with High Frequency Noise. dat 数据文件为例介绍 Denoise 运算步骤。

(1) 导入 Samples/Chapter 12/ ignal with High Frequency Noise. dat 数据文件。

(2) 执行菜单命令 Analysis → Signal Processing → Wavelet → Smooth,打开 "Signal

Processing/Wavelet: wtsmooth"对话框，如图 12-56 所示。主要参数设置如下：

1）Wavelet Type：控制除噪的方法；

2）Extension Mode：控制输出的结果是 Periodic（周期性显示）还是 Zero-padded（以 0 填补末端）；

3）Cutoff（%）：设置平滑水平的百分比。

（3）设置完毕之后，单击 OK 按钮，完成计算。输出的运算表格如图 12-57 所示。用输出的信号分析数据所作的线图如图 12-58 所示。

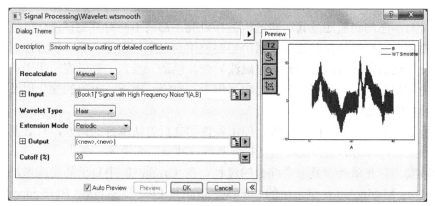

图 12-56 "Signal Processing/Wavelet: wtsmooth"对话框

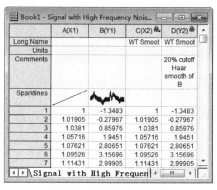

图 12-57 输出的数据

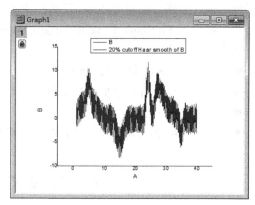

图 12-58 平滑

12.5 本 章 小 结

数字信号处理是一门建立在微积分、概率统计、随机过程、高等数学、数值分析、积分变换、复变函数等基础上的应用数学课程。本章主要介绍了应用 Origin 进行数据平滑、滤波方式、傅里叶变换和小波变换方法，读者可以根据自身作图需要，选择相应的功能进行操作，以期得到较为合适的科技图形。

第 13 章 峰拟合和光谱分析

无论是对静态的物质还是其运动过程进行研究，都离不开对其物理或化学性质进行检测，为了快速并且准确地获取这些数据，需要使用到大型仪器即仪器分析方法。从大的方向来说，现代仪器分析可以分为光（电磁波）谱、色谱、点穴、热学等，用于研究物质对特定波长光的响应情况，固液气之间的相互作用，电流、电压、电阻的变化以及受温度、磁声变化影响的情况等。

在进行这些工作之前，由于仪器、使用条件和分析方法本身的误差，有必要对得到的图谱进行预处理，常用的操作主要包括扣除基线或背景、平滑等。

然而事实上，光谱处理是一个综合的过程。在 Origin9.0 中对于基线或递增的扣除，Analysis→Data Manipulation 菜单中的 Subtract Straight Line 和 Subtract Reference Data 其实也是一个不错的选择；对于平滑，Signal Processing 信号处理中有各种很好的平滑处理算法；对于峰标记，显然可以使用 Tools 工具栏中的 Annotation 标记工具；对于峰拟合，Fitting 拟合菜单中提供了 Fit Single Peak 和 Fit Multi-Peaks 的命令。

本章主学习目标：
- 掌握单峰和多峰拟合方法
- 了解谱线分析及分析向导的使用方法
- 掌握光谱分析向导进行多峰分析
- 掌握利用谱线分析向导进行多峰拟合的方法

13.1 单峰拟合和多峰拟合

Origin 9.0 具有很强的多峰分析和谱线分析功能，不仅能对单峰、多个不重叠的峰进行分析，而当谱线峰具有重叠、"噪声"时，也可以对其进行分析；在对隐峰进行分峰及图谱解析时也能应用自如，达到良好的效果。

13.1.1 单峰拟合

单峰拟合实际上就是非线性曲线拟合（NLFit）中的峰拟合，其对话框与非线性曲线拟合完全一样。下面结合实例具体介绍单峰拟合。

（1）导入 Samples/Chapter 13/ Lorentzian. dat 数据文件，其工作表如图 13-1 所示。用工作表中 A（X）和 D（Y）绘制线图，如图 13-2 所示。

（2）选择执行菜单命令 Analysis→Fitt→Single Peak Fit ，打开"NLFit（Lorentz）"对

话框，选择 Lorentz 拟合函数，如图 13-3 所示。

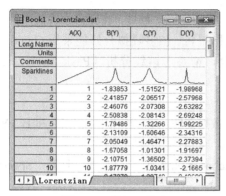

图 13-1 数据工作表

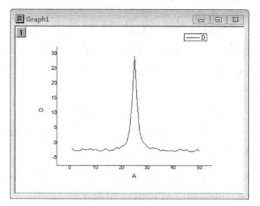

图 13-2 用工作表 D（Y）绘制线图

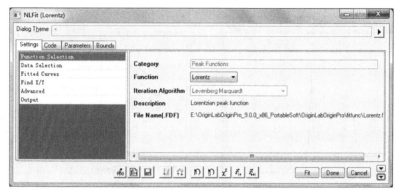

图 13-3 "NLFit（Lorentz）"对话框

（3）设置完成后，单击 Fit 按钮，完成拟合，拟合曲线与原始数据曲线如图 13-4 所示。输出的拟合数据报表如图 13-5 所示。

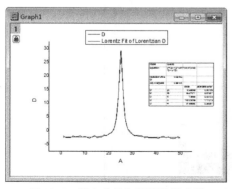

图 13-4 拟合曲线与原始数据曲线

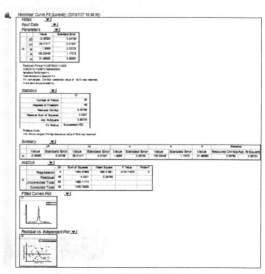

图 13-5 拟合数据报表

13.1.2 多峰拟合

多峰拟合是采用对数据进行拟合。用户在对话框中确定峰的数量，在图形中峰的中心处双击进行峰的拟合，完成拟合后会自动生成拟合数据报告。该多峰拟合只能采用 Guassian 或 Lorentzian 两种峰函数，若需完成更复杂的拟合，请参考谱线分析（Peak Analyzer）向导。

下面结合实例具体介绍多峰拟合。

（1）导入 Samples/Chapter 13/ Multiple Peaks. dat" 数据文件，用工作表中 A（X）和 B（Y）绘制线图，如图 13-6 所示。

（2）选择执行菜单命令 Analysis→Peaks and Baseline→Multiple Peaks Fit，打开 "Spectroscopy: fitpeaks" 对话框，如图 13-7 所示。

（3）在线图中 3 个峰处用鼠标左键双击，进行确认拟合范围，如图 13-8 所示。

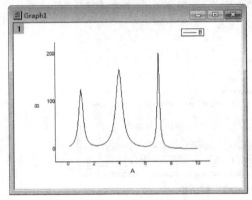

图 13-6　绘制的线图

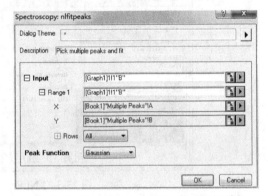

图 13-7　"Spectroscopy: fitpeaks" 对话框

（4）设置完成后，单击 Fit 按钮，完成拟合，拟合曲线与原始数据曲线如图 13-9 所示。完成拟合后，自动生成拟合数据报告如图 13-10 所示。

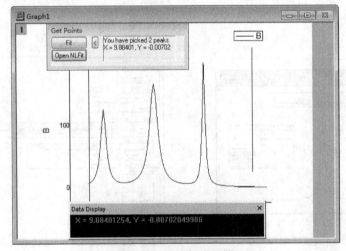

图 13-8　确定拟合范围

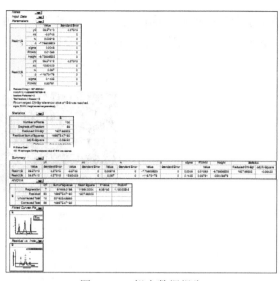

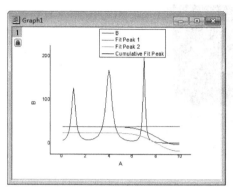

图 13-9　拟合曲线

图 13-10　拟合数据报告

13.2　谱线分析（Peak Analyzer）向导对话框

Origin 9.0 中将创建基线、基线与峰分析和峰拟合向导整合集成为谱线（Peak Analyzer）分析向导，能自动检测基线和峰的位置，并能对 100 多个峰进行拟合，对每个单峰能灵活选择丰富的内置拟合函数或用户自定义函数进行拟合。

用户也可以采用自定义函数创建基线。此外，用户还可以对峰的面积进行积分计算或减去基线计算。该向导提供可视和交互式界面，一步一步地引导用户进行高级峰分析。用户可用该向导进行创建谱线基线、寻峰和计算峰面积以及对谱线进行非线性拟合。

谱线分析向导所能进行的分析项目包括：创建基线、多峰积分、寻峰、多峰拟合。

上述分析项目是在谱线分析向导的目标（Goal）页面中进行选择的。打开谱线分析对话框的方法是，选中工作表数据或用工作表数据绘图，并将该图形窗口作为当前窗口的条件下，执行菜单命令 Analysis→Peaks and Baseline→Peak Analyzer→Open Dialog，打开"Peak Analyzer"对话框，如图 13-11 所示。"Peak Analyzer"对话框由上面板、下面板和中间部分组成。

上面板（Upper panel）主要包括主题（Theme）控制和峰分析向导图（Wizard Map），前者是用于主题选择或将当前的设置保存为峰分析主题为以后所用；后者是用于该向导不同页面的导航，单击向导图中不同页面标记进入该页面。

向导图中页面标记用不同颜色显示区别，绿色的为当前页面，黄色的为未进行的页面，红色的为已进行过的页面。

下面板（Lower panel）是用于调整（tweaking）每一页面中分析的选项，通过不同 X 函数完成基线创建和校正、寻峰、峰拟合等综合分析。用户可以通过下面板的控制进行计算选择。

位于上面板和下面板之间的中间部分由多个按钮组成。其中"Pre"按钮和"Next"按钮用于向导中不同页面的切换。"Finish"按钮用于跳过后面的页面，根据当前的主题一步完成分析。"Cancel"按钮用于取消分析，关闭对话框。

图 13-11 "Peak Analyzer"对话框

13.3 基 线 分 析

13.3.1 数据预处理

为获得最佳结果，在对数据进行分析之前最好对数据进行预处理，预处理的目的是为了去除谱线的"噪音数据"。常用的数据预处理方法有去除噪音处理、平滑处理和基线校正处理。有关去噪声处理和平滑处理请参考第 12 章中的有关章节。通过对基线校正，能更好地对峰进行检测。

13.3.2 用谱线分析向导创建基线

在"Peak Analyzer"对画框目标（Gold）的面板中，如图 13-12 所示。

在下面板中选择创建基线（Create Baseline）选项，此时，基线模式项目的面板如图 13-13 所示。

然后单击 Next 按钮，向导图进入基线模式（Baseline Mode）页面。此时，基线模式项目上面板如图 13-14 所示。

向导图会进入基线模式和创建基线页面。在该基线模式下，用户仅可以采用自定义基线。用户也可以在该页面中定义基线定位点，而后在创建基线页面（Create Baseline）连接这些定位点，构成用户自定义基线。

图 13-12 进入开始页面

图 13-13 选择创建基线（Create Baseline）选项

单击"Next"按钮，向导图进入创建基线（Create Baseline）页面。此时，创建基线页面的面板如图 13-15 所示。

在其下面板中可以对创建的基线进行调整和修改。若用户满意创建的基线，单击"Finish"按钮，完成基线创建。

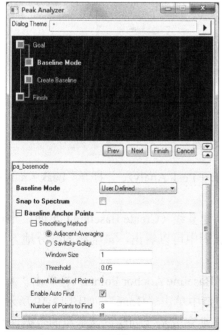

图 13-14 基线模式页面面板

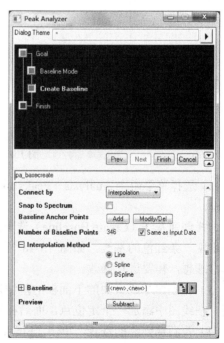

图 13-15 选择创建基线选项

下面结合实例具体介绍创建基线：

（1）导入 Samples/Chapter 13/ Peaks with Base. dat"数据文件，工作表如图 13-16 所示。用工作表 A（X）和 B（Y）绘制线图，如图 13-17 所示。

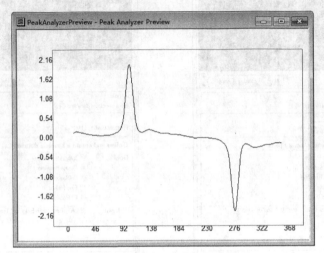

图 13-16　原有数据绘制线图

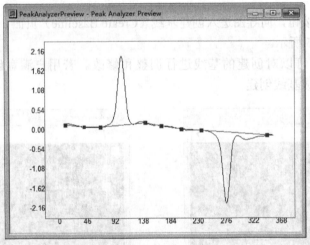

图 13-17　选创建基线

（2）选择菜单命令 Analysis→Peaks and Baseline→Peak Analyzer，打开"Peak Analyzer"对话框。

选择创建基线（Create Baseline）选项，进入创建基线（Create Baseline）页面。此时图中会出现一条红色的基线，如图 13-18 所示。从该图中可以看出，该基线的部分地方还不是非常理想，需要进行修改。

（3）在创建基线页面的下面板的基线定位点（Baseline Anchor Points）栏单击"Add"按钮，在线图中添加一个定位点，而后在弹出的窗口中单击"Done"，如图 13-19 所示。

（4）若满意创建的基线，单击"Finish"按钮，则完成基线创建。该基线的数据保存在原有工作表中，如图 13-20 所示。

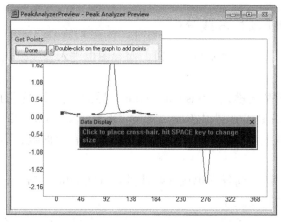

图 13-18　增加基线定位点

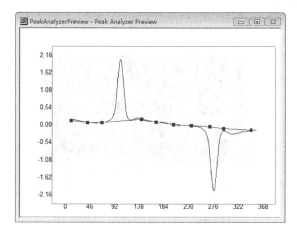

图 13-19　增加定位点后的基线

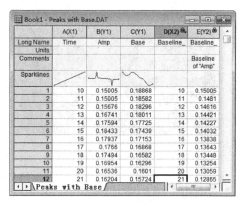

图 13-20　基线数据工作表

13.4　用谱线分析向导多峰分析

在"Peak Analyzer"对话框开始目标（Gold）页面的下面板中，分析项目选择多峰分析（Integrate Peaks）选项，此时多峰分析项目的上面板如图 13-21 所示。

向导图会进入基线模式、基线处理、寻峰和多峰分析页面。用户可以通过谱线分析向导创建基线、从输入数据汇总减去基线、寻峰和计算峰的面积。

多峰分析项目的基线模式与前面提到的创建基线不完全相同。在多峰分析项目中，用户可以通过选择基线模式和创建基线，而后还可以在扣除基线（Substract Baseline）页面中减去基线。此外，多峰分析项目中有用于检测峰的寻峰（Find Peaks）页面和用于定制分析报告的多峰分析（Integrate Peaks）页面。

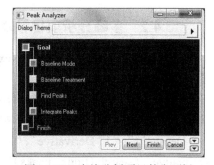

图 13-21　多峰分析项目的上面板

13.4.1 多峰分析项目基线分析

在多峰分析项目中，单击"Next"按钮，向导图也进入基线模式（Baseline Mode）页面，如图 13-22 所示。

此时，在该页面的基线模式（Baseline Mode）界面。在该页面的基线模式下拉列表框中，有"Constant"、"User Defined"、"User Existing Dataset"、"None"和"End Points Weighted"五种选项，分别表示基线为常数、用户自自定义、用已有数据组、不创建基线选项和结束百分点加权选项。

在单击"Next"按钮，向导图也进入基线处理（Baseline Treatment）页面。在该页面中，用户可以进行减去基线操作。

如果在开始页面中选择了峰拟合项目，则用户在基线处理页面还可以考虑是否对基线进行拟合处理。基线处理页面如图 13-23 所示。

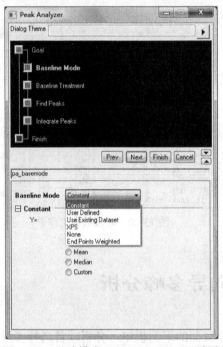

图 13-22 基线模式（Baseline Mode）页面

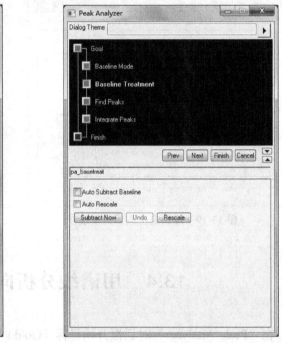

图 13-23 基线处理页面

13.4.2 多峰分析项目寻峰和多峰分析

在多峰分析项目中，单击"Next"按钮，向导图也进入寻峰（Find Peaks）页面。寻峰页面的面板如图 13-24 所示。

在该页面中，用户可以选择自动寻峰和通过手工方式进行寻峰。用户还可以在寻峰的方式设置（Find Peaks Settings）下拉列表框中，选择"Local Maximum"、"Window Search"、"1st Derivativ"、"1st Derivative"、"2nd Derivative（search Hidden peaks）"和"Residual after 1st Derivative （search Hidden peaks）"等方式。

其中二次微分"2nd Derivative（search Hidden peaks）"和一次微分加残差"Residual after

1st Derivative（search Hidden peaks）"寻峰方式对寻隐峰非常有效。

在单击"Next"按钮，向导图也进入多峰分析（Integrate Peaks）页面。多峰分析的页面如图 13-25 所示。

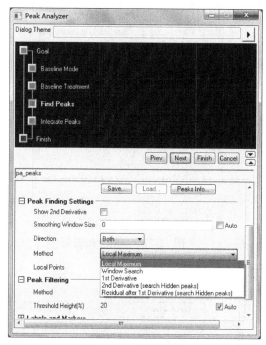

图 13-24 寻峰页面

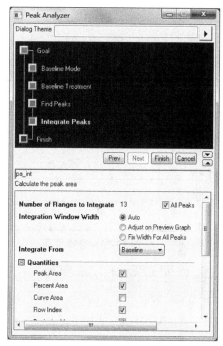

图 13-25 多峰分析页面

在该页面中，可以输出的内容（如峰面积、峰位置、峰高、峰中心和峰半高宽等）、输出的地方进行设置。设置完成后单击"Finish"按钮，则对峰分析的结果保存在新建的工作表中。

13.4.3 多峰分析项目举例

下面结合实例具体介绍谱线分析（Peak Analyzer）向导中多峰分析项目的使用。该例要求完成创建基线（Create Baseline）、扣除基线（Subtract Baseline）、寻峰（Find Peaks）和多峰积分（Integrate Peaks）等内容。具体步骤如下：

（1）导入 Samples/Chapter 13/ Peaks on Exponential Baseline. dat 数据文件，用工作表中 A（X）和 B（Y）绘制线图，如图 13-26 所示。

（2）执行菜单命令 Analysis→Peaks and Baseline→Peak Analyzer，打开"Peak Analyzer"对话框。选择多峰分析（Integrate Peaks）项目，单击"Next"按钮，进入基线模式页面，在基线模式下拉表中选择"Used Defined"项，该页面面板如图 13-27 所示。

（3）选择"Enable Auto Find"复选框，单击"Find"按钮，其线图中出现基线定位点，如图 13-28 所示。单击"Next"按钮，进入创建基线页面，该页面的下面板如图 13-29 所示。

选择创建基线的选项，此时线图中基线定位点链接成红色的基线，如图 13-30 所示。

从图 13-30 可以看到，该基线部分地方还不是非常理想，需要修改。在创建基线页面下面板中的基线定位点（Baseline Anchor Points）栏单击"Add"按钮，在线图中添加一个定位点，而后在弹出的窗口中单击"Done"，如图 13-31 所示。此时基线得到了修改，修改后的图形如图 13-32 所示。

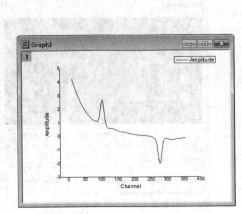

图 13-26 寻峰页面

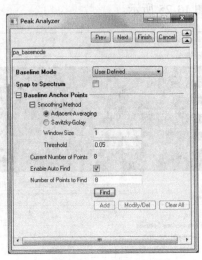

图 13-27 多峰分析页面

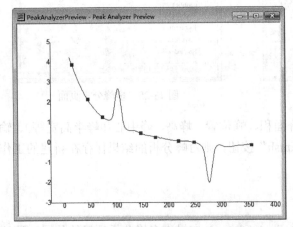

图 13-28 自动选基线后出现基线定位点线图

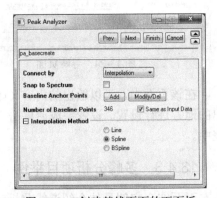

图 13-29 创建基线页面的下面板

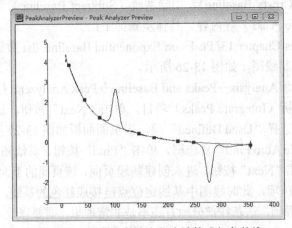

图 13-30 线图中基线定位点连接成红色基线

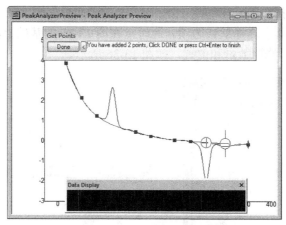

图 13-31 添加定位点位

（4）单击"Next"按钮，进入基线处理页面，该页面的下面板如图 13-33 所示。选择"Auto Substract Baseline"复选框，单击"Substract Now"按钮，此时减去基线的线图，图形如图 13-34 所示。

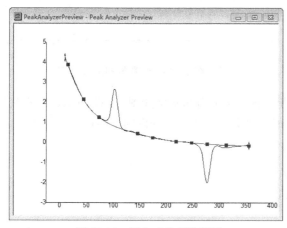

图 13-32 添加点位后的图形

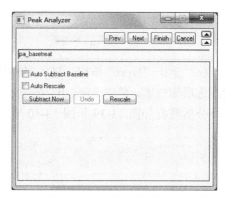

图 13-33 基线处理页面的下面板

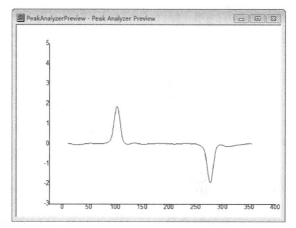

图 13-34 减去基线的线图

（5）单击"Next"按钮，进入寻峰页面，该页面的下面板如图 13-35 所示。选择"Enable Auto Find"复选框，其余选择默认选项。此时，在图 13-35 的基础上添加了两个黄色矩形方框和数字标号，表示峰的数量和位置，如图 13-36 所示。

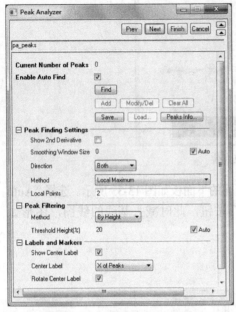

图 13-35　寻峰页面的下面板

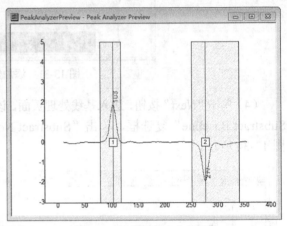

图 13-36　峰数量和位置确定

（6）单击"Next"按钮，进入多峰分析页面，多峰分析页面如图 13-37 所示。选择默认输出选项和内容，单击"Finish"按钮，完成多峰分析。其最后分析的曲线如图 13-38 所示。多峰分析数据如图 13-39 和图 13-40 所示。

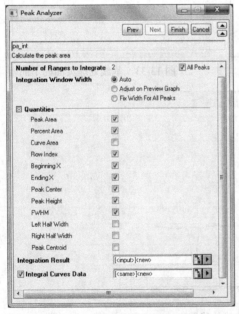

图 13-37　多峰分析页面下页面

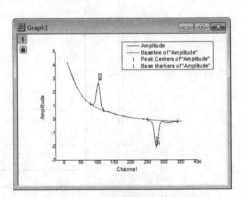

图 13-38　最后分析的峰曲线图

Book1 - Peaks on Exponential Baseline.dat

	Index(X)	P0(Y)	P1(Y)	P2(Y)	Be
Long Name	Index	Area	AreaIntgP(%)	Row Index	
Units					
Comments	Integral Result of "Amplitude"	Integral Result of "Amplitude"	Integral Result of "Amplitude"	Integral Result of "Amplitude"	Integral Re
1	1	26.10057	42.32943	93	
2	2	-32.47694	-52.6705	267	
3					

Integration_Result1 / Integrated_Curve_Data1 / Plot_Data1 /

图 13-39　多峰分析结果

Book1 - Peaks on Exponential Baseline.dat

	X(X1)	Y(Y1)	X1(X2)	Y1(Y2)
Long Name	X	Y	X	Y
Units				
Comments	Peak1 of "Amplitude"	Peak1 of "Amplitude"	Peak2 of "Amplitude"	Peak2 of "Amplitude"
1	79	0	251	0
2	80	0.01911	252	-0.02377
3	81	0.04588	253	-0.05501
4	82	0.07996	254	-0.09371
5	83	0.11599	255	-0.13986
6	84	0.15361	256	-0.19846

Integration_Result1 / Integrated_Curve_Data /

图 13-40　多峰分析线图数据

13.5　用谱线分析向导多峰拟合

在 "Peak Analyzer" 对话框目标页面（Goal）的下面板中，分析项目（Goal）选择多峰拟合（Fit Peaks）选项，此时多峰拟合项目的面板如图 13-41 所示。

向导图会进入基线模式、基线处理、寻峰和多峰拟合页面。用户可以通过谱线分析向导创建基线、从输入数据中减去基线、寻峰和对峰进行拟合。在该向导图中，基线模式页面、基线处理页面、寻峰页面都在前面进行了介绍，下面仅对多峰拟合页面进行介绍。

图 13-41　多峰拟合项目的面板

13.5.1 多峰拟合页面

用户可以通过多峰拟合（Fit Peaks）页面，采用 Levenberg-Marquardt 算法，完成对多峰的非线性拟合基线的非线性拟合和定制拟合分析报告。

多峰拟合页面的下面板如图 13-42 所示。单击 "Fit Control" 按钮，可以打开峰拟合参数（Peak Fit Parameters）对话框。拟合参数对话框由上面板和下面板组成，其中中部还有一些控制按钮。

拟合参数对话框上面板由参数（Parameters）标签界限（Bounds）和拟合控制（Fit Control）标签组成。参数标签如图 13-42 所示。参数标签中列出了所有函数的所有参数，可以通过选择确定该参数在拟合过程中是否为共享，通过该上面板可以很好地监控拟合效果。

界限标签如图 13-43 所示，用于设置函数参数的上下界限。

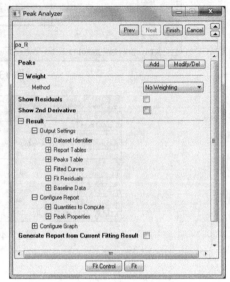

图 13-42　多峰拟合页面的下页面

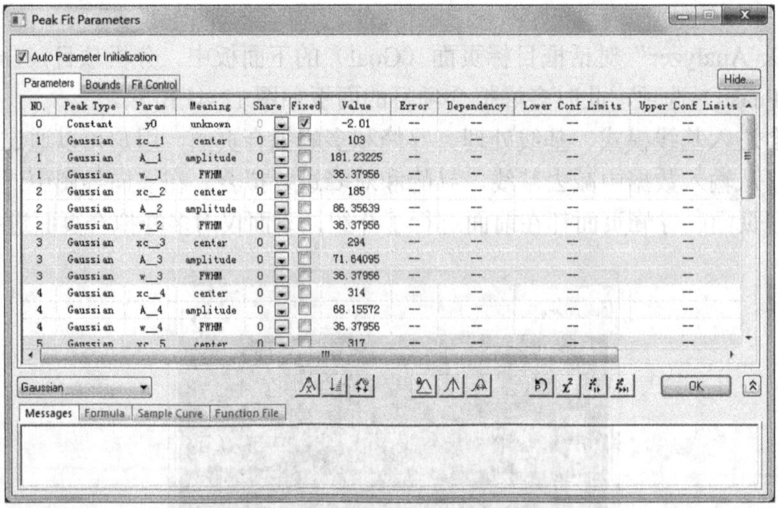

图 13-43　参数（Parameters）标签

拟合控制标签如图 13-44 所示，设置拟合过程中的相关参数，如图 13-45 所示，在拟合参数对话框中部有一个拟合函数下拉框，通过该下拉框可以对不同的峰选择不同的函数。Origin 9.0 能采用内置函数或用户自定义函数进行多峰拟合。

在拟合参数对话框中部按钮所代表的意义如下：

⚠Switch Peak Label 峰值开关：指定峰值标签类型。它可以使用峰值指标、x 值、y 值的 x 值和 y 值为峰的标签。

⚠Reorder Peaks 恢复峰排列顺序：当需要对已经排列的峰恢复默认设置时，启用此按钮，用来恢复默认顺序峰。

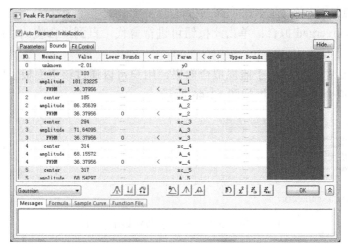

图 13-44　Bounds 标签

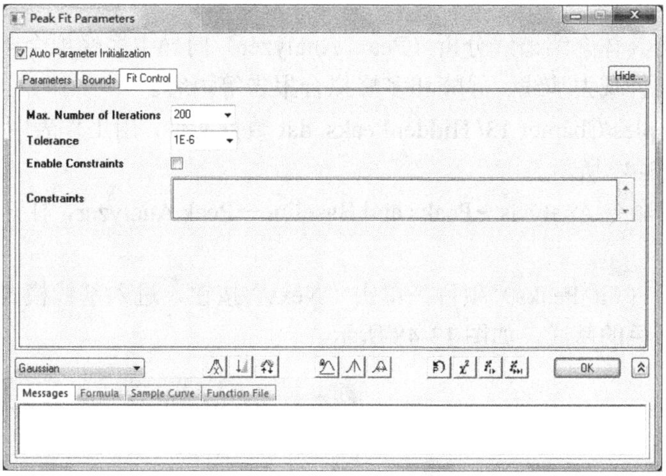

图 13-45　Fit Control 标签

　　Sort Peaks 峰排序：打开"峰排序"。峰中心、宽度、振幅可以是以递增或递减顺序进行排序。

　　Fix or Release baseline parameters 固定基线选择：指定是否要修复的基线参数，当基线参数是固定的，将出现一个锁定此按钮、表示基线的参数固定；再次单击该按钮，则锁的图标消失，表示基线参数不固定。

　　Fix or Release all peak centers 峰中心线选择：指定是否要修复站在高峰中心的参数。锁头是固定的，峰值的中心会出现此按钮。

　　Fix or Release all peaks widths 峰宽线选择：指定是否要修复的参数站在峰的宽度。峰的宽度是固定的时，将出现一个锁定此按钮。

　　Initialize parameters 参数初始化：初始化参数的初始化代码（或初始值）。

　　Calculate Chi-Square 预测卡方检验：执行卡方检验，根据样本数据推断总体分布与期望分布是否有显著差异。

　　1 Iteration 单次叠代：单击此按钮可以执行一个单一的叠代。可以选择多种峰值中心，直到收敛为止，其结果将被显示在下部面板。

$\stackrel{\text{\tiny fit}}{\underset{\text{}}{}}$Fit until converged 拟合：单击此按钮可进行叠代，直到拟合收敛。结果将被显示在下部面板。

拟合参数对话框下面板用于监视拟合效果，用户可以通过该下面板了解拟合是否收敛等信息。典型的拟合参数对话框如图13-46所示。

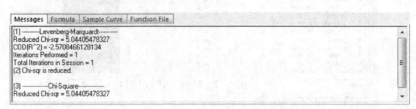

图13-46 典型的拟合参数对话框下面板

13.5.2 多峰拟合举例

下面结合实例具体介绍谱线分析（Peak Analyzer）向导中多峰拟合项目的使用。该例要求完成创建基线、减去基线、寻峰和多峰拟合报告等内容。

（1）导入 Samples/Chapter 13/ HiddenPeaks. dat 数据文件，用工作表中 A（X）和 B（Y）绘制线图，如图13-47所示。

（2）执行菜单命令 Analysis→Peaks and Baseline→Peak Analyzer，打开"Peak Analyzer"对话框。

选择多峰拟合（Fit Peaks）项目，单击"Next"按钮，进入基线模式页面。此时，在线图下出现一条红色的基线，如图13-48所示。

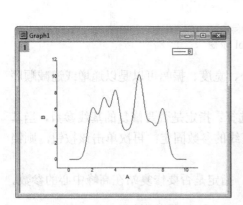

图13-47 绘制的线图

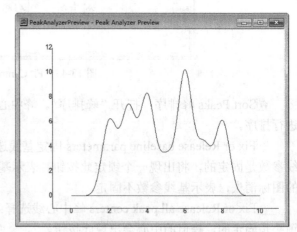

图13-48 在线图下出现一条红色基线

根据图形可以考虑基线模式选择常数。基线模式页面的面板如图13-49所示。

（3）单击"Next"按钮，进入基线处理页面。选择"Auto Subtract Baseline"复选框，如图13-50所示，单击"Subtract Now"按钮，可得到减去基线的线图。

（4）单击"Next"按钮，进入寻峰页面，该页面的下面板如图13-51所示。线图可能会有隐峰，所以在选择寻峰设置（Find Peaks Settings）的方式（Method）下拉列表框中选择

"2nd Derivative（Search Hidden Peaks）"，搜寻隐峰。

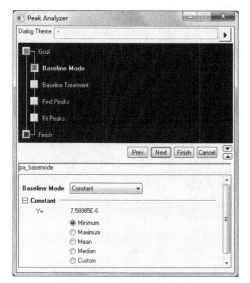

图 13-49　基线模式页面

图 13-50　基线处理页面

单击该页面中的"Find"按钮，此时在线图中显示有 7 个峰，如图 13-52 所示。

图 13-51　寻峰页面下面板设置

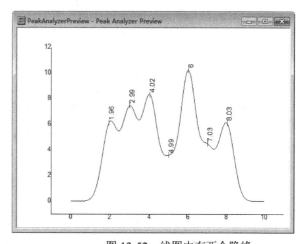

图 13-52　线图中有两个隐峰

（5）单击"Next"按钮，进入多峰拟合页面，多峰拟合页面的下面板如图 13-53 所示。单击"Fit Control"按钮，打开峰拟合参数（Peak Fit Parameters）对话框。

（6）在峰拟合参数拟合对话框中，选择"Gaussian"拟合函数进行设置。单击叠代按钮或拟合按钮进行拟合，拟合结果表明收敛，如图 13-54 所示。

（7）单击"OK"按钮，回到多峰拟合页面。选择默认输出选项和内容，单击"Finish"按钮，完成多峰拟合。峰拟合曲线图如图 13-55 所示，分析拟合数据如图 13-56 所示。

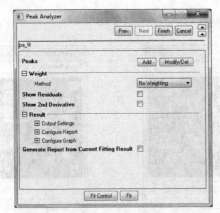

图 13-53 多峰拟合页面的下面板

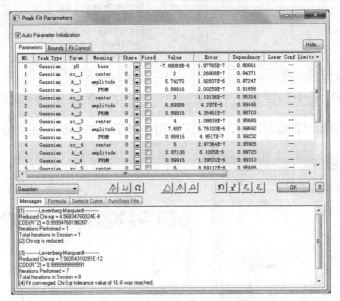

图 13-54 拟合结果表明收敛

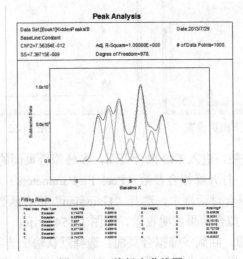

图 13-55 峰拟合曲线图

Peak Fit (Gaussian) (2013/7/29 18:16:54)

X-Functions

	X-Function	Description
1	pa_goal	Goal
2	pa_basemode	Baseline Mode
3	pa_basetreat	Baseline Treatment
4	pa_peaks	Find Peaks
5	pa_fit	Fit Peaks

Baseline Mode(Constant)

Y =	7.58885E-6

Baseline was subtracted

Parameters

		Value	Shared	Standard Error
Peak1(Gaussian)	y0	-7.88069E-6	0	1.97765E-7
	xc	2	0	1.26808E-7
	A	5.74275	0	1.92837E-6
	w	0.89916	0	2.00259E-7
Peak2(Gaussian)	y0	-7.88069E-6	0	1.97765E-7
	xc	3	0	1.19136E-7
	A	6.69988	0	4.297E-6
	w	0.89916	0	4.35451E-7
Peak3(Gaussian)	y0	-7.88069E-6	0	1.97765E-7
	xc	4	0	1.08639E-7
	A	7.657	0	5.76103E-6
	w	0.89916	0	4.9517E-7
Peak4(Gaussian)	y0	-7.88069E-6	0	1.97765E-7
	xc	5	0	2.97364E-7
	A	2.87138	0	6.1005E-6
	w	0.89916	0	1.39531E-6
Peak5(Gaussian)	y0	-7.88069E-6	0	1.97765E-7
	xc	6	0	8.69112E-8
	A	9.57126	0	5.76101E-6
	w	0.89916	0	3.96135E-7
Peak6(Gaussian)	y0	-7.88069E-6	0	1.97765E-7
	xc	7	0	2.08488E-7
	A	3.82849	0	4.29697E-6
	w	0.89916	0	7.62034E-7
Peak7(Gaussian)	y0	-7.88069E-6	0	1.97765E-7
	xc	8	0	1.26807E-7
	A	5.74276	0	1.92836E-6
	w	0.89916	0	2.00259E-7

Reduced Chi-sqr = 7.56354310281E-12
COD(R^2) = 0.9999999999991
Iterations Performed = 7
Total Iterations in Session = 8
Fit converged. Chi-Sqr tolerance value of 1E-6 was reached.

Statistics

	B
Number of Points	1000
Degrees of Freedom	978
Reduced Chi-Sqr	7.56354E-12
Residual Sum of Squares	7.39715E-9
Adj. R-Square	1
Fit Status	Succeeded(100)

Fit Status Code :
100 : Fit converged. Chi-Sqr tolerance value of 1E-6 was reached.

ANOVA

		DF	Sum of Squares	Mean Square	F Value	Prob>F
B	Regression	22	26275.18648	1194.32666	1.57906E14	0
	Residual	978	7.39715E-9	7.56354E-12		
	Uncorrected Total	1000	26275.18648			
	Corrected Total	999	8539.78074			

Fitted Curves Plot

Residual vs. Independent

图 13-56　分析拟合数据报告

13.6 谱线分析向导主题

Origin 9.0 将主题（Theme）的应用范围进一步进行了扩展。可以通过谱线分析向导上面板中的对话框主题（Dialog Theme），将谱线分析的设置保存为一主题，在下一次进行同样分析时，可以自如调用。

将谱线分析设置保存为主题的方法如下：

（1）单击谱线分析向导的上页面的右上角对话框主题（Dialog Theme），弹出快捷菜单，如图 13-57 所示。

在该菜单中选择主题设置（Theme Setting），打开主题设置（Peak Analyzer Theme Setting）对话框，如图 13-58 所示。

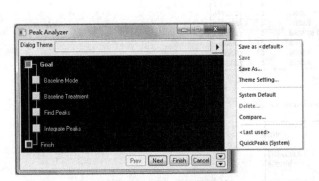

图 13-57 弹出的快捷菜单

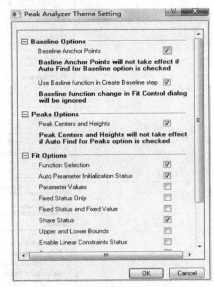

图 13-58 主题设置对话框

（2）在主题设置对话框中，选择希望保存在主题中的内容。单击"OK"按钮，关闭该对话框。

（3）再次单击谱线分析向导的上页面的右上角对话框主题，在弹出的快捷菜单选择"Save As"，并输入主题名称（如 HiddenPeak1），进行保存；也可以选择"Save as <Default>"，将该主题保存为默认的主题。

调用谱线分析主题的方法为，单击谱线分析向导的上页面的右上角对话框主题（Dialog Theme），弹出快捷菜单。在该菜单中选择已有的主题，如图 13-58 所示。

13.7 本 章 小 结

光谱处理是一个综合的过程，在 Origin9.0 中对于基线或递增的扣除、峰标记、峰拟合均能很好的实现。本章根据读者需要，主要介绍了单峰和多峰拟合方法、谱线分析及分析向导的使用方法、光谱分析向导多峰分析以及利用谱线分析向导进行多峰拟合的方法。峰拟合和光谱分析在科技作图中经常会用到，读者应该认真学习，在使用时灵活应用。

第14章 统 计 分 析

Origin 提供了许多统计方法以满足通常的统计分析，其中，包括描述统计（Descriptive Statistics）、单样本假设检验和双样本假设检验（one-sample and two-sample hypothesis tests）、单因素方差分析和双因素方差分析（one-way and two-way analysis of variance (ANOVA)）、直方图（histograms charts）和方框统计图（box charts）等多种统计图表。

此外，OriginPro 除上述功能外，还提供了高级统计分析工具，包括重测方差分析（repeated measures ANOVA）和接受者操作特征曲线预估（relative operating characteristic curves，ROC curves）等。

本章学习目标：
- 了解统计分析的相关知识
- 掌握统计图形的绘制方法
- 了解描述统计的方法
- 掌握假设检验、方差分析和样本分析的方法

14.1　统计分析简介

统计学（Statistics）是一门通过数据搜索、整理、分析数据等手段，以达到推断所测对象的本质，甚至预测对象未来的一门综合性科学。

其中用到了大量的数学及其他学科的专业知识，它的使用范围几乎覆盖了社会科学和自然科学的各个领域。

14.1.1　什么是统计学

在统计学中，为了实际的理由，我们选择研究母体的子集代替研究母体的每一笔资料，这个子集称作样本。以某种经验设计实验所搜集的样本叫作资料。资料是统计分析的对象，并且被用作两种相关的用途：描述和推论。

描述统计学处理有关叙述的问题：资料是否可以被有效的摘要，而不论是以数学或是图片表现，以用来代表母体的性质？基础的数学描述包括了平均数和标准差。图像的摘要则包含了许多种的表和图。

推论统计学被用来将资料中的数据模型化，计算它的机率并且做出对于母体的推论。这个推论可能以对/错问题的答案所呈现（假设检定），对于数字特征量的估计（估计），对于未来观察的预测，关联性的预测（相关性），或是将关系模型化（回归）。其他的模型化

技术包括变异数分析（ANOVA），时间序列以及数据挖掘。

相关的观念特别值得被拿出来讨论。对于资料集合的统计分析可能显示两个变量（母体中的两种性质），倾向于一起变动，好像它们是相连的一样。

举例来说，通过人收入和死亡年龄的研究期刊，可能会发现穷人比起富人来说更倾向拥有较短的生命。这两个变量被称作相关的。但是实际上，我们不能直接推论这两个变量中有因果关系，参见相关性推论因果关系。

如果样本足以代表母体，那么由样本所做的推论和结论可以被引申到整个母体之上。最大的问题在于决定样本是否足以代表整个母体。统计学提供了许多方法来估计和修正样本与收集资料过程中的随机性（误差），如同上面所提到的透过经验所设计的实验。参见实验设计。

要了解随机性或是机率必须具备基本的数学观念。数理统计（通常又叫作统计理论）是应用数学的分支，它使用机率论来分析并且验证统计的理论基础。

任何统计方法是有效的，只有当这个系统或是所讨论的母体满足方法论的基本假设时。误用统计学可能会导致描述面或是推论面严重的错误，这个错误可能会影响社会政策、医疗实践以及桥梁或是核能发电计划结构的可靠性。

即使统计学被正确的应用，结果对于不是专家的人来说可能会难以陈述。举例来说，统计资料中显著的改变可能是由样本的随机变量所导致，但是这个显著性可能与大众的直觉相悖。人们需要一些统计的技巧（或怀疑）以面对每天日常生活中透过引用统计数据所获得的资讯。

关于如何分析问题、设计调查方案、制作调查问卷、选择调查样本、数据整理等统计学的基本问题和原理，以及统计学的不同流派，并不是本书所要涉及的内容，本章主要关注统计学中关于数理统计，即数据分析和推断的部分。

对于给定一组数据，统计学可以摘要并且描述这份数据。这个用法称作为描述统计。另外，观察者以数据的形态建立出一个用以解释其随机性和不确定性的数学模型，用之来推论研究中的步骤及总体，这种方法称为推论统计。

统计的结果的显现方式主要有两种：一种是统计表，其优点是避免长篇文字叙述，便于阅读和对比，数据清晰具体；另一种是统计图，即采用点或线的位置和趋势、柱的长短、扇面面积等来形象地表达统计结果；两者也常常结合使用。

要注意的是，任何统计方法是否有效，只有当该系统或是所讨论母体满足方法论的基本假设时才有意义。因此如果样品选择、统计方法和基本假设是错误的，误用统计学可能会导致描述面或是推论面严重的错误，因此对统计的结果应该通过其他方法小心验证。

14.1.2 Origin 中的统计分析

统计的方法和流派很多，除了基本的统计描述外，主要是各种推断统计。Origin 提供的方法包括：描述统计（descriptive statistics）、假设检验（hypothesis tests）、方差分析（analysis of variance，ANOVA）。统计结果会形成统计报表，并提供了一系列方式来生成统计图形。

本书重点讨论各种基本的统计方法，对于较特殊的统计方法及其原理，请读者阅读专业的统计学书籍。

14.2 统计图形

Origin 9.0 统计图包括有直方统计图（Histogram）、方框统计图（Box Chart）、概率直方图（Histogram+Probabilities）、多层直方图（Stacked Histogram）、QC 质量控制图（QC（X-Bar R）Chart）、柏拉图（Pareto Chart）、散点矩阵统计图（Scatter Matrix）、概率图（Probability Plot）、标准常态机率图（Q-Q Plot）等。

选择菜单命令 Plot→Statistics，如图 14-1 所示，在打开的二级菜单中选择绘制方式进行绘图；或者单击统计图形绘制工具栏符号旁的 ■ 按钮，在打开的二级菜单中，选择绘图方式进行绘图。统计（Statistics）图形的二级菜单如图 14-2 所示。

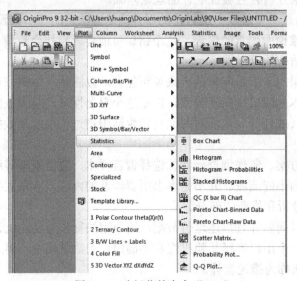

图 14-1　选择菜单命令"Plot"

图 14-2　统计图二级菜单

14.2.1　直方统计图（Histogram）

直方统计图（Histogram）用于对选定数列统计各区间段里数据的个数，它显示出变量数据组的频率分布。通过直方统计图（Histogram），可以方便地得到数据组中心、范围、偏度、数据存在的轮廓和数据的多重形式。

创建直方统计图的方法为，在工作表窗口中选择一个或多个 Y 列（或者其中的一段），然后选择菜单命令 Plot→Statistics→Histogram，或单击统计图工具栏中的按钮 ■。下面结合实例介绍直方统计图的绘制和定制。

（1）导入 Samples/Chapter 14/ Histogram.dat 数据文件，其工作如图 14-3 所示。

（2）选择工作表的 B 列，执行菜单命令 Plot→Statistics→Histogram，或单击统计图工具栏中的按钮 ■，软件自动计算区间段，生成直方统计图，如图 14-4 所示。

图 14-4 直方统计图保存统计数据的工作表中包括区间段中心值（Bin Centers）、计数

（Counts）、计数积累和（Cumulative Sum）、积累概率（Cumulative Probability）等在内的内容。

图 14-3 Histogram.dat 数据文件

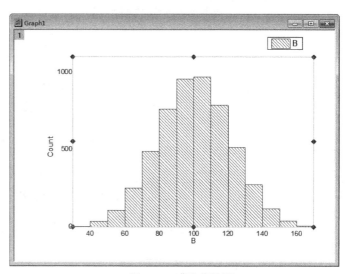

图 14-4 直方统计图

（3）用鼠标右键单击统计直方图，在快捷菜单中选择"Go to Bin Worksheet"，则激活该工作表，如图 14-5 所示。

	BinCenters(X)	Counts(Y)	CumulativeSum(Y)	CumulativeProbab(Y)
Long Name	Bin Centers	Counts	Cumulative Sum	Cumulative Probability
Units				
Comments	Bins	Bins	Bins	Bins
1	35	2	2	0.03775
2	45	34	36	0.6795
3	55	105	141	2.66138
4	65	251	392	7.39902
5	75	487	879	16.59117
6	85	762	1641	30.97395
7	95	958	2599	49.05625
8	105	969	3568	67.34617
9	115	787	4355	82.20083
10	125	514	4869	91.9026
11	135	271	5140	97.01774

图 14-5 直方统计图数据工作表

（4）鼠标左键双击图形对象打开统计直方图 Plot Details 参数设置框，其中最重要的是 Curve 选项，如图 14-6 所示，在"Data"选项卡中，把"Curve: Type"由"None"改为"Normal"，然后单击 OK 按钮，则会在原直方图上面再加入一条正态分布曲线。

该曲线是利用原始数据的平均值和标准差生成的正态分布曲线，如图 14-7 所示。在 Plot Details 参数设置框中，还可以对直方图的填充、颜色等其他属性进行修改。

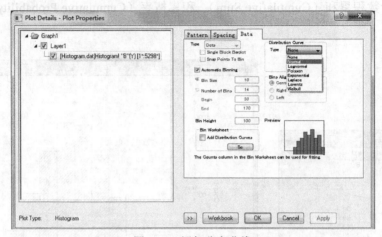

图 14-6 添加分布曲线

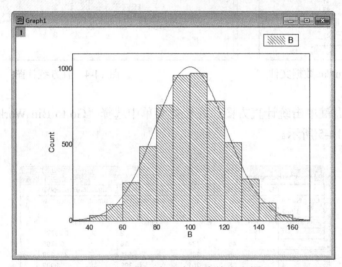

图 14-7 带正态分布曲线的直方图

14.2.2 概率直方图（Histogram +Probabilities）

概率直方图（Histogram +Probabilities）与普通直方图的差别是，图中有两个图层，一层就是普通的直方图，另一层是累积和的数据曲线。

应用 Samples/Chapter 14/Statistical and Specialized Graphs. opj 数据文件中的 Histogram and Probabilities 数据为例，介绍概率直方图。导入 Histogram and Probabilities 数据，如图 14-8 所示。

在工作表窗口内选择 A（Y）数列，然后执行菜单命令 Plot→Statistics→Histogram+ Probabilities，或单击统计图工具栏中的按钮，生成的概率直方图如图 14-9 所示。

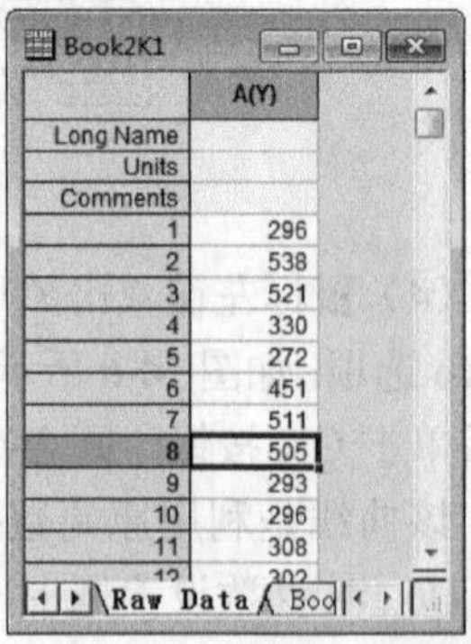

图 14-8 Histogram.dat 数据文件

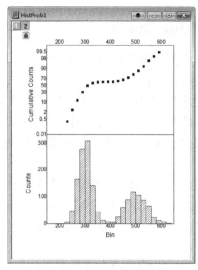

图 14-9 直方统计图

14.2.3 多层直方图（Stacked Histogram）

多层直方图（Stacked Histogram）将多个直方图堆叠起来，以方便进行比较。Origin 中的堆叠直方图模板可根据工作表中的数据，自动生成堆叠直方图。

创建多层直方图的方法为，在工作表窗口中选择一个或多个 Y 列（或者其中的一段），然后选择菜单命令 Plot→Statistics→Stacked Histogram，或单击统计图工具栏中的按钮。

如果还是选择 Histogram.dat 数据文件，在导入该数据文件后，创建 C（Y）、D（Y）列，分别为 C（Y）=B（Y）+5 和 D（Y）=B（Y）+10，完成创建 C（Y）、D（Y）列后的工作表，如图 14-10 所示。

依次选择工作表中的 B（Y）、C（Y）、D（Y）列，执行菜单命令 Plot→Statistics→Stacked Histogram，软件自动建立 3 个图层，生成多层直方图，如图 14-11 所示。

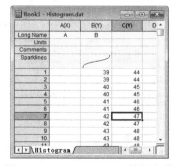

图 14-10 Histogram.dat 数据文件

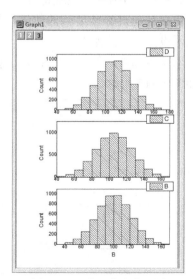

图 14-11 多层直方统计图

14.2.4 方框统计图（Box Chart）

方框统计图（Box Chart）是一种重要的统计图。创建方框统计图，首先在工作表窗口中选择一个或多个 Y 列（或者其中的一段），工作表中每个 Y 数列用一个方框表示，列名称在 x 轴上用标签表示。不能选择 X 列数据作图，只能选择单个或多个 Y 列。

如图 14-13 所示为一典型的单数据方框统计图。横坐标的标注是 Workbook 中 Y 列的 Long Name，该图形包含两个"小叉号"、两个"短横线"，两个长的长方形、一个"小方形"和两个竖直线。

图形上方的"小叉号"表示该 Y 列数据的最大值（绝对值），图形下方的"小叉号"表示该 Y 列数据的最小值（绝对值），而"小方形"的中心表示该 Y 列数据的算学平均值。竖直线、"小叉号"交叉点、"小方形"的中心都在横坐标的坐标标注刻度的延长线上。

1. 单列数据方框统计图

本节以 Samples /Chapter 14/ Box Chart .dat 数据文件为例说明方框统计图的性质和应用。导入 Box Chart .dat 数据文件，如图 14-12 所示。

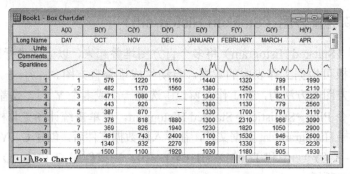

图 14-12　Box Chart .dat 数据文件

选择工作表的"February"列数据，执行菜单命令 Plot→Statistics→Box Chart，或单击统计图工具栏中的按钮 ，系统将自动生成方框统计图如图 14-13 所示。

为了更直观观察图形 Y 列的数值，并与 Box Chart 图各线条对比，可以对坐标轴进行栅格的显示设置，方法如下：

（1）双击坐标轴，弹出"Y-Axis Layer1"对话框，选择对话框中的"Grind Lines"选项卡，如图 14-14 所示。

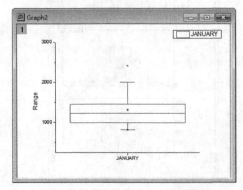

图 14-13　系统自动生成方框统计图

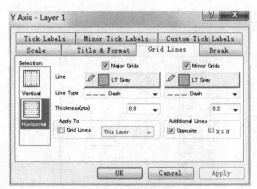

图 14-14　添加栅格线条

（2）"selection"选"Horizontal"（水平），将右边的"Major Grid"和"Minor Grid"方框前打上勾号。添加栅格的图形如图 14-15 所示。另外可以对 Grid 栅格线条进行其他设置，如颜色、线宽等。

另外，还可以对 Box Chart 的图形进行属性设置，双击 Box Chart 图形，弹出"Plot Details"方框，对其进行设置，如图 14-16 所示。

注意"Percentile"中"Type"的说明。在"Plot Details"方框单击"Box"，将"Diamond Box"方框前打上勾号，设置完成后图形如图 14-17 所示。

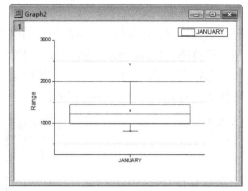

图 14-15 添加栅格线条的方框统计图

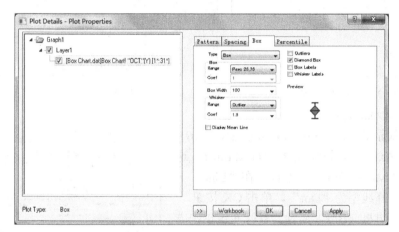

图 14-16 "Plot Details"方框

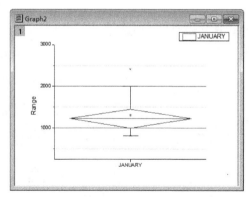

图 14-17 设置完成的方框统计图

2. 多列数据方框统计图

绘制多列数据方框统计图的步骤如下：

（1）导入 Samples/Chapter 14/ Box Chart .dat 数据文件。

（2）选择工作表的"January"、"February"、"March"，执行菜单命令 Plot→Statistics→Box Chart，或单击统计图工具栏中的按钮 。

系统将自动生成方框统计图，并创建数据区间工作表保存数据。创建的方框统计图如图 14-18 所示。

区间数据工作表给出了区间中心的 X 值，计数值（Counts）、累积和（Cumulative Sum）和累积概率（Cumulativ Probability）等统计数据。

鼠标右键单击方框统计图，在快捷菜单中选择"Go To Bin Worksheet"，可激活"Bins"工作表进行查看，如图 14-19 所示。

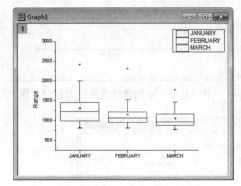

图 14-18 创建的方框统计图 　　　　图 14-19 "Bins"工作表

3. 定制方框统计图

（1）定制显示格栅，如图 14-20 所示，双击 y 轴，打开"Y Axis"对话框，选择"Grid Lines"选项卡，选中"Major Grid"复选框。在"Line"下拉列表框内选择线型为"Dot"，单击 OK 按钮。

（2）定制方框（Box）属性。鼠标右键单击方框统计图，打开"Plot Details"对话框，选择"Box"选项卡。

在"Type"下拉列表框内选择线型为"Dot"，如图 14-21 所示，单击 OK 按钮。

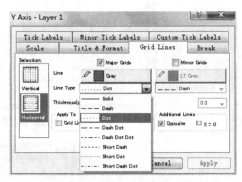

图 14-20 【Y Axis】对话框

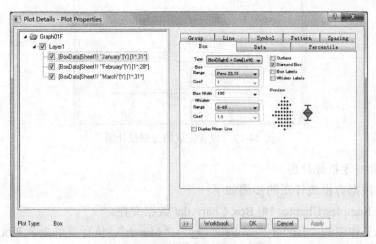

图 14-21 定制方框（Box）属性

（3）定制数据（Data）属性。打开"Plot Details"对话框，选择"Data"选项卡。

在"Distribution Curve"下拉列表框中将"None"改为"Normal"，如图 14-22 所示。单击"OK"按钮，则在方框中增加了曲线。

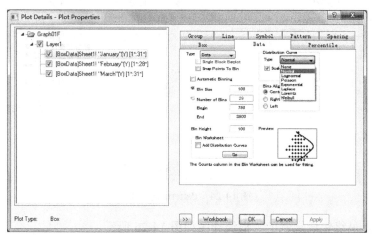

图 14-22　数据（Data）属性

（4）定制颜色、填充。打开"Plot Details"对话框。在"Group"选项卡内选择"Dependent"选项，则各方框的颜色相同，如图 14-23 所示。

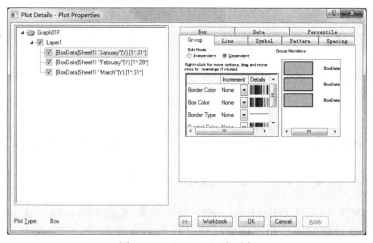

图 14-23　"Group"选项卡

在"Pattern"选项卡内，把"Border"组内的"Color"设为红色"Red"，把"Fill"组内的"Fill"设为浅灰色"Light Gray"，则方框的边框为红色，内部填充色为浅灰色，如图 14-24 所示。

在"Line"选项卡内，把"Color"设为黑色"Black"，则"Binned"数据点和数据曲线均为黑色。

（5）定制坐标轴，添加图形说明。将 x 轴和 y 轴名称分别设置为"Month"和"Discharge（ft^3/sec）"。为图形增加文字说明"Water Discharge at Station 120011"，并单击鼠标右键，在"Object Properties"对话框中设定"Background"为"Black Line"，

即在文字周围增加褐色线框，如图 14-25 所示。

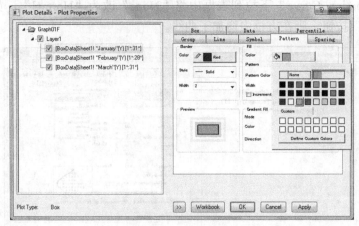

图 14-24　Pattern 选项卡

删除图例，最终完成定制的方框统计图如图 14-26 所示。

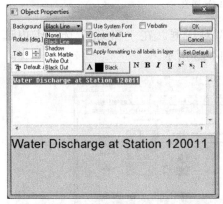 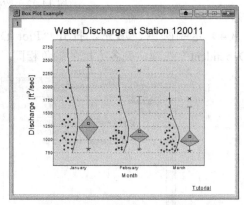

图 14-25　Object Properties 对话框　　　　图 14-26　完成定制的方框统计图

14.2.5　QC 质量控制图（QC（X-Bar R）Chart）

　　QC 质量控制图（QC（X-Bar R）Chart）是平均数 X 控制图和极差 R（Range）控制图同时使用的一种质量控制图，用于研究连续过程中的数据波动。不能选 X 列，只能选择单个或多个 Y 列。

　　该图形的意义是将 Y 列数据分为几组（Subgroup，图中以 Bin 表示），显示出每个 Bin 所在 Y 列数据的平均值（Mean，图层 2 的 Subgroup Mean Xbar）、每组数据值的范围（Range，图层 1，最大值与最小值之差），以及该组数据点标准偏差（Sigma）。

　　下面结合实例介绍 QC 质量控制图的创建和属性。

　　（1）导入 Samples/Chapter 14/ QC（X-Bar R）Chart.dat 数据文件，其工作表如图 14-27 所示。

　　（2）选中工作表中的 B 列，执行菜单命令 Plot→Statistics→Box Chart，或单击统计图工具栏中的按钮，会弹出 X bar r chart 对话框，如图 14-28 所示。

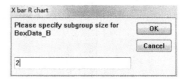

图 14-27　数据表　　　　　　　　　　　　　　图 14-28　参数设置

这个对话框可以设定数据子集的大小，本例中输入"2"，然后单击 OK 按钮，即可生成质量控制图（Quality Control Chart），同时弹出质量控制图的统计表，如图 14-29 所示。

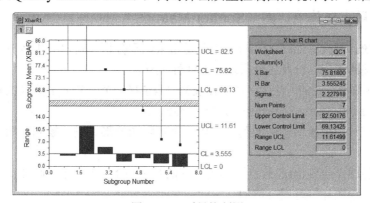

图 14-29　质量控制图

图 14-29 所示的 QC 质量控制图有两个图层。图层 1 是 X 棒图，该层由一组带垂直于平均值的散点图组成。

图中有三条平行线，中间一条为中心线（CL 线），上下等间距的两条分别为上控制线（UCL）和下控制线（LCL）。

在生产过程中，如果数据点落在上、下控制线之间，则说明生产处于正常状态。图层 2 是 R 图，该层由一组柱状图组成，从每一组值域平均线开始。

质量控制图里面，具体每个统计项的意义如下：

（1）Worksheet：统计表名

（2）Column(s)：列号

（3）X Bar：等于 CL（Control Limit），控制水平

（4）R Bar：等于 Range 的 CL，区域控制水平

（5）Sigma：即标准偏差

（6）Num Points：数据点的个数，等于子集的个数

（7）Upper Control Limit （UCL）：控制上限

（8）Lower Control Limit （LCL）：控制下限

（9）Range UCL：区域控制上限

（10）Range LCL：区域控制下限

图 14-30 所示的存放统计数据点的工作表中包含了平均值（Mean）、值域（Range）和标准差（SD）等统计数据。

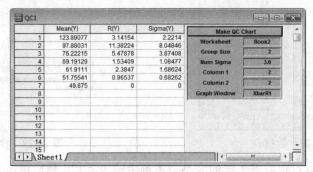

图 14-30 统计结果报表

14.2.6 散点矩阵统计图（Scatter Matrix）

散点矩阵统计图（Scatter Matrix）主要是用来判别分析。可以分析各分量与其数学期望之间的平均偏离程度，以及各分量之间的线性关系。

创建散点矩阵统计图的方法为，在工作表窗口内选择一个或多个 Y 列（或其中的一段），然后选择菜单命令令 Plot→Statistics→Scatter Matrix。

散点矩阵统计图模板将选中的列之间以一个矩阵图的形式进行绘制，图存放在新建的工作表中。

选中 N 组数据，绘制出的散点矩阵统计图的数量为 N^2-N。因此随 N 组数据增加，图形尺寸会变小，绘图计算时间会增加。

下面结合实例介绍散点矩阵统计图绘制：

（1）导入 Samples/Chapter 14/automobile.dat 数据文件，其工作表如图 14-31 所示。

	A(X)	B(Y)	C(Y)	D(Y)	E(Y)	F(Y)	G(Y)
Long Name	Year	Make	Power	0-60 mph	Weight	Gas Mileage	Engine Di
Units			kw	sec	kg	mpg	
Comments							
Sparklines							
1	1992	Buick	132	14	2238	11	
2	1992	Acura	154	12	2324	11	
3	1992	GMC	158	13	1531	10	
4	1992	Chrysler	132	10	2088	12	
5	1992	Kia	121	12	1202	12	
6	1992	Suzuki	106	10	1417	14	
7	1992	Volvo	95	14	1661	13	
8	1992	Mercedes	132	14	2208	12	
9	1992	Acura	128	13	1412	12	
10	1992	Isuzu	124	17	1518	13	

图 14-31 automobile.dat 数据文件

（2）选中工作表中的 C（Y）列、F（Y）列和 G（Y）列，执行菜单命令 Plot→Statistics→Scatter Matrix，或单击统计图工具栏中的按钮，打开 "Plotting: plot_matrix" 对话框。

在该对话框中的 "Options" 中，选中 "Confidence Ellipse" 置信椭圆和设置置信水平

（0～100），默认值为 95。选中 "Liner Fit"。设置完成后的 "Plotting: plot_matrix" 对话框如图 14-32 所示。

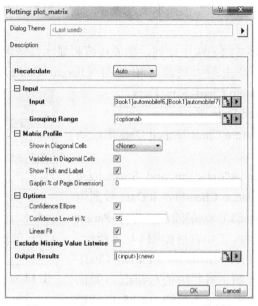

图 14-32 "Plotting: plot_matrix" 对话框

（3）单击 "OK" 按钮，进行计算绘图。Origin 自动生成两个新工作表，一个用于存放绘图数据，一个用于存放散点矩阵统计图。

图 14-33 所示为自动生成的散点矩阵统计图。

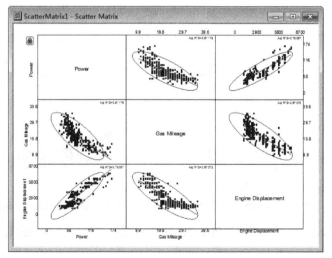

图 14-33 散点矩阵统计图

14.2.7 柏拉图（Pareto Chart）

柏拉图（Pareto Chart）也称柏拉分布图，是一个垂直条形统计图，图中显示的相对频率数值从左至右以递减方式排列。

由于图中表示频率的较高条形能清晰显示某一特定体系中具有最大累积效应的变量，因此柏拉图可有效运用于分析首要关注问题。

图中横轴显示自变量，因变量由条形高度表示。表示累积相对频率的点对点图可附加至该条形图上。

由于统计变量值按相对频率顺序排列，图表可清晰显示哪些因素具有最大影响力，以及关注哪些方面可能会产生最大利益。柏拉图（Pareto Chart）分为两种形式 Pareto Chart-binned Data 以及 Pareto Chart- Raw Data。

1. Pareto Chart-binned Data 图

结合实例介绍散点 Pareto Chart-binned Data 图绘制过程。

（1）Samples/Chapter 14/Statistical and Specialized Graphs. opj 数据文件中的 Pareto Chart-binned Data 数据为例，介绍 Pareto Chart-binned Data 的绘制，导入 Pareto Chart-binned Data 数据文件，工作表格如图 14-34 所示。

（2）执行菜单命令 Plot→Statistics→Pareto-binned Data，或单击统计图工具栏中的按钮 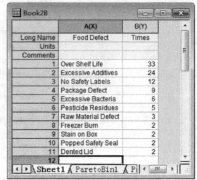，弹出 "Plotting: plot_Paretobin" 对话框，如图 14-35 所示设置相关参数。

图 14-34　Pareto Chart-binned Data 数据文件工作表

（3）设置完毕之后，单击 OK 按钮，进行计算绘图，生成 Pareto Chart-binned Data 图形如图 14-36 所示。

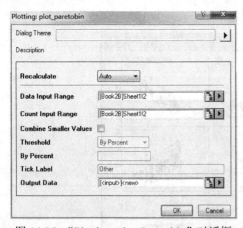

图 14-35　"Plotting: plot_Paretobin" 对话框

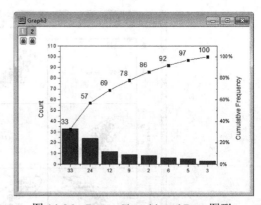

图 14-36　Pareto Chart-binned Data 图形

（4）鼠标左键双击图形，弹出 "Plot Details" 对话框，对填充颜色进行设置，如图 14-37 所示。

双击 y 轴，对 y 轴属性进行设置，设定 y 轴范围 "From" 为 "0"，"To" 为 "60"，"Increment" 为 "10"，如图 14-38 所示。

（5）设置完成后单击 OK 按钮，绘制的 Pareto Chart-binned Data 图形如图 14-39 所示。

2. Pareto Chart-Raw Data 图

以 Samples/Chapter 14/Statistical and Specialized Graphs. opj 数据文件中的 Pareto Chart-

Raw Data 数据为例，介绍 Pareto Chart-Raw Data 的绘制，导入数据工作表如图 14-40 所示。

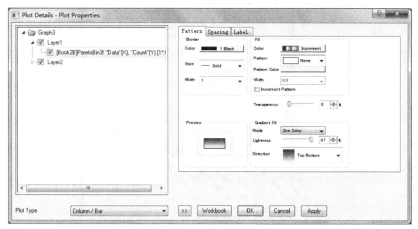

图 14-37 "Plot Details" 对话框

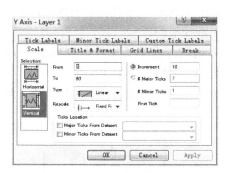

图 14-38 对 y 轴属性进行设置 图 14-39 设置完毕后的 Pareto Chart-binned Data 图

执行菜单命令 Plot→Statistics→Pareto Chart-Raw Data，或单击统计图工具栏中的按钮，绘制 Pareto Chart-Raw Data 图，如图 14-41 所示。更改相关设置，绘制的图形如图 14-42 所示。

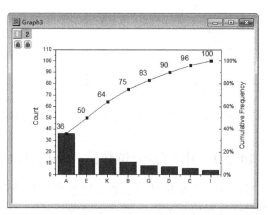

图 14-40 Pareto Chart-Raw Data 文件工作表 图 14-41 Pareto Chart-Raw Data 图

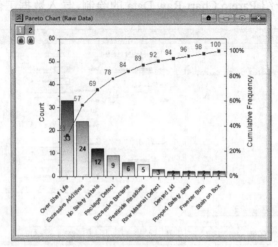

图 14-42 更改设置后的 Pareto Chart-Raw Data 图

14.2.8 概率图（Probability Plot）

概率图（Probability Plot）可以用于检验任何数据的已知分布。这时我们不是在正态分布概率表中查找分位数，而是在感兴趣的已知分布表中查找他们。

以 Samples/Chapter 14/Statistical and Specialized Graphs. opj 数据文件中的 Probability Plot 数据为例，介绍 Probability Plot 的绘制，导入数据工作表如图 14-43 所示。

执行菜单命令 Plot→Statistics→Probability Plot，或单击统计图工具栏中的按钮，绘制的 Probability Plot 图如图 14-44 所示。

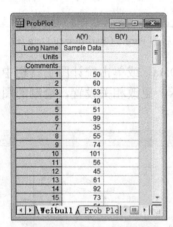

图 14-43 数据中的工作表

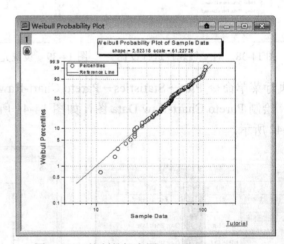

图 14-44 绘制的概率图（Probability Plot）

14.2.9 分位数-分位数图（Q-Q Plot）

任意两个数据集都可以通过比较来判断是否服从同一分布。计算每个分布的分位数。一个数据集对应于 x 轴，另一个对应于 y 轴，作一条 45°的参照线。

如果这两个数据集来自同一分布，那么这些点就会靠近这条参照线。以 Samples/Chapter 14/Statistical and Specialized Graphs. opj 数据文件中的 Q-Q Plot 数据为例，介绍 Q-Q Plot 的绘制，导入数据工作表如图 14-45 所示。

执行菜单命令 Plot→Statistics→Q-Q Plot，或单击统计图工具栏中的按钮，绘制的 Probability Plot 图如图 14-46 所示。

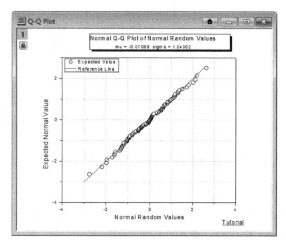

图 14-45　数据中的工作表　　　　图 14-46　绘制的分位数-分位数图（Q-Q Plot）

14.3　描　述　统　计

描述统计就是用表、图和指标描述样本数据的特征。Origin 9.0 中描述统计包括相关系数分析、列统计和行统计、相关系数分析、频率计数和正态测试等。选择菜单命令 Statistics→Descriptive Statistics，打开描述统计二级菜单，如图 14-47 所示。

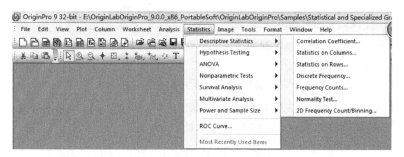

图 14-47　描述统计二级菜单

14.3.1　数据准备

新建 Worksheet，导入 Samples/Chapter 14/body.dat 数据文件，这是一个学生的基本情况表。

在选中要分析数据的 Worksheet 之后，通过 Statistics 菜单下的命令，可以进行数据分析，输出分析报表，如图 14-48 所示。

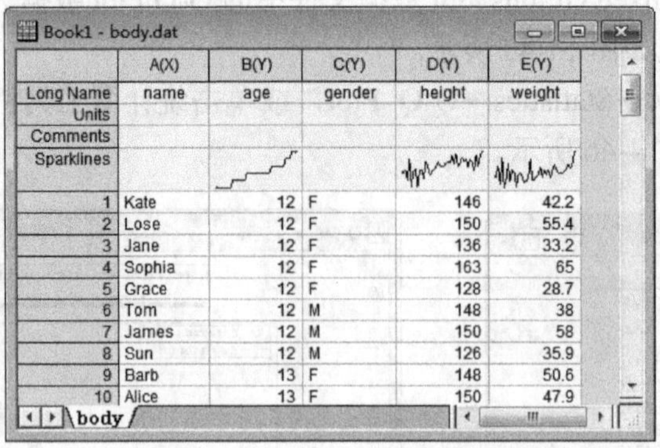

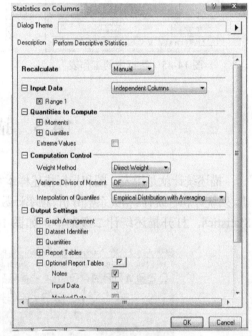

图 14-48 用于统计的原始数据

14.3.2 Statistics on Columns 列统计

选中 D 列（身高），执行 Statistics→Statistics on Columns 命令之后，可以打开 Statistics on Columns 对话框，如图 14-49 所示。

其中包括如下各项。

（1）Input Data 项：右边下拉框可选择是对当前列统计，还是合并整个数据集统计；

（2）Quantities To Compute 项：打开 Moments 和 Quantiles，选中其中的复选框可以选择要计算和显示的统计项，Extreme Values 复选框：是否计算显示极大/极小值；

（3）Output Results 项：输出图形或报表选项；

（4）Plots：作图，Histogram 复选框：是否计算输出柱状统计图；Box Charts 复选框：是否计算输出方框统计图。

设置完毕之后单击 OK 按钮，生成相应的分析报表。其中包括 Notes（基本信息），Input Data（输入数据），以及（描述统计结果），如图 14-50 所示。

图 14-49 列统计参数设置

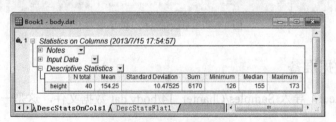

	N total	Mean	Standard Deviation	Sum	Minimum	Median	Maximum
height	40	154.25	10.47525	6170	126	155	173

图 14-50 统计结果报表

在通过 Quantities to Compute 中的设置，Descriptive Statistics 项可以显示如下统计项。

（1）N Total：数据点目数；

（2）N Missing：缺失的数据点目数；

（3）Mean：平均值；

（4）Standard Deviation：标准偏差；

（5）SE of Mean：平均值的标准误差；

（6）Lower 95% CI of Mean：平均值的 95%置信区间的下限；

（7）Upper 95% CI of Mean：平均值的 95%置信区间的上限；

（8）Variance：标准偏差的平方；

（9）Sum：总和；

（10）Skeweness：倾斜度数；

（11）Kurtosis：峰度；

（12）Uncorrected Sum of Squares：未改正的平方和；

（13）Coefficient of Variance：变异系数；

（14）Mean Absolute Deviation：绝对偏差；

（15）SD Times 2：标准偏差乘以 2；

（16）SD Times 3：标准偏差乘以 3；

（17）Geometric Mean：几何平均数；

（18）Geometric SD：几何标准偏差；

（19）Mode：出现频率最高的数据；

（20）Sum of Weights：权重总和；

（21）Minimum：最小值；

（22）Index of Minimum：最小值的索引；

（23）1st Quartile (Q1)：插值操作时的 Q1 值（25%）；

（24）Median：插值操作时的 Q2 值（50%）；

（25）3rd Quartile (Q3)：插值操作时的 Q3 值（75%）；

（26）Maximum：最大值；

（27）Index of Maximum：最大值的索引；

（28）Interquartile Range (Q3-Q1)：插值范围；

（29）Rang (Maximum-Minimum)：极差；

（30）Custom Percentile(S)：定制百分位数；

（31）Percentile List：是否列出百分位数。

14.3.3　Statistics on Rows 行统计

对工作表进行行统计，首先选中要统计的数据行，然后执行 Statistics→Statistics on Rows 命令之后，可以打开 Statistics on Rows 对话框，如图 14-51 所示，即可对该行进行统计分析。行统计的方法，得出的统计参数与列统计基本相同，这里不再重复。

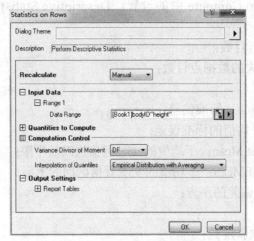

图 14-51　行统计参数设置

14.3.4　Correlation Coefficient 相关系数统计

相关系数（Correlation Coefficient）分析是用相关系数（r）来表示两个变量间相互的直线关系，并判断其密切程度的统计方法。相关系数没有单位，在-1～+1 范围内变动。

其绝对值越接近 1，两个变量间的直线相关越密切；越接近 0，相关越不密切。相关系数若为正，说明一变量随另一个变量增减而增减，方向相同；若为负，表示一变量增加，另一变量减少，即方向相反，但它不能表达直线以外（如各种曲线）的关系。

Origin 9.0 对工作表进行相关系数分析，首先选中工作表中要统计的两列数据或两列数据的一段，然后执行 Statistics→Correlation Coefficient 命令之后，可以打开 Statistics/Descriptive Statistics: corrcoef 对话框，如图 14-52 所示。

其中可以设置的项，除了基本项目外，还有以下内容：

（1）Pearson：是否计算显示 Pearson 积差相关系数；

（2）Spearman：是否计算显示 Spearman 秩相关系数；

（3）Kendall：是否计算显示 Kendall 系数；

（4）Scatter Plots：是否根据数据制作点线图；

（5）Add Confidence Ellipse：是否计算输出置信度；

（6）Confidence Level for Ellipse：设置置信度；

（7）Exclude Missing Values 可以选择 Pairwise（成对）还是 Listwise（成列）排除异常数据。

在该对话框中，选择相关系数计算方法、输出的地方和统计图类型等，然后单击 OK 按钮，即可进行相关系数分析。该菜单命令会自动创建一个新的工作表窗口，给出相关系数、散点图等工作表。

仍然采用 Origin 9.0/Samples/ Statistics / body.dat 数据文件，在 Input 选择 D 列（身高）和 E 列（体重），进行身高和体重相关系数分析。其分析工作表如图 14-53 所示，散点图工作表如图 14-54 所示。从身高和体重相关系数分析工作表中可以看出，身高和体重具有一定的相关性。

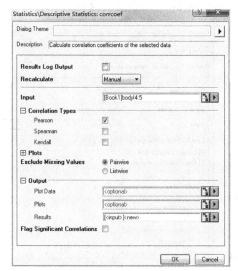

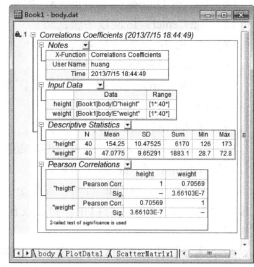

图 14-52　Statistics/Descriptive Statistics: corrcoef 对话框　　　图 14-53　相关系数分析工作表

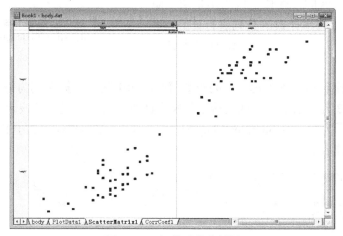

图 14-54　相关系数分析图

14.3.5　Frequency Counts 频率统计

频率/频度统计即将数据分成一系列区间，然后分别计算负荷区间的数值。是对工作表中一列或者其中一段进行频率计数的方法，输出结果可以用于绘制直方图。

选择菜单命令 Statistics→Frequency Counts，打开"Statistics/ Descriptive Statistics: freqcount"对话框。主要参数包括如下内容：

（1）Input：数据源；

（2）From Minimum：区间最小值；

（3）To Maximum：区间最大值；

（4）Step By：生产区间段（bins）的方法：包括 Increment（增加步长）和 Intervals（间隔）；

（5）Include Outliers<Minimum：异常值（Outliers）小于最小值时加入到最小区间段；

（6）Include Outliers>=Maximum：异常值大于最大值时加入到最大区间段；

（7）Bin Center：区间段中值；

（8）Bin End：区间段结束值；

（9）Count：每个区间段计数；

（10）Culmulative Count：累积计数，即将前面的再累加；

（11）Relative Frequency：相对频度；

（12）Culmulative Frequency：积累频度；

（13）Output：输出目标工作表。

在该对话框中，Origin 自动设置最小值、最大值和增量值等参数（也可以用户自己设置），如图 14-55 所示。

根据这些信息，Origin 将创建一列数据区间段（bin），该区间段存放的数据由最小值开始，按增量值递增，每一区间段数值范围为增量值；而后 Origin 对要进行频率计数的数列进行计数，将计数结果等有关信息存放在新创建的工作表窗口中。

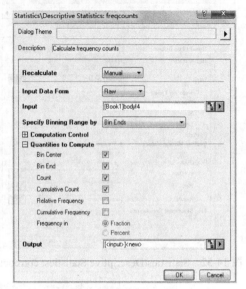

图 14-55 Statistics/Descriptive Statistics: freqcount 对话框

该输出的工作表第 1 列为每一区间段数值范围的中间值，第 2 列为每一区间段数值范围的结束值，第 3 列记录了每一区间段中的频率计数，第 4 列记录了该计算的累积计数。

图 14-56 所示为导入了 Samples/Chapter 14/body.dat 数据文件，选中 D（Y）列进行频率计数的输出工作表。

	BinCenter(X)	BinEnd(Y)	Counts(Y)	CumulCounts(Y)
Long Name	Bin Center	Bin End	Count	Cumulative Count
Units				
Comments	Frequency Counts	Frequency Counts	Frequency Counts of D"height"	Frequency Counts of D"height"
1	125	130	2	2
2	135	140	2	4
3	145	150	6	10
4	155	160	16	26
5	165	170	12	38
6	175	180	2	40

图 14-56 选中 D（Y）列进行频率计数的输出工作表

14.3.6 Discrete Frequency 离散频率计数

离散频率计数（Discrete Frequency）统计可以对各个数据段中数据出现的频率进行统计。操作过程与频率计数基本相同，不同点为，可以统计在试验数据中某一些具体值出现的次数。

选择菜单命令 Statistics→Discrete Frequency，可以打开"Statistics/Descriptive Statistics: discfreqs"对话框，其中包括：

（1）Frequency 复选框：是否统计频率；

（2）Pecent 复选框：是否统计每个频率的百分比；

（3）Culmulative Percent 复选框：是否统计频率统计的积累百分比；

（4）Case Sensitive 复选框：是否区分大小写。

设置完毕之后单击 OK 按钮，在所选择的 Worksheet 中生成相应的分析结果，如图 14-57、图 14-58 所示。

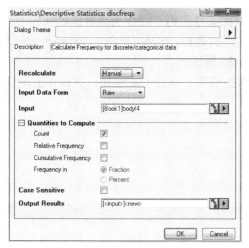

图 14-57　离散频度统计

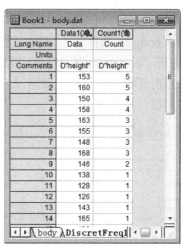

图 14-58　离散频度统计结果

14.3.7　Normality Test 正态测试

很多统计方法（如 t 检验和 ANOVA 检验）为获得有效的结果，要求数据从正态分布数据总体中取样获得。因此，对数据进行正态测试（Normality Test），可以测试所统计的数据是否符合正态分布，这是非常重要的。

Origin 正态测试有 Shapiro-Wilk 方法，对于 OriginPro，还有 Kolmogoroc-Smirnov 方法和 Lilliefors 方法。

这里执行菜单命令 Statistics→Normality Test 命令之后，可以打开 Normality Test 对话框，其中包括如下几项。

（1）Quantities to Compute：正态测试的方法选择，包括 Shapiro-Wilk 方法：是否进行 Shapiro-Wilk 统计；Kolmogoroc-Smirnov 方法：是否进行 Kolmogoroc-Smirnov 统计，选中之后可以从 Parameters 下拉框中选择参数来源 Estimated（从输入数据中获得）、Specified（用户指定）、Mean（平均值）和 Variance（异常值）；Lilliefors 方法：是否进行 Lilliefors 统计；

（2）Output Results：输出选项；

（3）Plot：作图选项。

这里主要介绍 Shapiro-Wilk 方法。

Shapiro-Wilk 正态测试是用于确定一组数据（X_i, i=1～N）是否服从正态分布的非常有用的工具。

在正态测试中计算出统计量 W，该统计值对进行统计决定非常有用，定义为：

$$W = \frac{(\sum\limits_{i=1}^{N} A_i X_i)^2}{\sum\limits_{i=1}^{n} (X_i - \bar{X})^2} \tag{14-1}$$

式中：$\bar{X} = \frac{1}{n}\sum\limits_{i=1}^{n} X_i$，$Ai$ 为权重因子。

下面仍然以 Samples/Chapter 14/body.dat 数据文件为例，进行正态测试。

导入 body.dat 数据文件，选中工作表中 D（Y）列数据。选择菜单命令 Statistics→Normality Test，打开 "Normality Test" 对话框，如图 14-59 所示。

在该对话框中，选择正态测试方法和输出图形等。单击 OK 按钮，完成正态测试。输出正态测试结果如图 14-60 所示。

图 14-59 Normality Test 对话框

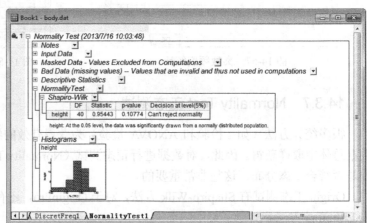

图 14-60 输出正态测试结果

14.3.8 2D Frequency Count/Binning 二维频率统计分布图

二维频率统计分布统计可以统计的二维数据集的数据频率，在二维直角坐标系中显示出来。

执行菜单命令 Statistics→2D Frequency Count/Binning 之后，可以打开 "Statistics/Descriptive Statistics：TowDBinding" 对话框，其中包括如下内容：

（1）X 项：可以设置 x 轴的统计范围，包括 From Minimum（最小值）、To Maximum（最大值）、Step by（增长方式，包括 Increment（递增）和 Intervals（间隔）2 种方式）、Increment（递增值）、Number of Intervals（间隔值）、Include Outliers<Minimum（统计范围下限外的数据是否小于最小值）和 Include Outliers>=Maximum（统计范围上限外的数据是否大于最大值）；

（2）Y 项：可以设置 y 轴的统计范围，参照 X 项；

（3）3D Bars 复选框：是否显示统计数据的三维条形图；

（4）Image Plot 复选框：是否以图形方式显示统计数据。

设置完毕之后单击 OK 按钮，生成相应的 Matrix 表，如图 14-61 和图 14-62 所示。

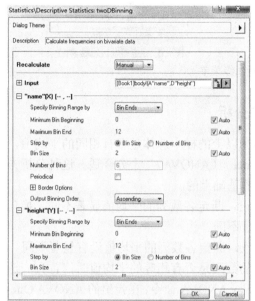

图 14-61　二维频率统计分布图

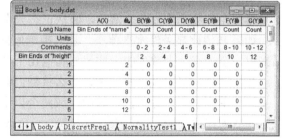

图 14-62　分析结果表

14.4　方　差　分　析

14.4.1　Analysis of variance，ANOVA 方差分析

在科学实验中常常要探讨不同实验条件或处理方法对实验结果的影响，通常是比较不同实验条件小样本均值间的差异方差分析，这是检验多组样本均值间的差异是否具有统计意义的一种方法。

如医学界研究几种药物对某种疾病的疗效；农业研究土壤、肥料、日照时间等因素对某种农作物产量的影响，不同饲料对畜牧体重增长的效果等，都可以使用方差分析方法去解决。

方差分析的目的是，通过数据分析找出对该事物有显著影响的因素、各因素之间的交互作用，以及显著影响因素的最佳水平等。

Origin 9.0 的方差分析工具有单因素方差分析（One-Way ANOVA）工具和双因素方差分析（Two-Way ANOVA）工具等。Origin 9.0 在此基础上，还提供了单因素重测数据的方差分析工具（One-Way Repeated Measures ANOVA）和双因素重测数据的方差分析工具（Two-Way Repeated Measures ANOVA）。

选择菜单命令 Statistics→ANOVA，打开 Origin 的方差分析二级菜单，如图 14-63 所示。

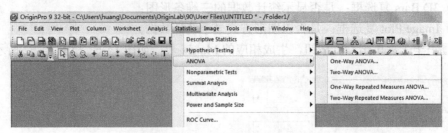

图 14-63　方差分析二级菜单

14.4.2　One-Way ANOVA 单因素方差分析

如果用于一个简单的检验，来判断两个或两个以上的样本总体是否有相同的平均值，使用单因素方差分析"One-Way Analysis of Variance （ANOVA）"十分合适。这种分析方法是建立在各数列均方差为常数，服从正态分布的基础上的。

如果 P 值比显著性水平值小，那么拒绝原假设，断定各数列的平均值显著不同。换句话来说，至少有一个数列的平均值与其他几个显著不同。

如果 P 值比显著性水平值大，那么接受原假设，断定各数列的平均值没有显著不同。

进行单因素方差分析，检验两个或两个以上的数列是否有相等的平均值时，首先应选中这些数列，选择执行 Statistics→ANOVA→One-Way ANOVA 命令；在弹出的 ANOVA One-Way 对话框中设定显著性水平（Significance Level），单击 OK 按钮，则检验结果将自动生成输出结果报告，其中包括各数列的名称、平均值、长度、方差以及 F 值、P 值和检验的精度。

在 ANOVA One-Way 对话框中，对分析参数进行设置，其中包括如下内容：

（1）Input 下拉框：输入数据的方式；

（2）Factor 输入框：要分析的要素；

（3）Data 输入框：要分析的数据；

（4）Descript Statistics 复选框：是否计算和显示描述统计的统计数据；

（5）Significance Level 输入框：指定分析的显著水平；

（6）Tukey 复选框、Bonferroni 复选框、Dunn-Sidak 复选框、Fisher LSD 复选框、Scheffe 复选框、Holm-Bonferroni 复选框、Holm-Sidak 复选框：选择不同的平均值的比较方式；

（7）Levenell 复选框、Levene()^2 复选框、Brown-Forsythe 复选框：选择不同的检验方差是否相等的方式；

（8）Actual power 复选框：可以选择是否显示检验的实际概率；

（9）Hypothetical power 复选框：可以选择是否显示检验的假设概率；

（10）Significance level 输入框：指定分析的显著性水平；

（11）Hypothetical Sample Size （s）输入框：假设数据的数量。

使用数据 Samples/Chapter 14/One-Way_ANOVA_raw.dat 数据文件作为例子进行方差分析，如图 14-64 所示。具体分析步骤如下：

（1）导入 Samples/Chapter 14/One-Way_ANOVA_raw.dat 数据文件，该工作表记录了 20 组三个班级的考试成绩，如图 14-64 所示。

（2）执行菜单命令 Statistics→ANOVA→One-Way ANOVA，弹出 ANOVA One-Way 对话框，如图 14-65 所示。

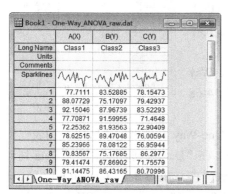

图 14-64　One-Way_ANOVA_raw.dat 工作表

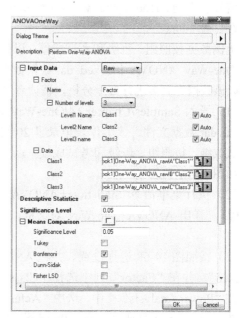

图 14-65　ANOVA One-Way 对话框

（3）按照图 14-65 进行设置。并在 ANOVA One-Way 对话框的"Tests of Equal Variance"栏中选中 Levene II 复选框，在"Plot"栏中选中"Bar Charts"。

单击 OK 按钮，进行方差分析，自动生成方差分析报告表，如图 14-66 所示。

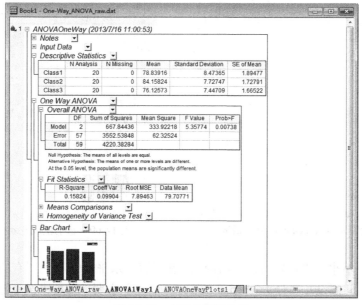

图 14-66　方差分析报告表

根据该方差分析报告表可以得出的结论是，在显著性水平 0.05 时，所有的总体平均值显著不同。Bonferroni 检验表明，Level 2 和 Level 3 的平均值显著不同。Homogeneity 方差检验表明总体方差不存在显著不同。

上例数据按照组、班级和考试成绩，以列的形式存放在 One-Way_ANOVA_indexed. dat 数据数据文件里，下面以该数据为例再进行方差分析，请读者进行比较。

（1）导入 Samples/Chapter 14/One-Way_ANOVA_indexed. dat 数据文件，该工作表记录了 20 组三个班级的考试成绩，按照组、班级和考试成绩，以列的形式存放，如图 14-67 所示。

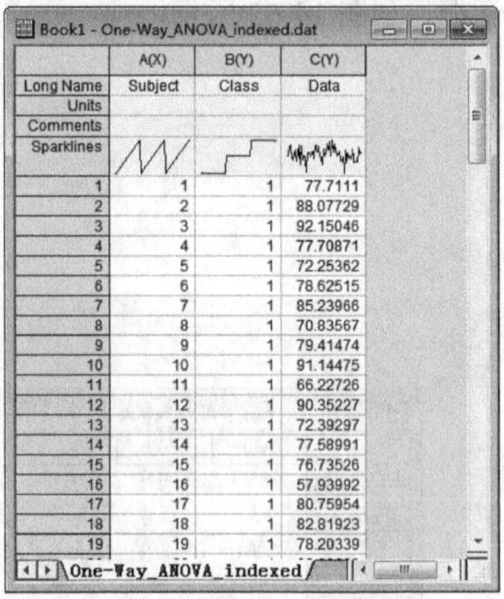

（2）执行菜单命令 Statistics→ANOVA→One-Way ANOVA，弹出 ANOVA One-Way 对话框，如图 14-68 所示。

图 14-67　工作表

（3）按照图 14-68 进行设置。并在 ANOVA One-Way 对话框的"Input"列表框中选择"Indexed"，并在"Factor"列中选择"Class"列，在"Data"列表框中选择 Data 列。

在"Power Analysis"栏中，选中"Actual Power"复选框按钮。"Tests of Equal Variance"栏中选中 Levene II 复选框，在"Plot"栏中选中"Bar Charts"。单击 OK 按钮，进行方差分析，自动生成方差分析报告表，如图 14-69 所示。

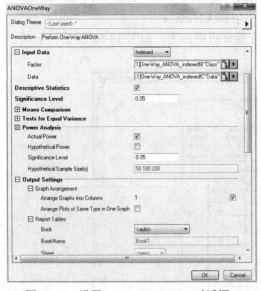

图 14-68　设置 ANOVA One-Way 对话框

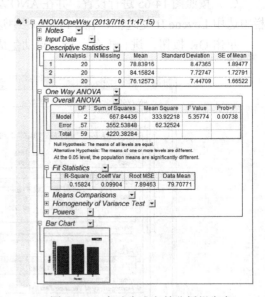

图 14-69　自动生成方差分析报告表

根据方差分析报告表可以得出的结论是，在显著性水平 0.05 时，所有的总体平均值显著不同。真实推翻假设几率分析（actual power analysis）表明，推翻错误处无用假设的可能性是 0.82。

14.4.3 One-Way Repeated Measures ANOVA 单因素重测数据的方差分析

单因素重测方差（One-Way Repeated Measures ANOVA）分析是 Origin 9.0 的新增功能。它主要用于独立变量的重复测量。在重复测量情况下，采用单因素方差的无关性假设则不可行。这是因为可能存在重复的因素在某一水平上相关。

与单因素方差分析一样，单因素重测方差分析可用于检验不同测量的均值和不同主题的均值是否相等。

除确定均值间是否存在差别外，单因素重测方差检验还提供了多均值比较，以确定哪一个均值有差别。

单因素重测方差检验对数据的要求是，每一水平数据样本大小相同。下面结合实例进行具体介绍。

（1）导入 Samples/Chapter 14/One-Way_RM_ANOVA_raw.dat 数据文件，该工作表记录了 30 组 3 种不同水平的重复试验数据，如图 14-70 所示。

（2）执行菜单命令 Statistics→ANOVA→One-Way Repeated Measures ANOVA，弹出 ANOVA One-WayRM 对话框，如图 14-71 所示。

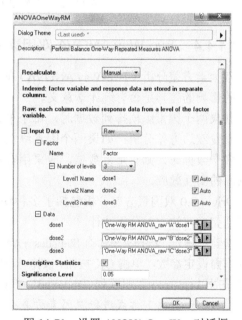

图 14-70　One-Way_ANOVA_indexed.dat 工作表　　图 14-71　设置 ANOVA One-Way 对话框

（3）在 ANOVA One-Way 对话框中设置参数，确定数据输入方式的"Input Data"列表框中选择"Raw"，并在"Number of Levels"选择"3"，并将 dose1、dose2 和 dose3 数据分别选择 Level1、Level2 和 Level3 中。

（4）选中"Descriptive Statistics"复选框进行统计分析，选中"Means Comparison"中"Tukey"复选框进行均值比较。

（5）单击 OK 按钮进行分析，单因素重测方差分析报告表见图 14-72。

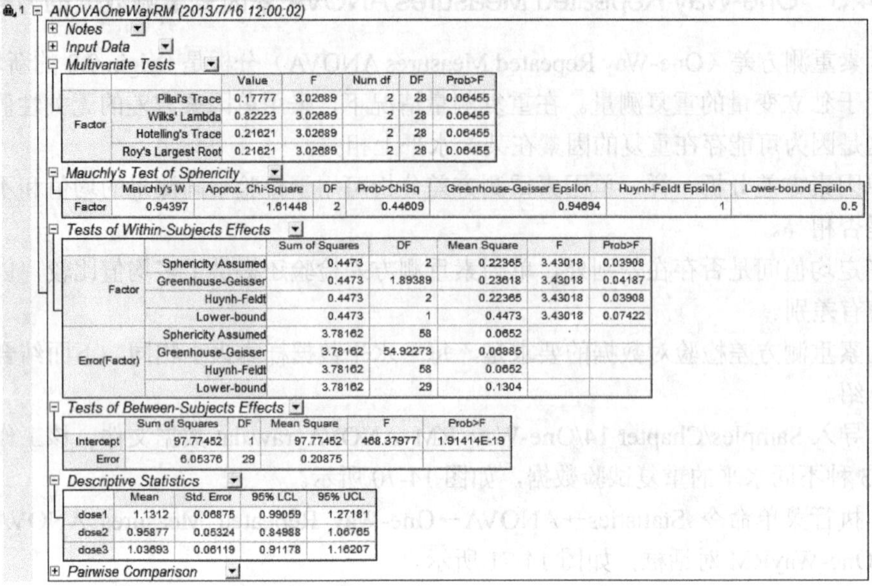

ANOVAOneWayRM (2013/7/16 12:00:02)

Notes

Input Data

Multivariate Tests

		Value	F	Num df	DF	Prob>F
Factor	Pillai's Trace	0.17777	3.02689	2	28	0.06455
	Wilks' Lambda	0.82223	3.02689	2	28	0.06455
	Hotelling's Trace	0.21621	3.02689	2	28	0.06455
	Roy's Largest Root	0.21621	3.02689	2	28	0.06455

Mauchly's Test of Sphericity

	Mauchly's W	Approx. Chi-Square	DF	Prob>ChiSq	Greenhouse-Geisser Epsilon	Huynh-Feldt Epsilon	Lower-bound Epsilon
Factor	0.94397	1.61448	2	0.44609	0.94694	1	0.5

Tests of Within-Subjects Effects

		Sum of Squares	DF	Mean Square	F	Prob>F
Factor	Sphericity Assumed	0.4473	2	0.22365	3.43018	0.03908
	Greenhouse-Geisser	0.4473	1.89389	0.23618	3.43018	0.04187
	Huynh-Feldt	0.4473	2	0.22365	3.43018	0.03908
	Lower-bound	0.4473	1	0.4473	3.43018	0.07422
Error(Factor)	Sphericity Assumed	3.78162	58	0.0652		
	Greenhouse-Geisser	3.78162	54.92273	0.06885		
	Huynh-Feldt	3.78162	58	0.0652		
	Lower-bound	3.78162	29	0.1304		

Tests of Between-Subjects Effects

	Sum of Squares	DF	Mean Square	F	Prob>F
Intercept	97.77452	1	97.77452	468.37977	1.91414E-19
Error	6.05376	29	0.20875		

Descriptive Statistics

	Mean	Std. Error	95% LCL	95% UCL
dose1	1.1312	0.06875	0.99059	1.27181
dose2	0.95877	0.05324	0.84988	1.06765
dose3	1.03693	0.06119	0.91178	1.16207

Pairwise Comparison

图 14-72　设置 ANOVA One-Way 对话框

14.4.4　Two-Way ANOVA 双因素方差分析

双因素方差分析（Two-Way ANOVA）的目的是，观察两个独立因素不同水平时对研究对象的影响的差异是否有统计学意义。

如果两个因素纵横排列数据时，每个单元格仅有一个数据，则称为无重复数据，应采用无重复双边方差分析；如果两个因素纵横排列数据时，每个单元格并非只有一个数据，而有多个数据时，则有重复数据，应采用有重复双边方差分析，这种分析数据方法可考虑因素间的交互效应。

Origin 9.0 双因素方差分析包括了多种均值比较、真实和假设推翻假设几率分析等。能方便地完成双边方差分析统计。

检验步骤为，选择菜单命令 Statistics→ANOVA→Two-Way ANOVA，在弹出 ANOVATWay 对话框内设定参数，单击 OK 按钮，则检验结果将自动生成输出结果报告。下面结合实例，分别采用以行“raw”和以列“indexed”方式进行具体介绍。

1. 以行（raw）方式进行双因素方差分析

（1）导入 Samples/Chapter 14/ Two-Way_ANOVA_raw.dat 数据文件，该工作表包含了有“Light”和“Moderate”两个因素和“100mg”、“200mg”和“300mg”三个水平，如图 14-73 所示。

（2）执行菜单命令 Statistics→ANOVA→Two-Way ANOVA，弹出 ANOVATwoWay 对话框，如图 14-74 所示。

（3）按照图 14-74 中设置，设置完毕后，单击 OK 按钮，进行方差分析，自动生成方差分析报告表，如图 14-75 所示。

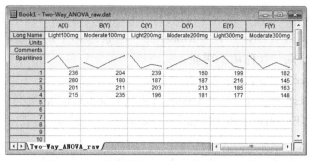

图 14-73 Two-Way_ANOVA_raw.dat 工作表

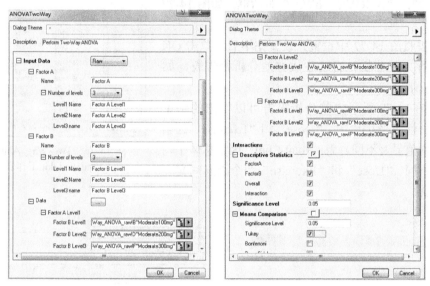

图 14-74 ANOVATwoWay 对话框中的活动窗口

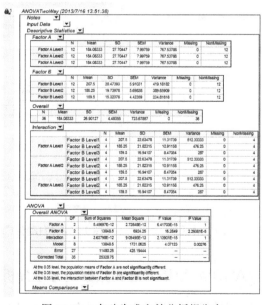

图 14-75 自动生成方差分析报告表

根据图 14-75 所示方差分析报告中可以得出的结论是，在显著性水平 0.05 时，"Light"因素的总体平均值无显著不同；而"Moderate"因素总体平均值显著不同。"Light"和"Moderate"两个因素间交互作用不明显。

2. 以列（indexed）方式进行双因素方差分析

（1）导入 Samples/Chapter 14/Two-Way_ANOVA_indexed.dat 数据文件，该工作表包含了有"TotalChol"、"Exercise"和"Dose"三列数据，如图 14-76 所示。

（2）执行菜单命令 Statistics→ANOVA→Two-Way ANOVA，弹出"ANOVATwoWay"对话框，如图 14-77 所示。

（3）按照图 14-77 中设置，设置完毕后，单击 OK 按钮，进行方差分析，自动生成方差分析报告表，如图 14-78 所示。

根据图 14-78 所示方差分析报告可以得出的结论是，在显著性水平 0.05 时，"Dose"和"Exercise"因素的总体平均值显著不同，而"Total-Chol"因素总体平均值无显著不同。"Dose"和"Exercise"两个因素间交互作用不明显。

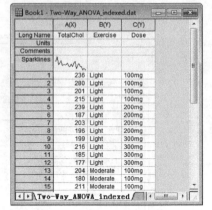

图 14-76　Two-Way_ANOVA_indexed.dat 工作表

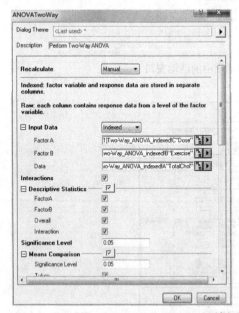

图 14-77　设置"ANOVATowWay"对话框

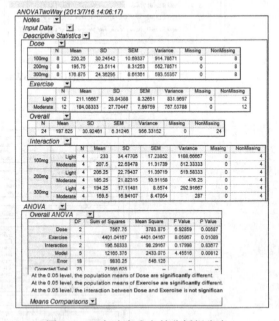

图 14-78　自动生成方差分析报告表

14.4.5　Two-Way ANOVA 双因素重测数据的方差分析工具

双因素重测数据的方差分析（Two-Way Repeated Measures ANOVA）与双因素方差分

析不同之处是至少有一个重测变量。

与双因素方差分析一样，双因素重测方差分析可用于检验因素的水平均值间的显著差别和各因素间均值的显著差别。

除确定均值间是否存在差别外，双因素重测方差检验还可提供各因素间交互作用，以及描述性统计分析等。下面结合实例进行具体介绍。

（1）导入 Samples/Chapter 14/ Two-Way_RM_ANOVA_raw.dat 数据文件，其工作表如图 14-79 所示。

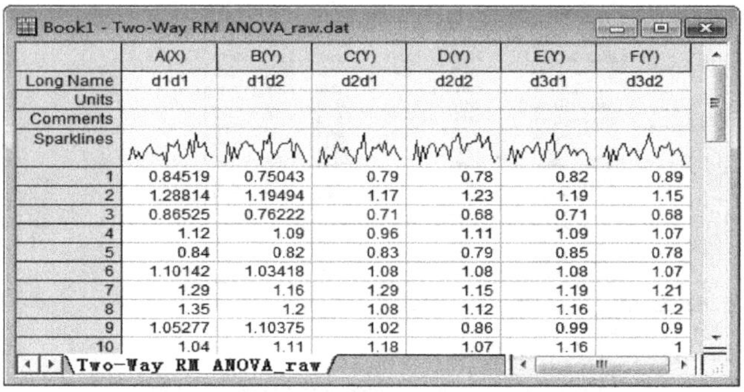

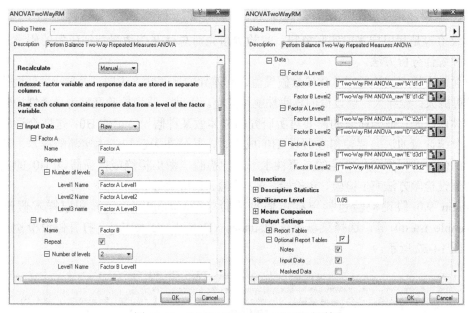

图 14-79　Two-Way_RM_ANOVA_raw.dat 工作表

（2）执行菜单命令 Statistics→ANOVA→Two-Way Repeated Measures ANOVA，弹出 "ANOVATwoWayRW" 对话框，如图 14-80 所示。

图 14-80　"ANOVATwoWayRW" 对话框

（3）在 ANOVATwoWayRW 对话框中设置参数。确定数据输入方式，在"Input Data"列表框中选择"Raw"。

（4）设置完毕后，单击 OK 按钮，进行方差分析，自动生成双因素重测方差分析报告表，如图 14-81 所示。

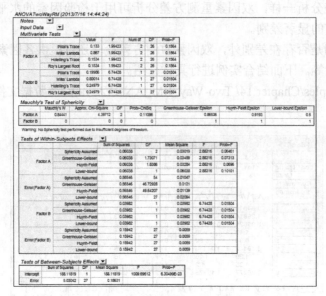

图 14-81 双因素重测方差分析报告表

14.5 假设检验

假设检验是利用样本的实际资料，来检验事先对总体某些数量特征所做的假设是否可信的一种统计分析方法。

它通常用样本统计量和总体参数假设值之间差异的显著性来说明。差异小，假设值的真实性就可能大；差异大，假设值的真实性就可能小。因此，假设检验又称为显著性检验。

具体做法是：根据问题的需要对所研究的总体做某种假设，记作 H0；选取合适的统计量，这个统计量的选取要使得在假设 H0 成立时，其分布为已知；由实测的样本，计算出统计量的值，并根据预先给定的显著性水平进行检验，做出拒绝或接受假设 H0 的判断。常用的假设检验方法有 t-检验、u-检验、X2 检验、F-检验等。

Origin 9.0 假设检验包括单样本假设检验（one-sample t-test）和双样本假设检验（two-sample t-test）等。选择菜单命令 Statistics→Hypothesis testing，打开假设检验二级菜单，如图 14-82 所示。

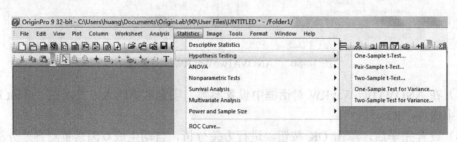

图 14-82 假设检验二级菜单

14.5.1 One-Sample t-Test 单样本 t 检验

对于服从正态分布的样本数列 X_1、X_2、……，X_n 来说，设样本均值为 X，样本方差为 SD^2，此时可以应用单样本 t 检验方法来检验样本平均值是否等于规定的常数。要检验的原假设 H_0：$\mu=\mu_0$，备选假设 H_1：$\mu \neq \mu_0$。单样本 t 检验又分为单边（one-tailed）和双边（two-tailed)t 检验，其检验的假设见附录 A。它的两个参数是 t 和 P，其中 t 是检验系统量，计算方法为

$$t = \frac{\overline{X} - \mu_0}{SD/\sqrt{n}} \qquad (14\text{-}2)$$

式中，μ_0 为期望平均值。

P 是观察到的显著性（Observed significance）水平，即得到的 t 值如同观察的同样极端或比观察的更极端的机会。进行单总体 t 检验时，首先应选中要检验的数列，然后执行菜单命令 Statistics→Hypothesis testing→One-Sample t-Test。

此时系统弹出对话框，要求规定检验平均值和显著性水平（Siginificance Level），单击 OK 按钮，检验结果输出到输出报告记录窗口。

检验结果包括：数列的名称、平均值、数列长度、方差，以及 t 值、P 值和检验的精度。

下面结合 temperature.dat 数据文件中的样本进行介绍，该数据文件记录了 55 组人体体温（℉）早上和下午的温度观察值。

（1）导入 Samples/Chapter 14/ temperature.dat 数据文件，选中工作表中提问数 D（Y）列 Evening，其工作表如图 14-83 所示。

（2）执行菜单命令 Statistics→Hypothesis testing→One-Sample t-Test，弹出"Statistics/Hypothesis Testing：OneSampleTest"对话框进行属性设置，如图 14-84 所示。

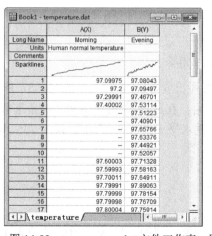
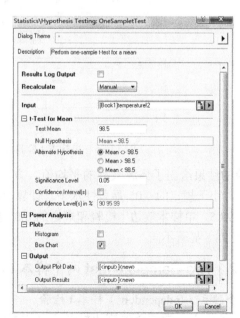

图 14-83　temperature.dat 文件工作表　图 14-84　"Statistics/Hypothesis Testing：OneSampleTest"对话框

对话框中包括如下内容：

Test Mean 输入框：设置平均值；

Null Hypothesis 输入框：虚假设值；

Alternate Hypothesis 单选框：用于设定是双边（Mean<>0）还是单边（Mean>0 或 Mean<0）t 检验；

Confidence Interval(S) 复选框：可以设定 Confidence Level(S) in %（置信度区间）；

Confidence Level(S) in %输入框：设置置信度区间；

Actual Power 复选框：可以选择是否计算 t 检验的实际概率；

Significance Level 输入框：设定显著性水平；

Hypothetical Power 复选框：设置是否计算功效；

Hypothetical Sample Size(S)输入框：设置样本大小；

Histograms 复选框：是否计算输出柱状统计图；

Box Charts 复选框：是否计算输出方框统计图。

（3）设置完毕后，单击 OK 按钮，进行方差分析，自动单样本 t 检验分析报告工作表，如图 14-85 所示。

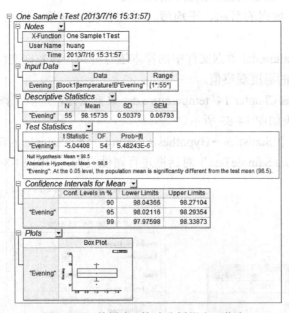

图 14-85　单样本 t 检验分析报告工作表

t 检验的结果给出了体温数列的平均值、方差和数列长度，计算出 t=—5.04408，P=5.48243E-6，小于规定的 0.05 显著性水平。计算得出结论，在原假设 H_0：μ=98.5，备选假设 H_1：μ≠98.5，单样本双边 t 检验和规定的 0.05 显著性水平上，实际平均值 98.15735 和期望平均值 98.5 显著不同。

14.5.2　Two-Sample t-Test 两个样本 t 检验

1. 两个独立（Independent）样本 t 检验

在实际工作中，常常会遇到比较两个样本参数的问题。例如，比较两地区的收入水平，比较两种工艺的精度等。对于 X、Y 两个样本数列来说，如果它们相互独立，并且都服从方差为常数的正态分布，那么可以使用两个独立样本 t 检验（Two-Sample t-Test），来检验两个数列的平均值是否相同。两个样本总体 t 检验的统计量为式（14-3），式中，S^2、d_0 为总的样本方差和两个样本的平均值差。

$$t = \frac{(\overline{X}_1 - \overline{X}_2 - d_0)}{\sqrt{S^2\left(\dfrac{1}{N_1} + \dfrac{1}{N_2}\right)}} \tag{14-3}$$

两个独立样本 t 检验是分析两个符合正态分布的独立样本的均值是否相同，或与给定的值是否有差异。进行两个独立样本 t 检验时，选择菜单命令 Statistics→Hypothesis testing→Two-Sample t-Test，系统弹出"Statistics/ Hypothesis testing：TwoSampletTest"对话框，选择设置显著性水平（Siginificance Level）。

单击 OK 按钮以后，检验结果输出到分析报告工作表。检验结果包括以下各项：两个数列的名称、平均值、数列长度、方差，以及 t 值、P 值和检验的精度。

下面结合 time_raw.dat 数据文件中的样本进行介绍。药品研发人员想比较开发出的两种 medicine A 和 medicine B 安眠药效果，随机用药品对 20 位失眠症患者进行试验。其中一半人采用 medicine A 治疗，另一人采用 medicine B 治疗，记录下每位患者使用药品后延长的睡眠时间，要求通过检验分析这两种药品的差别。

（1）导入 Samples/Chapter 14/time_raw.dat 数据文件，其工作表如图 14-86 所示。

（2）执行菜单命令 Statistics→Hypothesis testing→Two Sample t-Test，弹出"Statistics/ Hypothesis Testing：TwoSampleTest"对话框。在该对话框中，选择按行输入"Raw"方式，在期望平均值"Test Mean"中接受默认值"0"，如图 14-87 所示。

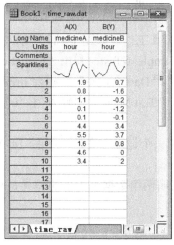

图 14-86　time_raw. dat 文件工作表

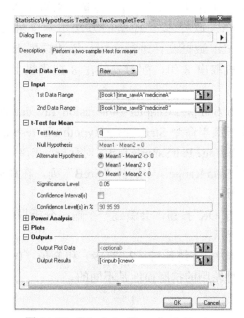

图 14-87　"Statistics/Hypothesis Testing：
TwoSampleTest"对话框

（3）设置完毕后，单击 OK 按钮，会新建一个输出分析报告工作表，如图 14-88 所示。输出结果中的两组统计值分别是针对原假设：两组数据的方差相等/不等，所做出的 t 检验值。

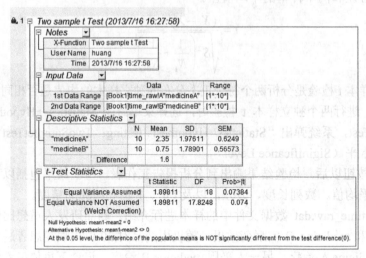

图 14-88　两个独立样本 t 检验分析报告工作表

从图 14-88 可以看出，相对应的两组 P 值分别为 0.07384 和 0.074，均大于 0.05 的置信水平。由此得出的结论是，在统计意义上，两组实验的治疗效果没有明显差别。

2. 关联（Paired）的两个样本 t 检验

对于 X、Y 两个样本数列来说，如果它们彼此不独立，并且都服从方差为常数的正态分布，那么可以使用关联双样本 t 检验，来检验两个数列的平均值是否相同。

进行两个关联样本 t 检验的方法与两个独立样本的 t 检验基本相同，下面结合 abrasion_raw.dat 数据文件进行介绍。该数据用于比较两种飞机轮胎的抗磨损性能。在两种轮胎中随机取出 8 组，配对安装在 8 架飞机上进行抗磨损性能试验，得到抗磨损性能数据。

（1）导入 Samples/Chapter 14/abrasion_raw.dat 数据文件，其工作表如图 14-89 所示。

（2）执行菜单命令 Statistics→Hypothesis testing→Pair-Sample t-Test，弹出 "Statistics/Hypothesis Testing：PairSampleTest" 对话框。在该对话框中，"1st Data Range" 中选择 "tireA" 列，在 "2nd Data Range" 中选择 "tireB" 列，在期望平均值 "Test Mean" 中输入值 "0"，如图 14-90 所示。

（3）单击 OK 按钮，会新建一个输出分析报告工作表和一个记事本文件，如图 14-91 和图 14-92 所示。

输出结果中，t 统计量（2.83119）和 P 值（0.02536）表明两组数据平均值的差异是显著的，即两种轮胎的抗磨损性是不同的。

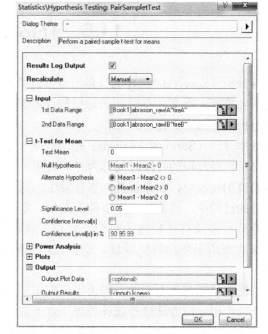

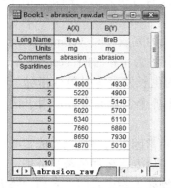

图 14-89 abrasion_raw.dat 数据文件工作表   图 14-90 属性设置对话框

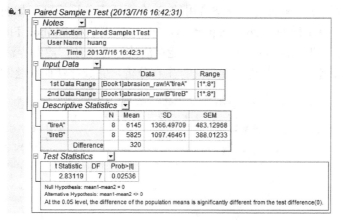

图 14-91 关联两个样本 t 检验分析报告工作表

图 14-92 记事本文件

14.6 存活率分析

生存分析（Survival Analysis）是指根据试验或调查得到的数据对生物或人的生存时间进行分析和推断，研究生存时间和结局与众多影响因素间关系及其程度大小的方法，也称生存率分析或存活率分析。

存活率分析（Survival Analysis）是研究某一事件的过程分析方法。例如，治疗过程中的死亡分析，该过程的持续时间称为存活时间。

在研究的过程中，如果观测的事件发生，则存活时间为完成时间（complete data）；如果在研究的过程中，观测的个案事件未发生，则存活时间称为考核时间（censored time）。

生存分析涉及有关疾病的愈合、死亡，或者器官的生长发育等时效性指标。存活率分析原来主要用于生命科学领域，现在已广泛地应用于各个领域的实验，用于估计存活率分析。

某些研究虽然与生存无关，但由于研究中，随访资料常因失访等原因造成某些数据观察不完全，要用专门方法进行统计处理，这类方法起源于对寿命资料的统计分析，故也称为生存分析。如某种药物对某种疾病是否有效，某种药物效力作用时间，某种实验方法对某种材料寿命的影响，某种部件的使用寿命分析等。

Origin 9.0 存活率分析具有广泛适合用的 3 个存活率分析模型，如图 14-93 所示，即 Kaplan-Meier Estimator 模型，Cox Proportional Hazards 模型和 Weibull Fit 模型。它们的计算方法都是基于多次失败的基础上，估计可能存活的生存函数，绘制存活曲线和描述存活率。Origin 9.0 存活率分析工具能方便地进行生存分析，完成存活曲线绘制。

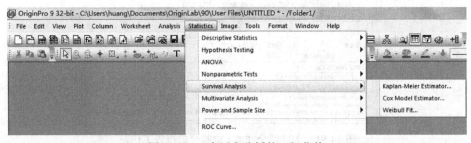

图 14-93 存活率分析的二级菜单

14.6.1 Kaplan-Meier Estimator 模型

Kaplan-Meier Estimator 模型是计算存活率的经典模型。我们采用具体的实例介绍 Kaplan-Meier Estimator 模型存活曲线的绘制方法，具体步骤如下：

（1）导入 Samples/Chapter 14/Kaplan-Meier.dat 数据文件，其工作表如图 14-94 所示。

（2）执行菜单命令 Statistics→Survival Analysis→Kaplan-Meier Estimator，弹出"Statistics/Survival Analysis: Kaplanmeier"对话框，在该对话框中，"Time Range"中选择"month"列，在"Censor Range"中选择"status"列，并在"censor value (s)"中输入值"0"，其余

接受默认值。设置好之后，对话框如图 14-95 所示。

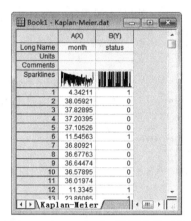

图 14-94 Kaplan-Meier.dat 数据文件工作表　图 14-95 "Statistics/ Survival Analysis:Kaplanmeier"对话框

（3）单击 OK 按钮，完成存活率计算，图标和数据保存在自动生成的工作表中。存活率图形如图 14-96 所示。

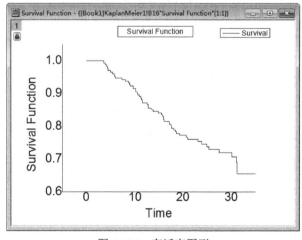

图 14-96 存活率图形

14.6.2 Cox proportional hazards 模型

Cox Proportional Hazards（比例危险）模型是另一个计算存活率和计算相对危险度的模型。用 Cox Proportional Hazards 模型绘制存活曲线的步骤如下：

（1）导入 Samples/Chapter 14/phm_Cox.dat 数据文件，其工作表如图 14-97 所示。

（2）执行菜单命令 Statistics→Survival Analysis→Cox Mode Estimator，弹出 "Statistics/ Survival Analysis：phm_Cox" 对话框，在该对话框中，"Time Range" 中选择 "month" 列，在 "Censor Range" 中选择 "status" 列，在 "Covariate Range" 中选择 "charlson"，并在 "censor value (s)" 中输入值 "0"，其余接受默认值。设置好之后，对话框如图 14-98 所示。

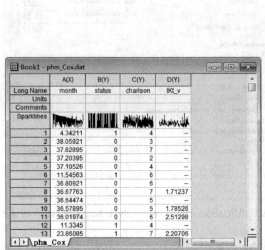

图 14-97　Kaplan-Meier.dat 数据文件工作表

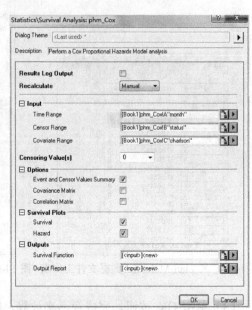

图 14-98　属性设置对话框

（3）单击 OK 按钮，完成存活率计算，图标和数据保存在自动生成的工作表中，如图 14-99 所示。

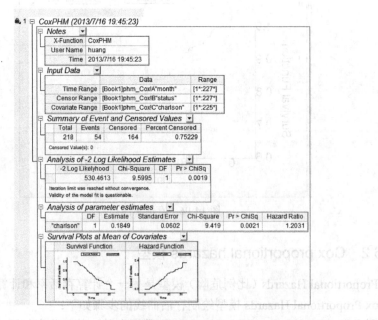

图 14-99　自动生成的分析报告工作表

存活率图形如图 14-100 和图 14-101 所示。

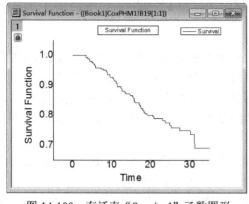
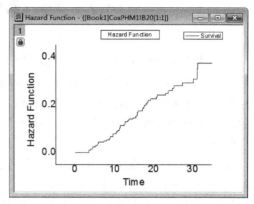

图 14-100　存活率"Survival"函数图形　　　　图 14-101　存活率"Hazard"函数图形

14.6.3　Weibull Fit 模型

Weibull Fit（威布尔拟合）模型是一种用参数方法分析存活函数和失效时间的模型。用 Weibull Fit 模型绘制存活曲线的方法如下：

（1）导入 Samples/Chapter 14/ Kaplan-Meier.dat 数据文件。

（2）执行菜单命令 Statistics→Survival Analysis→Weibull Fit，弹出"Statistics/ Survival Analysis：Weibull Fit"对话框，在该对话框中，"Time Range"中选择"month"列，在"Censor Range"中选择"status"列，并在"censor value (s)"中输入值"0"，其余接受默认值。设置完成之后，对话框如图 14-102 所示。

（3）单击 OK 按钮，完成存活率计算，图表和数据保存在自动生成的工作表中，如图 14-103 所示。

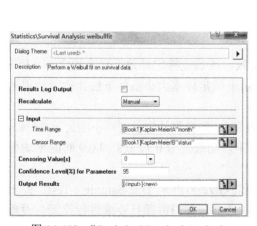
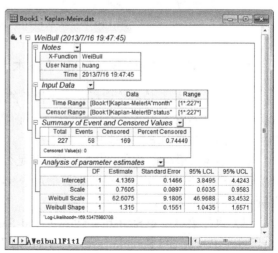

图 14-102　"Statistics/ Survival Analysis：　　　　图 14-103　自动生成的工作表
　　　　　　Weibull Fit"对话框

14.7 功效和样本大小计算

统计功效（Statistical Power）是统计学中的一个重要概念，也是一个十分有用的测度指标。简单地说，统计功效是指，在拒绝原假设后，接受正确的替换假设的概率。

统计功效大量地应用于医学、生物学、生态学和人文社会科学等方面的统计检验中。例如，在国外抽样调查设计方案中，对统计功效的要求如同对显著性水平 α 一样，是不可缺少的内容。

统计功效的大小取决于多种因素，包括：检验的类型、样本容量、α 水平，以及抽样误差的状况。统计功效分析应是上面诸多因素结合在一起的综合分析。

检验的功效是当备选假设为真时，拒绝原假设的概率。功效和样本大小（Power and Sample Size，PSS）计算可用于实验是否能给出有价值的信息，相反，功效分析也能用于在获得满意的检验情况下确定最小的样本大小。

Origin 9.0 中功效和样本大小计算具有广泛适用的 4 个方法，单样本 t 检验（One-Sample t-Test）、双样本 t 检验（Two-Sample t-Test）、关联两个样本 t 检验（Paired t-Test）和单因素方差分析（One-Way ANOVA）的功效和样本大小计算方法，如图 14-104 所示。

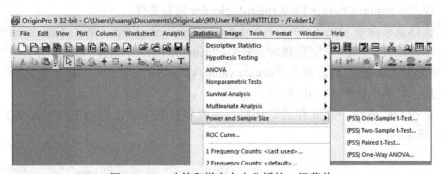

图 14-104　功效和样本大小分析的二级菜单

14.7.1　One-Sample t-Test 单样本 t 检验

确定在单样本 t 检验给定样本大小检验的功效，或确定特定功效下样本的大小。PSS 工具可用于样本的大小确定和功效的计算，前者用于确定样本大小条件下估计实验结果的精度。下面结合实例进行具体介绍。

社会学家希望确定美国平均婴儿死亡率是否为 8%，实验设计中差别率不能大于 0.5%，研究中标准离差应该为 2.1。估计在置信水平 95% 下，功效之为 0.7、0.8 和 0.9 时的平均婴儿死亡率的样本大小。

（1）执行菜单命令 Statistics→Power and Sample Size→(PSS) One-Sample t-Test，弹出 "Statistics/ Power and Sample Size：PSS_tTest1" 对话框，并根据题目要求进行设置，设置完成后的对话框如图 14-105 所示。

（2）单击 OK 按钮，进行计算，输出的结果如图 14-106 所示。根据该报告可以得出在不同功效条件下调查样本的大小。

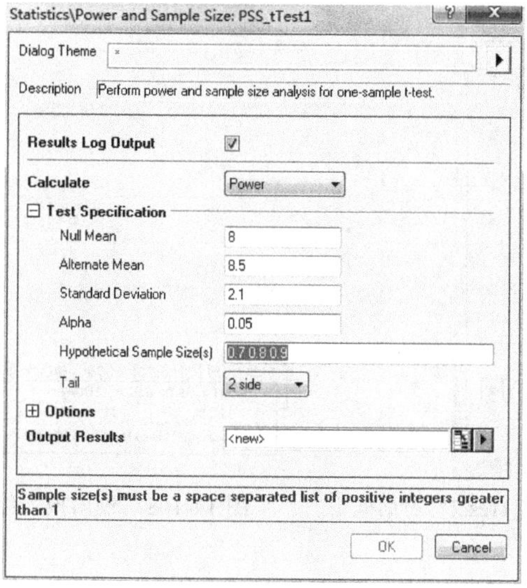

图 14-105 “Statistics/ Power and Sample Size：PSS_tTest1”对话框

Origin Output:

Sample Size(s) for Hypothetical Power(s)

Alpha	Power	Sample Size
0.05	0.7	111
0.05	0.8	141
0.05	0.9	188

Null Mean = 8; Alternate Mean = 8.5; SD = 2.1; 2-Sided Test

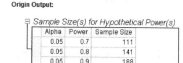

图 14-106 输出报告结果

14.7.2 Two-Sample t-Test 双样本 t 检验

确定在双样本 t 检验给定样本大小检验的信度或确定特定信度下两个独立样本的大小。

PSS 工具可用于样本的大小确定和信度的计算。前者用于确定样本的大小，以保证用户设计的试验在一定的信度水平；后者用于在一定的样本大小条件下估计实验结果的精度。下面结合实例进行具体介绍。

一个医疗办公室参加了 Healthwise 和 Medcare 两个保险计划。希望比较要求赔付时，两个保险计划平均理赔时间（天）。

Healthwise 保险计划以前的平均理赔时间为 32 天，标准差为 7.05 天；Medcare 保险计划以前的平均理赔时间为 42 天，标准差为 3.5 天。若在两个保险计划中，均对 5 个要求理赔的进行调查，信度值是多少可以确定理赔时间的差别大于 5%。

（1）计算总标准差 $\sqrt{((5-1)*7.5\,^\wedge 2+(5-1)*3.5\,^\wedge 2)/(5+5-2)}=5.85235$，双样本大小为 10。

（2）执行菜单命令 Statistics→Power and Sample Size→(PSS) Two--Sample t-Test，弹出“Statistics/ Power and Sample Size：PSS_tTest2”对话框，如图 14-107 所示。

对其中的各选项进行设置，“1st group Mean”设置为 32，“2st group Mean”设置为 42，其余各项设置按照图 14-107 中设置。

（3）设置完成之后，单击 OK 按钮，进行计算，输出的结果报告如图 14-108 所示，根据报告结果可以得出该医疗办公室若均对 5 个要求理赔的进行调查，具有 0.95036:1 或 95% 的机会检测到不同。

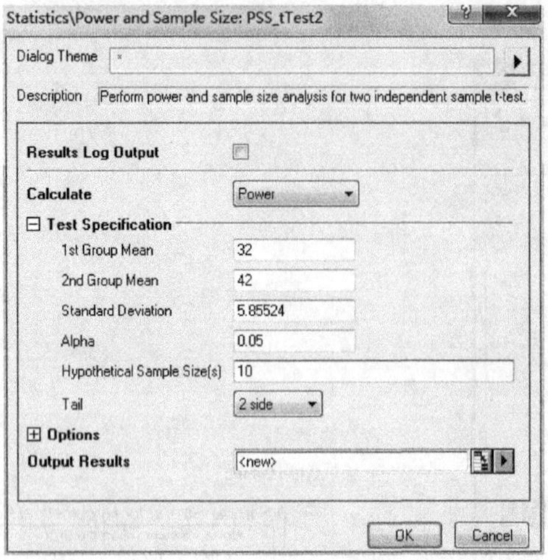

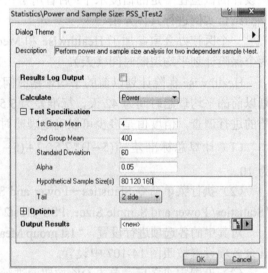

图 14-107 "Statistics/ Power and Sample Size：PSS_tTest2"对话框 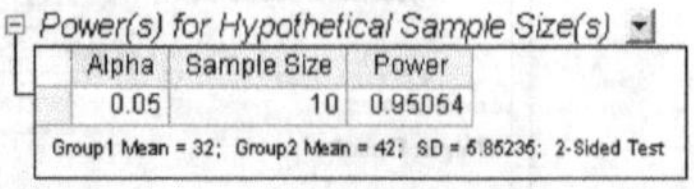　　　图 14-108　输出报告结果

14.7.3　One-Way ANOVA 单因素方差分析

确定在单因素 ANOVA 检验给定样本大小检验的信度或确定特定信度下样本的大小。PSS 工具可用于样本的大小确定和信度的计算。

前者用于确定样本的大小，以保证用户设计的实验在一定的信度水平；后者用于在一定的样本大小条件下估计实验结果的精度。

下面结合实例进行具体介绍。

研究中希望了解是否不同的植物具有不同的氮含量。记录了 4 种植物的氮含量（mg），每一种植物有 20 组数据，以前的研究表明标准差为 60，校正均方和（Corrected Sum of Squares of Means）为 400，希望了解该实验是否可行。

（1）计算总样本尺寸为 20*4=80。

（2）执行菜单命令 Statistics→Power and Sample Size→(PSS) One-Way ANOVA，弹出"Statistics/Power and Sample Size：PSS_ANOVA 1"对话框，如图 14-109 所示。

（3）在该对话框中，根据题目要求进行设置，设置好的对话框如图 14-109 所示。

（4）单击 OK 按钮，进行计算，输出的结果报告如图 14-110 所示。从结果中看出研究者计划不很理想，只有 69%的机会检测到每一组间的差别。为获得更好的检测效果需要增大样本大小。

图 14-109 "Statistics/ Power and Sample Size：PSS_ANOVA 1"对话框

Alpha	Sample Size	Power
0.05	80	0.6993
0.05	120	0.87686
0.05	160	0.95565

图 14-110　输出报告结果

14.8　其他分析方法简介

14.8.1　nonparametric tests 非参数检验

非参数检验与参数检验（例如假设检验）是相对应的，参数检验是基于数据存在一定分布的假设，如 t 检验要求总体符合正态分布，F 检验要求误差呈正态分布且各组方差整齐，等等。

但许多调查或实验所得的科研数据，其总体分布未知或无法确定，这时做统计分析常常不是针对总体参数，而是针对总体的某些一般性假设（如总体分布），这类方法称非参数统计（Nonparametric tests）。

非参数统计方法简便，适用性强，但检验效率较低，应用时应加以考虑。

14.8.2　Receiver Operating Characteristic curves, ROC curves 受试者工作特性曲线

受试者操作特性曲线（Receiver Operating Characteristic curves, ROC 曲线），用于二分类判别效果的分析与评价，一般自变量为连续变量，因变量为二分类变量。

其基本原理是：通过判断点（cutoff point/cutoff value）的移动，获得多对灵敏度（sensitivity）和误判率（1-Specificity 特异度），以灵敏度为纵轴，以误判率为横轴，连接各点绘制曲线，然后计算曲线下的面积，面积越大，判断价值就越高。

14.9　本　章　小　结

Origin 9.0 提供了许多统计方法以满足通常的统计分析，其中，包括描述统、单样本假设检验和双样本假设检验、单因素方差分析和双因素方差分析、直方图和方框统计图等多种统计图表。本书重点讨论了统计图形的绘制方法、描述统计的方法及假设检验、方差分析和样本分析的方法，读者应该结合本章介绍，在实际应用中举一反三，灵活应用。

第15章 图像处理

数字图像处理（Digital Image Processing）是通过计算机对图像进行去除噪声、增强、复原、分割、提取特征等处理的方法和技术，通过对图像信息的转换而来的电信号进行某些数学运算以期达到预想的结果的过程。

Origin 9.0 的图像处理和分析（Images processing and analysis）功能提供了大量基于 X 函数的、方便易用的图像处理和分析工具。

本章学习目标：

■ 掌握图像的输入和分析方法
■ 了解图像的调整转换方式
■ 掌握图像的处理工具使用方法

15.1 数字图像处理概述

一般来讲，对图像进行处理（或加工、分析）的主要目的有三个方面：

（1）提高图像的视感质量，如进行图像的亮度、彩色变换，增强、抑制某些成分，对图像进行几何变换等，以改善图像的质量。

（2）提取图像中所包含的某些特征或特殊信息，这些被提取的特征或信息往往为计算机分析图像提供便利。提取特征或信息的过程是模式识别或计算机视觉的预处理。提取的特征可以包括很多方面，如频域特征、灰度或颜色特征、边界特征、区域特征、纹理特征、形状特征、拓扑特征和关系结构等。

（3）图像数据的变换、编码和压缩，以便于图像的存储和传输。

不管是何种目的的图像处理，都需要由计算机和图像专用设备组成的图像处理系统对图像数据进行输入、加工和输出。

数字图像处理的工具可分为三大类：

（1）包括各种正交变换和图像滤波等方法，其共同点是将图像变换到其他域（如频域）中进行处理（如滤波）后，再变换到原来的空间（域）中。

（2）直接在空间域中处理图像，它包括各种统计方法、微分方法及其他数学方法。

（3）数学形态学运算，它不同于常用的频域和空域的方法，是建立在积分几何和随机集合论的基础上的运算。

由于被处理图像的数据量非常大且许多运算在本质上是并行的，所以图像并行处理结构和图像并行处理算法也是图像处理中的主要研究方向。

Origin 9.0 版本，提供了大量工具用于处理和分析数字化图像（raster images，光栅图像，点阵图，位图），主要功能包括如下几项：

图像导入，要注意格式的支持；

图像分析，基本图像信息；

图像调整，如亮度、对比度、色调、色彩平衡；

图像转换，色彩模式的转换、图像向矩阵的转换等；

几何变换，调整大小、剪切等；

算术变换，算术运算、递增扣除等；

空间滤镜，噪声、锐化、边缘等；

图像的输出。

15.2　图像的输入和分析

Origin 9.0 版本，提供了大量工具用于处理和分析数字化图像功能，我们首先要学习的就是图像的输入和分析，这是下面学习图像处理功能的基础。

15.2.1　图像的输入

Origin 支持 9 种图像文件类型的输入，如表 15-1 所示。用户可以将图像文件输入到 Origin 矩阵工作簿或工作表单元格中。

表 15-1　　　　　　　　　　　Origin 支持的图像文件类型

图像文件类型	扩展名
Bitmap	bmp
Graphics Interchange Format	gif
Joint Photographic Experts Group	jpg
Zsoft PC Paintbrush Bitmap	pcx
Portable Network Graphics	png
Truevision Targa	tga
Adobe Photoshop	psd
Tag Image File	tif
Windows Metafile	wmf

图像的处理，主要在 Matrix 矩阵窗口中进行。将图像输入到矩阵窗口中，可以先通过 File→New 命令新建一个 Matrix，然后执行 File→Import 命令导入图像，打开输入对话框，在文件类型（Files of Type）列表框中选择正确的图像文件类型输入。

这里以 Samples /Chapter 15/ Car.bmp 为例。使用这个图像能够较好地展现 Origin 的图像处理功能。

在导入图像的 impImage 对话框里，只要勾上 Result Log Output 这个选项，在导入图像的同时就会在 Result Log 里面输出图像的基本信息，如图 15-1 和图 15-2 所示。

图 15-1 图像导入对话框   图 15-2 利用 Result Log 窗口获取图像的基本参数

这样我们就把一个图像导入到了 Matrix 里面，如图 15-3 所示。

虽然通常是使用 Matrix 来进行图像运算的，但你也可以把图像转用其他方式来操作。可以直接通过 Plot→Image→Image Plot 转成 Graph，也可以通过 Matrix→ Convert to Worksheet 这个工具转换为 Worksheet，如图 15-4 所示。

图 15-3 导入图像到矩阵窗口   图 15-4 将图像转换成 Graph 图形

15.2.2 图像分析

Origin 提供了直方图（Histogram）工具、剖面图（Profiling）工具和信息（Information）工具，用于对图像进行分析。

直方统计图是最有效分析图像质量的工具之一，通过直方统计图分析，用户可以了解图像数字化好坏。

例如，当图像中某对象的亮度明显不同于背景，直方统计图能帮助用户确定分开他们的门槛值。

剖面图工具能用于分析图像沿线变化情况，而信息工具能获取图像长、宽、高及图像色深（Color-depth）等一些基本信息。

（1）直方统计图工具

该工具用于分析图像是否正确曝光，图像调整是否合适到位。其中，RGC 直方统计图能确定图像中各灰度级像素点的数量。

执行菜单命令 Analysis→Histogram，即可对当前图像进行直方统计分析。

（2）剖面图工具

剖面图工具提供了一种快捷的方法对图像数据进行分析，能创建图像的水平图形剖面、图像的垂直图形剖面和图像的任意直线的图形剖面。执行菜单命令 Plot→Image→ Profiles，即可对当前图像进行剖面图分析。

剖面图工具仅能对灰度图或 8bit 彩色图像进行分析。若图像不能满足要求，用户可以先进行图像转换处理。

（3）信息工具

信息工具是通过 X-Function 完成对当前图像的基本信息获取的。当图像为当前窗口时，在命令窗口中输入"imgInfo"命令，即可获取该图像的信息。图像的信息如表 15-2 所示。

表 15-2　　　　　　　　　　　　　　　　图像的信息

种　类	含　义
width	图像宽度
Height	图像高度
bits	每像素位数
colors	色深
isgray	是否灰度
order	色序

15.3　图像的处理工具

图像的处理工具主要包括图像的调整，图像的数学转化，图像的转换，图像的几何变换和空间滤镜功能等，下面我们将逐个介绍各自使用方法及特征。

15.3.1　图像调整

图像调整工具主要用于图像灰度色阶、图像对比度、伽马、色调、饱和度和亮度等的调整。

Origin 调整工具能修复曝光过度，校正颜色和改进亮度，图像调整工具可以作为其他图像处理工具的预处理工具。

在 Matrix 里，首先导入图像，要对图像进行调整，只要选中目标 Matrix，然后执行 Image→Adjustment 子菜单下的命令，如图 15-5 所示。

设置参数完毕后，单击 OK 按钮即可，如图 15-6 所示。

可供图像调整使用的命令包括以下几项：

（1）Brightness：亮度调节；

（2）Contrast：对比度调节；

（3）Gamma：色彩强度调节；

（4）Hue：色调调节；

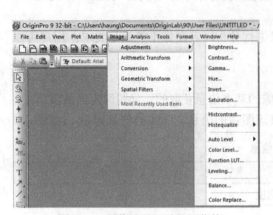

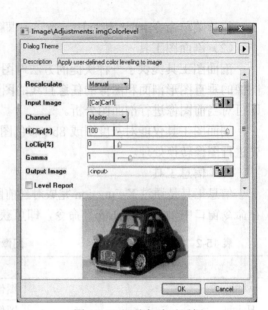

图 15-5 图像调整工具二级菜单 图 15-6 调整色阶对话框

（5）Invert：将图像色彩调节为反相；

（6）Saturation：饱和度调节；

（7）Histcontrast：直方图对比；

（8）Histequalize：直方图均衡；

（9）Auto Level：自动色阶；

（10）Color Level：色阶调节；

（11）Function LUT：通过表格数组调节强度；

（12）Leveling：水平调节；

（13）Balance：色彩平衡；

（14）Color Replace：替换颜色。

它们的具体参数设置都在对话框中进行，如果一些参数显示不出来，需要用鼠标右键在对话框右下角进行拖曳调整对话框的大小来显示。

参数设置过程比较简单，主要是一些选择（调整的方法）和数值（使用鼠标拖曳或键盘输入），具体的参数设置根据即时预览的效果进行确定。如果是多个图像处理，则可能要使用同一参数，另外，也可以通过 Output Image 和 Report 将处理结果输出为新的图像或报表。

15.3.2 图像数学转化

图像数学转化（Arithmetic Transform）是采用紧邻像素的算法对图像进行操作，包括有透明度（Alpha）混合、图像合并、图像数学运算等。

其中，透明度混合可以用于创建图像透明的效果或将可见对象置于背景中。图像数学运算包括两个图像的相加、相减、相乘或平均处理。例如，相减可以用于将背景从图像中去除。选择菜单命令 Image→Arithmetic Transform，打开图像数学变换二级菜单，如图 15-7

所示。

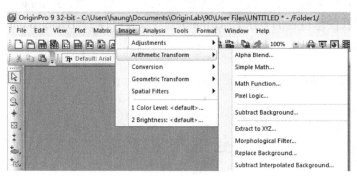

图 15-7 图像数学转化二级菜单

可供图像算术变换使用的命令包括如下几项：

（1）Alpha Blend：以透明图像叠加到原有图像上。主要参数：Image to Blend （要叠加的图片）、Opacity（不透明度）、Crop to Common Area（是否裁切输出的图像到公共部分的大小），如图 15-8 所示。

（2）Simple Math：对输入的图像进行普通的数学运算。主要参数：Input Image（输入的图像）、Channel of Image（要对数学运算的色彩通道）、Factor *Image （图像在计算中的权重因子）、Offset Z of Image（权重因子偏移量）、Math Function（数学函数）、Offset X/ Offset Y（偏移量）、Crop to Common Area（是否裁切输出的图像到公共部分的大小），如图 15-9 所示。

图 15-8 透明图像叠加

图 15-9 Simple Math 设置对话框

（3）Math Function：对图像进行数学运算。主要参数：Function（运算方式）、Factor（权重因子），如图 15-10 所示。

（4）Pixel Logic：对图像进行逻辑运算。主要参数：Factor（权重因子）、Logic（运算方式）、Channel（要进行运算的色彩通道），如图 15-11 所示。

（5）Subtract Background：可以对图像消去背景。主要参数：Rolling Ball（边缘半径）、Shrink Size（寻找图形位置的方法）、Brightness（设置亮度）、Background（选择背景色彩亮度跟前景的关系）、Show（设置输出图形还是背景），如图 15-12 所示。

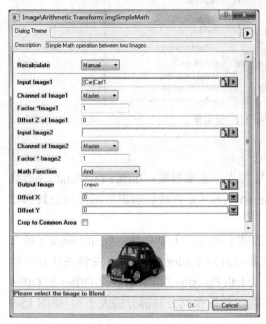

图 15-10　Math Function 设置对话框

图 15-11　逻辑运算设置对话框

（6）Extra to XYZ：将图像以 3D 数据方式输出。主要参数：Anchor Shape（要输出的数据范围）、Keep Preview（是否一直显示预览），如图 15-13 和图 15-14 所示。

（7）Morphological Filter：形态学过滤，处理灰度图像或二值图像，如图 15-15 所示。

（8）Replace Background：用于替换背景颜色。主要参数：Low Threshold to Replace/ High Threshold to Replace（替换颜色的范围）、Fuzziness（背景色填充数量）、Adjust Brightness（背景亮度）、Background（选择背景色彩亮度跟前景的关系），如图 15-16 所示。

（9）Subtract Interpolated Background：以插值方法消除背景（不支持彩色图像），如图 15-17 和图 15-18 所示。

图 15-12　消除背景设置对话框

主要参数：Anchor Num（设置用于插值计算的锚点数量）、Background（选择背景色彩亮度跟前景的关系）、Anchor Shape（锚点形状）、Apply Auto Level（是否自动添加色阶）、Adjust Brightness（调节亮度）。

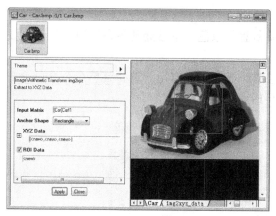

图 15-13 提取 3D 数据

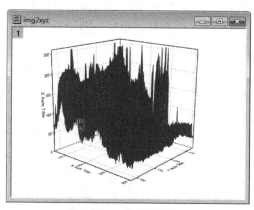

图 15-14 数据作图

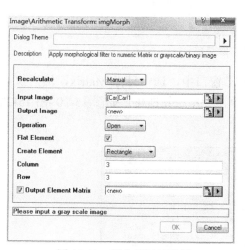

图 15-15 形态学过滤设置

图 15-16 背景替换

图 15-17 消除背景

图 15-18 消除后的效果

15.3.3 图像转换

图像转换通常包括将彩色图像转变为灰度图像或黑白图像，分离或合并三原色（RGB）

通道和用调色板将伪色彩图像用于灰度图。

例如，用户可以将彩色图像分离为红、绿和蓝三原色，单独处理各自通道，当达到要求后再将它们合并。

这一功能对用户想处理的对象仅在某一通道时显得尤为有用。选择菜单命令 Image→Conversion，打开图像转换二级菜单，如图 15-19 所示。

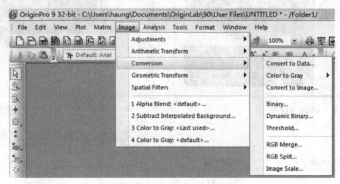

图 15-19 图像转换二级菜单

要对图像进行转换操作，将图像导入到 Matrix 窗口中，选中目标 Matrix，然后执行 Image→Conversion 子菜单下的命令设置参数后，单击 OK 按钮即可，如图 15-20~图 15-22 所示。

图 15-20 图像转换为矩阵数据

图 15-21 根据数据作三维图形 图 15-22 关闭速度模式

可供图像转换使用的命令包括如下几项：

（1）Convert to Data：可以将图像转换为数据（矩阵向量）形式显示。

转换后的数据可以用于三维作图，选中 Matrix 窗口，例如使用 Plot→ Image→ Image Plot 命令，将数据进行作图，也可以作其他三维图。

如果显示效果不佳，是因为 Origin 打开了 Speed Mode 速度模式，为了得到更精确的图形，可以单击 Graph→Speed Mode 关闭速度模式。得到的最终图形如图 15-23 所示。

（2）Color to Gray：将图像从彩色变成黑白。主要参数：Gray Scale（可以设置转换后灰度图像的位数），如图 15-24 所示。

图 15-23　三维作图结果

图 15-24　转换成灰色图

（3）Convert to Image：与 Convert to Data 相反，它可以将 Matrix 数据转换为以图像形式显示。主要参数：Bits/ Pixel（可以设置转换后图像的位数）、Black Value（暗调）、White Value（高光），结果如图 15-25 所示。直接将矩阵数据转换为图形如图 15-26 所示。

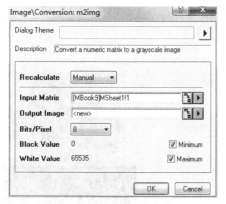

图 15-25　设置转换参数

图 15-26　直接将矩阵数据转换为图形

（4）Binary：将 RGB 图像转换为二值图像，如图 15-27 所示。

主要参数：Low/ High（设置要修改的色彩范围）、Channel（色彩通道）。

（5）Dynamic Binary：动态二值图像，如图 15-28 所示。

主要参数：Dimension（设置精度）、threshold（设置对比度极限）。

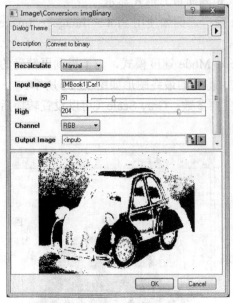

图 15-27 转换成二值图像

图 15-28 转换成动态二值图像

（6）Threshold ：门槛。

主要参数：Lower/ High Bound（设置保留的色彩范围）、Channel （色彩通道）、Reject Value（设置要丢弃的色彩的取值方式），如图 15-29 所示。

（7）RGB Merge：可以将多个图像的 R、G、B 通道合并到一个图像中。

（8）RGB Split：跟 RGB Merge 相反，可以将图像的 R、G、B 通道分别输出为图像。

（9）Image Scale：调整图像或画布的大小，如图 15-30 所示。

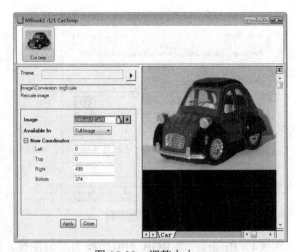

图 15-29 门槛过滤 图 15-30 调整大小

主要参数：Available In（设置图像的大小 Full Image（全图）还是 Rectangle（自定义））、

New Coordinates（设置画布的大小）。

15.3.4　图像几何变换

图像的几何变换可以方便地实现改变图像的外观、纵横比及图像的缩小或放大功能。有了这些功能，用户可以方便地对图像进行修改。

要对图像进行几何变换，只要选中目标图像所作的 Matrix，然后执行 Image→ Geometric Transform 命令打开子菜单，如图 15-31 所示，命令设置完毕后，单击 OK 按钮即可，如图 15-32 所示。

可供图像几何变换使用的命令包括如下几项：

Horizontal：水平翻转；

Vertical：垂直翻转；

Rotate：按一定角度旋转，主要用于修正倾斜图像；

Shear：裁切图像；

Resize：设置图像大小；

Auto Trim：修整图像，根据图像四个边角的像素点自动剪切图像；

Offset：设置图像位置的偏移量。

以上命令的参数设置都比较简单，这里就不做详细介绍了。

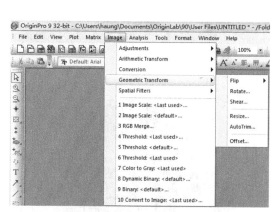

图 15-31　图像几何变换二级菜单

图 15-32　几何变换

15.3.5　空间滤镜

Origin 9.0 提供了高斯滤波、均值滤波、中值滤波、加噪、锐化、净化、钝化修饰和边缘检测等空间滤波方法。

其中，高斯滤波、均值滤波、中值滤波可用于去噪处理；此外，这些滤波也能用于对图像进行模糊处理。

锐化和钝化修饰能提高图像的边缘和细节。边缘检测用于对象测量与分类，以及图像分割等用途。

要对图像进行转换空间滤镜操作，只要选中目标 **Matrix**，然后执行 Image→Spatial Filter 命令，打开图像空间滤波二级菜单，如图 15-33 所示。

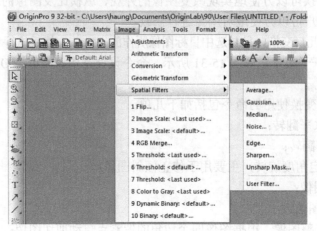

图 15-33　图像空间滤波二级菜单

可供图像进行空间滤波的命令包括如下几项。

（1）Average：平均模糊操作。主要参数：Dimension（模糊粒度大小），如图 15-34 和图 15-35 所示。

图 15-34　平均模糊设置对话框

图 15-35　平均模糊

（2）Gussian：高斯模糊操作。主要参数：Radius（模糊半径），如图 15-36 和图 15-37 所示。

（3）Median：中间值模糊操作。主要参数：Dimension（模糊粒度大小），如图 15-38 和图 15-39 所示。

（4）Noise：加入随机的噪音粒子。主要参数：Coverage（覆盖率），如图 15-40 和图 15-41 所示。

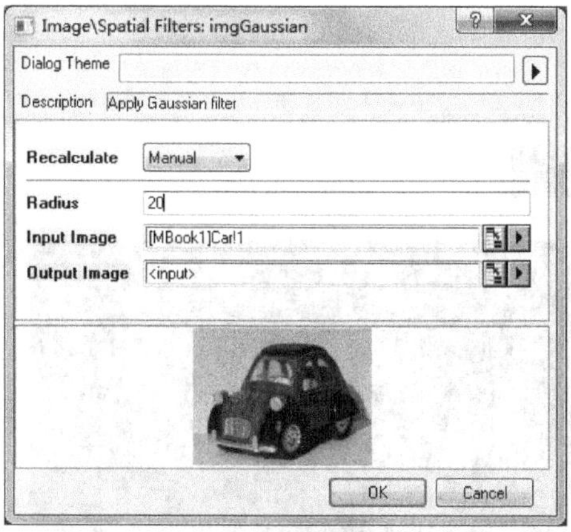

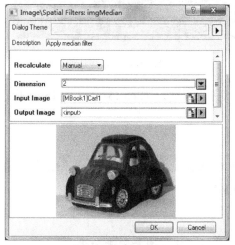

图 15-36 高斯模糊设置对话框

图 15-37 高斯模糊

图 15-38 中值模糊设置对话框

图 15-39 中值模糊

图 15-40 加噪设置对话框

图 15-41 加噪

（5）Edge：寻找边缘。主要参数：Threshold（边缘检测的范围），如图 15-42 和图 15-43 所示。

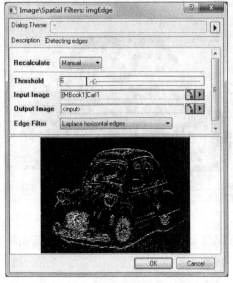

图 15-42　寻找边缘设置对话框

图 15-43　寻找边缘

（6）Sharpen：锐化边缘。主要参数：Sharpness（锐化程度），如图 15-44 和图 15-45 所示。

图 15-44　锐化边缘设置对话框

图 15-45　锐化边缘

（7）Unsharp Mask：虚光蒙版。主要参数：Adjust（操作范围）、Neighborhood（边缘半径）、Threshold（平滑程度）、Color（色彩模式），如图 15-46 和图 15-47 所示。

（8）User Filter：可以导入自定义的滤镜算法。主要参数：Filter Matrix（输入的滤镜 Matrix）、Offset（偏移量）、Divisor（过滤的程度大小）、Operation Type（操作模式）。

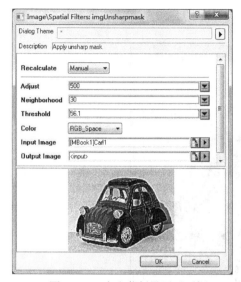

图 15-46 虚光蒙版设置对话框

图 15-47 虚光蒙版

15.4 图像处理工具应用举例

15.4.1 图像调整举例

下面结合实例具体介绍调整图像颜色。

（1）在 Origin 9.0 工作空间打开一空矩阵窗口。

（2）选择执行菜单命令 File→Import→Image，导入 Samples /Chapter 15/ Car.bmp 图像文件，如图 15-48 所示。

（3）执行菜单命令 Image→Adjustments→ Hue，打开"Image/ Adjustments：imgHue"对话框，用鼠标将"Change"栏中的数值调整为 120，如图 15-49 所示。

图 15-48 原图

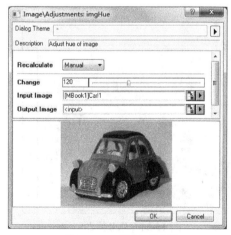

图 15-49 设置对话框

（4）单击 OK 按钮，将该图像颜色改变为绿色，如图 15-50 所示。

图 15-50　调整颜色后的图像

15.4.2　图像数学转换举例

1. 用余弦函数处理图像

（1）在 Origin 9.0 工作空间打开一空矩阵窗口。

（2）选择执行菜单命令 File→ Import→ Image，导入 Samples /Chapter 15/ Cell.jpg 图像文件，如图 15-51 所示。

（3）执行菜单命令 Image→Arithmetic Transform→Math Function，打开"Image/ Arithmetic Transform：imgMathfun"对话框，选择余弦函数、因素和输出方式，如图 15-52 所示。

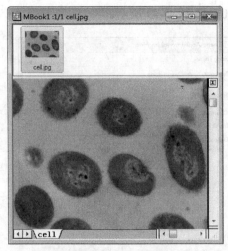

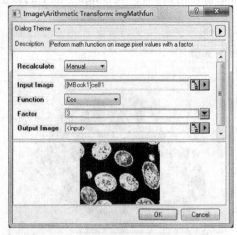

图 15-51　Cell 原图　　　　　图 15-52　"Image/ Arithmetic Transform：imgMathfun"对话框

（4）单击 OK 按钮，则图形发生变化，如图 15-53 所示。

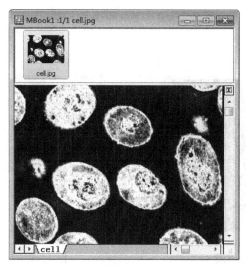

图 15-53 将余弦函数应用于图像前后的变化

2. 将灰度图转变为黑白图

（1）与上例相同，打开"Cell.jpg"图像文件。

（2）选择菜单命令 Image→Conversion→ Binary，则图像转变为黑白图像，如图 15-54 和图 15-55 所示。

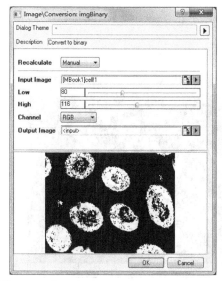

图 15-54 "Image/ Conversion：imgBinary"对话框

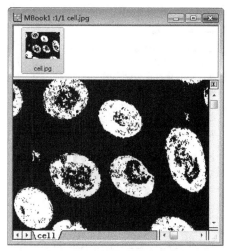

图 15-55 转变为黑白图像

3. 减去图像背底色处理

（1）在 Origin 9.0 工作空间打开一空矩阵窗口。

（2）选择菜单命令 File→Import→Image，导入 Samples /Chapter 15/ Rice. bmp 图像文件，如图 15-56 所示。

（3）执行菜单命令 Image→Conversion→Color to Gray，打开"Image/ Conversion：imgC2gray"

对话框，如图 15-57 所示。选择灰色度标"8"，并选择输出方式，将图像转变为 8bit 灰度图。

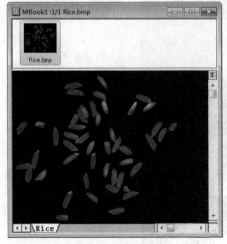

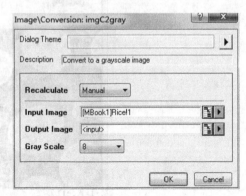

图 15-56 Rice 原图

图 15-57 "Image/ Conversion：img C2gray"对话框

（4）执行菜单命令 Image → Arithmetic Transform → Subtract Background，"Image/ Arithmetic Transform / imgSubtractBg"对话框，如图 15-58 所示。

按图中进行设置，单击 OK 按钮，则图像减去背底，如图 15-59 所示。通过该方法对图像进行处理后，十分有利对于图像进行统计分析。

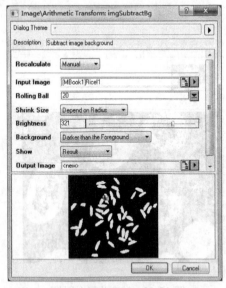

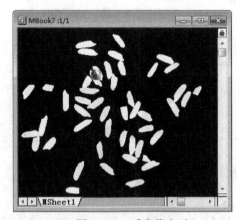

图 15-58 "Image/ Arithmetic Transform/ imgSubtractBg"对话框

图 15-59 减去背底后

15.4.3 图像转换举例

1．重新调整 XY 坐标图像标尺

（1）在 Origin 9.0 工作空间打开一个空矩阵窗口。

（2）选择菜单命令 File→Import→Image，导入 Samples /Chapter 15/ Flower. jpg 图像文件，如图 15-60 所示。

（3）执行菜单命令 Matrix→ Set Dimension and Labels，可以看到 X 和 Y 的坐标分别为（0，931）和（0，793），如图 15-61 所示。关闭该菜单。

（4）执行菜单命令 Image→Conversion→Image Scale，在该图左边打开一 X-Functions 对话框，如图 15-62 所示。按图中进行设置，单击"Apply"按钮。

（5）在选择执行菜单命令 Matrix→ Set Dimension and Labels，可以看到 X 和 Y 的坐标已改变。

图 15-60　Flower. jpg 图像文件

图 15-61　图像原 X 和 Y 的坐标

2. 彩色图像分离三原色

（1）在一新建的矩阵窗口导入 Samples /Chapter 15/ red camellia jpg 图像文件。

（2）执行菜单命令 Image→Conversion→RGB Split，打开"Image/ Conversion: imgRGB Split"对话框，如图 15-63 所示。单击 OK 按钮，即将该图分离成红、绿和蓝三原色。

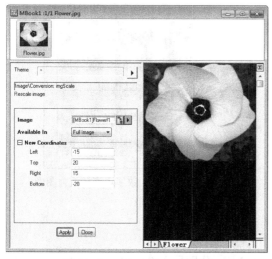

图 15-62　X-Functions 对话框

图 15-63　属性设置对话框

3. 通过门槛值分离背底和对象

（1）在 Origin 9.0 工作空间打开一空矩阵窗口，导入 Samples /Chapter 15/ cell jpg 图像文件。

（2）执行菜单命令 Image→Conversion→Threshold，打开"Image/Conversion：img Threshold"对话框，调整上边界门槛值至 167，如图 15-64 所示。单击 OK 按钮，则将对象从图中背底分离。

4. 将数字矩阵转变为图像

（1）新建一矩阵，选择菜单命令 Matrix→Set Values，在对话框中输入"sin (i) + sin (j)"，单击 OK 按钮，则新矩阵输入了数字，如图 15-65 所示。

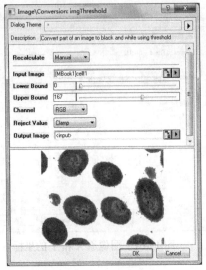

图 15-64　"Image/Conversion：img Threshold"对话框

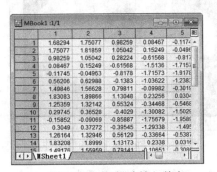

图 15-65　新矩阵输入数字

（2）执行菜单命令 Image→Conversion→Convert to Image，打开"Image/Conversion：m2img"对话框，按图 15-66 进行设置。单击 OK 按钮，完成了 8bit 灰度图转换，如图 15-67 所示。

图 15-66　"Image/Conversion：m2img"对话框

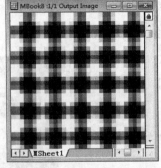

图 15-67　数字矩阵转变为图像

15.4.4　图像几何变换举例

1. 通过图像偏移将图像与背底合并

（1）在 Origin 9.0 工作空间打开两个空矩阵窗口，分别导入 Samples /Chapter 15/ cell.jpg

图像文件和"bgnd. jpg"图像文件，如图 15-68 和图 15-69 所示。可以看到在两图右上角有一个"T"标记。

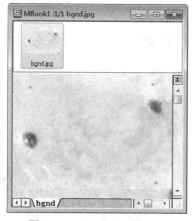

图 15-68 bgnd. Jpg 图形

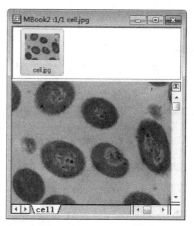

图 15-69 cell.jpg 图形

（2）选择菜单命令 Image→Geometric Transform→Offset，打开"Image/ Geometric Transform：imgOffset"对话框，如图 15-70 所示。

将"cell.jpg"和"bgnd. jpg"分别选择为"Input Image"和"Reference Image"，通过预览调整 X 偏移和 Y 偏移至两图右上角与"T"标记重合，单击 OK 按钮，完成两张图像合并。

（3）合并后的图像，如图 15-71 所示。

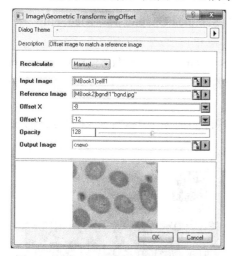

图 15-70 "Image/ Geometric Transform：
imgOffset"对话框

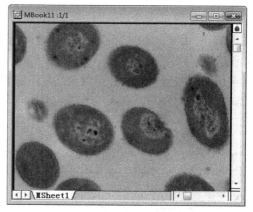

图 15-71 合并后的图像

2. 通过图像切变将图像剪切

（1）在 Origin 9.0 工作空间打开一个空矩阵窗口，导入 Samples /Chapter 15 /car. bmp"图像文件。

（2）执行菜单命令 Image→Geometric Transform→Shear，打开"Image/ Geometric Transform：imgShear"对话框，如图 15-72 所示。

在角度一栏中选择"15"，单击 OK 按钮，则原图像产生剪切变形。原图像与变形图像如图 15-73 所示。

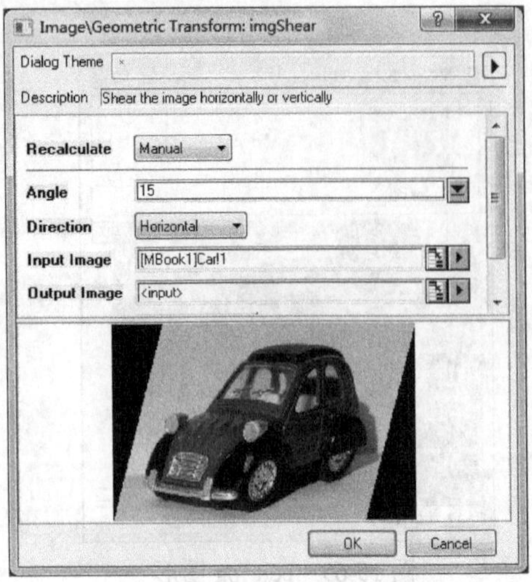

图 15-72 "Image/ Geometric Transform：
imgShear" 对话框

图 15-73 变形图像

15.4.5 空间滤波举例

通过边缘检测空间滤波进行分辨对象边缘。

（1）在 Origin 9.0 工作空间打开一个空矩阵窗口。

（2）执行菜单命令 File→Import→Image，导入 Samples/Chapter 15 / Rice. bmp" 图像
文件。

（3）执行菜单命令 Image→Conversion→Color to Gray，打开 "Image/ Conversion：
imgEdge" 对话框，如图 15-74 所示。通过选择不同的滤波器和不同的门槛值，将边缘调整
到最佳状态。

单击 OK 按钮，完成分辨对象边缘。原图像与滤波图像如图 15-75 和图 15-76 所示。

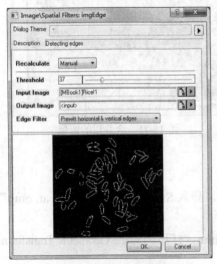

图 15-74 "Image/ Conversion：
imgEdge" 对话框

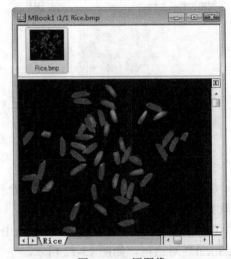

图 15-75 原图像

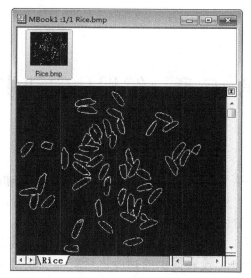

图 15-76　滤波图像

15.5　本　章　小　结

　　Origin 9.0 版本，提供了大量工具用于处理和分析数字化图像（raster images，光栅图像，点阵图，位图），主要包括图像导入，图像分析，图像调整，图像转换，几何变换，算术变换，空间滤镜，图像的输出。本章重点讨论了 Origin 软件中图像的输入和分析方法及图像的调整转换方式，并结合实例介绍了图像的处理工具使用方法。

第16章 编程及自动化

Origin 是专为不同科研领域的科学工作者进行绘图和数据分析设计的，为此，它提供了大量的数据分析和绘图工具。在对 Origin 有了较深入的了解后，为实现特殊的要求，需要定制 Origin 数据分析和绘图功能。

Origin 提供了数据表、科技作图和数学分析的框架和丰富的功能，在现实应用中也有可能需要使用到 Origin 没有提供的功能，这就需要使用编程和定制来实现这些功能。

Origin 一开始就被设计成一种开放式的框架，9.0 版本进一步深化了这方面的工作，它不但允许你进行个性化的定制，例如使用 Import Filter（导入过滤器）定制导入参数、使用 Templates（模板）定制各种子窗口、使用 Themes（主题）定制对象格式，而且提供了两套编程环境，包括 LabTalk 脚本、Origin C 编程语言和 X-Function 在内的三套编程方法。

本章学习目标：
- 了解 LabTalk 脚本语言的基本特征
- 掌握 Origin C 编程方法
- 了解 X-Function 功能的使用方式

16.1　LabTalk 脚本语言

LabTalk 脚本是 Origin 内置的一个编程语言，使用起来比较简单。

在 Origin C 编程语言和 X-Function 出现后，LabTalk 并未取消，除了保持兼容性外，还得益于 LabTalk 其解释性脚本语言的简便性。用户可以直接输入命令运行而无需其他任何复杂操作，具有良好的交互性。

16.1.1　Command Window

通过 Window→Command Window 命令可以打开 Command Window 进行 LabTalk 程序的编写。只要在右边窗口中写上合法的语句，按下 Enter 键便会执行程序，并在左边的窗口记录下执行过的程序。如图 16-1 所示。

另外，通过执行 Window→Script Window 命令可以打开一命令窗口，叫做 Script Window，其作用跟 Command Window 大同小异，但功能略有差异，如图 16-2 所示。

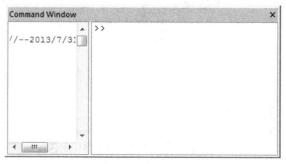

图 16-1　命令窗口

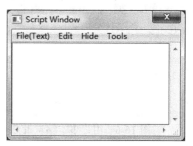

图 16-2　脚本窗口

16.1.2　执行命令

要执行命令，只要在 Command Window 里右边的窗口输入代码，然后摁下 Enter 键，即可执行代码。结果马上会在代码下面出现，而且会在左边的窗口记录下曾经执行的代码（历史功能），如图 16-3 所示。

每执行一行代码，变量的值都会被 Origin 记录下来，所以，可以一行一行地输入要执行的代码，以便完成多行代码的执行，如图 16-4 所示。

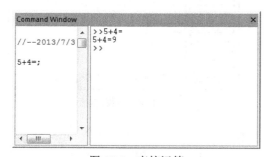

图 16-3　直接运算

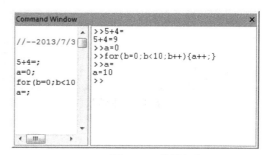

图 16-4　多行命令

在 Command Window 里，写的代码一般不宜太长，并且要注意符合语法规定，因为在这个窗口里，代码是即时检验的，一旦发生语法错误，会马上因为报错而终止，如图 16-5 所示。

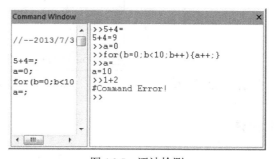

图 16-5　语法检测

也可以在其他的文本编辑器里面先写好代码，再粘贴到 Command Window 上面执行，这样能够大大提高编辑效率，如图 16-6 和图 16-7 所示。

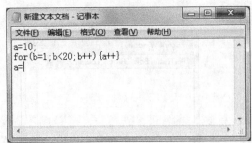

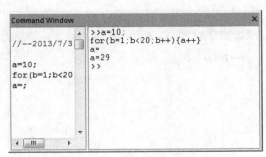

图 16-6　用记事本编辑批命令　　　　　　　　图 16-7　粘贴到命令窗口中执行

除了使用基本语句之外，你还可以在语句中使用函数，如图 16-8 所示。

除了在 Command Window 里进行运算外，也可以从 Worksheet 里面读取数据，或者输出结果到 Worksheet 里面。如果 Workbook 或者 Worksheet 等对象不存在会根据需要自动创建，如图 16-9～图 16-11 所示。

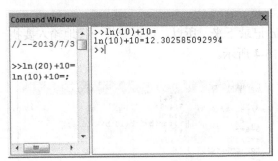

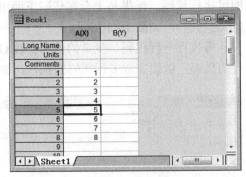

图 16-8　使用函数　　　　　　　　　　　　图 16-9　源数据表格

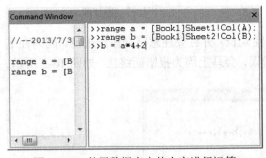

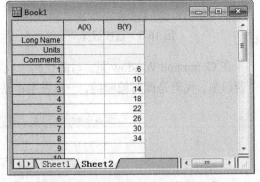

图 16-10　使用数据表中的内容进行运算　　　　图 16-11　输出结果到数据表中

16.1.3　LabTalk 语法

1. 变量和对象

（1）LabTalk 主要支持整型、双精度、字符串、字符串数据组、范围、二叉树、数列等变量类型。如 A=52；strTemp$=" hello world"；b= "Book1" Sheet1!Col(B)等。

（2）现代编程语言广泛将对象（Object）作为基本概念，一个对象（Object）拥有与之相关的属性（Properties）用于读写和一系列的方法（Methods）。

（3）要对 Origin 进行编程，除了抽象意义上的对象概念外，主要是要操作各种对象（Origin Objects），包括工作簿对象、图形窗口对象、层、表、数据集等。

2．赋值

（1）字符串对象不能用于运算，数据对象可以用于运算。

（2）基本格式为："对象名=表达式"。

（3）对象名只能以英文开头，而且完全由英文和数字组成。

（4）如果对象不存在，则生成对象并赋值。

（5）当对象名前面不带任何标识符时，则表示该对象是一个数据变量，并把表达式的值赋予该变量。例如：输入"a=7"，则 a 的值为 7。

（6）当对象名有一个%带大写的 A～Z 中的一个字母时，表达式为一个字符串时，则表示该对象是一个数据集，并把表达式的值赋予该变量。例如：输入"%A=Origin"，则%A 的值为字符串 Origin。

（7）如果对象名有一个%带大写的 A～Z 中的一个字母时，而表达式为一个数据集名，则表示该对象是一个数据集，并把表达式的值赋予该对象。

（8）"$（数据）"可以把数据转换成字符串。例如：输入"%A=$（65）"，则%A 的值为字符串 65。

（9）"#"或"//"后可以添加注释，注释不会被执行。例如：输入"a=7;//b=8"，则 a 的值为 7，"b=8"没有执行，b 仍然未被赋值。

3．操作数据集

（1）创建数据集格式为："数据集名　数据集大小"。例如：输入"Create origin 10"，则可以创建一个名为"origin"的 Worksheet。

（2）编辑数据集为："edit 数据集名"。例如：输入"edit origin"可以打开"Worksheet origin"，你会发现它有 X、Y 两列，X 列默认标题为"A"，行数为 17。

（3）"表名_列名"为要操作的列。比如 origin_A 是指 origin 数据集中名为 A 的列。

（4）"数据集名=data（初始数字，结尾数字，间隔数字）"可以直接创建数据集并以"初始数字"开始，"结尾数字"结尾，没间隔"间隔数字"把数字填入数据集。例如：输入"origin=data (1, 100, 3)"，则可以在 Worksheet "origin"的 y 轴从 1 至 34 行以 1,4,7,10,13......的顺序填入数据。

（5）要填入确定值的数据，可以用："数据集名={表达式 1，表达式 2，....}"。

（6）要给特定数据赋值，可以用"数据集名"下标""=表达式"。例如：输入"origin1 "3" =100"，则可以在 y 轴的第 3 行填入数据 100。

（7）用"col（列号）=表达式"可以给列赋值。"col（列号）"行号"=表达式"可以给表中特定元素赋值。例如：输入"col（2）=50"，则可以在 y 轴所有单元格填入数据 50。

（8）如果表中包含文本，则要用"col（列号）"行号"$=表达式"来赋值。

（9）可以用"变量=表名_列名（表达式）"来搜索表达式在数据集中的位置。例如：输入"origin_A（10）="，则输出"origin_A（10）=28"。

（10）需要注意的是，要使用已有的数据集，不能只写"edit 数据集名"，要先用"create 数据集名"做一个同名的数据集。

（11）"%（数据集名，列号，行号）"可以返回特定单元格的值。

（12）"%（列号，@L）"可以返回列名。例如：输入"%（1，@L）"，则输出"A=--"。

选项为#时返回数据集的列总数；

选项为 C 时返回该列名；

选项为 D 时返回该数据集名；

选项为 T 时返回该列数据类型；

更多的信息请参考 Origin 编程帮助文档。

4. 数据运算

基本数据操作如表 16-1 所示。

表 16-1 数据操作符见表

符 号	作 用	表 达 式	等价表达式
+	加法	x+y	
-	减法	x-y	
*	乘法	x*y	
/	除法	x/y	
^	乘幂	x^y	
&	按位与（二进制）	x&y	
|	按位或（二进制）	x|y	
=	赋值	x=y	
+=	将 x 赋值为 x 加 y	x+=y	x=x+y
-=	将 x 赋值为 x 减 y	x-=y	x=x-y
*=	将 x 赋值为 x 乘以 y	x*=y	x=x*y
/=	将 x 赋值为 x 除以 y	x/=y	x=x/y
^=	将 x 赋值为 x 的 y 次方	x^=y	x=x^y
++	将 x 增加 1	x++	x=x+1
--	将 x 减少 1	--	x=x-1
>	判断 x 是否大于 y	>	
<	判断 x 是否小于 y	<	
>=	判断 x 是否大于或等于 y	>=	
<=	判断 x 是否小于或等于 y	x<=y	
==	判断 x 是否等于 y	x==y	
!=	判断 x 是否不等于 y	x!=y	
&&	判断是否 x 与 y 均为 true	x&&y	
||	判断是否 x 或 y 为 true	x||y	
?:	x 为 true 时返回 y x 为 false 时返回 x	x?y:z	

此外，还可以用函数来操作数据。这些函数中包括有 sin()、cos() 等各种复杂一些的数据操作方法，具体可以参考 Origin 的编程帮助文件。

另外，在编辑 Matrix 时选择 Matrix→Set Values 命令，其中选择函数下拉表格中也有列出这些函数及其用法，基本上可以直接在 Script Window 中使用。表 16-2 列出一些常用的数学函数。

表 16-2　　　　　　　　　　　　　常用数学函数表

函数	作用于返回值
Prec（x, p）	返回 x 的 p 位有效数字的科学记数法表示的形式
round（x, p）	返回 x 的 p 位有效数字的四舍五入所得数字
Abs(x)	返回 x 的绝对值
Angle(x, y)	返回 x，y 的以弧度表示的角度
Exp(x)	返回以自然对数 E 为底数，x 为指数的表达式的值
Sqrt(x)	返回 x 的开平方根
Ln(x)	返回以自然对数 E 为底数的 x 的指数
Log(x)	返回以 10 为底数的 x 的指数
Int(x)	返回 x 的 Integer 值
Nint(x)	相当于 round（x, 0）
Sin(x)	返回 x 的正弦值
Cos(x)	返回 x 的余弦值
Tan(x)	返回 x 的正切值
Asin(x)	返回 x 的反正弦值
Acos(x)	返回 x 的反余弦值
Atan(x)	返回 x 的反正切值

5．流程控制

（1）程序的执行。

"程序段 1；程序段 2；....程度段 N"，即是说，程序段之间用分号隔开，直到程序段后不带分号，按下 Enter 键时，程序就会执行（记住写完整之前不要换行）。

（2）宏语句

"define 宏名{内容}"，创建宏以后可以直接用它的名字来代替执行宏的内容，而且宏比一般程序段的优先级高。

16.2　Origin C 语言

由于脚本语言如 LabTalk 是没有经过编译的，所以在处理大量程序时，速度比较慢。而在 Origin 这种软件中，运算量是比较大的。

所以开发者在 Origin 中添加了一种叫作 Origin C 的语言，它是建立在 C/C++的基础上的，Origin C 的编译器是在 ANSI C 的基础上扩充的。

如果你没有接触过编程，那么要熟练运用 Origin C，最好先学数据结构，这样才能够灵活地应用。

16.2.1　Origin C 语言工作环境

执行菜单命令 View→Code Builder 可以打开 Origin C 的编辑窗口，如图 16-12 所示。可以把该编辑窗口看作一个文本编辑器，在文件目录树中可以选择打开程序。

在右边是一个文本编辑框，程序基本都写在这里；右下是 LabTalk 窗口，可以用来测试写好的程序；左下的窗口是用来显示编译器运行情况；此外 按钮可以编译当前的程序文件， 按钮可以编译已修改的程序文件， 按钮则是将该所有程序重新编译。

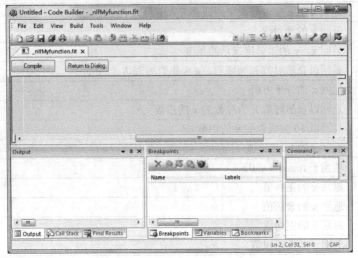

图 16-12　Code Builder 窗口

16.2.2　Origin C 与其他语言对比

Origin C 语言与 C 语言

（1）跟 C 语言一样，Origin C 也不是完全 OOP 架构的语言，它主要由一些基本数据类型，一些全局函数和大量的类组成。

（2）Origin C 不支持 C 语言的 main()函数。

（3）Origin C 不支持 2 维以上的数组，要使用 2 维数组，可以利用 Matrix 来代替。例如："matrix<int>aa（6，7）;"可以用一个 6*7 的矩阵来替代。

（4）Origin C 以"^"符号代替了 C 语言中的取幂符号"pow（x, y）"。

16.2.3　Origin C 与 C++

（1）Origin C 没有变量声明的限制。

（2）Origin C 与 C++一样，调用函数也是根据重载函数的参数的不同来决定使用哪一个函数。被重载的函数不能从 LabTalk 调用。

（3）Origin C 也支持内部类。

（4）Origin C 也是通过参数来传递能量的。

（5）Origin C 支持默认参数。当填入的参数数量比函数所需的参数少时，函数将缺失参数的位置的数字作为该位置的参数填入。

16.2.4　Origin C 与 C#

（1）Origin C 包含 Collection 类。Collection 类是一个很有用的类，可以用来方便地存放和提取对象。

（2）Origin C 支持 foreach 循环，foreach 循环可以很方便地遍历一个数据集。例如你可以用"foreach(Column x in y.Columns){printf("%s/n", x.GetName());}"来输出 y 数据集中全部列的名字。

（3）Using 关键字可以在创建对象时代替类型，这样就不用指定对象的类型了，编译器会自动识别对象类型。例如"using wpg=wks.GetPage();"可以代替"Page wpg=wks.GetPage();"。

（4）此外，你还可以通过引入头文件来扩展 Origin C 的功能。格式是："#include"文件地址及文件名。

16.2.5 创建和编译 Origin C 程序

在 Origin 9.0 中，打开 Origin C 集成开发环境（IDE）。如图 16-12 所示，在 IDE 中单击"New" 按钮，打开"New File"对话框，在"New File"对话框中选择 C 文件类型；在"File Name"文本框中输入文件名"My Function"，选择"Add to Workspace"和"Fill with default content"复选框，如图 16-13 所示。

单击 OK 按钮，则在"Code Builder"的多文档界面中创建了一个新的原程序。像所有 C 语言程序一样，Origin C 在原程序中须含有一个头文件。Origin C 的头文件主要有：

#include<origin. h>

在 Origin C 集成开发环境中输入"AsymGauss"函数，如图 16-14 所示。

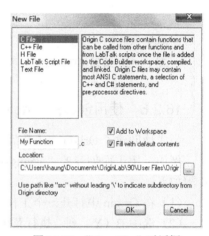

图 16-13 "New File"对话框

Origin C 集成开发环境（IDE）中的原程序须编译和链接后才能使用。单击 IDE 中的"Build"菜单，或 按钮，进行编译和链接，编译和链接成功后显示在 Output 提示栏中，如图 16-15 所示。

通过在 IDE 的 LabTalk 控制台中输入"asymgauss (1, 2, 3, 4, 5, 6)="的文本，则在其下栏中输出计算结果，如图 16-16 所示。通过这种方法，可以检验编译的"AsymGauss"函数的正确与否。

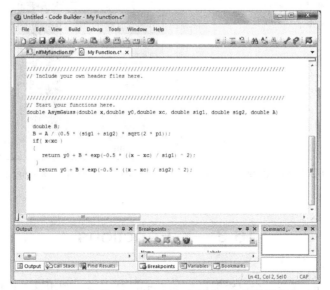

图 16-14 在"Code Builder"中创建一个新的原程序

图 16-15 编译和链接成功提示

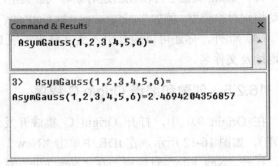

图 16-16 检验 "asymgauss" 函数

16.2.6 使用创建的 Origin C 函数

当成功创建了 Origin C 函数后，就能在 Origin 的 "Script Window" 窗口中调用。

例如，用上面创建的 "asymgauss" 函数对工作表中的列输入 "asymgauss" 函数值的步骤如下：

（1）在 Origin 中打开一个工作表，在工作表的 A（X）列输入自然数 1～10。

（2）选中 B（Y）列，执行菜单命令 Column→ Set Column Values，打开 "Set Column Values" 对话框，在对话框中输入 "asymgauss (col (a), 2, 3, 4, 5, 6)"，如图 16-17 所示。

（3）单击 OK 按钮，则工作表 B（Y）列输入了对应于 A 列的 "asymgauss" 函数计算值，如图 16-18 所示。

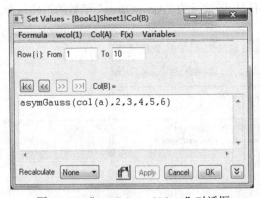

图 16-17 "Set Column Values" 对话框

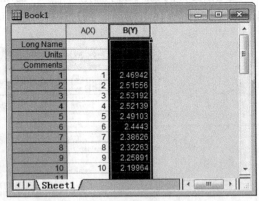

图 16-18 对应的 "asymgauss" 函数计算值

16.3 X-Functions

每个 X-Functions 就是一个已经编译好的 Origin C 程序。利用这些现成的 X-Function，你可以方便地对 Origin 进行操作，还可以写一些小程序来对数据进行批处理等操作，大大节约了时间。

16.3.1　X-Function 的使用

X-Function 的调用，除了一部分附在菜单命令上，可以直接单击使用之外，主要是在 Command Window 通过程序中的语句来调用。其中的参数以参数名后跟 "：" 来表示，参数值用 "=" 号赋予参数。如 average 函数，其中 iy 参数表示输入数据的范围，使用时按照：

Averge iy: =(col(1), col(2)) method:=2

这样的格式使用，如图 16-19 所示。

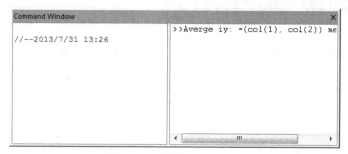

图 16-19　调用 X-Function

另外，在 Command Window 里使用 X-Function 时还有函数提示，方便使用，如图 16-20 所示。

具体的 X-Function 的作用，可以参考 Origin 9.0 自带的帮助文档《X-Function Reference》，里面很详尽地说明了各个函数的具体作用以及使用方法。

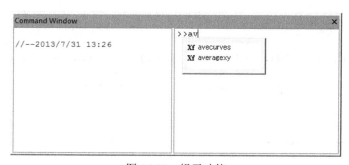

图 16-20　提示功能

16.3.2　创建 X-Function

除了现有的 X-Function 之外，我们还可以创建自己的 X-Function。

通过 Tools→X-Function Builder，或者直接按快捷键 F10，可以打开 "X-Function Builder" 对话框，如图 16-21 所示。

首先单击 New X-Function Wizard 按钮，打开 New X-Function Wizard 对话框。设置好输入和输出参数的个数和类型，如图 16-21～图 16～26 所示。然后编写各个参数之间的联系，参数的符号可以直接在代码里面使用。

图 16-21 建立 X-Function 向导   图 16-22 建立 X-Function 向导：输入变量个数

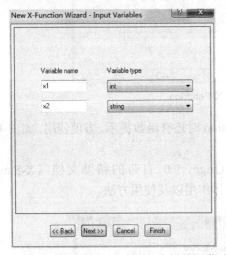

图 16-23 建立 X-Function 向导：变量数据类型   图 16-24 建立 X-Function 向导：输出变量个数

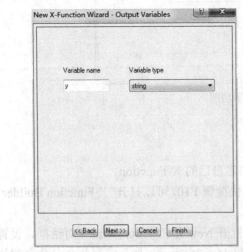
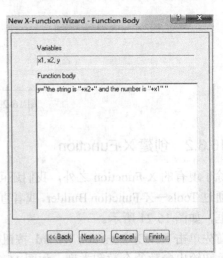

图 16-25 建立 X-Function 向导：输出变量类型   图 16-26 建立 X-Function 向导：程序主体

设置好各参数的默认值，单击 Finish 按钮，如图 16-27 和图 16-28 所示。

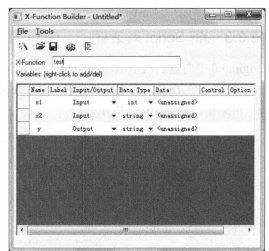

图 16-27　建立 X-Function 向导：默认变量　　　图 16-28　建立 X-Function 向导：完成

之后填入函数名称，保存函数即完成 X-Function 的编辑，如图 16-29 所示。

图 16-29　保存 X-Function

现在我们来测试所制作的 X-Function。在 Command Window 里面写上函数以及参数，运行，结果如图 16-30 所示。

图 16-30　运行自定义 X-Function

通过编写 X-Function，我们可以实现自己想要的功能，并可重复使用，提高了工作效率。

16.3.3 XF Script 对话框

Origin 9.0 中内置的很多 X-Functions，可以通过 XF Script 对话框打开。

执行菜单命令 Tools→X-Function Script Sample 或直接按快捷键 F11，打开 "XF Script Dialog" 对话框，如图 16-31 所示。

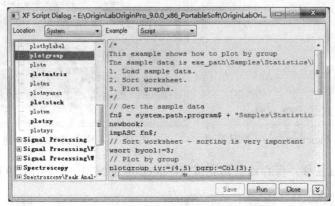

图 16-31 "XF Script Dialog" 对话框

在该对话框中可以看到部分 X-Functions 的代码和了解该函数的使用。如果是系统的 X-Functions，用户是不能修改的；如果是用户自定义的 X-Functions，用户则可以进行修改。

如图 16-32 所示选中 "Plotgroup" 系统 X-Functions 例子，单击 "Run" 按钮，则运行该 X-Functions。

	A(X)	B(Y)	C(Y)	D(Y)	E(Y)
Long Name	name	age	gender	height	weight
Units					
Comments					
Sparklines					
1	Kate	12	F	146	42.2
2	Lose	12	F	150	55.4
3	Jane	12	F	136	33.2
4	Sophia	12	F	163	65
5	Grace	12	F	128	28.7
6	Mary	15	F	153	41.8
7	Patty	14	F	153	38.5
8	Carol	14	F	155	37.7
9	Barb	13	F	148	50.6
10	Alice	13	F	150	47.9
11	Susan	13	F	138	30.1
12	Marian	16	F	148	52

图 16-32 打开的数据工作表

该函数的功能为打开 body.dat 数据文件，按男、女分类绘制体重与身高的散点图。图 16-33 所示为男体重与身高散点图。图 16-34 所示为女体重与身高散点图。

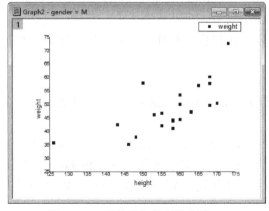

图 16-33　男体重与身高散点图

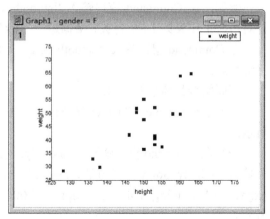

图 16-34　女体重与身高散点图

16.3.4　访问 X-Functions

Origin 9.0 提供了大量用于数据处理的 X-Functions，而其中很多 X-Functions 可以通过 LabTalk 的脚本（Script）进行访问，这给了用户很大的应用 X-Functions 解决各自处理工作的空间。

用户能通过脚本在 Command 窗口列出可以进行访问的 X-Functions，了解其 X-Functions 函数语法。通常的 Command 窗口位于屏幕的底部，可以通过 Alt+3 或选择菜单命令 File→ Command Window 打开或关闭。Command 窗口由历史面板和命令面板组成。

X-Function 函数语法通常的形式为

xfname "-option" arg1 arg2.....argM：=value....（argN：=value）

（其中" arg1 arg2.....argM"表示各参数，"：="为参数赋值符号，后面为具体的数值）

例如

Smooth (1, 2) npts：=5　　method：=1 b：=1

表示采用 Savitzky-Golay 平滑方法、反射边界条件、平滑时窗口的数据点 5 对数据进行处理。

下面以平滑处理 X-Functions 函数对信号数据进行处理为例，介绍在 Command 窗口中如何访问 X-Functions。在 Commend 窗口中输入"help smooth"，打开 smooth 的帮助。smooth 的帮助目录如图 16-35 所示。从中可以了解该函数的各种信息和使用方法。

图 16-35　smooth 的帮助目录

例如，在 Command 窗口输入"smooth（1,2）"，表示采用 Savitzky-Golay 滤波默认设置对当前工作表第 1～2 列 XY 数据进行平滑处理。

在 Command 窗口输入"smooth % c"，表示采用默认设置对当前图形窗口的数据进行平滑处理。

下面结合具体事例说明：

（1）导入 Samples/ Chapter 16/ Signal with Shot Noise. dat"数据文件，工作表如图 16-36 所示。

（2）在 Command 窗口输入"smooth iy：=Col（2） method：=1 npts：=200"（method：=1 为默认 Savitzky-Golay 平滑方法，method：=2 为 percentile filter 平滑方法，method：=0 为 Adjacent-Averaging 平滑方法，npts：=200 表示采用平滑时窗口的数据点），如图 16-37 所示。

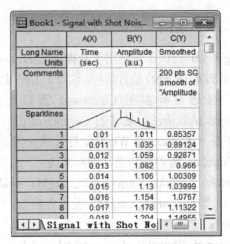

图 16-36　数据工作表　　　　　　　图 16-37　平滑处理后的数据工作表

对该数据进行了平滑处理，并在该工作表中新建两列，存放平滑处理后的数据，绘制图形如图 16-38～图 16-40 所示。

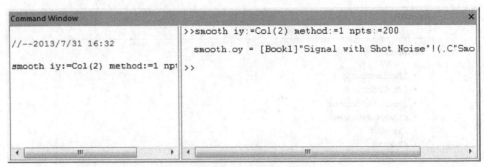

图 16-38　Command 窗口

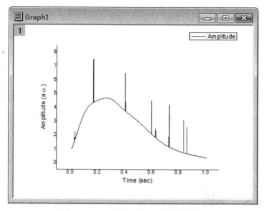

图 16-39 平滑处理前的线图

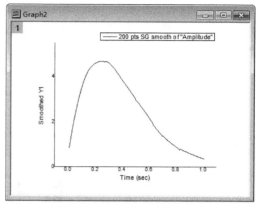

图 16-40 采用平滑处理后的图形

16.4 本 章 小 结

　　Origin 为不同科研领域的科学工作者进行绘图和数据分析设计提供了编程和定制方法，这样就能根据不同科研领域的需要灵活使用 Origin 工具。本章根据日常读者使用频率，重点介绍了 LabTalk 脚本语言的基本特征、Origin C 编程方法及 X-Function 功能的使用方式，读者应该结合实例，掌握 Origin 中有关编程和自动化的相关知识。

参考文献

[1] 方安平，叶卫平. Origin 7.5 科技绘图及数据分析[M]. 北京：机械工业出版社，2006.

[2] 周剑平. 精通 Origin 7.0[M]. 北京：航空航天大学出版社，2005.

[3] 郝红伟等. Origin 6.0 实例教程[M]. 北京：中国电力出版社，2000.

[4] 方安平，叶卫平. Origin 8.0 实用教程[M]. 北京：机械工业出版社，2009.

[5] 肖信. Origin 8.0 实用教程-科技作图与数据分析[M]. 北京：中国电力出版社，2009.

[6] 周剑平. Origin 实用教程（7.5 版）[M]. 西安：西安交通大学出版社，2007.

[7] 于成龙. Origin 8.0 应用实例详解[M]. 北京：化学工业出版社，2010.